공기 전쟁

공기 전쟁

Choked

전 세계에 드리운
대기오염의 절박한 현실

베스 가디너 지음
성원 옮김

해나무

댄과 애나에게

한국의 독자들에게

2020년 4월, 나는 자전거를 타고 보통은 길이 꽉 막히는 집 근처 도로를 달렸다. 20여 년 전 런던으로 처음 이사해서 살던 동네, 이제는 10대가 된 딸이 아기였던 시절의 동네를 지나쳤다. 트라팔가 광장과 빅벤 시계탑, 대영박물관을 지나 텅 빈 도심에 도착했을 때 그 으스스한 정적은 팬데믹 첫 몇 달에 대한 가장 생생하고 불안한 기억 중 하나로 남아 있다. 다른 기억도 있었다. 이 오염된 도시 한가운데서 이제껏 한 번도 경험해보지 못한 상쾌한 공기. 그리고 자전거로 돌아다닐 용기를 결코 내보지 못했던 도로에서 자전거를 타며 느꼈던 자유. 시간을 비껴간 듯한 그 이상한 시간 동안에는 내가 평상시에 피해야 했던 버스와 자동차가 보이지 않았다. 자전거를 탄 몇 안 되는 사람들과 호기심 많은 일부 행인들이 그 자리를 차지했다.

그해에 코로나19가 전 세계를 흔들어놓는 동안 나는 봉쇄조치에도 최소한 한 가지의 긍정적인 측면이 있다고 사람들이 말하는 것을 종종 들었다. 봉쇄조치가 대기오염과 탄소 배출량을 줄이고 자연이 "스스로를 치유하게" 할 수 있으니 "환경에 좋다"는 것이다. 이런 말을 듣거나 읽을 때마다 나는 참을 수 없는 분노를 느꼈다. 나는 수년간 환경 문제에 대해 글을 써왔다. 내가 오염에 관심을 갖는 이유는 다른 많은 사람들과 마찬가지로 오염으로 인해 인간의 건강과 행복이 악화되는 것을 우려하기 때문이다. 수백만 명을 아프게 하고 헤아릴 수 없이 많은 사람들의 생계를 참혹하게 무너뜨리는 치명적인 바이러스가 어쩌면 깨끗한 공기와 안정된 기후를 손에 넣을 수 있는 방법일지 모른다는 생각은 어처구니없다 못해 모욕이라고 느껴질 정도였다. 우리는 이 목표를 달성하는 방법을 알고 있는데, 수백만 명을 집에 가두는 것은 결코 그 방법이 아니다(물론 봉쇄조치는 새로운 질병의 확산을 늦춘다는 다른 목적에 기여했다). 게다가 팬데믹으로 인한 봉쇄조치가 (사실로 확인된 것처럼) 일부 지역에서 공기를 깨끗하게 만들고 탄소 배출량을 감소시키는 결과로 이어지긴 했지만, 이런 성과는 우리 모두가 다시 자동차에 오르고 '정상적인' 삶의 외형이 재개되는 순간 사라지리라는 것이 자명해 보였다.

깨끗한 공기가 팬데믹의 긍정적인 효과였다는 생각에 대한 나의 느낌은 여전히 똑같다. 하지만 조금 거리를 두고 들여다보니, 이제는 많은 외상을 남긴 코로나19 감염의 초기 몇 달에서 우리가 오염에 대해 배울 교훈이 있다는 것도 눈에 들어온다. 개인적으로 내 경우를 말해보면, 런던의 랜드마크를 지나치며 안전하게 자전거를 타고 목 뒤로 디젤 배기가스의 익숙한 시큼함을 느끼지 않은 채 집으

필수적인 기능과 달리 호흡은 웃거나 말하거나 잠수하기 위해 숨을 참을 때처럼 의식적으로 통제할 수도 있다.

폐는 취약한 곳이기도 하다. 자체적인 방어 장치—일부 오염물질을 붙잡는 점액과 오염물질을 쓸어버리는 머리카락 같은 섬모—가 있긴 하다. 하지만 공기와 그 안에 들어 있는 물질이 혈류 안으로 들어갈 때 이런 방어 장벽은 아무런 힘을 쓰지 못하고 외부 세계가 폐를 통해 몸의 중심으로 진군해 들어갈 수 있다.

현미경이 없어서 공기의 구성을 제대로 이해하지 못한 선조들은 자신들이 필수적이라고 생각했던 기능의 작동 원리와 그 이유를 파악하려고 애썼다. 의사의 아들이었던 아리스토텔레스는 영혼의 활기를 담고 있는 불의 열기가 호흡을 통해 배출된다고 믿었다. 이런 오해를 분명하게 바로잡는 데 몇천 년이 걸렸지만 이 철학자와 그 시대 사람들 역시 하나의 사실만은 잘 이해했다. 그것은 바로 우리의 존재가 공기에 좌우된다는 사실이다. 아리스토텔레스는 "생명이 막바지에 이를 때 마지막 행위는 숨을 내뱉는 것"이라고 적었다. "그러므로 숨을 들이쉬는 것이 생명의 시작임에 틀림없다."[1]

***

어릴 때는 호흡의 의미나 역학에 대해 별로 생각해보지 않았다. 나는 다섯 살 때까지 조지워싱턴다리 입구가 내려다보이는 뉴저지 포트리의 아파트에서 살았다. 실타래처럼 뒤엉킨 고속도로들과 뉴저지의 턴파이크 고속도로가 하나로 만나는 그곳은 교통체증이 심하기로 예나 지금이나 악명이 높다. 뉴욕의 사무실로 통근하는 교외 사람들은 I-95 동부연안 회랑을 따라 북쪽으로 움직이는 트럭들과 함께 범퍼를 맞대고 앉아 뉴욕으로 넘어가길 기다리고 있다. 당시는 환경의식이 막 싹트던 1970년대 초였기 때문에 미국의 자동차는 납, 황 등의 위험한 유독물질로 연료가 범벅이 되어 오늘날과는 비교할 수 없을 정도로 더러웠다. 나는 또래 친구들—같은 건물에 살았던 제니퍼, 데이비드, 리사—과 함께 뒤쪽에 있는 콘크리트 운동장에서 뛰어다니면서 그 모든 공기를 들이마셨다.

세월이 흐르고 20대가 되었을 때 나는 센트럴파크가 출발지이거나 도착지인 도시 간 버스들이 맨해튼의 아파트 몇 층 아래서 요동치는 모습을 구경했다. 청소를 할 때면 창틀을 뒤덮은 검은 먼지가 커다란 종이 타월 뭉치를 더럽혔다. 창틀의 페인트는 많은 비눗물을 뿌려대고 여러 차례에 걸쳐 점검한 다음에야 다시 흰색을 되찾곤 했다.

나는 서른 살에 내 심장을 훔쳐버린 매력적인 댄과 함께 런던으로 이사했다. 수다스럽고 에너지가 넘치는 딸과 함께 보낸 시간이 절반이 넘는 18년 동안, 우리는 런던의 공기를 더럽히는 디젤 가스를 들이마셨다. 런던의 대기오염은 유럽 전역에서 펼쳐지고 있는 건강 재난의 단편에 불과한데, 그 재난은 환경 진보주의에 대한 유럽대륙의 명성에 먹칠을 한다. 나는 밖에서 볼일을 보거나, 친구를 만나 커피를 마시거나, 애나를 데리고 학교로 걸어갈 때, 우리 얼굴을 향해 자욱하게 피어오르는 배기가스의 냄새를 맡는다. 분주한 도로에서 몇 분만 시간을 보내고 나면 경미한 두통을 느끼곤 한다.

나는 오랫동안 이 지독한 공기를 성가신 골칫거리로만 생각했다. 하지만 대기오염이 인체에 미치는 심각한 영향을 이해하게 되면서 그 이상의 큰 문제가 되었다. 누그러지지 않는 우려의 대상, 딸과 나의 안녕을 위협하는 문제.

물론 나는 딸을 보호하기 위해 최선을 다한다. 하지만 우리 주변 공기를 바꾸거나 이 도시에서 더러운 디젤을 모두 씻어낼 수는 없다. 그렇게 내 걱정은 분노로 방향을 전환한다. 취약한 아이를 보호하려는 부모의 욕구가 개인은 거대한 힘 앞에서 무력할 수밖에 없다는 현실과 팽팽하게 씨름하면서, 위험을 어떻게든 차단해야겠다는 마음이 들 때도 있다. 내가 이 책을 쓰기로 마음먹은 것은 바로 이런 오락가락하는 감정의 줄다리기 때문이었다.

그 후 나는 내 가족이 들이마시는 오염물질이 훨씬 큰 이야기의 한 가닥에 불과하다는 사실을 알게 되었다. 포트리에서 프랑크푸르트, 카라치에서 캘리포니아에 이르는 세계 곳곳에서 더러운 공기는 매년 700만 명의 조기 사상자를 유발한다.[2] 이는 에이즈, 당뇨병, 교통사고 사망자를 모두 합한 것보다 더 많은 수치로, 환경이 건강에 미치는 단일한 위협 중 가장 큰 규모에 해당한다.[3] 신규 데이터는 이 수치가 훨씬 올라가서 대기오염이 전 세계 사인 중 최상위권에 도달했을지 모른다는 암시를 준다.[4] 미국인의 40% 이상이 건강에 해로운 수준의 오염물질을 들이마신다.[5] 영국에서는 대기오염이 흡연에 이어 두 번째로 강력한 건강 위험요소로, 내 제2의 고향에서 전체 사망 인구의 무려 5분의 1의 사망이 대기오염에서 비롯된다.[6] 범위를 유럽 전역으로 확대하면 대기오염은 자동차 사고보다 15배 이상 많은 사망자를 유발한다.[7] 우리가 들이마시는 공기만큼 인간의 생명에 기본적이고 필수적인 것은 없다. 하지만 부유한 나라든, 가난한 나라든 공기는 전 세계에서 우리를 조용히 독살하고 있다.

천식과 기관지염 같은 명백한 질환만이 아니다. 지난 15년간 대기 오염의 해로움에 대한 과학자들의 이해가 빠르게 향상되었고, 이제 심장마비, 뇌졸중, 선천적 결손증, 많은 종류의 암, 치매, 당뇨, 파킨슨병 등 수없이 늘어나는 건강 문제와 대기오염의 관계를 강력한 증거들이 뒷받침한다.

유년기로부터 한참의 시간이 흐른 뒤, 내가 성장한 곳과 멀지 않은 곳에서 연구자들은 자연스럽게 형성된 실험 하나를 활용했다. 수납원에게 현금을 건네거나, 빠르게 지나가면서 첨단 장치가 달린 바구니에 동전을 던져 넣으면 전자 장치가 요금을 매겨주는 구식 도로 요금소가 뉴저지와 펜실베이니아의 고속도로로 대체되면서 형성된 실험이었다. 이 변화로 인해 도로 요금소의 정체가 급격하게 줄어들었고, 연구자들은 오래된 요금소가 있던 곳 반경 2km 이내에서 임신부의 조산이 약 9% 하락했음을 확인했다.[8] 이는 긍정적인 변화이긴 했지만, 숱한 사람들이 들이마시는 고속도로 배기가스와, 조산아에게 일생 동안 영향을 미칠 수 있는 임신의 결과 사이에 충격적인 상관관계가 있음을 분명하게 보여주었다.

나는 운 좋게도 평생 건강했다. 그리고 언젠가 병이 찾아와도 오랜 세월에 걸쳐 들이마신 오염이 그 병과 무슨 관계가 있는지 알 수 없을 것이다. 혹은 단 걸 좋아했던 나 자신이나, 평생 상쾌한 달리기보다는 양서를 탐닉했던 습관이나, DNA 어딘가에 숨어 있던 사악한 유전자를 대신 탓해야 할지도 알 수 없을 것이다.

누구도 알 수 없다. 그리고 그 비가시성은 이 위기의 이상한 특

차례

1부

숨을 참고서

1장

폐의 측정

오염의 위력을 기록하기

병원과 침실, 그리고 더러운 바닥에 깔린 매트 위. 끙 하는 신음소리와 마지막으로 밀어내는 힘과 함께 아기가 태어난다. 자궁의 따스함이 사라지고 빛, 차가움, 소음이 혼란스런 충격으로 다가오지만, 한 가지는 분명하고 절실하며 낯설지만 원초적이다. 그것은 바로 공기가 필요하다는 사실이다. 몇 달간 폐를 채웠던 체액이 빠져나가기 시작한다. 이제는 폐가 일을 시작해야 한다. 일생 동안 이어질 일, 목숨을 유지하는 일. 이 아이는 더 이상 어머니의 폐에, 어머니의 심장에, 어머니의 혈액에 의지해서 자신에게 필요한 산소를 조달하거나 빠르게 쌓이는 이산화탄소를 제거하지 못한다. 아이는 거의 모든 면에서 다른 사람들에게 의지하지만 이것만은 혼자 힘으로 해야 한다. 아이의 첫 시도, 첫 호흡은 얕고 힘겨운 헐떡거림이다. 하지만 덕분에 다음 호흡은 약간 더 쉬워지고, 체액이 조금 더 많이 흘러나오고, 산소가 혈류로 넘어가는 작디작은 허파꽈리가 부풀어오른다. 처음에는 불안정하지만 금세 새로운 리듬이 자리를 잡고, 신생아의 가슴이 오르락내리락하면서 호흡을 할 때마다 폐가 조금씩 커진다. 아이의 몸 훨씬 깊은 안쪽에서는 빠르게 움직이는 산소가 혈관의 압력을 재설정한다. 이 변화는 심장을 향해 물결치듯 다가가 그 압력의 균형 역시 바꿔놓고, 곧 왼쪽과 오른쪽을 연결하던 구멍을 막아버린다. 오래된 지도가 다시 그려지고, 혈액은 새로운 경로를 따라 흐르며, 폐는—이 순간까지는 별로 중요하지 않다가 이제 없어서는 안 될 존재로 완전히 변모한—몸을 관통하는 혈액의 여행에서 마지막 종착지가 된다. 호흡은 들어갔다 나오기를 반복하면서 점점 쉬워지고, 이 놀라운 신세계에서 생명이 시작된다.

***

서던캘리포니아 전역의 학교 체육관, 도서관, 급식실에서 아이들이 한 명씩 줄을 선 채 플라스틱 관에 입술을 대고 있는 힘껏 불어낸다. 태평양 연안을 따라 늘어선 산들바람이 부는 마을부터, 지역 사람들이 인랜드 엠파이어라고 부르는 스모그 많은 더운 계곡에 이르기까지, 부자 동네와 가난한 동네의 아이들 수천 명이 매년 그 관을 불어대고 있다. 1990년대에 로스앤젤레스를 지나자마자 있는 롱비치폴리 고등학교에 다니던 에리카 필즈도 그런 아이들 중 하나였다. 지금도 손을 드는 사람, 자원봉사자가 필요하면 앞에 나서는 유형인 그는 교실에서 혼자 불려나가 복도를 지나 호흡기계가 책상 위에 놓여 있는 조용한 방까지 걸어가기를 좋아했다. 그리고 자신보다 더 큰 무언가, 이 세상에서 정말로 중요할지 모르는 무언가의 일원이 되는 기분 역시 좋아했다.

텅 빈 교실에 들어가면 서던캘리포니아 대학교에서 온 한 여자가 필즈에게 소독된 마우스피스를 건넸고, 거기에는 관을 통해 폐의 힘을 측정할 수 있는 폐활량계가 연결되어 있었다. 필즈는 마우스피스에 대고 편안해질 때까지 연습 삼아 숨을 몇 번 후후 불어보고 난 뒤 실전에 들어가곤 했다. "그분이 '밀어내, 밀어내, 밀어내. 공기를 끝까지 다 불어내' 하고 말하던 게 기억나요. 그런 다음에 나한테 자기 노트북을 보여주곤 했는데, 그걸 통해서 내가 가장 많이 불어낸 곳을 그래프로 볼 수 있었죠." 그리고 필즈는 호흡이 감소하면서 그 선의 끝부분이 아래로 떨어지는 모습도 보았다. 그러고 난 뒤에는 건강과 가족에 대해, 집안의 흡연 상황과 식습관, 반려동물과 운동에 대해 두어 장에 걸친 설문조사가 진행됐다. 그다음에는 다시 복도를 따라 반 친구들에게로, 학교생활의 일상적인 리듬으로 되돌아갔다.

그때 필즈는 몰랐지만, 일 년에 한 번씩 짧게 일상에 끼어들곤 했던 호흡 테스트는 궁극적으로 대기오염이 인체에 무슨 일을 하는가에 대한 과학자들의 이해를 바꿔놓을 통찰력의 토대를 마련했다. 참을성 강한 연구자들로 이루어진 한 팀이 점차 축적되는 숫자들—에리카 필즈의 호흡 테스트와 그 외에 다른 수천 건의 테스트에서 얻은 결과—을 한가득 쌓아놓고 그 이전까지만 해도 파악하기 힘들었던 위협의 개요를 포착해낸 것이다.

***

에드 에이볼은 이러한 과학자 중 한 명이었다. 그는 1960년대 로스앤젤레스의 나쁜 공기를 마시며 자랐고, 어린 시절 운동장을 메웠던 마른 기침 소리를 잘 기억한다. 공학을 전공한 그는 초반에는 병원에 적을 두고 더러운 공기가 인체에 미치는 영향을 살피는 연구에 참여했다. 수십 년간 연구자들이 그랬듯 오염물질을 작은 방에 뿜어놓고 자원자들이 그 안에서 운동하는 모습을 지켜보는 방법을 이용했다. 에이볼이 참여한 연구팀은 스모그실의 상태를 로스앤젤레스 사람들이 야외에서 경험하는 것보다 더 나쁘게 만들 수 없었지만, 1980년대에는 이런 제약이 있어도 많은 일을 할 수 있었다. 연구자들은 피험자들이 페달질을 하는 동안 심박수와 산소 수준을 측정하고, 기침과 호흡의 가쁜 정도와 눈물이 고인 충혈된 눈을 기록하면서 그들을 모니터링하곤 했다. 그즈음에 이르러 오존—아직도 로스앤젤레스와 다른 많은 도시를 괴롭히고 있는 스모그 내 주요 성분—이 그것을 들이마시는 사람에게 즉각적인 영향을 미친다는 사실이 과학자들에게 분명해졌다. 그리고 그 영향은 에이볼이 아주 분명하게 이해한 불편보다 훨씬 심각할 수 있었다. 오존이 도시 하나를 담요처럼 뒤덮으면, 천식 환자들이 쌕쌕거리고 응급실 방문자 수가 치솟고 건강한 사람이라 해도 폐에 염증이 생겨 제 기능을 하려면 큰 노력을 해야 하는 상황에 놓이게 된다.

하지만 에이볼은 이보다 훨씬 큰 문제를 고민하기 시작했다. 만일 오존이 인체에 즉각적으로 미치는 영향이 그렇게 분명하다면, 장기적으로 매일, 매달, 매년, 일생 동안 들이마신 사람들에게는 무슨 일이 벌어졌을까? 공기가 깨끗해졌을 때 그 영향은 사라졌을까? 아니면 수십 년 뒤에 예상치 못한 악영향을 미치기를 기다리면서 오존—또는 그보다는 덜 친숙한 다른 오염물질—이 서서히 축적되어 눈에 보이지 않는 피해를 초래할까?

마침 서던캘리포니아 대학교 의과대학의 연구자 존 피터스와 덩컨 토머스도 같은 문제를 놓고 고민 중이었다. 미국에서 가장 공격적인 대기오염 규제기관 캘리포니아 대기자원위원회는 공중보건에 대한 함의에 관심이 있었는데, 그들에게 바로 이 문제에 명확하게 대답할 수 있는 장기 연구를 설계해달라고 주문했다. 에이볼이 여기에 합류하면서 1990년대 초에 이 팀은 자신들의 노력을 이끌어줄 매개변수를 설정하기 시작했다. 이 장기적이고 느린 시간이 반드시 아주 믿음직한 결과로 보상받을 수 있도록.

몇 년 뒤 짐 가우더먼이 당시에는 "어린이건강연구"라고 알려진 이 프로젝트에 합류하게 된 것은 바로 그 설계 때문이었다. 생물통계학자인 가우더먼은 숫자로 이루어진 방대한 건초 더미에서 진실을 걸러내는 복잡한 방법론을 교육받은 상태였다. 그가 연구에 적임자였던 이유는 훈련 때문만이 아니다. 절제된 어조로 말하고 단어를 신중하게 고르며, 고된 성실함은 때로 과학적 명료함에 이르는 유일한 길임을 알고 있는 사람. 그 특유의 차분하고 꾸준한 태도를 취한 덕분이기도 했다.

가우더먼은 에이볼과 다른 사람들이 마련한 꼼꼼한 기초 작업이 그 역시 안달하게 만든 질문에 언젠가 분명한 대답을 내놓으리라는 것을 알 수 있었다. 역시 로스앤젤레스 출신이었던 가우더먼은 크로스컨트리 달리기 선수로 활약하던 어린 시절부터 교통체증이 심한 길을 따라 달리던 그 모든 훈련이 자신에게 어떤 보이지 않는 상처를 남겨놓았을지 궁금했다. 프로젝트를 시작할 때는 하급 연구원이었던 그와 에이볼은 결국 팀의 대표 연구자가 되었다.

과학자들이 선택할 수 있는 분석 방식은 여러 가지가 있었지만, 이들이 선택한 방법에는 독특한 힘이 있었다. 어떤 의미에서 그 힘은 생명 그 자체의 힘이었다. 그들은 아이들의 폐의 강도를 매년 테스트하고 또 테스트했다. 그 측정은 최소한 함축적인 방식으로 예언을 담고 있었고 영원히 한 아이를 추적할 것이었다. 인체에서 폐의 발달 과정보다 더 밀접하게 건강상태와 수명과의 상관관계를 보여주는 것은 거의 없기 때문이다. 폐가 약하다는 것은 질병과 쇠약함을, 그러므로 수명이 짧다는 것을 의미한다. 반대로 폐가 건강하다는 것은 활력과 장수를 의미한다. 그래서 에이볼과 가우더먼은 말 그대로 피험자의 미래 둘레에 그려질 보이지 않는 경계를 측정했다.

물론 아이들에게는 이런 이야기가 아직 형체를 갖추지 않은 상태였다. 연구팀은 캘리포니아 그 자체만큼 다양한 십여 곳의 마을과 동네에서 10세부터 16세 사이의 어린이 4,000명을 모집했다. 나중에는 어린이를 더 추가해서 피험자의 총인원이 1만 1,000명 이상이 되었는데, 그중 가장 어린 아이들은 유치원 때 실험에 참여하기 시작해서 2015년에 고등학교를 졸업하면서 나이가 들어 더 이상 실험에 참여하지 않게 되었다.

쏟아지는 데이터에서 쓸 만한 것을 매일 골라내는 작업은 가우더먼이 했다. 1년에 한 번씩 진행하는 폐기능 테스트 외에도 모든 참가자의 신장과 몸무게 검사가 있었고, 아이들이 사는 동네에 설치된 모니터를 통해 대기질 측정치가 쌓여갔다. 이 수치는 그것을 읽는 법을 아는 사람에게 아이들의 삶과 건강에 대한, 그들의 몸과 폐, 그리고 그 안을 채우는 공기에 대한 개요를 보여주었다.

하지만 연구를 이끌어가는 질문에 대답하기에는 너무 일렀다. 수년이 지나고 아이들의 폐가 자라는 동안 가우더먼은 지켜보며 기다려야 했다. 처음에는 결과를 왜곡할 수 있는 오류를 주로 잡아냈다. 문서를 보니 어떤 아이의 키가 작년에는 150cm였는데 올해는 120cm였다. "우린 현장 직원에게 가서 '무슨 일이 있었던 겁니까? 이 아이의 키가 30cm 줄어들었어요. 이 값이 맞는 거예요?' 하고 묻곤 해요."

결국 그는 패턴을 찾기 시작했다. 패턴을 찾아내는 건 쉽지 않았다. 물론 공기가 얼마나 더럽든지 간에 모든 어린 폐들이 자라면서 점점 강해지고 있기 때문이었다. 가우더먼의 일은 어떤 것이 다른 것에 비해 더 느리게 발달하고 있는지를 밝히는 것이었다. 만일 그럴 경우 그 이유는 유전적인 소인에서부터 부실한 식습관이나 흡연자 부모에 이르기까지 다양할 수 있었다. 가장 오염이 심한 마을에서도 폐가 튼튼한 아이들이 많을 수 있고, 가장 깨끗한 지역에서도 어떤 아이들은 힘들게 호흡하기도 했다. 그는 수치 안에 숨어 있는 메시지를 해독하기 위해, 관계없는 잡음을 중요한 것과 구분하기 위해, 자신의 가장 정교한 통계 기법을 이용하고 때로는 새로운 기법을 발명해야 했다. 천 년이 저물고 또 다른 천 년이 시작되고, 새로운 아이들이 연구에 참여하고 나이 든 아이들은 학교 복도를 따라 터덜터덜 걸어 나가고, 아이들의 폐가 여물고 데이터가 점점 더 높이 쌓이면서 신호가 점점 강력해졌다. 그리고 결국 그 신호는 부정할 수 없는 것이 되었다.

유레카를 외치는 순간도, 텔레비전에서처럼 난데없이 "아하" 하며 감탄하는 순간도 없었다. 그건 그런 종류의 과학이 아니었고, 가우더먼도 그런 종류의 과학자가 아니었다. 가우더먼 앞에 놓인 메시지는 예상했던 것이 아니었다. 그래서 확인하고 또 확인하면서 모든 각도에서 그것을 살피다가 결국 자신이 보고 있는 것이 현실임을 확신하게 되었다. 2004년, 연구팀이 10여 년 전에 제기했던 질문에 대한 답이 마침내 건강과 관련된 가장 중대한 발견을 게재하는 학술지 〈뉴잉글랜드 의학 저널〉에 실렸다.

물론 오염의 영향이 오래 지속된다는 사실을 발견했다고 해서 놀랄 사람은 없었을 것이다. 그게 사실일 낌새가 없었더라면 연구를 시작하지도 않았을 것이다. 이 신중한 남자들에게 충격을 안긴 것은 그 영향의 규모와 힘이었다. 매년 데이터의 수집량이 늘어날수록 피해 역시 누적되었고, 잘못된 상황에 처한 아이들을 영원히 괴롭힐 가능성이 농후한 격차가 만들어지고 있었다.

나이 든 피험자들이 고등학교를 졸업할 무렵—성장이 서서히 멈추고 결과가 돌이킬 수 없는 상태에 이르렀을 때—더러운 공기는 그것을 들이마신 아이들의 폐에 흔적을 남겼다. 이런 폐는 완전한 힘을 발휘하지 못했고 일반적인 기준에 비해 약했다. 폐를 살아 있게 한 공기는 동시에 장애물 역할도 했다. 오염은 어린이들 안에 보이지 않는 취약함의 씨앗을 심었다. 이 눈에 띄지 않는 허약함은 아이들의 미래를 또래와는 다른 방향으로 설정하고 그들의 몸을 더 허약하게 만든 끝에 수명을 단축시킬 수도 있었다.

정상보다 20% 약한 폐는 의학에서 빨간 깃발로 나타내는데, 이는 의사에게 원인을 찾을 것을 요구하는 경고다. 또한 특히 환자가 어릴 경우 뭔가 치료 가능한 것을 진단할 수 있기를 바라는 소망을 나타내기도 한다. 어린이건강연구에 따르면 가장 더러운 공기를 마신 아이들은 그 정도의 폐기능 상실을 경험할 가능성이 5배 가까이 더 높았다. 가장 깨끗한 지역에서는 폐기능 상실이 확인된 아이들이 1.6%인 데 비해 가장 오염이 심한 지역에서는 거의 8%였던 것이다.[1] 다시 말해서 최악의 오염과 함께 성장한 어린이 100명 중에서 최소한 6명은 그 결과로 평생 지속되는 건강 문제를 떠안게 된다. 물론 그보다 많은 수의 어린이는, 극적이진 않지만 유의미한 정도로 활기를 고갈시키는 더 낮은 수준의 장애나 상처를 갖게 된다. 에드 에이볼은 "그건 관심을 불러일으킬 만한 사건"이었다고 회상한다.

에이볼의 표현에 따르면 그 연구 결과는 과학자들의 순진한 추정을 산산이 박살 냈다. 그들은 대기오염이 심각하고 장기적인 피해를 주고 있다면 자신들이 벌써 알아차렸으리라고 생각했던 것이다. 사실 그 영향이 심각하긴 하지만 워낙 느리고 꾸준히 축적되기 때문에 알아차리기가 어렵다고 에이볼은 내게 설명한다. "주의 깊게 측정하고 세심한 모니터링 정보를 보유한 상태에서 상당히 정교한 데이터 분석을 해보지 않으면, 매년 1.5% 비율 정도의 [발달 부진은] 잘 포착되지 않습니다." 그들이 그 모든 작업을 해보니 대기오염의 위력이 명백하게 눈에 들어왔다.

두려운 진실은 이렇게 처음으로 모습을 드러냈고, 그 영향은 서던캘리포니아 밖으로 멀리 퍼져나갔다. 연구팀이 밝혀낸 불안한 현실은 우리 삶의 토대에 있는 연료—이곳저곳을 여행하기 위해, 전구와 노트북에 전력을 공급하기 위해, 겨울에 따뜻하게 지내기 위해 태우는 휘발유와 디젤과 석탄—가 우리 아이들의 몸을 미국 전역과 세계 곳곳에서 바꿔놓고 있다는 뜻이었기 때문이다.

데이터 안에는 그것 말고도 놀라운 사실이 하나 더 있었다. 처음부터 오존은 유력한 용의자처럼 보였다. 오존의 즉각적인 영향은 워낙 분명해서 만일 대기오염이 어떤 장기적인 피해를 입히고 있다면 과학자들은 이 친숙한 유독성 기체의 책임일 거라고 생각했다. 하지만 오존으로 인한 피해가 사실이긴 해도 어린아이들의 폐의 힘을 떨어뜨리는 건 오존이 아니었다. PM2.5라고 알려진 작은 '공기 중 입자'였다. 너무 작아서 혈류 속에 들어가 뇌를 비롯한 중요한 장기 안으로 침투하는 그 입자들이 훨씬 막강한 위협요소였던 것이다. 질소산화물이라고 알려진 기체 집단에 속하는 이산화질소 역시 강력한 영향을 발휘했다. 사실 이산화질소는 자동차, 트럭, 선박에서 PM2.5와 워낙 동시에 쏟아져 나왔기 때문에 짐 가우더먼의 통계 모델조차 이 두 오염물질의 영향을 분리해낼 수 없었다.

그게 다가 아니었다. 이들은 오염물질이 오랫동안 안전하다고 여겨졌던 수준에서도 피해를 입히고 있다는 사실을 발견하고는 몹시 우려했다. 이 불편한 결과의 함의는 이후 수년간 저명한 과학 학술지 지면과 동떨어진 곳에서 감지되었다.

***

에리카 필즈가 어린 시절을 보내고 고등학교 이후에 아기까지 낳은 도시 롱비치는 어린이건강연구 대상 지역 중에서 오염이 가장 심한 지역은 아니었다. 하지만 전체적으로 문제가 있는 쪽에 속한다는 사실은 분명했다. 아들이 태어났을 즈음 필즈는 지독한 감기에 걸리기 시작했고, 감기는 며칠 동안 지속되다가 몇 시간 만에 사라지곤 했다. 결국 의사를 찾았고 알레르기와 부비강 문제라는 진단을 받았는데, 아무래도 열악한 공기질 때문인 것 같다는 말을 들었다.

요즘 필즈는 공기질이 나쁘기로 유명한 로스앤젤레스의 동쪽 교외 지역에서 가족들과 함께 살고 있다. 로스앤젤레스의 스모그가 산타아나산에 갇혀 정체되는 곳이다. 필즈가 10대에 낳은 아기는 이제 청년이 되었는데, 그의 부비강은 엄마의 부비강처럼 말썽을 부린다. 우리가 스카이프로 이야기하는 동안, 넘치는 에너지를 주체하지 못하고 엄마의 의자 뒤로 기어오르는 초등학생 막내아들은 천식을 앓고 있다. 발작이 자주 일어나지는 않지만 일단 일어나면 두려움에 휩싸인다. 천식은 아들이 젖먹이였을 때 갑자기 시작되었다. "그냥 계속 토하더니 무기력해져서 강아지처럼 헥헥 대는 거예요. 이게 대체 무슨 일인지 이해할 수 없었죠." 필즈가 내게 말한다. 그 정도로 심한 발작은 또다시 일어나지 않았지만 "마치 아들이 공기를 완전히 들이마실 수 없는 것 같았고, 숨을 들이쉬려고 하면 기침을" 해댔다. 이제는 많이 컸지만 아직도 호흡이 힘들면 속을 게워낸다.

연구가 진행된 이후 많은 시간이 흐른 탓에 서던캘리포니아 대학교로부터 이메일이 가끔씩만 오지만 필즈는 항상 답장을 한다. 우리가 이야기를 나누기 전까지만 해도 필즈는 그 연구의 결과에 대해, 즉 자신이 작은 역할을 맡았던 그 획기적인 발견에 대해 아무런 소식도 접하지 못한 상태였다. 그래도 자신이 손을 들고 복도를 따라 걸어갔다는 사실을 아직도 기쁘게 생각한다. "그냥 내 몫을 하고 있는 기분이었어요." 에리카 필즈, 그리고 이름은 알 수 없지만 중요한 역할을 한 다른 많은 사람이 도와준 덕분에 어린이건강연구는 대기오염에 대한 현대의 이해를 뒤집어놓았고, 전 세계 연구자를 새로운 경로에 올려놓았으며, 그 길이 어디로 이어져 있는지를 여전히 계속 확인하고 있다.

***

어린이건강연구의 연구 결과가 처음으로 발표되고 난 뒤 몇 년간 오염에 대한 근거가 꾸준히 축적되었고, 새롭게 드러난 사실들은 우려만 가중시키고 있다. 오늘날 연구자들은 정말로 건강에 좋은 공기를 들이마시는 사람은 5%뿐이고,[2] 지구상에서 일어나는 사망 9건 중 1건이 대기오염 때문이라는 충격적인 사실을 전해준다.[3] 미국에서 대기오염은 내가 조지워싱턴다리 옆에서 짙은 매연을 들이마시던 시절보다 크게 나아졌다. 하지만 에드 에이볼과 짐 가우더먼이 확인했듯, 아무리 낮은 수준의 대기오염도 상당한 피해를 유발한다. 그래서 아직도 매년 더러운 공기 때문에 조기사망에 이르는 미국인이 10만 명이 넘는다.[4]

그리고 이런 조기사망은 건강했을 경우보다 10년 빨리 찾아오는데,[5] 이 때문에 끔찍하게 많은 생일과 결혼이 사라진다. 그렇게 조부모가 없는 손자녀들, 부모가 없는 아이들, 때로는 심지어 자녀가 없는 부모들이 생겨나게 된다. 살아남은 우리들은 상실한 것들 하나하나에 대해 온갖 이유를 탓할 수도 있다. 사랑했던 사람의 늘어진 뱃살, 운동을 좋아하지 않았던 성향, 와인이나 담배를 애호했던 스타일. 아니면 때로는 그냥 운이 나빴다고 치부할 수도 있다. 주변 공기를 탓하는 경우는 거의 없지만 사실 공기는 많은 사람들을 쓰러뜨린다.

2013년, 대기오염의 심각성을 일깨우는 증거가 쌓이고 쌓이다 결국 세계보건기구WHO가 대기오염을 발암물질로 여기는 상황에 이르렀다. 이듬해 세계보건기구는 전 세계 사망자 수의 추정치를 전년에 비해 2배 이상 늘렸다.[6] 이제 세계보건기구는 야외 대기오염이 매년 420만 명을 죽음으로 몰아넣고, 많은 사람들이 불을 피워놓고 조리하는 개발도상국에서 골치를 앓는 가정 내 대기오염은 약 400만 명의 목숨을 앗아간다고 말한다(중첩되는 사망자가 있어서 총사망자는 700만 명으로 추정된다).[7] 더러운 공기는 조기사망을 유발하는 네 번째로 큰 위험요소로, 알코올과 신체활동 부족보다 훨씬 앞에 위치한다.[8] 그리고 새로운 주요 분석에서는 실제 사망자가 이보다 훨씬 많을 수 있음을 시사한다. 이 분석에서는 야외 오염원으로 인한 사망자 추정치를 세계보건기구보다 2배 더 많은 890만 명으로 추정하는데,[9] 이는 대기오염이 흡연보다 훨씬 더 강력한 사인일 수 있다는 의미다. 피해 규모는 생명뿐만 아니라 달러로도 측정할 수 있다. 세계은행은 더러운 공기가 매년 세계 경제에서 5조 달러 이상을 축낸다고 이야기하는데, 이는 인도, 캐나다, 멕시코의 경제를 모두 합한 규

모다.[10]

과학적인 증거들을 살펴보면, 우리가 들이마시는 공기는 폐뿐만 아니라 인체의 모든 곳에 영향을 미친다. 물론 특히 천식을 악화시키고 폐암을 유발하고 다른 호흡기 문제가 있는 사람들의 쇠락을 가속화하긴 하지만 말이다. 실제로 더러운 공기가 호흡기보다는 심혈관계통—전체의 약 4분의 3—에 영향을 미쳐서 목숨을 빼앗기는 사람의 수가 훨씬 더 많다.[11] 두어 시간의 노출만으로도 끔찍한 결과가 초래될 수 있다. 오염이 심한 날에는 심장마비[12]와 뇌졸중[13]이 더 많이 발생하고 응급실 방문자와 사망자 수가 증가한다. 가장 위험한 것은 어린이와 노인, 기저질환이 있는 사람들이다.

위험이 일시적으로 증가하기만 하는 것도 아니다. 오염은 심장과 혈관에 누적적인 피해를 일으키고 그 수치는 충분히 불안함을 야기할 정도다. 50대, 60대, 70대의 건강한 미국 여성 수만 명을 추적한 한 방대한 규모의 연구는 아무리 온건한 수준이라 해도 미세먼지를 들이마신 사람은 "심혈관 사건"으로 고생할 가능성이 24% 더 높다는 사실을 발견했다. 이 기만적일 정도로 건조한 용어는 사실 뇌졸중, 심장마비, 우회수술 같은 인생을 바꿔놓는 트라우마를 가리키는 표현이다. 설상가상으로 이런 사람들은 오염이 적은 지역에 사는 여성에 비해 같은 사건으로 사망할 가능성이 76% 더 높았다. 그리고 더러운 공기를 들이마실수록 위험은 더 커졌다.[14]

과학자들은 여기서 한 발 더 들어가서 이런 트라우마의 전조가 되는 숨은 육체적 변화, 즉 우리를 위기로 몰아넣는 생물학적 메커니즘을 찾기 위해 노력했다. 한 연구는 초음파 스캔을 이용해서 더러운 공기를 들이마시는 피험자의 동맥을 측정했는데, 겨우 10분 만에 혈관이 수축하는 모습을 확인했다.[15] 또 다른 연구팀은 디젤 배기가스에 노출된 사람 중에서 혈전이 늘어난 사람이 4분의 1가량이고, 이 변화는 최소한 6시간 동안 지속된다는 사실을 확인했다.[16] 문제가 곧 발발할 것임을 알려주는 강력한 경고 신호인 정맥 석회화는 오염의 농도가 상승하면 함께 증가한다.[17] 20대를 대상으로 한 검사에서도 혈관의 안을 받치고 있는 세포의 손상이 오염과 동시에 일어난다는 사실이 확인되었다.[18]

연구자들은 여전히 이런 변화를 야기하는 힘은 무엇인지, 정확히 어느 정도의 더러운 공기가 피해를 유발하는지를 설명하기 위해 애쓰고 있다. 이제 전문가들은 낮은 수준의 염증이 인체를 괴롭히는 많은 문제의 근원이라고 믿고 있는데, 어쩌면 그게 오염의 힘을 이해하는 열쇠일지도 모른다. 그것 말고도 여러 가능성이 있다. 작디작은 입자가 우리 몸의 면역체계에 변화를 일으켜, 몸을 보호하기 위한 무기가 우리에게 반기를 들게 만들 수도 있다. 아니면 유전자와 수용체를 재설정하여 섬세하게 균형 잡힌 시스템의 조절 능력—인슐린 분비, 뉴런 간의 소통—을 망가뜨릴 수도 있다.

대기오염에 대해 많이 알게 될수록, 디젤 때문에 더럽혀진 런던에서마저 내가 아는 그 누구도 어째서 공기에 대해 별로 이야기하지 않는지가 더 분명해지는 듯했다. 우리를 둘러싼 위험을 전체적으로 파악하기가, 그것을 다루기 편한 적당한 크기로 만들기가 워낙 어렵기 때문이다. 나는 비행기 사고를 당해서 추락할 가능성이 지극히 미미하다는 사실을 알고는 있지만, 그렇다고 해서 비행이 불안정해질 때마다 와인 한 잔을 찾는 습관을 버리지는 못한다. 이와 비슷하게 폭발 사고로 목숨을 잃을 사람도 극히 드물겠지만, 테러리스트들이 퍼뜨리는 두려움은 그들의 실제 활동 영역을 넘어서서 위력을 발휘한다는 점 역시 자명하다. 우리는 급작스럽고 너무나도 상상 가능한 그런 위협에 본능적으로 반응하도록 구조화되어 있다. 이런 본능은 동굴 생활을 하던 우리 조상에게는 큰 도움이 되었지만, 이해하기 힘들고 복잡한 위험이 산재한 현대 생활에서는 이 때문에 길을 잃기도 한다.

갑자기 달려드는 호랑이와는 달리 오염으로 인한 위험은 천천히 움직이고 뚜렷하지 않다. 우리가 아무리 관심을 쏟아도 어떻게 해야 할지 알아내기가 힘들다. 이런 통제 불가능성 때문에, 오염이 야기하는 위협은 특히 불안을 유발한다. 그래서 내 주위 그 누구도 호흡을 한 번 할 때마다 몸 안으로 독극물이 조금씩 들어온다는 사실을 의식하지 않는 이 상황에서, 나는 위협이 닥쳤을 때 우리가 아주 빈번하게 하는 행동을 몇 번이고 되풀이했다. 나는 가능하기만 하면 그것을 머리 밖으로 밀어내고 무지 상태로 물러나 있으려고 노력한다.

하지만 과학은 꾸준히 진보하고, 더러운 공기에 연결된 질병의 목록은 계속 늘어난다. 나를 가장 불안하게 하는 것은 오염된 공기가 뇌에 입히는 피해다. 많은 증거가 대기오염이 인지력 감퇴, 치매, 심지어는 우울증 같은 정신질환을 유발한다고 지적한다. 연구자들은 미세먼지가 코를 통해 후각신경 통로를 지나 혈액-뇌 관문을 뚫고 스며 들어가서 직접 뇌에 닿을 수 있다고 믿는다. 대만에서는 연구자들이 오존과 미세먼지가 증가하면 알츠하이머 발병률이 급격하게

증가한다는 사실을 확인했다.[19]

특히나 강렬한 증거는 조사 당시 공기가 끔찍하기로 유명했던 멕시코시티에서 강아지의 뇌를 검사한 연구팀이 제시했다. 이들이 발견한 지표—퇴화하는 뉴런, 뒤틀린 단백질 섬유, 혈관 내 플라크 침전물—는 의사가 알츠하이머를 진단할 때 사용하는 것과 동일한 선명한 신호였다.[20] 이는 더러운 공기와 끔찍한 질병 간의 관계뿐만 아니라 젊은 사람들에게서도 치매가 진행될 수 있다는 심란한 가능성을 보여주었다. 개를 대상으로 한 연구를 이끈 신경병리학자가 교통사고로 목숨을 잃은 어린이와 청년들을 대상으로 부검을 실시해 보니, 오염이 심한 곳에서 살았던 사람들 중에서 알츠하이머의 초기 지표가 발견된 비중은 40%인 반면에 깨끗한 공기를 마셨던 사람들 중에서는 아무도 없었다는 점을 밝혀내면서 그 가능성은 더 커졌다.[21] 그 신경병리학자는 젊은 사람들의 뇌에서도 염증, 혈류 장애, 유전자 변화[22]처럼 신경학적 감퇴를 보여주는 두려운 조짐과 함께 파킨슨병의 위험 신호를 확인했다. 한 후속 연구는 어린이의 신체 기능에도 직접적인 영향이 있음을 보여주었다. 가장 오염된 지역에 살았고 동시에 알츠하이머와 관련된 유전자를 보유한 어린이는 다른 또래보다 IQ가 10점 낮고 단기기억상실을 겪었다.[23]

가장 더러운 공기만 이런 피해를 유발하는 것은 아니다. 70대와 80대 미국 여성을 연구한 한 연구팀은 MRI를 이용해서 이들의 뇌를 살펴보았는데, 오염 농도가 약간만 높은 곳에서 살았던 사람들의 경우 백질 부위가 1~2년의 추가적인 노화로 인해서 줄어드는 것만큼 작아져 있음을 확인했다.[24] 그 영향은 값나가는 장비가 없어도 식별 가능하다. 또 다른 연구팀은 미국에서 일반적인 수준의 오염된 공기를 마신 노년 여성을 대상으로 인지 검사와 기억력 검사를 시행했고, 그 결과가 실제 나이보다 2년 더 노화한 사람의 수준으로 나쁘게 나온다는 사실을 보여주었다.[25] 과학자들이 노인에게서 이런 변화를 찾아낸 것은 살펴본 대상이 노인이었기 때문이다. 나는 이런 일이 그들보다 훨씬 일찍 일어나는 건 아닌지 궁금함과 우려를 감출 수 없다. 수년간 런던의 디젤 배기가스를 들이마신 나의 뇌—내 남편과 딸과 친구들의 뇌—역시 크기가 줄어들고 있는 건 아닐까?

어쩌면 가장 걱정스러운 것은 과학자들이 더러운 공기에 대해 더 많이 알게 될수록 안전한 수준이라는 것은 존재하지 않는다는 사실이 더 분명해진다는 점인지도 모른다. 아무리 눈금에서 가장 낮은 쪽에 가까워져도—정부에서 설정한 제한보다 훨씬 아래쪽이라도[26]—오염 수준이 높다는 건 사망자가 더 많음을 의미한다. 1990년대에 6개의 미국 도시에서 실시된 한 획기적인 연구에서 하버드 대학교의 연구팀은 아무리 연방정부의 기준을 충족시켰다 하더라도 공기질이 가장 나쁜 도시—오하이오 스튜번빌—에 사는 사람들은 오염 때문에 수명이 2~3년 단축되었다는 사실을 발견하고는 경악을 금치 못했다.[27] 하지만 다른 한편, 좀 더 희망적인 측면은 비교적 청정한 곳이라 해도 대기에 유입되는 이산화질소와 오존, 미세먼지의 양이 줄어들면 목숨을 살리는 결과가 거의 즉시 확인된다는 점이다. 그리고 실제로 하버드 대학교의 연구자들은 2009년에 자신들이 연구한 모든 도시에서 사망률이 오염 수준과 함께 하락했고 그중에서 공기가 깨끗한 편인 곳들도 예외가 아니었음을 확인했다.[28]

***

두툼한 검은 테 안경에 패턴이 들어간 스카프를 두르고 검은 머리칼을 뒤로 묶은 비아테 리츠는 미국에서 수십 년을 살았지만 아직도 태평한 캘리포니아 사람보다는 세련된 유럽 사람처럼 보인다. 우리가 스카이프로 이야기하는 동안 로스앤젤레스 위쪽 샌타모니카산에 위치한 리츠의 집 창으로 햇살이 흘러 들어오고 리츠는 자신이 마실 차를 따른다. UCLA의 전염병학자 리츠는 한 개인의 건강 문제를 어떤 특정한 환경상의 원인과 연결하기가 거의 불가능할 수 있다는 사실을 알고 있다. 하지만 리츠의 경력을 결정지을 연구는 쉬이 사그라들지 않는 개인적인 우려와 함께 시작되었다.

리츠가 자신이 태어난 땅인 독일을 떠나 미국에 왔을 때 로스앤젤레스를 뒤덮고 있던 스모그는 대단히 불편한 충격이었다. 당시 첫 아이를 임신 중이었고, 임신은 순조롭고 무난했다. 출산 직전까지 규칙적으로 수영을 다닐 정도였다. 그래서 아들이 놀라울 정도로 작게 태어났을 때 떠올릴 수 있는 유일한 원인은 자신의 아파트 바로 위로 지나가는 분주한 I-10 고속도로에서 나오는 배기가스였다. 두려움 덕분에 직업적인 관심에 불이 붙은 리츠는 임신부가 들이마신 공기가 아기에게 무슨 일을 일으킬 수 있는지에 대한 힌트를 얻기 위해 연구 학술지를 뒤지기 시작했다. 때는 1990년이었고, 이 문제에 대해 거의 아무런 연구도 이루어지지 않았다는 사실을 확인한 리츠는 크게 낙심했다. 그리고 그 답을 찾는 것이 일생의 과업이 되었다. 하지만 일단은 가족을 보호해야 했기 때문에 남편과 함께 스모그가 심한 로스앤젤레스의 중심가에서 멀리 떨어진 곳에 새집을 구했다. 둘째 아들이 태어날 무렵 이들은 해안에 위치한 토팽가라고 하는 작은 도시로 옮겨 살고 있었다. 둘째 아들은 형보다 0.9kg 더 크게 태어났다.

둘째가 첫째보다 크게 태어나는 경우가 종종 있는 편이기 때문에 리츠는 더 일반적인 결론을 도출할 수 없음을 알고 있었다. "그건 개인적인 일화라서 과학자라면 아예 믿지 못할 거예요." 그래서 두 아들이 청년으로 성장하는 동안 데이터를 수집해 자신의 직감에 과학의 권위를 부여하는 힘들고 느린 과제에 몰두했다. 그것이 생의 마감뿐만 아니라, 인체가 가장 취약한 시기인 생의 출발—심지어는 출발 이전—과 관련이 있음을 알고 있었기 때문이다. 리츠는 우리가 이 세상으로부터 보호받는 기간, 우리의 폐가 아직 숨을 들이쉬지도 못하는 그 초반 몇 달간에 존재할지 모르는 질병의 근원을 살폈다.

리츠는 연구 과정 내내 저항에 부딪혔다. 같은 분야에 있는 일부 사람들은 공기질과 태아의 건강이 관련이 있을지 모른다는 생각에 의문을 제기했고, 태아가 태어난 이후의 건강과도 연관이 있을 거라는 생각에는 더 큰 의문을 제기했다. 리츠의 초기 연구비 신청서를 검토한 사람들은 오염이 여성의 폐에 영향을 미칠 수 있다고는 쉽게 믿을 수 있다고 말했지만 그것이 태아에게 도달할 정도로 여성의 몸 안 깊이 들어가리라는 생각은 별로 신빙성이 없다고 여겼다. 하지만 프라하의 한 동료가 중유럽 곳곳에 산재하는 석탄 매연의 분자 지문을 신생아의 태반과 제대혈에서 발견했다는 소식을 리츠가 접하면서 사람들의 판단이 틀렸음을 보여주는 암시가 등장하기 시작했다. 체코 탄광의 오염물질이 커가고 있는 태아에게 도달할 수 있다면 미국 자동차의 배기가스 역시 그럴 수 있음을 리츠는 알았다. 그다음 질문은 이랬다. 그렇다면 오염된 공기는 태아 몸속에서 무슨 일을 할까?

리츠는 캘리포니아에서 태어난 아기 수만 명의 출생증명서에서, 그리고 선천성 결손과 어린이 암 자료를 보유한 주정부의 등기소에서 그 대답을 찾을 수 있으리라 믿었다. 리츠는 모든 아이의 생체 통계자료를 주소에 따라 구분했고, 그러고 난 뒤 그 주소를 지역 대기오염 수준과 대조했다. 1990년대의 컴퓨터로 분석을 진행하는 데는 몇 주가 걸렸지만, 기술이 진보하면서 속도가 더 빨라졌다.

결국 리츠는 자신이 원하던 것을 찾아냈다. 그는 임신 중에 더러운 공기를 들이마신 엄마의 아이에게서 더 확연하게 나타나는 질병을 하나하나 어떻게 확인했는지 내게 이야기해주었다. 리츠가 이 길에 처음으로 들어서게 했던 우려를 뒷받침하는 결과가 나왔다. 교통체증이 심한 곳에 사는 여성에게 저체중 아기가 10% 더 많았던 것이다. 조산도 마찬가지였다. 심지어 극단적인 조산의 가능성은 80% 더 높았다. 이런 결과는 엄청난 함의를 가지고 있다. 조산과 저체중 상태는 모두 태어난 이후의 건강 문제와 연결되어 있기 때문이다. 리츠는 심각한 임신 합병증인 자간전증의 위험 역시 오염 수준이 증가하면 늘어난다는 사실을 확인했다. 아들이 작게 태어난 것을 오염 때문이라고 생각하는지 묻자 리츠는 항상 자신의 길잡이가 되었던 과학적 엄격함이 묻어나는 대답을 내놓는다. "그건 알 수 없어요."

다른 연구자들은 유산과 불임을 오염과 연관짓기도 한다.[29] 이 사실은 내 아픈 상처를 건드린다. 내가 항상 갖고자 했던 둘째 아이, 애나에게 결코 주어지지 못한 동생을 가지기 위해 노력했던 수년과 끝도 없이 이어지던 병원 예약에 대한 기억을 불러일으킨다. 이제 나는 이 슬픔을 거의 잊고 건강하고 행복한 한 아이의 엄마로 지낼 수 있다는 데 감사함을 느낀다. 하지만 그렇게 오래지 않은 얼마 전, 나와 남편이 수년간 들이마신 오염과 불임을 연결짓는 어떤 연구를 우연히 접했더라면 분노와 슬픔의 늪에 빠져 무력하게 허우적댔을 그런 시절이 있었다. 물론 런던의 공기는 우리의 문제, 즉 오래 기다리던 아기의 꿈이 유실된 것과는 아무런 관련이 없을 수도 있다. 비아테 리츠의 말처럼 어떤 것들은 그야말로 알 수 없는 일이다.

그 알 수 없음, 누군가의 삶에서 풀려나와 오염의 위험을 어쩔 수 없이 틀 지우는 그 통계의 언어는 대기오염의 위험을 파악하기 어렵게 만드는 또 다른 이유인 것 같다. 사실 우리는 퍼센트에는 신경 쓰지 않는다. 우리는 함께 사는 사람들, 사랑하는 사람들에게 신경을 쓴다. 그래서 대기오염이 불임, 심혈관 질환과 통계적으로 유의미한 관계가 있다는 것은 나한테 무슨 의미일까? 그래서 나한테 아이가 둘이 아니라 하나인 건가? 그래서 몇 년 전에 아빠가 심장마비를 일으켜서 우리가 겁을 먹었던 걸까? 감사하게도 아빠는 완쾌했지만 말이다. 이런 질문에 대해서는 아무도 대답하지 못한다. 우리 대부분은 이런 불확실성을 수용하도록 훈련받은 전염병학자가 아니다. 하지만 우리가 살아가는 복잡한 세상에서는 너무나도 많은 위험이 누군가 온라인에 포스팅한 뉴스 헤드라인의 형태로 우리의 관심을 소리 높여 요구하며, 실제적이고 잘 기록된 모습으로 제시된다. 하지만 동시에 손에 잡히지 않고 짜임새가 없으며 분명하게 정의할 수 없다. 이런 종류의 이상한 불안은 현대적인 불안의 특징이다.

물론 그렇다고 해서 통계가 중요하지 않다는 것이 아니다. 대기오염의 경우 아무리 위험이 겉보기에 작은 듯할 때마저 통계는 대단히 중요하다. 수학의 가차 없는 논리는 아무리 무해해 보이는 한 자릿수의 위험이라 해도 도시 전체나 지역 전체, 또는 국가 전체에 퍼져 있으면 적은 규모의 사람들이 자신의 건강을 놓고 흡연이나 음주 같은 승산 없는 도박을 벌일 때보다 훨씬 많은 사람들이 불행의 나락으로 떨어짐을 의미하기 때문이다. 10%가 별로 나쁘지 않게 들릴 수도 있지만, 비아테 리츠의 발견처럼 로스앤젤레스—또는 루이빌이나 라구스—의 오염된 지역에서 새로 태어나는 신생아의 10%가 조산아일 경우 전체 조산아 수는 대단히 많아진다. 우리 모두가 오염된 공기를 들이마시고 있기 때문에, 이미 기정사실이 된 질병의 발생률이 거의 모든 곳의 수억 명 중에서 아주 조금이라도 늘어난다면 이는 엄청난 수의 희생자를 의미하게 된다. 그렇다면 사실 베일에 싸인 유일한 문제는 그 희생자가 누구인가 하는 것뿐이다.

리츠는 자신의 첫 연구 결과를 발표할 때가 되자 동료들이 어떤 반응을 보일지 걱정스러웠다. "또다시 검토자들이 태아는 호흡을 하지 않는다고, 대체 당신은 뭘 한 거냐고 말할까 봐 무서워서 죽을 것 같았어요." 리츠는 이렇게 회상한다. 하지만 반응은 그와 정반대였다. 과학자들이 오염의 위험성에 눈을 떴고, 리츠의 연구 결과에 열렬히 귀를 기울였다. 그리고 리츠가 연구를 하는 동안 다른 연구자들 역시 비슷한 연구를 시작한 상태였다. "이삼 년 만에 정말 급속하게 늘어나서 전 세계 논문이 제가 로스엔젤레스에서 봤던 걸 되풀이해서 전하는 걸 볼 수 있었어요." 이 중 많은 연구가 중국에서 이루어졌는데, 중국은 오늘날 더러운 공기가 아이들에게 미치는 영향을 해결하느라 힘겨운 싸움을 하고 있는 중이다.

연구를 진행하면 할수록 리츠의 연구 결과는 심란해졌다. 출생 시 저체중과 조산은 비교적 일반적이다. 다행히도 소아암은 그보다 드물어서, 확실한 결론을 도출하려면 근 20년의 기록을 근거로 사용해야 했다. 리츠는 5세 이하일 때 진단된 소아암에 집중했는데, 출산 전 오염물질에 노출된 것과 어느 정도 관련성이 있을 경우에는 추적하기가 쉬운 편이다. 그 발견은 간담을 서늘하게 했다. 소아백혈병, 신장암, 안종양, 그리고 어린 여아와 남아의 난소와 고환에 생기는 악성종양이, 엄마가 임신 중에 차량 배기가스를 들이마신 아이에게서 훨씬 일반적이었던 것이다.[30] 기록을 깊이 파고 들어가다가 아기의 사망률—유아돌연사증후군이라고 하는 이유를 알 수 없는 비극과 호흡곤란으로 인한—이 오염 수준과 함께 증가한다는 사실 역시 발견했다.[31] 리츠는 수백만 개의 배기관에서 흘러나온 배기가스와 최악의 슬픔을 결부시키게 되었다.

또한 심장기형—작고 불완전한 밸브와 대동맥, 심장벽에 생긴 구멍—은 태아의 심장이 형성되는 임신 초기에 오염 속에서 생활한 엄마의 아이에게서 3배 더 많이 나타난다는 사실 역시 확인되었다.[32] 좀 더 최근에 리츠는 임신 중에 오염된 공기를 들이마신 여성은 자폐아를 출산할 가능성이 더 높다는 연구 결과를 가지고 자폐증

의 원인을 찾는 일에 새로운 정보를 추가했다.[33]

더러운 공기가 성인에게 미치는 영향을 검토하고 있는 과학자들은 피해의 메커니즘을 이해하기 위해 실험용 쥐와 다른 동물들의 몸을 살펴보기도 한다. 하지만 이런 생명체의 임신은 인간의 경우와 너무 달라서 유용한 통찰을 얻기가 힘들다. 그런 탓에 우리는 오염이 자궁 안에서 어떻게 피해를 유발하는지에 대해 알 수 있는 것이 거의 없다. 그 눈에 보이지 않는 과정은 착상 이후 며칠간, 두 개의 DNA 집합이 하나로 꼬여서 결합되는 아주 초반에 진행될 수 있다. 독성물질은 그보다 조금 뒤에, 아직 발생 중인 작디작은 장기 안으로 침투할 수 있다. 아니면 엄마의 면역체계 안에서 반응을 촉발하여 아직 자라고 있는 아기에게 도미노처럼 영향을 미침으로써 발달 과정에 간접적으로 개입할 수도 있다.

태어나기 전에 오염이 새겨놓은 변화는 어릴 때뿐만 아니라 평생 우리를 따라다닐 가능성이 충분하다. 그 관계를 제대로 조명하려면 수십 년에 걸친 연구가 필요할 것이다. 그리고 물론 해가 갈수록 질병의 발생에 기여하는 다양한 경험과 노출이 등장하고, 이 때문에 출생 전의 상황과 직접적인 연결고리를 찾기가 어려워진다. 하지만 임신 9개월과 아이가 세상에 나온 첫 몇 년 동안 일생의 질병과 건강상태를 알아내기 위해 고안된 기초 작업이 하나의 연구 분야로 각광받고 있다. 과학자들은 공기 중의 독성물질이 느린 동작으로 그 위력을 행사하여, 수십 년간 잠들어 있다가 어떤 새로운 노출이나 트라우마에 의해 깨어나는 숨겨진 민감성을 만들어내는 것은 아닌지 질문을 던지기 시작했다. 다시 말해서 당장은 들이마신 공기에 아무런 영향을 받지 않는 것처럼 보이는 우리조차도 그 결과를 피했다고 속단할 수 없을지 모른다. 그저 아직 느끼지 못했을 뿐이다.

나는 리츠에게 더러운 공기가 얼마나 많은 종류의 질병과 관련이 있는지, 그것이 우리에게 얼마나 끔찍할 정도로 다양한 흔적을 남기는지를 알고서 깜짝 놀랐다고 이야기한다. 리츠는 "저한테는 놀랍지 않아요"라고 대답한다. "그게 서로 다른 질병에 독립적인 영향을 미친다고 생각하면" 하나하나가 새롭고 충격적인 소식이다. 하지만 더 큰 그림을, 그러니까 인체와 그 모든 시스템의 본성이 서로 연결되어 있다는 사실을 이해하면 그게 더 합리적이다. "우리는 하나의 총체예요. 약점이 있기는 하지만요. 그리고 전 우리가 걸리는 질병은 우리의 약점이 방어 능력을 압도한 결과 같은 거라고 생각해요."

***

에드 에이볼과 짐 가우더먼의 선구적인 연구는 최초의 연구 결과로, 그러니까 폐의 발달에 대한 눈부신 발견으로 끝나지 않았다. 이들은 지금도 자신들이 수십 년 전에 풀어내기 시작한 실타래를 좇고 있고, 내게 직접 그 여정에 대해 이야기해주기로 했다. 어느 화창한 1월의 오후, 나는 차트와 그래프로 뒤덮인 사무실 문을 지나 서던캘리포니아 대학교 켁 의과대학에 있는 밝고 윤이 나는 회의실에 들어섰다. 장거리 달리기 선수처럼 강단이 있어 보이는 에이볼은 몸을 앞으로 숙이고 단어를 보글보글 뿜어내며 이야기를 한다. 가우더먼은 정돈된 콧수염 아래로 넉넉하고 편안한 미소를 지으며 에이볼보다 천천히 말한다. 그들은 다정하고 성실하며, 융통성 없는 과학자에 공인된 괴짜다. 에이볼이 괴짜라는 표현을 쓰자 가우더먼은 부드럽게 반대하긴 하지만 말이다. "그건 자네 얘기지." 가우더먼이 웃으면서 말한다.

몇 년간 어린이건강연구는 초창기에 연구를 추진했던 질문들을 훨씬 넘어서서 수십 가지 새로운 문제를 해결해왔다. 항상 어린이 수천 명의 성장기를 세세하게 기록한 그 비범한 데이터 집합을 탄탄한 발판으로 삼았다. 연구자들이 피험자의 뺨에서 DNA 샘플을 긁어내고, 육체 활동을 모니터링하기 위해 걸음 수 측정기를 나눠주고, 아이들의 호흡에 염증을 유발할 수 있는 화학물질이 있는지 검사하면서 귀중한 데이터가 점점 굵직한 의미를 띠게 되었다.

"[연구가] 모든 방향으로 폭발성을 띠게 되었어요." 에이볼이 말한다. "우린 초창기 관심사였던 호흡기 건강상태를 들여다보는 데서 더 나아가 심혈관 건강을 들여다보고, 신경 건강을 들여다보고, 비만과 대사증후군을 들여다보고, 유전적인 소인을 들여다보고, 후성유전학을 들여다보게 됐어요." 이 연구는 다양한 학문 분과—지리적 지도 제작, 독성학, 분자생물학—의 전문가들을 끌어들였고, 심지어는 살아 있는 몸 안에서 오염의 이동 경로를 추적하기 위해 실험용 쥐를 검사하는 팀도 있었다.

이 기나긴 세월 동안 연구를 이어갈 수 있었던 것은 많은 학문 분과들의 상호작용이 빚어낸 지적인 풍부함 덕분이었다. 실제로 가우더먼은 이 연구가 하나의 프로젝트가 아니라 많은 프로젝트라고 설명한다. "그게 핵심이에요. '대기오염이 아이들의 만성적인 건강상태에 영향을 미칠까?'라는 질문과 함께 12개의 도시에서 출발했죠."

그것도 충분히 중요했지만, 끝없이 유혹하는 새로운 질문들이 더해지면서 더 강력해졌다.

이들의 연구가 변화를 만들고 있다는 인식은 무엇보다 기쁘다. 초기의 연구 결과들은 새크라멘토와 워싱턴에 있는 사람들의 책상 위에 올라갔다. 수백만 명이 들이마시는 공기 안에 들어 있는 것이 무엇인지를 결정하는 규정과 법을 바꿀 힘을 가진 사람들이었다. 이 관료들은 과학을 이용해서 조심스럽게—항상 그런 것은 아니지만 충분히 자주—자동차, 트럭, 공장, 발전소가 더 청정해져야 한다고 요구했다.

그리고 이제 에이볼과 가우더먼은 자신들의 연구가 초래한 건강상의 편익을 연구하는 흔치 않은 입장에 놓여 있다. 수년간 서던캘리포니아의 공기가 깨끗해지자 가우더먼은 다시 오래된 데이터를 추리면서 에리카 필즈 세대와 새천년에 성장기를 보낸 아이들을 비교하기 시작했다. 이번에는 결과가 그렇게 놀랍지 않았다. 더 좋은 공기를 마신 또래 집단이 훨씬 건강했던 것이다. 심각한 폐기능 손실이 나타나는 비율이 과거의 절반에 못 미쳤다.[34] 어린이건강연구가 이 변화를 일으키는 데 많은 일을 했다고 내가 언급하자 이들은 자신의 역할을 겸손하게 인정한다. "우리는 예방의학과 소속이니까요." 가우더먼이 이렇게 말하자 그의 파트너가 대신 마무리하면서 생각을 전한다. "'밖에 나가서 뭔가를 예방해'라는 말을 즐겨 하던 학과장이 있었어요. 그래서 우린 우리가 기여했다는 게 기뻐요."

물론 이들의 연구에는 개인적인 성격도 있다. 그들의 폐 역시 실내에 있으라는 경고와 스모그 경보가 오렌지 나무와 해변만큼이나 서던캘리포니아의 삶에서 중요한 일부를 차지하던 시절에 성장기를 보냈기 때문이다. 에이볼은 "이런 것들이 인지적인 영향을 가하니" 가우더먼의 말을 에누리해서 들어야 한다고 경고하며 진부한 농담을 던진다. 하지만 그들은 이 상황이 얼마나 심각한지 누구보다 잘 알고 있다. 가우더먼은 자기 아이들의 건강에 대해 생각한다. 아이들은 그보다 훨씬 깨끗한 공기 속에서 성장했고, 그와 아내는 번잡한 고속도로에서 멀리 떨어진 집을 선택했다. 하지만 아이들이 들이마신 공기가 이미 눈에 보이지 않게 어떤 미래의 질병을 태동시켰을지 파악하기에는 아직 너무 이르다.

영국의 시인 윌리엄 워즈워스는 "어린이는 어른의 아버지"라고 썼다. 요즘에는 우리의 인생 경로가 그렇게 일찍 정해진다는 생각을 좋아하지 않는다. 하지만 현대의 부모 노릇에는 우리의 결정—학교, 전자기기 노출 시간, 설탕—과 심지어 우리가 아이들 앞에서 한 말이 향후 수십 년간 아이에게 어떤 영향을 미칠지에 대한 걱정으로 가득하다. 우리가 아이의 독립성을 침해하지 않으면서, 자신감을 쌓을 수 있을 정도로 용기를 불어넣어줬을까? 안전한 집과 좋은 모범을 제공할 정도로 충분히 일을 하면서도, 아이들이 우리를 필요로 할 때 같이 있어주지 못할 만큼 과도하게 일에 매이지는 않았는가? 나의 부모님이 모두가 아는 은신처에 달달한 것들을 숨기기를 즐겼던 것이 지금도 내가 초콜릿에 대해 느끼는 금지된 것을 향한 유혹의 기저가 되었을지 모른다. 마찬가지로 나는 밤마다 내가 쿠키를 곁들인 맥앤치즈가 균형 잡힌 식사인지를 놓고 애나와 벌이는 토론이 나중에 아이가 성인이 되었을 때 음식과의 관계에 영향을 미칠 수 있음을 알고 있다.

육아에는 우리의 양육 방식이 나중에 어떤 영향으로 나타나리라는 의식이 가득하다. 하지만 우리 아이들이 들이마시는 공기—우리의 선택에 의해 아이들이 노출된 공기, 또는 거주 지역을 제한하는 직장과 금전 문제, 가족으로서의 의무 때문에 우리 자신을 위해 선택한 공기—역시 아이들의 미래에 영향을 미칠 수 있다는 점을 의식하는 사람은 거의 없다. 예수회 사람들 사이에서 회자되는 어떤 문장은 워즈워스의 정서를 아주 조금 변형하여 보여주고 있다. "내게 아이를 일곱 살까지 맡기면, 그 아이의 성인기가 어떤 모습일지 보여줄 수 있다." 나는 딸이 런던에서 유년기를 보내면서 들이마신 디젤 매연이 아이가 성인이 되었을 때 어떤 결과로 나타날지가 궁금하다.

에이볼과 가우더먼은 자신들의 연구가 일조한 변화가 아직 충분치 않다는 사실을 알고 있다. 그래서 이 팀은 아직도 전진 중이다. 요즘에는 매일 내 신경을 갉아먹는 문제에 많은 시간을 할애한다. 어떤 도시 또는 지역 전체에 정체된 오염의 구름이 아니라, 도로 바로 옆에서 특별히 높은 오염 수준이 야기하는 피해는 어느 정도일까? 역시 어린이건강연구의 일원인 롭 매코널은 우리가 있는 회의실로 들어와서 한때 자신이 그런 편차가 중요하지 않다며 얼마나 자신했던가를 떠올리며 실소를 금치 못했다. 그는 초반에 동료 한 명과 함께 칠레에 갔었다. "우린 교통공학자들과 오후 내내 시간을 보냈어요." 매코널은 회상한다. "'이게 뭘까? 왜 이 사람은 근처 도로에 노출돼서 생긴 일시적인 변화가 어떤 영향을 미칠 거라고 생각하지?' 하고 의문을 품었던 게 기억나네요."

그 결과는 엄청난 것으로 확인되었다. 번잡한 도로변의 오염 농도는 겨우 90m 떨어진 곳에 비해 두세 배 더 높을 수 있다.[35] 그러므로 어린이건강연구의 첫 단계에서는 공기가 깨끗한 동네의 어린이와 오염된 동네의 어린이를 비교했지만, 몇 년 뒤에는 과학자들이 그보다 더 깊이 파고 들어가서 각 지역사회 내에서 차이를 살폈다. 또 구역 단위로 공기의 질이 어떻게 달라지는지를 세밀하게 관측하여 평균적인 공기질이 열악한 도시나 동네에서 사는 것의 영향으로부터 번잡한 도로변에서 사는 것의 영향을 구분해내려고 노력했다. 그들은 아이의 학교와 집, 그들이 걸어 다니는 도로에서 테스트를 실시했고, 가우더먼은 수년간 각각의 어린이가 들이마신 공기를 개별화된 그림으로 그려냈다.

그 영향은 부가적이며, 교통이 혼잡한 곳에 가까이 사는 것과 전반적으로 열악한 공기질은 문제를 이중으로 더 심각하게 만든다는 그의 설명을 들으면서 나는 가슴이 철렁 내려앉는다. 안타깝게도 그것은 내 런던 생활에 대한 상당히 정확한 묘사이기 때문이다.

도시 전체의 오염이 심하고, 우리 집은—조용하고 막다른 도로에 있긴 해도—출퇴근 시간만 되면 자동차가 꼬리에 꼬리를 물고 선 도로에서 도보로 얼마 되지 않는 곳에 있었던 것이다. 매일 거대한 트럭과 이층버스가 가로지르는 도로변의 학교에 다니는 애나의 폐는 배기가스를 훨씬 많이 들이마실 가능성이 높다. 우리가—직장까지 걸어가거나, 운전을 하거나, 거실에 앉아서—많은 시간을 보내는 도로 위나 그 근처에서 우리는 이런 식으로 일시적이나마 고농도의 오염에 노출된다. 따라서 공기질이 전반적으로 좋은 곳에서마저 오염은 안심할 문제가 아니다.

오후가 서서히 저녁으로 넘어가고 회의실 밖에서 길거리 농구가 점점 과열되는 동안 매코널은 자신의 어머니가 심장마비를 일으켜 치료를 받았던 콜로라도 병원에 대한 이야기를 들려준다. 병원은 커다란 고속도로 옆이었고, 그래서 그는 병원을 방문했을 때 대기오염이 부정맥과 혈전 문제를 일으키며 그 외 심장병 환자에게 위험한 다른 변화를 유발함을 시사하는 근거에 대해 생각하지 않을 수 없었다. 도로와 병원 사이에 주차장을 두는 정도만으로도 차이를 만들 수 있었을 거라고 그는 이야기한다.

건물의 설계자는 아마 그 점을 몰랐을 것이다. 하지만 지역용도 설정담당 공무원은 알아야 하며 불필요한 노출을 줄이는 규칙을 만들 수도 있다. "당신이 새 학교를 짓는다면 왜 고속도로 옆에다 짓겠어요?" 매코널이 묻는다. 운동은 폐가 들이마시는 공기의 양—따라서 오염의 양—을 증가시키기 때문에 매코널은 로스앤젤레스의 선셋대로를 따라 달리고 있는 사람들이 그 도로와 평행하게 뻗어 있는 더 한적한 도로에서 달리는 것이 훨씬 낫다는 걸 알기를 바란다. 그리고 그 사실을 아는 사람들은 선셋대로 이용자들을 그쪽 방향으로 살짝 유도해야 한다고 믿는다.

롭 매코널이 깨달은 또 다른 사실은 우리가 지금 무슨 일을 하든 오염의 피해는 증가할 가능성이 높다는 것이다. 이제까지 한 번도 생각해보지 못했지만 일단 발견하고 나니 완전히 명약관화한 어떤 것을 데이터에서 발견했던 것이다. "우린 노화하고 있어요." 더러운 공기를 수십 년간 들이마신 결과는 인생의 황금기에는 잘 드러나지 않을 수 있다. 뇌졸중, 심장마비, 암이 최악의 상황으로 치닫는 시기는 피해가 눈덩이처럼 불어나고 몸이 약해지는 인생의 후반이다. "그게 놀랄 일은 아니었지만 직접 보니 놀랍더라고요." 매코널이 말한다. "젊은이들 사이에서는 죽음을 볼 일이 없어요. 죽음을 보게 되는 건 나이 든 사람들 속에서죠." 우리가 오래전에 들이마신 것에 대한 대가를 치르기 시작할 때가 되면, 아무리 공기가 전보다 깨끗해졌다 해도 오염이 부채질한 질병과 건강의 비용이 치솟게 될 것이다.

이 연구의 최전선은 꾸준히 전진 중이다. 이제 매코널은 불과 10년 전만 해도 한 번도 오염 연구에 포함된 적이 없는 문제인 비만 및 당뇨와 더러운 공기의 관계를 들여다보고 있다. 어느 날 매코널은 엘리베이터에서 전임 학과장과 마주쳤다. "당신들은 왜 그러는 거요?" 나이 든 선임자가 물었다. "당신들은 대기오염이 모든 문제를 일으킨다고 생각하죠?" 매코널은 어떤 수준에서는 그것이 어처구니없는 생각은 아니라고 말한다. 그는 흡연에 비유한다. 담배가 야기하는 피해가 폐에 국한되지 않는다는 사실을 알고 놀라는 사람은 없다. 자동차와 공장에서 나온 독성 혼합물질은 담배 연기 안에 뒤섞인 온갖 물질들과는 다르지만 원리는 똑같다고 그는 내게 말한다. 우리가 숨을 쉴 때마다 빨아들이는 분자는 몸 구석구석을 건드린다.

***

존 밀러 역시 대기오염의 과학을 이해했고 논문을 읽었으며 데이터를 소화했다. 하지만 그 어떤 것도 심장이 멈춰버린 한 소년이 응급실로 황급히 실려온 그날의 대비책이 되지는 못했다. 밀러는 고향인 테네시주 특유의 끄는 듯한 느린 말투로 이야기하지만, 병원은 로스앤젤레스 남쪽의 인구밀도가 높은 교외 지역인 오렌지카운티에 있었다. 에이볼과 가우더먼이 일과를 보내는 곳에서 멀지 않은 곳이다.

그전까지만 해도 한가롭게 교대근무를 하고 있는데 갑자기 전화가 왔다. 심장마비를 일으킨 아이와 함께 긴급 의료대원들이 병원으로 오는 중이라는 소식이었다. 밀러의 회상에 따르면 환자의 나이는 여덟 살 정도였다. "응급실에서는 하루가 순식간에 바뀔 수 있어요." 의사인 밀러는 내게 이렇게 말한다. 그는 구급차가 도착했을 때 필요한 물품을 갖춰놓으려고 분주하게 움직이고 있었다. 몇 분 만에 소아과 응급운반차가 준비되었다. 소년의 목숨을 이어줄 튜브와 정맥 주사선도.

누군가 환자 인식번호를 발부하고, 실험실에 보낼 다른 견본과 혈액 샘플에 붙일 라벨에 그 번호를 프린트해놓은 것도 그 막간에 이루어진 일이었다. 병원은 아직 소년의 이름을 몰랐기 때문에 이름표에는 "존 도"라고만 적었다.

이름은 나중에 다시 고쳐 쓸 수 있었다. 일단 무엇보다 중요한 것은 멎어버린 심장을 다시 뛰게 하는 것이었다. 이런 경우에는 "아드레날린이 흘러 다닌다"고 밀러는 말한다. "죽음, 파괴와 육탄전을 치르는 거예요." 밀러와 그의 팀은 겁먹은 가족들이 기다리는 동안 심폐소생술을 했다. "그러더니 갑자기 심장박동이 돌아왔고 아이가 혼자서 호흡을 하기 시작했어요. 그리고 혈압이 돌아왔어요. 환자가 위기를 넘기고 있었고, 잘 넘겨낼 가능성이 농후했죠."

그날 아침은 공기질이 특히 안 좋았고 아이는 심각한 천식발작 때문에 위기에 처한 상황이었다. 스모그가 심한 날이면 아이가 종종 쌕쌕거린다는 엄마의 말을 들으니 밀러에게 이 트라우마의 원인이 더 분명해졌다. 어쩌면 그래서 그날 그 아이의 일이 기억에 남아 있었던 건지도 모른다. 다른 많은 환자들, 심지어는 밀러가 구했던 그 아이만큼 운이 좋지 못했던 아이들의 이야기는 기억에 크게 남지 않았지만 말이다. "저한테는 아주 분명해 보였어요. 그런 재난을 설명할 수 있는 유일한 가능성은 그날의 대기오염밖에 없었죠."

밀러는 병원에 있으면서 더러운 공기의 영향을 일상적으로 확인했다. 스모그가 심한 날이면 호흡이 가쁜 환자들, 네뷸라이저를 입에 문 미취학 천식 환자들, 산소탱크에 연결된 노인들이 밀어닥치리라 예상할 수 있었다. 밀러의 마음 한구석에는, 항상 환자에게 무슨 일이 일어나든 복도를 따라 걸어가서 가족에게 소식을 전하는 일은 자기 몫이라는 의식이 있었다.

공교롭게도 밀러는 공기에 대해 많이 알고 있다. 그는 응급실 밖, 상원 청문회에서 증언한 경험이 있고, 끝없이 이어지는 지자체 회의 자리를 지켰고, 로스앤젤레스의 오염에 큰 책임이 있는 거대한 두 항구에 변화를 일으키기 위해 싸웠다. 어느 날 아침 동료 활동가의 집에서 밀러를 만났을 때 그는 내게 미세먼지가 증가할 때 사망률이 거침없이 치솟는다는 사실을 보여주는 〈미국 의사협회 저널〉의 한 논문을 건넸다. "저한테는 그게 아주 충격적이었어요. 대기오염이라는 짐을 세제곱미터당 몇 마이크로그램이라도 줄이는 데 성공했더라면 제가 응급실 담당 의사로 일하면서 구한 것보다 더 많은 목숨을 구했을 거예요."

하지만 밀러가 오염의 위력을 알고 있긴 했어도, 한 아이를 죽음의 손아귀에서 가로채기 위한 싸움은 그를 완전히 다른 방향으로 끌고 갔다. "[현실에서는] 사람들이 정말 이 물질 때문에 시신 운반용 가방 속에 들어가요. 다행히도 그 아이는 그렇지 않았죠. 저는 우리가 그 아이의 목숨을 구했다는 사실이 정말 기뻤어요. 자랑스럽기도 했던 것 같아요. 솔직히 말해서 그 아이를 구한 게 뿌듯했죠. 하지만 그건 우스운 생각이에요. 어차피 해야 하는 일을 한 거니까." 현실에서는 인간이 만들어낸 위험요소가 너무도 많은 불필요한 고난을 양산한다.

마음을 놓은 부모들이 소년과 함께 집으로 돌아간 뒤, 밀러는 "존 도"라고 적힌 이름표 하나를 자기 지갑에 넣었다. 이름표가 지갑 안에 있는 카드와 현금 사이에서 올이 풀리고 너덜너덜해지는 동안 그는 스스로 운동에 돌입했고, 청문회와 인터뷰, 가차 없는 밀어붙이기와 싸움을 강행했다. 맥 빠지는 상황이 발생했을 때, 결정이 잘못된 방향으로 이루어지거나 기업이 정화하겠다는 약속을 저버렸을 때, 그 이름표를 꺼내서 "자신을 대변할 수 없는 사람들을 위해 목소리를 높이겠다는 의지를 되새겼다"고 그는 말한다. "어떤 때는 이런 생각이 들기도 해요. '내가 왜 이 짓을 하고 있지? 내가 왜 이 일 때문에 벽에다 내 머리를 박고 있는 거지?'" 항구와 트럭회사와 다른 오염원들은 그 주변 지역사회가 동원할 수 있는 것보다 더 많은 자금과 변호사를 보유했다. 하지만 빛바랜 이름표와, 그 이름표의 주인이었던 아이에 대한 기억에 힘입어 그는 정확한 초점을 잃지 않을 수 있었다.

밀러가 어린 환자의 심장에 다시 생명을 불어넣은 지 10년이 다 되었다. 이 세상 어딘가에서 그 운 좋은 아이는 이제 10대가 되었다. 면도를 해야 할 정도로 성숙하고 어쩌면 대학 진학을 준비 중인 남자가 되어 있을 것이다. 아마도 그 아이는 자기가 목숨을 잃을 뻔했던 그날을, 또는 자신의 목숨을 구해준 의사를 기억조차 못할 수 있다. 아이의 부모는 절대 잊지 못하겠지만. 이제 밀러는 의료계에서 은퇴했고 아이의 이름은 흐릿한 기억 속으로 사라졌다. 하지만 그의 기억 속에는 대기오염이 아이에게 무슨 일을 했는지가 영원히 저장되어 있다.

그 소년의 경우가 남달랐던 이유는 극적인 요소나 심각성 때문이 아니라 그 원인을 분명하게 짚어낼 수 있었기 때문이었다. 어떤 의미에서 그 소년은 대기오염 때문에 질병과 상실을 감내하는, 그럼에도 진짜 주범이 누구인지 이해할 수 없는 모든 사람을 대변한다. 다행히도 죽음의 문턱까지 잠깐 갔다가 되돌아온 아이는 한 의사의 직업적인 방어기제를 뚫고 들어가 마음을 움직였고, 그 모든 통계자료와 연구가 실제로 무엇을 의미하는가를 되새기게 했다.

2장

그라운드 제로

델리의 공중보건 비상사태

PM2.5. 글자와 숫자. 치명적인 위협을 숨기고 있는 건조한 표기. 2.5마이크로그램보다 작은 초미세먼지. 대부분의 박테리아에 비해 크기가 절반이고 일부 바이러스보다 더 작은 미립자. 머리카락 굵기의 30분의 1. 모여 있으면 햇볕이 침침해지고 건물과 산의 형체가 흐려지는 물질. 하지만 각각은 가장 성능이 좋은 도구가 있어야만 볼 수 있다. 전자현미경으로 들여다보면 어둡고 불길하다. 각자 모양도 다르다. 어떤 것은 부드럽고 둥글게 생겼고, 어떤 것은 삐죽삐죽하고 면이 많으며, 불규칙한 타원형으로 구부러진 사슬과 나뭇가지 모양으로도 늘어나 있다. 아니면 이상한 모양의 찰흙 덩어리나 밀도 높은 솜털처럼 짓눌려 있다. 초미세먼지를 구성하는 것들은 인간이 태울 수 있는 모든 것 안에 들어찬 온갖 성분들이다. 탄소와 규소, 철과 알루미늄, 타이타늄과 황. 그리고 구리와 텅스텐과 납. 때로는 형체가 바뀌고 비틀어져서 치명적인 새 파트너와 결합한다. 그런데도 여전히 바람을 타고 수천 킬로미터를 날아 대양과 대륙을 건널 수 있을 정도로 가볍다. 창문 아래의 틈을 비집고 들어갈 정도로, 공기가 가는 곳이면 어디든 갈 수 있을 정도로. 어딘가에서 누군가가 들이마실 때까지. 몸속에 들어간 다음에는 폐를 통해 깊이, 더 깊이 내려간다.[1]

***

독실한 사람은 종교를 공부하기 위해 예루살렘에 간다. 예술 애호가는 파리로 성지순례를 떠난다. 나는 다른 종류의 관광객이다. 진짜 최악인 공기 속에서 산다는 것, 오염이 세계 최악인 장소에서 숨을 쉬는 것이 무엇을 의미하는지 이해하고 싶었다. 그래서 델리로 갔다.

인도는 서양 방문객에게 황홀함과 당혹감을 동시에 안기는 곳이라고들 이야기한다. 음식과 사원, 그 생생한 색감이 주는 즐거움은 보는 이의 마음속에서 엄청난 인구를 앞에 두고 느끼는 참담한 감각과 서로 경쟁을 벌인다. 수백만 명을 궁지에 몰아넣는 고달픈 가난에 대한 영혼을 뒤흔드는 깨달음과도 경합한다. 이 모든 클리셰가 정말로 느껴지긴 하지만—나는 예상대로 황홀함과 당혹감을 동시에 느꼈다—여기서 보낸 시간을 훨씬 분명하게 채색한 것은 내 주위에서 펼쳐지고 있는 공중보건 비상사태에 대한 깨달음이었다.

나는 집 없는 젖먹이들이 차량 옆에서 놀고 정신없는 간선도로 바로 옆에 울창한 개인 정원이 숨어 있는 도시를 횡단했다. 그러면서 정부가 이 나라의 공기를 참사 수준으로 나쁘게 만드는 연소—플라스틱과 온갖 쓰레기, 디젤, 소똥, 가장 값싼 석탄, 쌀과 밀을 수확한 뒤에 남은 지푸라기들의 연소—를 중단하지 못해서, 또는 중단할 의지가 없어서 매년 160만 명의 인도인이 목숨을 잃는다는 사실을 떨쳐버릴 수가 없었다.[2]

인디라 간디 국제공항에 착륙하면서 나는 짙은 연무 속에 켜진 조명등을 바라보았고, 비행기가 착륙도 하기 전에 이 공기가 델리에서는 관념이 아님을 이해했다. 공기가 깨끗한 편에 속하는 4월인데도, 마치 모닥불에서 피어오르는 성긴 연기와 같은 밤을 밝히는 가로등 속 오염을 볼 수 있었다. 낮이 되면 얇은 커튼이 드리워져 다리와 건물들이 종적을 감췄다.

이 장소—구체적으로는 델리, 좀 넓게는 인도, 전체적으로는 남아시아—는 대기오염의 그라운드제로, 충격적인 규모로 벌어지는 공중보건 위기의 진앙지다. 인도 아대륙 전역의 메가시티—하이데라바드와 콜카타, 카라치와 다카—에서는 수억 명이 숨을 쉴 때마다 믿을 수 없을 정도로 많은, 규제되지 않은 오염원에서 나온 독성 물질에 공격을 당한다. 세계보건기구가 작성한 가장 오염된 도시 목록에 올라 있는 상위 10개 도시 중 9개가 인도에 있다. 중국의 끔찍한 공기가 전 세계에서 뉴스 헤드라인을 장식하는 동안, 델리의 평균적인 PM2.5 수준은 베이징의 거의 2배, 권고 상한선의 10여 배 이상이고, 가장 오염이 심한 서양 국가들의 상황에 비해 대단히 심각하다.[3] 때로 빽빽한 매연 구름이 도시 전체를 뒤덮고 있는 끔찍한 날들이 이어질 때는 미세먼지 농도가 너무 높게 치솟아서 학생들을 보호하려는 절박한 시도로 학교가 휴교를 하고 신호등이 보이지 않아 자동차 추돌사고가 일어난다. 널리 퍼진 심각한 빈곤에 동반된 많은 문제에 압도당하고 부패 때문에 제구실을 하지 못하는 인도 정부는 노련하게 권한을 행사하는 중국 정부보다 훨씬 약한 탓에 자국민을 보호하는 데 완전히 무능한 것처럼 보인다.

사람들이 감당해야 하는 결과는 처참하다. 한 연구는 델리의 어린 학생들이 그보다 오염이 적은 지역의 통제집단에 비해 폐렴 같은 심각한 하기도下氣道 문제에 시달릴 가능성이 2배 더 높고 폐기능이 부진할 가능성은 65% 더 많다는 사실을 확인했다.[4] 이는 에드 에이볼과 짐 가우더먼의 연구에 따라 (숫자는 훨씬 적지만) 캘리포니아의 어린이들에게서도 확인된 것으로, 인생의 후반부에 심각한 건강 문제가 나타날 가능성이 농후하다는 예측지표 역할을 한다. 인도 전체에서 오염은 사망과 질병의 요인 중에서 영양실조 바로 뒷자리를 차지한다.[5] 인도인들은 세계에서 폐기능이 가장 안 좋고[6] 호흡기 질환으로 인한 사망률도 가장 높다.[7] 이 세상 대부분에서 만성 폐쇄성 폐질환—기도의 흉터, 염증, 좁아짐이 특징인 심각한 호흡 문제의 집합—은 주로 담배가 원인이다. 하지만 인도에서는 진단을 받은 사람의 약 60%가 비흡연자다.[8]

우리는 이 책에서 부유한 서양 국가들 역시 찾아갈 것이다. 그런 나라들도 공기질 문제를 현실적으로 겪고 있다. 하지만 끔찍한 수치 하나가 인도 같은 곳에서 대기오염의 위험이 얼마나 심각한지를 적나라하게 보여준다. 그 수치란 바로 가난한 나라의 5세 이하 어린이는 부유한 나라에 비해 더러운 공기의 영향으로 목숨을 잃을 가능성이 60배 더 높다는 것이다.[9] 내가 해외여행을 통해 만난 인도인들은 열이면 열 자신들이 인도를 떠나는 순간 건강에 대한 걱정이 사라졌다고 털어놓았다. 아이의 쌕쌕거리는 호흡, 아버지의 가쁜 호흡, 지긋지긋한 기침. 이 모든 것이 유럽, 캐나다, 미국에 도착하는 순간 사라졌다가 고향 집에 도착하는 그 즉시 재발한다는 것이다.

"당신 내부에 궤양이나 다른 뭔가가 있는 것 같은 기분이 들 거예요." 수십 년간 해외에 있다가 델리에서 거주하려고 귀국한 만잘리 코슬라가 말했다. "뭔가 타는 듯한 느낌이에요. 그러다가 부비강이 아프고, 머리가 아프고, 눈물이 흐르죠." 아이들은 캐나다에서 휴가를 보낸 뒤에 돌아오면 비행기에서 마지못해 내리고, 어머니는 더 장기적인 결과에 겁먹는다. "애들 폐에서 폴립이 나온다든지 하는 아주 심각한 상황을 꿈으로 꾼 적도 있었어요."[10] 델리 시민들은 시장에 해당하는 주지사가 선출 직후 만성기침을 털어내겠다는 희망을 품고 의사의 명령에 따라 도시를 떠났다는 어두운 아이러니 앞에 웃을 수밖에 없었다.[11]

***

이런 식으로 대처하는 사람도 있다. 카말 미틀은 직접 공기주머니를 만들었다. 파하르푸르 비즈니스센터는 고즈넉하고 비현실적인 느낌을 주는 피난처로, 그 서늘한 청결함은 델리의 땀내 나는 불협화음과 기분 좋게 대비된다. 밖에서 보면 건물은 남다를 게 없어 보인다. 먼지 날리는 주차장 옆에 비집고 들어선 약간 더러운 1970년대식 흰색 오피스 타워와, 그 앞문 주위의 분위기와는 약간 동떨어져 보이는 검은 돌과 어두운색 나무로 된 고급 전면부. 내부에 들어서면 좀 더 광택이 나는 나무와 패브릭으로 가득한 실내 장식이 마치 집에 애정은 많지만 굳이 바뀌는 유행을 따라가려고 애쓰지 않는 사람의 집에 들어선 기분을 선사한다. 자연광은 많지 않고, 길고 어두운 복도와 창문이 없는 방들은 자궁에 들어온 것 같은 기분이 들게 한다. 하지만 그것을 특별한 곳으로 만드는 것은 파하르푸르의 겉모습이 아니라 고차원 기술과 저차원 기술을 혼합하여 건물 안의 공기를 이 도시에서 가장 숨 쉬기 좋은 공기로 만드는 정교한 방어 장치다.

이곳에서는 거대한 다국적 기업들이 사무실 공간과 회의실을 빌리지만, 사실 미틀이 파하르푸르를 안식처로 창조해낸 것은 자기 자신을 위해서였다. 공기에 대한 자신의 집착을 끝까지 밀고 가기 위한 무대였던 것이다. 이 아이디어가 떠오른 것은 1990년대 중반에 의사에게 계속 델리에서 지내면 오염 때문에 곧 목숨을 잃게 될 거라는 말을 듣고 난 뒤였다. 폐활량이 가파르게 떨어져 있었고, 항상 기침을 했으며, 증상을 통제하기 위해 먹어야 하는 알레르기 약 때문에 청력 상실로 고생하던 중이었다. 그는 의사의 조언을 무시하고 델리에 남아서 자신이 이사로 일하던 인도델리 공과대학의 과학자들에게 도움을 요청하기로 결심했다.

그들이 녹색식물로 공기를 정화하는 방법을 취했기 때문에—미틀은 그것이 NASA(미 항공우주국)의 연구에서 영감을 얻은 것이라고 말한다—1,200주의 식물이 건물을 가득 메우게 되었다. 복도마다 늘어선 식물이 옥상의 온실을 가득 메운다. 옥상의 온실에서는 바닥에 놓인 커다란 들통에서 녹색식물이 자라고, 벽을 따라 늘어선 플라스틱 물통에서도 고개를 내밀고 있다. 한동안은 식물만으로도 충분히 파하르푸르의 공기를 깨끗하게 만들 수 있었지만, 델리의 오염 수준이 치솟으면서 더 큰 무기가 필요해졌다. 이제는 외부의 공기를 옥상에 있는 탱크로 흡입해서 정화와 여과를 거친 뒤 펌프를 이용해 온실을 통과시켜 산소 함량을 높인다. 수술실 형태의 양압 시스템은 문이 열렸을 때 오염물질이 안으로 들어오지 못하게 막아준다.

포장 사업으로 돈을 번 미틀은 성격이 아주 꼼꼼하다. 또 자신이 보유한 특허 이야기를 들려주고 자신의 테드 강연에 대해 자랑하는 부류의 사람이다. 우리가 대화하는 동안 그는 방 앞에 있는 화면에 슬라이드와 동영상을 띄우는 조수에게 고함치듯 지시 사항을 전달한다. "그 프리젠테이션을 열어." 그가 명령한다. "식물, 식물도 띄우고. 슬라이드 하나씩, 그냥 계속 넘겨." 그는 음식에서 나온 증기가 건물의 공기를 오염시킬지 모른다는 두려움 때문에 직원들에게 카페테리아 이외의 장소에서는 음식물을 먹지 못하게 한다. 비가 내리지 않을 때는 대기오염이 광합성을 방해하지 못하도록 높이가 12~15m에 달하는 건물 밖 나무들을 두어 주 간격으로 씻어준다. 그는 내가 구글에서 검색하지 않으면 알 수 없는 주제들을 줄줄 늘어놓고, 자기가 보기에 박사학위 논문의 토대가 될 만한 주제를 제안한다. 게다가 세상에서 가장 공기가 깨끗한 나라들이 방문객의 입출국 시 혈류 산소 수준 테스트를 제공하면 그곳에서 지내는 동안 방문객의 건강이 얼마나 향상되었는지를 확인할 수 있을 거라는 식의 독특한 아이디어를 던지기도 한다. "그건 참신한 아이디어예요. 하지만 어쨌든 그런 건 핵심은 아니죠."

더 중요한 점은 파하르푸르가 건강에 미친 영향이라고 미틀은 말한다. 그 건물이 쾌적한 휴식처를 제공한다는 점은 의심할 여지가 없다. 미틀은 두통, 호흡곤란, 눈의 자극이 다른 사무실보다 훨씬 적음을 보여주는 연구 결과를 거론한다. "깨끗한 공기를 재배하는 법"이라는 제목의 테드 강연에서 그는 식물이 뿜어내는 산소가 직원들의 생산성을 향상시킨다고 말한다. 이윽고 그의 보조원이 내 검지에 산소 모니터기를 끼운다. 내 모니터기에 찍힌 98%라는 수치는 호흡기의 건강상태가 양호한 수준을 뜻한다는 걸 미틀이 확인해준다. 이 건물에서 하루를 지내고 나면 "99%가 될 가능성도 있긴" 하지만 말이다. "나는 델리에 사는 모든 사람들과 어느 해변에 사는 사람들의 혈류 산소 수준에 무슨 일이 일어나는지를 비교해보고 싶어요." 그가 혼잣말하듯 이야기한다. 미틀은 핵 공격을 받고 대피한 사람들에게 그의 식물들이 유용할 거라고 말한다. 그런 상황에서 산소를 보충하려고 외부의 공기를 펌프로 유입시키면 "다 죽은 목숨"이다. "내가 말했죠. '멋진데, 여기에는 방어용 시설을 갖춰야 되겠군. 한번 그렇게 해보자고.' 그래서 우리는 그렇게 할 수 있게 되었죠." 장난스러운 미소가 그의 얼굴에 희미하게 번진다. 나는 그가 농담을 하는 거라고 생각하지만 그다지 자신은 없다.

이제 미틀은 건강하지만 자신의 건물이 더 큰 문제를 해결하지는 못한다는 사실을 알고 있다. 그의 사위이자 사업 파트너인 바룬 아가왈은 공기 필터가 크게 벌어진 상처에 반창고를 붙이는 격일 뿐이라고 동의하면서도, 가정용과 사무실용으로 필터를 판매하기 시작했다. “정부가 뭔가를 해야 해요. 빠를수록 좋죠.” 아가왈이 말한다. 그의 발음에서 느껴지는 미국식 비음은 그가 노스캐롤라이나와 애틀랜타에서 13년을 보냈다는 증거처럼 느껴진다. 하지만 그는 손 놓고 있지만은 않는다. “정부가 일을 시작할 때까지 앞으로 5년 동안 내 아이들이 그 독극물을 들이마시게 놔둬야 되겠어요? 안 되죠. 내가 공기정화 장치를 설치하고, 아이들의 폐에 휴식을 안기고, 폐의 쌕쌕거림을 진정시키고, 기침을 잠재우고, 깨끗한 공기를 선사할 수 있으면 그렇게 해야죠.”

기업가로 잔뼈가 굵어진 아가왈은 인도로 돌아온 뒤 첫 몇 년간은 공기에 대해 별생각이 없었다. 그는 종종 애틀랜타로 가서 추수감사절 마라톤 대회에 참가하기 위해 훈련을 한다. 어느 늦은 밤에는 델리에서 두 시간 반 동안 달리기를 했다. 그는 “돌아와서 처음 30분 동안 기침을 하면서 검은 가래를 토해냈다”고 회상한다. “믿을 수가 없었어요.” 그는 애틀랜타에 갈 때마다 친구와 달리기 연습을 하곤 한다. “우리가 막 달리기를 시작하면 ‘와, 정말 기분 좋은데!’ 소리가 절로 나와요. 그러면 친구가 ‘어, 왜 그래? 왜 그런 소리를 하는 거야?’ 하는 표정으로 절 쳐다보죠.” 아가왈은 고향의 공기가 얼마나 끔찍한지 설명하려고 애쓰지만 친구는 별 관심이 없었다. 그러다가 얼마 되지 않아 그 달리기 친구가 델리를 찾았고, 아가왈은 그를 데리고 시내 중심가에 있는 인도문(인디아 게이트) 근처로 짧은 여행에 나섰다. “달리기를 시작한 지 5분 만에 친구가 그러더라고요. ‘더는 못 달리겠어, 돌아가자. 이제 네가 한 말이 무슨 뜻인지 알겠어’라고요.”

아가왈도 장인 미틀처럼 공기에 대한 집착이 있다. 자신이 가는 모든 곳의 미세먼지 농도를 측정하기 위해 첨단 PM2.5 모니터기를 가지고 다닌다. 아가왈은 어느 가을날 한때 비틀즈가 깨우침을 구하기 위해 찾았던 산기슭 도시인 리시케시를 찾았다. "제곱미터당 21마이크로그램이 나오더라고요. 같은 날 델리에 돌아갔더니 489마이크로그램이 나왔고요." 세계보건기구의 가이드라인은 도시의 연평균 미세먼지 수준이 제곱미터당 10마이크로그램을 초과해서는 안 된다고 규정하고 있다. 한 번씩 치솟는 정도로는 하루 평균 25마이크로그램까지 허용한다. 아가왈이 이제까지 확인한 수치 중에서 가장 높은 수치를 본 것은 힌두교도들이 귀청이 찢어지도록 폭죽을 발사하며 즐기는 디왈리 축제 기간이었다. 그의 집이 속한 지역은 델리에서 녹지가 많은 편이다. 하지만 "[집 밖에서] 제곱미터당 7,200마이크로그램이 찍혔어요. 그날 시계視界는… 1m 앞도 잘 안 보였죠." 그 성스러운 밤에 델리에서 숨을 쉬는 것은 "불을 피워놓고 연기 속에 얼굴을 집어넣는" 기분이었다.

아가왈은 오스틴 텍사스 대학교의 대기 전문가 조시 앱트가 만든 짧은 동영상을 내게 보여준다. 앱트는 델리에 방문할 때마다 자신의 모니터기를 들고 오토릭샤 택시에 오른다. 이 도시 어디서든 볼 수 있는 녹색과 노란색의 삼륜택시는 가끔 끔찍하기는 해도 빠르고 저렴한 이동수단이다. 오토릭샤는 문이 없어서 양옆이 뚫려 있는데, 운전사는 오토바이와 비슷한 핸들 앞에 앉고 승객은 뒤쪽 좌석에 걸터앉아 경사로나 모퉁이를 돌 때 넘어지지 않게 차체를 꼭 잡는다. 승차한 모든 사람이 엄청난 양의 오염물질을 들이마시게 된다.

동영상이 우리 앞에서 번쩍이는 동안 아가왈은 화면 맨 위에 표시된 미세먼지 농도에 대해 설명한다. 오토릭샤가 속력을 내다가 교통체증 때문에 꾸물거리는 동안 측정한 것이다. PM2.5의 농도가 545를 찍었다가 335를 찍었다가 895를 찍는다. 안전한 제한선보다 수십 배 더 높다. 소음이 요란한 트럭이 옆 차선에서 기어를 삐걱대자 수치가 1,427로 치솟는다. "세상에…." 나는 숨을 제대로 못 쉴 지경이다. 아가왈이 웃는다. "기다려봐요." 잠시 후 검고 짙은 매연 기둥이 어딘가에서 나타나더니 카메라를 향해 피어오른다. "이제 보세요." 그가 말을 꺼내는 순간 판독기 수치가 2,621로 치솟는다. 수치는 159 이하로는 절대 떨어지지 않는데, 그것만 해도 이미 세계보건기구의 권장 최고치보다 6배 이상 높다. 앱트가 델리의 오토릭샤 오염이 "일상적인 교통수단 미시환경에 대해 보고된 것 중에서 가장 높은 값"에 속한다고 선언한 것은 놀랄 일이 아니다.[12] 이것은 델리에 사는 1600만 명이 들이마시는 것에 대한 진정한 척도, "지면에서 실제로 일어나는 노출"이라고 아가왈은 말한다.

***

그 수백만 명 중에서 파하르푸르의 순도 높은 공기를 마음껏 들이마실 사람은 얼마 되지 않을 것이다. 인도는 지금도 계급으로 쪼개진 나라다. 대기오염은 사회경제적 구분선을 초월하며 폐를 가진 모든 사람에게 영향을 미치긴 하지만, 부유한 사람과 가난한 사람, 중간에 있는 사람이 그것을 제각기 다르게 느낀다는 사실에는 의심의 여지가 없다. 차량 배기가스는 델리의 숱한 오염원 중 하나일 뿐이지만, 많은 일반인들이 매일 도로 위에서나 옆에서 많은 시간을 보낼 경우 그 이질적인 영향에서 큰 비중을 차지하게 된다.

파하르푸르에서 몇 킬로미터 떨어진 델리 남부의 분주한 마투라 도로에서 미소를 띤 한 여성의 얼굴이 무료 스카이프 전화를 선전하는 거대한 옥외 광고판에서 빛을 뿜어낸다. 바로 그 아래 모퉁이를 따라 휘어진 더러운 흰색 현수막에는 "그린 델리 클린 델리"라고 자랑스럽게 적혀 있다. 일요일인데도 차량 속도는 멈춘 것과 다를 바 없다. 매끈한 SUV와 콩나물시루 같은 버스들이 꾸물대며 움직이고 운전자는 경적 쪽으로 몸을 숙이고 있다. 옥외 광고판 옆에서는 한 행상이 막대기에 매달린 나무 리코더 더미를 들고 지나가고, 그가 불어대는 고음의 피리 소리가 귀청을 찢어대는 소음에 포개진다.

대화가 불가능할 것 같지만, 손바닥만 한 인도는 음식을 만들고 먹고 게으르게 시간을 흘려보내는 사람들의 온갖 활동으로 넘친다. 늦은 오후 시간이라 가족들이 집으로 향하고 있다. 터번을 쓴 남자와 밝은색 사리를 입은 여자들이 지나가고, 깔끔하게 빗질한 머리칼에 다림질한 셔츠를 입은 남자아이들이 부모의 손에 끌려간다. 금실로 뒤덮인 원피스를 입은 작은 소녀가 밝은 파란색 리본으로 장식된 맵시 있는 흰 코트를 입은 오빠 옆에 서서 그린 델리 표지판을 만지려고 손을 위로 뻗는다. 광고판 바로 옆에 늘어선 길거리 음식 판매대에서는 두 남자가 차파티를 굽고, 손님들이 그 둥근 빵을 들고 렌틸콩을 퍼올린다. 몇 발짝 떨어진 곳에서는 또 다른 길거리 음식 행상이 카트에서 향 연기를 피운 채 금속 항아리에서 맛있는 요구르트 음료인 빽빽한 라시를 따르며 도로에서 실려온 매캐한 디젤 냄새에 묵직하고 향긋한 색채를 더한다.

이 모퉁이는 승객을 찾는 오토릭샤 운전자에게 인기 장소인 모양이다. 대형 표지판 아래 대여섯 명 또는 그 이상이 모여 있다. 낡은 회색 유니폼을 입은 이 남자들은 노동을 하려면 피할 수 없는 이 오염을 어떻게 생각할까? 뉴욕에서 잠시 근무하다 돌아온 지 얼마 안 된 델리의 언론인 네하 타라 메타는 이곳에서 나의 조사를 돕고 있다. 그 답을 알아내기 위해 네하가 기사들을 구슬리기 시작한다. 교육받은 인도인과는 달리 최빈곤층 중에서 영어를 할 수 있는 사람은 거의 없다. 네하는 나의 질문을 힌두어로 통역한다. 운전자들의 좌절감이 재빨리 부글부글 끓어오른다. 작은 마을에서 태어났지만 기회가 너무 없는 곳이라서 젊었을 때 안정된 일자리를 얻고 싶어 이곳 수도로 왔다고 많은 사람들이 이야기한다. 몇 년이 지났지만 아직도 입에 풀칠을 하기 위해 아등바등하고 있고, 며칠을 잔혹한 고온과 소음, 배기가스 속에서 보내고 나면 고통스러운 대가를 치르게 된다.

"우린 트여 있는 차량을 몰기 때문에 피해가 가장 심해요." 난드랄 쿠마르가 말한다. "하지만 아무도 우리를 생각하지 않아요. 우리나 우리 가족에 대해 신경 쓰는 사람은 아무도 없어요." 쿠마르는 분노와 활기를 동시에 뿜어내면서 이 일을 17년 동안 했지만 벌이는 아이들을 학교에 보내기도 빠듯할 정도라고 이야기한다. "집세를 제때 낼 수도 없어요"라고 말하는 그의 유니폼 아래로 낡아빠진 흰 티셔츠가 엿보인다. 도로 위의 상태는 참기 힘들 정도다. 쿠마르는 도로 위에서 머리가 지끈거리고 기침 때문에 고통스러워한다. "숨이 막히는 기분이라 불안해요. 가슴이 묵직하고 위가 조여와요." 하루 일과가 끝나면 얼굴에서 그을음을 문질러 닦고, 만성기침 때문에 호흡기 전문가에게 진료를 받는다. "의사는 '약을 먹으면 괜찮아질 거예요'라고 말해요. 하지만 약을 먹으면 괜찮아졌다가 다시 나빠지죠. [다른 일을 하고 싶지만] 다른 대안은 전혀 없어요. 다른 일자리가 하나도 없어요." 나중에 쿠마르는 어떻게 될까? 알 수 없다. "미래의 건강이 걱정되긴 하지만 내가 할 수 있는 건 아무것도 없어요. 이 일은 나에게 해롭습니다."[13]

***

오토릭샤를 모는 운전자들은 이렇게 고생을 하지만, 사실 오토릭샤는 대기오염에 크게 기여하지 않는 몇 안 되는 운송수단이다. 지금은 믿기 힘들지만, 얼마 전만 해도 델리는 개발도상국의 거대한 메갈로폴리스가 어떻게 공기를 정화할 수 있는지를 보여주는 모델, 대기오염 성공담으로 인식되었다. 오토릭샤가 여기서 한몫을 했다. 1998년 대법원이 오토릭샤의 연료를 더 청정한 압축 천연가스CNG로 전환하라고 명령했던 것이다.

"시간을 조금만 거슬러 올라가보죠." 베이지색과 흐릿한 파란색 천을 두른 우아한 여성, 아누미타 로이초두리가 말한다. 로이초두리는 대기질을 둘러싼 수년간의 투쟁에서 주도적인 역할을 한 과학환경센터의 책임자다. 1990년대에는 델리의 공기가 너무 나빠서 "밖에 나가기만 하면 눈에서 눈물이 줄줄 흘러내렸다"고 그는 말한다. 당시 인도에는 차량이나 연료에 대한 규제가 전무했고, 그래서 세계의 다른 곳에서 진전이 이루어지는 동안 이곳의 엔진은 40년간 아무런 개선이 없었으며 연료의 질도 최악이었다.

그걸 바꾼 것이 행동주의 성향의 대법원이었다. 대법원 판사들은 명령을 발표하기 시작했고, 1998년부터 2003년경까지 일련의 중요한 신규 규정들이 시행되었다. 오염 산업은 도시 밖으로 밀려났고, 오토릭샤와 버스는 CNG로 전환되었으며, 차량에 대한 배출규제가 도입되었다가 그 뒤 더 엄격해졌다. "이런 것들은 상당히 파격적인 조치였어요." 로이초두리가 말한다. 조치들은 변화를 가져왔다. "델리의 초미세먼지 그래프를 그려보면 2002년 이후에는 배출 수준이 사실상 하락하는 걸 볼 수 있어요." 대중 사이에서도 의식이 생겨났다. "델리의 2004년 의원 선거가 지금도 기억나요. 정당들이 깨끗해진 공기의 공적을 서로 가져가려고 싸움을 벌였죠. 그게 선거 쟁점이 되었던 거예요."

그런데 어쩌다가 상황이 이렇게 나빠졌을까? 물밀듯 터져 나오던 조치가 점차 잦아들었고, 자가용 소유자가 급증하면서 대기오염 개선의 성과가 모두 지워졌다. "2008년과 2009년부터 오염 수준을 살펴보면 이번에는 다시 꾸준히 증가하는 게 보일 거예요." 로이초두리가 말한다. "우린 탄력을 지속하지 못했어요." 실제로 초미세먼지 수준은 불과 몇 년 만에 75% 증가했다.[14] 조치가 취해지긴 했지만 "너무 미약했다"고 로이초두리는 생각한다. "우린 더 많이, 더 공격적으로 했어야 했어요." 정부가 밀어붙이기를 중단한 이유 중 하나는, 처음의 조치 이후 단계부터는 델리인들의 점점 커지는 자동차 애호를 저지해야만 했고 이는 대중의 분노를 촉발할 게 확실했기 때문이라고 로이초두리는 믿는다. "오늘날 자동차를 이용하는 우리 모두에게는 숨은 보조금이 있어요. 우리는 주차비를 거의 지불하지 않고 도로세도 거의 지불하지 않아요. 대출이 쉽다 보니 자동차를 사기가 너무 쉬워요. 그래서 제어장치가 정말 아무것도 없는 거죠." 교통 관련 공적 지출의 약 80%가 델리 인구의 15%밖에 안 되는 자가용 운전자에게 집중되어 있다. "이 도시의 전체 하부구조가 사람의 이동이 아니라 차량 이동을 원활하게 하는 방향으로 재설계되고 있어요."

사실 대중교통은 크게 향상되긴 했다. 아직 충분하지 않을 뿐이다. 델리의 지하철은 2002년에 운행을 시작했고, 그 이후로 꾸준히 확대되었다. 이런 네트워크를 맨바닥에서 창조한 것은 실제 성과이며, 그게 없었더라면 교통 상황은 분명 훨씬 열악했을 것이다. 하지만 대중교통 수단은 여전히 아주 부실하고, 큰 그림 속에서 진행되는 계획이 부재하다 보니 사용하기도 어렵다. 가령 버스가 심각할 정도로 부족해서 많은 승객들이 지하철 역까지 오가기가 불가능한 상황이다.

그 결과 델리에서는 자동차와 오토바이의 수가 계속 늘고 있고, 도로는 하루하루 점점 더 꽉 막히게 되었다. 중상층과 부유층에게 운전기사는 필수품과 같다. 내가 델리에서 일을 시작한 첫날, 종일 이용할 수 있는 택시를 요청했더니 아미트 쿠마르가 미소를 띤 채 내 게스트하우스 앞에 나타났다. 그리고 내가 체류하는 동안 나를 이곳저곳으로 데리고 다니며 원하는 곳이면 어디든 내려주었다. 하루 8시간에 18달러. 특히 기온이 37도 이상 치솟는 때는 편하게 돌아다닐 수 있다. 솔직히 나는 여기저기 태워다주는 사람이 없다면 이곳에서 어떻게 일을 할 수 있을지 전혀 모르겠다.

알고 보니 많은 지역주민도 똑같은 기분을 느끼고 있었다. "지하철의 크기를 세 배로 늘릴 수도 있겠지만 그렇다고 해서 사미르가 지하철을 타지는 않을 거예요. 그런 일은 없을 거예요." 한 싱크탱크 분석가가 자신의 동료에 대해 이렇게 이야기한다. "저도 지하철을 타지는 않을 겁니다." 기사를 부리는 것은 지위의 상징이라고, 분석가인 비크롬 마투르가 내게 말한다. 그가 런던에 살았을 때는 지하철과 버스를 일상적으로 이용했다. "델리에 돌아온 지 3년 되었는데, 그동안 대중교통을 타본 건 두 번뿐이에요."

하지만 차량은 모든 도시에 있고, 델리의 공기가 특별히 다른 곳보다 훨씬 나빠야 할 이유는 없다고 운동가들은 말한다. 신규 차량에 대한 배출규제가 점점 엄격해지고 있지만, 아직 다른 많은 개발도상국과 비교해도 상당히 뒤처진 상태다. 환경운동가들이 속도를 더 올려야 한다고 요구하면서 수년간 지속될 자동차 제조업체와의 싸움이 촉발되었다.

하지만 신규 자동차에 대한 규제를 엄격하게 한다고 해서 더 시급한 사안을 해결하지는 못한다. 더 엄격한 규제가 효과를 발휘하기 전에 판매된 차량—가장 기본적인 오염 기준이 도입되기 전부터 운행 중인 케케묵은 고물차를 포함해서—은 도로 위를 언제까지고 달릴 수 있다. "인도처럼 잘 버리지 않는 나라에서는 도로 위에 15년, 20년 묵은 차량들이 있어요." 한 자동차산업 대변인은 내게 이렇게 말한다.[15] 그의 말이 맞다. 많은 자동차가 배기가스를 해독하는 촉매변환 장치의 유효수명 기간보다 훨씬 오랫동안 운행되고, 이로써 그것이 충족시킨다고 주장하는 모든 기준을 조롱한다.

자동차만이 아니다. 델리 주민들이 들이마셔야 하는 지독한 잡탕의 원료는 그 수와 다양함이 상상을 넘어선다. 부부가 경영하는 영세한 산업들이 도로변 도처에 점점이 흩어져 있다. 회색 매연이 쏟아지는 금속 통 옆에는 임시변통으로 만든 음식 가판대가 있고, 나무 오두막 안에서 용접공들이 일하는 동안 불꽃이 날아다닌다. 디젤 발전기는 숱한 핸드폰 기지국에 전력을 공급하고 잦은 정전 중에 사무실과 병원, 가정에 예비전력을 제공한다. 건축 현장은 석면, 이산화규소, 그 외 위해물질을 함유한 먼지를 만들어내고, 이는 노동자를 위험에 빠뜨리는 한편 인근 동네 전체로 퍼져나간다.

이 난장판에 도시 경계를 넘어서 전파되는 오염이 더해진다. 인근에 있는 펀자브주와 하리아나주에서는 쌀과 밀 농사를 짓는 농부들이 추수가 끝나면 자기 밭에 불을 놓는다. 델리로 퍼져오는 연기가 너무 짙어서 NASA가 우주에서 그 모습을 사진으로 찍을 정도다. 사진을 보면 화염을 나타내는 붉은 점들이 델리의 북서부 지역을 뒤덮고 연기구름이 델리를 집어삼키고 있다. 달력을 넘기듯 규칙적으로 11월만 되면 델리는 눈이 튀어나올 정도로 급등하는 미세먼지 농도 때문에 신음한다. 하지만 관계당국은 생존에 급급한 농민들이 밭을 정리할 수 있는 더 나은 방법을 찾도록 돕기 위해 아무런 노력도 하지 않고 있다.

게다가 주로 농촌에 거주하는 7억 명의 인도인들은 음식을 조리하기 위해 소똥과 나무를 태운다. 최근까지 과학자들은 거기서 발생하는 연기가 건강에 미치는 파괴적인 영향이 주로 집 근처에서만 가해진다고 믿었지만, 이제는 이 연기가 도시로 흘러 들어가서 인도 전체 대기 문제에서 4분의 1 이상을 차지한다고 말한다. 또 다른 거대 오염원으로는 매년 인도 전역에서 약 10만 명의 조기사망과 90만 명의 응급실 방문객을 유발하는 석탄 화력발전소가 있다.[16] 규제는 아무리 좋게 봐도 느슨하고 최악의 경우에는 전무하기 때문에, 발전소는 부유한 나라에서 요구하는 세척 시스템이 거의 항상 부재하며 따라서 거기서 퍼져 나오는 연기에는 유해물질이 가득하다.

최대의 오염원은 무엇일까? 대답을 찾기가 쉽지는 않다. 다른 곳에서는 한 지역의 대기오염원 목록인 "오염원 할당"이 대기정화에 필요한 기틀을 제공한다. 델리에서는 최근까지 이런 철저한 연구 결과를 구하기가 힘들었다. 지금 구할 수 있는 숫자들도 서로 모순적일 때가 있고 가끔은 성난 이의제기를 불러일으킨다. 정부의 의뢰로 작성된 한 보고서는 비포장도로의 먼지에 절반 이상의 책임을 덮어씌우면서 차량의 책임은 6.6%에 불과하다고 말한다.[17] 자동차 제조업체들은 그 수치를 받아들였지만 환경주의자들은 관료들이 교통의 역할을 축소하려 한다고 비난하면서 그 수치를 비웃었다. 어떤 독립적인 연구는 차량의 기여도가 절반을 조금 웃돈다고 하고 어디서는 20%라고 말한다.[18] 분명한 점은 델리의 공기—그리고 인도의 공기—안에 있는 더러운 잡탕에 추가되는 오염물질의 숫자와 종류를 고려하면, 다른 어느 곳보다 정화가 중대한 문제라는 사실이다.

***

내가 만난 대기 전문가들은 내가 다른 곳에서는 접하지 못했던 오염 산업인 벽돌가마를 꾸준히 언급한다. 그래서 나는 태평하고 수완 좋은 나의 운전기사 아미트에게 벽돌가마를 보여줄 수 있는지 물었다. 그는 한 친구에게 물었고, 그 친구는 또 다른 친구에게 물었다. 그리고 얼마 안 돼서 우리는 통역사 네하를 뒷자리에 앉혀놓고 도시 외곽에 있는 좁고 울퉁불퉁한 도로를 따라 온몸을 흔들어대며 어딘가로 향했다. 아미트는 흙무더기가 있는 곳에 주차를 하고, 먼지를 뒤집어쓴 남자 여러 명이 어슬렁거리며 다가와 우리를 맞는다. 그들을 따라 작은 언덕을 오르니 그 위에는 맨 윗부분에 검댕을 뒤집어쓴 회색 굴뚝이 벽돌로 된 헛간 위로 우뚝 솟아 있다. 두 구조물의 바깥으로는 깊이 4.5m, 폭 8m 정도의 커다란 U자 형태 운하가 있다. 한쪽 끝에서 모퉁이를 돌아 동일한 거리만큼 뻗어나가다 굴뚝이 있는 건너편에 이르는 이 운하는 크기가 약 65m 정도 된다. U자의 한쪽 끝에는 창백한 베이지색 진흙 벽돌들이 정갈하게 쌓여서 운하 밑바닥에서 지면 높이까지 도달해 있다.

나는 잠시 멈춰 서서 여기서 무슨 일이 벌어지고 있는지를 이해하려고 노력해보지만, 내 주의는 우리가 서 있는 야트막한 언덕 아래 400m 남짓 뻗어 있는 먼지 날리는 너른 들판 쪽으로 뻗어나간다. 그곳에는 100여 명의 사람들이 머리에 천을 두르고 타는 듯한 태양 아래 땅에 쪼그려 앉거나 삽을 휘두르며 흩어져 있다. 이곳은 원자재 상태의 벽돌이 나오는 곳이다. 관리인이 우리를 안내하는 동안, 나는 이미 진흙에 두껍게 뒤덮인 내 발을 보며 샌들보다 더 튼튼한 신발을 신고 왔어야 했다고 생각한다. 앞쪽에서는 여덟 살 정도 되어 보이는 한 무리의 남자아이들이 들판을 가로지르는 작은 길을 따라 자전거를 탄다. 아이들은 온갖 곳에 있다. 부모가 일을 하는 동안 놀기도 하고, 도울 수 있을 때는 돕기도 한다. 이제 막 걸음마를 시작한 듯한 작은 여자아이는 자기보다 훨씬 어린 아이를 업고 완만한 경사를 오른다. 저 멀리 이 굴뚝과 비슷하게 생긴 대여섯 개의 가마 굴뚝이 화염이 시작된 곳에서 짙은 검은 연기를 피워 올리는 모습이 보인다.

바닥은 내가 가마에서 봤던 것 같은 베이지색 벽돌로 뒤덮여 있다. 햇볕에 건조시키긴 했지만 아직 불에서 굽지는 않은 벽돌. 이 벽돌들은 흙바닥에 길게 줄지어 뻗어 있고 임시로 만든 담장 안에 높이 쌓여 있다. 우리는 1,000장 넘게 줄지어 들어선 벽돌 옆에 쪼그려 앉은 한 여성에게 다가간다. 여자는 빠르지만 정확한 동작으로 진흙을 퍼서 벽돌 형태의 틀에 담은 뒤 남는 진흙을 긁어낸 다음 완성된 물건을 다른 것들과 함께 건조 장소로 옮긴다. 두 아들은 여자에게 재료가 떨어지지 않도록 도움을 준다. 열다섯 살 먹은 형은 삽으로 진흙을 퍼서 손수레에 담고 그보다 어린 동생은 그 진흙을 커다란 패티 모양으로 빚어서 땅 위에 올려둔다. 이들이 다 함께 만드는 벽돌은 하루에 2,000개다. 아마르와티라는 이름의 이 여성은 감독들이 옆에서 듣고 있다 보니 불평을 하지 않지만—"전 일하면서 그냥 여기에 계속 앉아 있어요"라고 말한다—일은 분명 뼈 빠지는 중노동이다. 나중에 나는 인도 전역 15만 개 이상의 가마에서 일하는 수백만 명의 노동자들이 끔찍한 노동조건을 감내한다는 사실을 알게 되었다. 가마 노동자들의 손이 잘려나가고, 파렴치한 지불 관행 때문

에 많은 노동자가 빚의 족쇄에서 헤어나지 못해 노예 상태나 마찬가지라는 보도도 있다.[19]

들판을 둘러보고 난 뒤 감독은 나와 아미트, 네하를 데리고 커다란 굴뚝으로 향한다. 우리는 비어 있는 운하로 들어가 그 안을 걷는다. 우리 주위로 높은 벽들이 뻗어 있는 가운데, 감독자가 작동 방식을 설명한다. 운하에는 벽돌이 100만 개 정도 들어가고, 벽돌 사이의 틈 속에 석탄을 넣는다. 한쪽 끝에서 불을 피우고, 화염이 U자 모양을 따라 옮겨가면서 완성한 벽돌을 끄집어내고, 불길이 되돌아오기 전에 새 벽돌을 다시 넣는다. 이 과정이 연중 6~7개월간 지속된다. 벽에 있는 환기구가 연기를 굴뚝으로 보낸다고 한다. 그 연기가 공기 중으로 날아가버리기 전에 여과가 되는지 내가 물었다. "여과 장치는 없어요." 감독이 대답한다. 벽돌은 이 지역 곳곳에서 판매된다. "우리 덕분에 이 모든 새로운 건물들이 올라가고 있죠." 그는 가까운 고층 아파트를 가리키며 자랑스럽게 이야기하는데, 벽돌가마가 엄청난 건설 호황을 받쳐준다는 말은 사실이다.

그는 자신의 산업이 델리인들의 건강을 해친다는 생각을 일축하지만 전문가들의 이야기는 다르다. 가마는 시 경계 내에서는 허용되지 않지만, 1,000여 개의 가마가 경계 바로 밖에 있다. 따라서 델리 미세먼지의 10%에 대한 책임이 있을 수 있다.[20] 그리고 이는 비단 델리만의 문제는 아니다. 많은 도시 지역이 가마에 둘러싸여 있기 때문이다. 반드시 이런 식이어야 할 필요는 없다. 벽돌을 만드는 더 나은 방법들이 분명 존재한다. 하지만 업자들은 변화의 압력을 거의 느끼지 못한다.

가마에서 나온 지 몇 분 만에 우리는 델리로 진입하며 환영 표지판을 지나친다. 빠른 속도로 달리는 자동차와 오토바이로 북적이는 좁은 도로 위에는 차량에서 뿜어져 나온 매연이 너무 자욱해서 앞이 잘 보이지 않을 정도다. 운전자들은 이 유독한 매연을 알아차릴 새도 없이 계속해서 빠르게 달린다. 델리에서는 온갖 군데 쌓인 쓰레기를 치우기 위해 쓰레기를 태우는 것이 일상이다. 여기서는 탁 트인 들판에 쓰레기가 널려 있는데, 가까운 가게 주인은 내게 쓰레기 더미가 너무 높이 쌓일 때마다 한 달에 한두 번꼴로 누군가가 거기에 불을 놓는다고 말한다. 이번에는 불길이 한두 시간 동안 지속되었다. "쓰레기가 많아요. 그게 얼마나 오래 탈지는 신만이 아시겠죠." 그가 말한다. 해가 점점 이울면서, 매연 구름 사이로 붉은 빛이 타올라 풍경이 묘하게 아름답다. 밝은색 옷을 입은 여성들이 입과 코를 스카프로 감싼 채 차량을 피해 걸어간다. 쓰레기 더미 안에는 플라스틱도 많아서 시큼한 연기 냄새가 코를 찌른다.

이곳은 주도로에 전면 개방형 상점들이 늘어선 분주한 산업지구이고, 불길에서 가까운 범위 안에 수천 명이 있다. 당연한 소리일 수 있지만 과학자들은 이런 오염원이 아주 치명적인 이유는 바로 이 같은 근접성 때문이라고 말한다. 오염의 영향에 대한 가장 최근의 관점은 무엇이 배출되는가보다는 실제로 사람들이 무엇을 들이마시는가에 초점을 맞춘다. 가령 석탄 화력발전소는 거대 오염원이긴 하지만, 거기서 뿜어져 나오는 것 중에서 사람의 폐에 도달하는 것은 일부일 뿐이다. 반면 인구밀도가 높은 지역에서는 자동차 배기가스의 상당량이 사람의 몸속으로 들어간다. 델리의 부잣집 보안요원들이 추운 겨울 몸을 덥히기 위해 집 밖에서 피우는 불에서 나온 연기나, 집 없는 가족들이 음식을 조리하기 위해 쓰레기와 나뭇가지로 피우는 화톳불의 연기도 마찬가지다.

우르릉거리며 델리를 가로지르는 거대한 트럭이 내뿜는 매연도 그렇다. 운전석을 밝은색으로 칠하고 범퍼와 전면 유리에 화려한 색상의 장식을 주렁주렁 매단 트럭들이 매일 밤 8만 대씩 델리를 돌아다니는 것으로 추정된다. 인도 한쪽 끝에서 반대편 끝으로 이동하는 도시 간 화물트럭은 충분히 어두워지기 전까지는 시내에서 도로 통행이 금지되어 있다. 정부가 델리를 돌아가는 우회로를 완성하지 못했기 때문에 그런 트럭들은 어쩔 수 없이 도시를 관통해야 하고, 그 과정에서 델리에 유독한 배기가스를 뿜어내며 기묘한 오밤중 혼잡 시간을 만들어낸다. 대부분이 부실하게 관리되고 차주는 돈을 아끼기 위해 운전사들에게 등유를 섞어서 디젤 사용량을 줄이라고 지시하기 때문에 배기가스에는 또 다른 유독성분이 추가된다.[21] 겨울에는 기온역전 현상에 따라 찬 공기가 도시에 내려앉아 있다 보니 매연이 아침까지 오래도록 고여 있다.

내가 인도를 방문하는 동안에는 대형 디젤트럭을 관리하는 규정이 신문 1면을 장식했다. 인도의 환경재판소인 국가녹색재판소가 10년 넘은 차량은 델리에 들어오지 못하게 금지한 지 얼마 되지 않았기 때문이다. 의도는 고매한지 몰라도 이행 방식은 터무니없었다. 국가녹색재판소에 따르면 새로운 규정은 그 판결이 내려진 지 몇 시간 내에, 바로 그날 밤중으로 효력을 발휘한다. 당연히 검문소에서는 대혼란이 일어났고, 얼마 안 가 트럭 운전사들은 파업을 벌이겠다며 위협하기 시작했다. 그들이 분통을 터뜨리는 이유는 쉽게 파악할 수 있다. 힘든 일을 장시간 하는 이 사람들이 델리의 공기를 정화하는 데 일조하려면 혹독한 대가를 치를 가능성이 크지만 그들에겐 그럴 여력이 거의 없기 때문이다.

***

환경규제와 생계가 걸린 경제적 우려의 교차점은 항상 논란이 많은 영역이다. 파업을 하겠다는 으름장을 들은 뒤 나는 이 폭풍의 중심에 있는 사람들과 이야기를 나누고 싶어졌다. 이번에도 아미트는 어디서 그들을 만날 수 있는지 알고 있었다. 아미트는 도시 경계를 넘자마자 한 줄로 늘어선 대형 트럭과 거대한 타이어 더미 뒤에 자신의 작고 흰 세단을 주차한다. 그곳에는 뻥 뚫린 가게 전면부가 줄지어 늘어서 있는데, 그중 하나가 아지트 조드푸르 로드라인의 사무실이다. 그 작은 회사는 사막이 많은 북서부 지역 라자스탄과 델리 사이에서 트럭으로 기계류와 식료품, 그 외 여러 물건들을 나른다. 숨이 막힐 듯 더운 큰 방 안에는 파리들이 곳곳에서 앵앵거리며 날고, 10여 명의 젊은 남자들이 높은 콘크리트 평상에서 휴식을 취한다. 그중 몇몇은 더러운 담요 위에 늘어져 있고, 몇몇은 다음 일을 기다리거나 밤샘 운전에 앞서 휴식을 취하며 양반다리를 하고 앉아 있다. 구석에 있는 책상 뒤편에는 시크교도 지도자들과 힌두교 신들을 그린 현란한 색채의 그림이 붙어 있다.

수린더 싱은 265km 남쪽에 있는 자이푸르에서 출발해서 새벽 3시에 도착했다. 오늘 밤에는 쇠파이프를 한 무더기 싣고 다시 그곳으로 향할 것이다. 그는 갈색 줄무늬 셔츠 소매를 걷어붙이고 한 손에는 접힌 신문을 들고서, 오늘 아침에는 트럭에서 잠을 잤고 집에 두어 시간 정도 들렀다가 운전을 할 계획이라고 내게 말한다. 싱은 키가 크고 얼굴이 둥글며 콧수염이 무성하고 뺨과 턱에 까슬하게 수염이 돋아 있다. "힘든 생활이지만 이게 내가 하는 일이에요. 휴식 같은 건 없죠." 그는 11년 전에 대형 트럭을 구입했고 이제 막 차량 가격을 모두 지불했다. 그는 법원의 결정 때문에 자기 트럭의 가치가 3분의 2로 줄어들었다고 생각한다. "아무도 이 트럭을 사지 않을 거예요." 어쩌면 운전을 그만두고 가게나 식당을 열게 될 수도 있지만, 미래가 두렵다. "내 일을, 직장을 잃으면 애들은 어떻게 먹여 살리죠? 애들 교육은 어떻게 시켜요?" 그는 트럭들이 공기를 더럽힌다는 사실을 알지만, 길 건너에서 불타고 있는 쓰레기 더미를 가리키며 자기가 종사하는 산업이 부당하게도 훨씬 큰 문제의 희생양이 되었다고 말한다. "맞아요, 트럭 때문에 공해가 발생해요." 그는 화를 내며 말한다. "하지만 이것도 생계를 유지하는 한 방법이에요."[22]

그의 상사 역시 법원의 결정에 화를 쏟아낸다. "배신당한 기분입니다." 밝은 파란색 터번을 쓰고 두껍고 흰 수염은 맨 아래쪽을 땋아서 다시 위로 밀어 넣은 아지트 싱이 말한다. 그는 형제 관계인 자스완트와 함께 대행사를 공동 소유하고 있다(그들은 수린더와는 친척 관계가 아니다). 자스완트 싱은 바뀐 규정이 발효된 날 밤에 텔레비전에서 그 규정에 대해 처음으로 들었다고 말한다. 다른 운전기사처럼 이 남자들은 델리를 우회하는 도로를 건설하겠다는 정부의 약속에 대해 신중한 태도를 보인다. "벌써 몇 년이 흘렀는지 몰라요." 아지트 싱이 말한다. "우린 이제 아무런 믿음도 없죠."

***

2006년에 승인된 이후 10년간 중단된 우회로 계획을 둘러싼 난국은 대기오염 위기뿐만 아니라, 인도의 다른 많은 중대한 건강 문제들과도 연결된 더 큰 문제로 이어진다. 그것은 바로 대단히 부족한 하부시설, 즉 오랫동안 발전을 가로막아온 도로와 에너지 네트워크의 끊이지 않는 결손이다. 간단히 말해서 인도에는 모든 것이 원활하게 기능하는 데 필요한 중요한 시스템이 부재한 형편이다. 하수처리에서부터 연료 유통에 이르기까지 곳곳에 공백과 병목이 있다. 더 나은 도로가 만들어지면 대형 트럭이 델리로 진입할 필요가 없어지듯, 적절한 방식으로 쓰레기를 수거하면 폐기물을 태울 필요가 없을 것이다. 전력공급의 신뢰도가 향상되면 디젤 발전기가 불필요해질 것이고, 가정용 가스를 보급하는 네트워크가 개선되면 집에서 치명적인 연기를 피우며 음식을 조리하는 과정에서 발생하는 피해가 사라질 것이다. 이런 문제들이 오직 대기오염을 통해서만 건강을 위협하는 것은 아니다. 가령 위생은 또 다른 거대한 문제다. 하수가 제대로 처리되지 않아서 감염과 기생충에 의한 질병이 기승을 부린다.

눈에 보이지는 않지만 파장이 큰 결손 중 하나가 석유정제 부문에 있다. 많은 수가 주정부 소유인 연료회사들은 수입산 원유를 휘발유와 디젤로 전환하는 발전소의 성능을 향상시키기 위해 돈을 쓰기를 꺼린다. 이는 높은 등급의 저황연료가 만성적으로 부족하여 관료들이 자동차와 트럭에 대한 오염 규제를 더 엄격하게 조이기 힘들다는 뜻이다. 자동차 제조업체들과 정유회사들은 상대방이 제 역할만 하면 자기들도 기꺼이 새로운 기준을 충족시키겠다고 하면서 서로를 탓한다. 이런 교착상태 때문에 더 엄격한 규정의 발표가 늦어졌고, 발표되더라도 이상한 누더기처럼 도입되어서 효과가 반감될 때가 많다. 대도시에 등록된 자동차와 트럭에는 더 엄격한 요건이 부과되지만 인근 지역에 등록된 차량에는 적용되지 않거나, 이 나라의 절반에는 적용되지만 나머지 절반에는 적용되지 않기도 한다. 하지만 등록된 차량은 어디든 운행이 가능하기 때문에 델리를 헤치고 지나가는 그 많은 트럭들은 등록지가 델리인 트럭에 허용된 것보다 훨씬 끔찍한 배기가스를 토해낸다.

이런 악조건의 원인은 복잡하고 논란이 많다. 모든 관심을 소프트웨어 스타트업과 콜센터에 쏟고 있는 인도는 일인당 소득이 연간 1,700달러로, 신흥 경제와 환경에 대한 논의에서 종종 같은 취급을 받는 중국의 5분의 1밖에 되지 않는다.[23] 빈곤은 공장 가동과 제품 수송을 어렵게 만드는 하부시설 위기의 원인이자 결과이기도 하다. 내가 델리에 머무는 동안 화제를 일으킨 책 『다시 시작하다: 인도 경제의 마지막 기회』에서 언론인 미히르 샤르마는 이런 악순환의 원인으로 몇 가지 요인을 지목한다. 여기에는 1990년대에 시작된 경제자유화 계획을 완료하기를 꺼리는 지도자들의 미적거림, 수십 년간 산업보다 농업을 우선시해온 정책, 상품을 해외로 수송하는 것보다 인도 내에서 수송하는 것을 더 어렵게 만드는 관료제의 끝없는 형식주의 등이 포함된다.

하부시설의 악조건과 함께 정부 실패도 존재한다. 인도에는 엄격한 환경법이 많은데, 그중에는 1984년 보팔 유독가스 누출사고의 후유증 때문에 만들어진 것이 상당하지만 무시될 때가 많다. 그래서 법은 오염을 막는 기능을 거의 하지도 못하면서, 그 이행 시기나 이행 여부를 결정하는 하급 공무원들이 부패할 기회를 만들어낸다.[24]

20년간 미국에서 살다가 자신의 연구를 통해 인도의 의사결정을 개선하는 데 일조하려고 델리로 이주한 정책학 교수 암부즈 사가르는 전적으로 공무원들의 잘못만은 아니라고 말한다. 정부의 많은 부처들이 과중한 업무에 시달리고 있고 더 많은 업무를 처리할 자원이 부족한 상태라는 것이다. "그들이 손가락이나 꼼지락대면서 앉아 있지는 않아요." 인도델리 공과대학 교정에 있는 연구실 근처 카페에서 만난 사가르는 아이스커피 쪽으로 몸을 기울이며 이렇게 말한다. "'이게 문제가 되고 있으니까 그걸 처리할 계획을 세워보자'라고 접근해야죠. '좋아, 우린 궁지에 몰렸으니 이제 난데없이 뭔가를 해야 해'라고 말하는 대신 말이에요." 나는 수린더 싱과 그의 동료 트럭 운전사들에게 타격을 입힌 갑작스런 법원 명령을 떠올리지 않을 수 없다. 좀 더 신중했더라면 타격을 완화할 수 있었을 텐데.

정부 조치의 혼란스러운 본질이 분명하게 눈에 들어온 것은 환경부장관이 소집한 기자회견 자리에 앉아 있을 때였다. 환경부장관은 대기질에 대한 언론의 관심이 뜨거워지자 자동차 배기가스 모니터링 강화에서부터 델리 외곽에 있는 석탄발전소 점검에 이르기까지 숱한 새로운 조치들을 발표하고 있다. 몇 가지 변화는 수 주 내에 효력을 발휘하게 될 것이다. 사가르가 분개하는 바로 그런 종류의 주먹구구식 접근법이다. 언론인들이 서로 소리치듯 자기 이야기를 하는데, 한 여성이 엄격한 새 기준에 부합하는 자동차만 델리 인근 지역에서 등록이 허용될 거라는 발표를 더 분명하게 설명해달라고 요구하며 가장 단호한 질문을 던진다. "장관님! 판결이 너무 많은 혼돈을 야기했습니다"라고 외친다. 그 여성은 규정이 언제 효력을 발휘할 것인지, 모든 자동차에 적용되는지 아니면 새로운 자동차에만 적용되는지 설명해달라며 장관을 압박하지만 분명한 대답은 들을 수 없었다.

지도자들이 복잡하게 얽힌 문제를 해결하는 데 실패했음을 보여주는 하나의 신호는 환경정책에서 법원이 중요한 역할을 하고 있다는 점이다. 사법부의 업적은 분명하다. 21세기가 시작된 첫 몇 년간 델리의 공기정화를 강제한 것은 대법원이었다. 하지만 판사들에게는 복잡하게 뒤얽힌 환경 문제에 대해 훌륭한 결정을 내릴 만한 전문적인 지식이 없다. 그리고 이들은 교통계획 같은 큰 그림이 필요한 사안을 해결하거나 조세 같은 강력한 장치를 이용하지 못한다. 게다가 그들의 개입 가능성을 믿고 오히려 선출직 지도자들이 더 용이하게 관련 조치를 회피하게 된다.

국가녹색재판소를 상대로 자신의 주장을 펼친 고소인 리트위크 두타는 또 다른 문제가 있다고 지적한다. 그에 따르면 정부와 마찬가지로 판사들은 산업을 상대로 한 정책의 시행을 꺼리는데, 힘 있는 산업들을 겨냥할 경우 인도에 절실하게 필요한 경제성장이 둔화될 것이라고 확신하기 때문이다. 그래서 그들은 건강에 미치는 끔찍한 영향을 입증하는 증거가 널린 석탄 화력발전소의 오염은 무시하면서 힘없는 사람들을 들볶는다. "성장에 대한 집착이 있지만 그건 이렇게 해야만 서양의 발전 수준을 손에 넣을 수 있다는 잘못된 관념이에요. 기준도 너무 형편없고 이행 수준도 터무니없어요. 법정도 정부도 오염을 유발하는 전기 생산시설을 기꺼이 중단시킬 의지는 없어요."

인도에서는 환경 문제가 언제나 발전의 압박과 연결되어 있다. 전기를 공급받지 못하는 인구가 20% 이상이고, 약 2억 7000만 명이 극심한 빈곤 상태인 상황에서 생태적 관심은 생활 수준을 향상시킬 필요에 밀려나곤 한다. 싱크탱크인 옵서버 연구재단의 수석연구원 사미르 사란은 델리의 많은 기득권들이 대기의 위기는 경제성장 과정에서 모두 거쳐야만 하는 한 단계라며 대수롭지 않게 생각한다고 말한다. "그리고 독일, 영국, 뉴욕의 어떤 도시든 1970년대라면 더 큰 부로 이어지는 길 위에 놓인 이 장애물을 지나가야 했다는 거죠." 사란은 자기 역시 그 생각에 동의할 수 있다고 말한다. "내가 받아들일 수 없는 건 별도리가 없다는 식의 반응이에요. 그건 일시적인 것도 아니고, 목숨이 두 개인 것도 아니니까요. 그래서 걱정이에요. 지금과는 다른 상황에 도달하려면 행동을 시작해야 해요. 해법을 제자리에 갖다 놓기 시작해야 해요. 그런데 이 논쟁에서는 그런 대화를 찾아볼 수 없어요."

논의의 중심에는 석탄이 있었다. 인도는 수년간 석탄에만 매달리다가 결국 신규 석탄 화력발전소 계획을 취소하기 시작했다. 이는 주목할 만한 변화였다. 그리고 태양에너지 가격이 하락하여 예상외로 감당 가능한 수준이 되자 나렌드라 모디 총리는 태양에너지 확대 정책을 힘 있게 추진했다. 그럼에도 향후 수십 년간 인도에서는 전기의 가장 많은 비중을 석탄이 공급할 것으로 예상된다. 그리고 모디는 그에 대한 논쟁을 거의 용납하지 않는다. 석탄 때문에 공기 중에 유입되는 독성물질에서부터, 탄광과 발전소 인근 주민들이 시달리는 사지의 뒤틀림과 정신장애에 이르기까지 석탄이 요구하는 끔찍한 대가에 관심을 촉구하는 집단의 입을 막아버린다.

물론 석탄 문제와 관련하여 제기되는 훨씬 심각한 사안은 기후변화다. 인도는 세계 3위의 온실가스 배출국이며 석탄이 그 탄소발자국의 40%를 차지한다. 모디는 국제 무대에서는 친환경적인 발언을 해도 자국의 탄소 배출량을 감축하라는 외부의 압력은 달갑게 받아들이지 않는다. 그는 산업혁명 이후 대기에 축적된 온난화 기체들의 대다수는 서구의 책임이라고 지적하기를 좋아한다. 맞는 말이다. 이제는 인도가 성장할 차례이며, 화석연료 위에 자신의 사회를 건설한 이들은 인도 국민 13억 명에게 지구를 위해서 성장의 이익을 포기하라고 요구할 입장이 못 된다고 믿는다. 미국인의 일인당 연간 온실가스 배출량이 17톤에 달하고 유럽에서는 일인당 배출량이 6톤을 넘어서는데 인도인은 1.7톤을 배출하는 상황에서 이는 반박하기 어려운 주장이다.[25]

내가 델리에 있는 동안 마침 대기 문제의 심각성에 대한 지역주민들의 이해도가 갑자기 가파르게 향상되었다. 많은 사람들이 세계보건기구가 작성한 세계에서 가장 오염이 심한 도시 목록에서 자신들의 고향이 최상위라는 사실에 특히 충격을 받았다. 더러운 공기로 악명이 높은 베이징은 델리보다 형편이 훨씬 낫다. 오랫동안 오염 문제를 무시하는 편을 더 선호했던 도시에서 이 순위표는 오염 문제를 주요 뉴스로 끌어올리는 데 도움을 주었다. 이제 언론인들은 공무원에게 대답을 요구하고 있고 오염 문제를 계속 주요 소식으로 다룰 것으로 보인다.

지도자들은 중국 수도와의 비교를 거부하지만 그럼에도 신중하려는 것으로 보인다. 당시 환경부장관이었던 프라카시 자바데카르는 혼돈에 빠진 기자회견을 마친 뒤에 나와 잠시 통화했다. 그는 2014년 모디의 선거 승리로 권력에서 밀려난 국민회의당이 10년의 집권 기간 동안 대기질을 무시했다고 비난했다. "우린 진짜 조치를 취하기로 결정했어요. 우린 대기오염을 상대로 한 이 전쟁에서 승리할 것이고, 최대한 빠른 시간 내에 그걸 어떻게 해내는지 전 세계에 보여줄 겁니다."

대기질이 정말로 개선될지는 시간이 지나야만 알 수 있겠지만 지금까지는 신호가 좋지 않다. "우리가 대기오염을 매일 거론해야 한다고 말하고 싶은 거라면… 맞아요, 우린 그렇게 하고 있어요." 싱크탱크 전문가 사란은 이렇게 말한다. "하지만 그렇다고 해서 그게 우리가 대기오염에 대해서 뭔가를 하고 있다는 의미는 아니에요." 비전과 정치적 의지가 있어야만 진짜 변화를 일으킬 수 있다고 그는 주장한다. "앞으로 추가될 100만 대, 아니면 500만 대의 차량에 대해서는 우리가 뭘 하고 있나요? 분명히 차량은 늘어날 텐데 말이에요." 그가 보기에 1990년대 인도의 대기오염에 대한 제동이 남긴 교훈은 엄한 조치가 처음에는 격분을 살 수 있어도 곧 받아들여진다는 사실이다. 대중의식이 성장하고는 있지만 아직 모자란 게 아닌가 우려하는 사람들도 있다. 공기청정기를 판매하는 바룬 아가왈은 이렇게 말한다. 일을 하다 보면 "아직도 사람들이 전화를 걸어와요. 이 사람들은 신문을 읽는 교육받은 사람들인데도 이렇게 말하죠. '오, 이건 [필터] 제조업체들이 주도하는 선동일 뿐입니다.' 아니면 이렇게도 말합니다. '난 여기서 평생을 살았지만 아무 일도 없었어요.'"

***

의심의 여지 없이 불안감이 높은 장소는 델리의 외국인 거주 지역이다. 에티오피아에 파견되었다가 인도로 온 미국 출신의 국제개발 컨설턴트 젠 체이스는 자기 가족은 오염이 너무 심해서 베이징에 갈 수 있는 기회를 거절했다고 내게 이야기한다. 체이스의 전문분야는 공공의료인데도 인도에 오기 전까지는 이곳의 공기가 훨씬 나쁘다는 사실을 알지 못했다고 말한다. "저는 어딘가로 가기 전에 그 장소에 대해서 조사를 해요. 그런데 이번에는 그렇게 하지 못했죠. 정보가 어디에도 없었거든요." 어느 날 아침 아이들을 데려다준 뒤, 미국대사관학교의 마구잡이로 뻗어나간 말끔한 캠퍼스 안에 있는 에어컨이 나오는 카페에서 체이스는 이야기한다. 당시는 세계보건기구의 보고서가 나오고 미디어가 관심을 퍼붓기 이전이었던 것이다. "그래서 고향에 있는 사람들한테 '여기선 모든 게 경이롭고 영묘한 안개에 싸여 있어' 하고 편지를 보냈어요." 하지만 어째서 가족과 친구들이 잦은 두통과 인후통에 시달리는지 점점 의구심을 품게 되었다.

"내가 보기에 그 첫해에 중요한 순간이 있었어요. 학교에 갔더니 주위에 외국인 부모들이 모여서 다들 상태가 끔찍하고 아프다고 하더라고요. 우리 목과 눈에 안 좋은 바이러스 같은 것이 떠다니는 게 틀림없다고요. 그래서 저는 제 주위에 있는 사람들에게 '그게 대기오염 때문일 수 있을 거라고 생각해요?'라고 묻기 시작했어요. 저 자신한테도요." 체이스가 아는 어느 누구도 대기오염에 대해 이야기하지 않았다. 하지만 "우리 애들한테서 벌어지고 있는 일이 눈에 보이더라고요." 아이들은 델리에 오기 전까지만 해도 무척 활발했지만 델리에 와서는 운동이 너무 불편하게 느껴져서 스포츠 시간을 줄이기 시작했다. "[딸은] 트랙이 아닌 곳에서도 뛰어다니기 일쑤였고 뺨도 발그레하고 건강했었어요. 그런데 여기 델리에 와서는 얼굴이 창백해졌고 상태도 좋지 않아요. 어지럼증도 있고요."

동글동글한 나무 염주 팔찌에 민소매 린넨 상의를 입고 키가 큰데다 운동선수 같은 외모를 갖춘 체이스는 대기질 수치를 관찰하고 수치가 높은 날에는 딸이 운동장에 나가지 못하게 하기 시작했다. "항상 딸을 체육 수업에 가지 못하게 했어요." 그 이후로 위험에 대한 체이스의 이해가 점점 진화했다. "수치가 500이 넘었을 때부터 딸이 운동장에 나가지 못하게 한 거 알아요? 그러니까 무슨 장난하는 것도 아니고." 체이스는 웃으며 말했다. 체이스가 말하는 수치는 여러 오염 요인의 측정값을 통합한 대기환경지수다. 500은 가장 높은 등급인 "해로움"에 해당하는 밤색 구역의 기준선이다. 이제 체이스는 피해의 원인은 그런 끔찍한 날만이 아니라는 걸 알고 있다. "[파리에서는] 180이면 도시를 봉쇄해요. 대기환경지수를 별생각 없이 들여다보고 있는데 190이 나왔어요. 그게 그냥 '건강에 나쁨'이에요. 사실은 건강에 아주 나쁜데 말이에요. 사실상 대부분의 심혈관 문제는 수치가 낮을 때 일어나요." 지금도 가끔 수치가 급등할 때가 있다. "아이들은 다들 바깥 공기를 마시면서 7학년 축구 토너먼트를 하고 있는 거예요. 그때 생각했죠. '우린 다 미쳤다'라고요."

세계보건기구의 등급 평가와 관련해서 〈뉴욕타임스〉 통신원 가디너 해리스가 쓴 위력적인 기사를 보고 외국인 집단—그리고 그 너머의 많은 사람들—은 크게 충격을 받으며 델리의 대기 문제가 얼마나 심각한지 깨닫게 되었다. "사람들이 그 글을 보고 정말 충격을 받았고 많은 관심이 일었어요. '농담 아니야? 이게 정말 실화야?' 같은 반응이었죠." 체이스는 이렇게 회상한다. "그 글을 보고 다들 공황상태에 빠졌어요. 불신, 그다음 공황. 다음 단계는 부정이었죠." 외교관, 개발 전문가, 경영인 등 많은 외국인들이 자신의 경력이 절정에 이를 수 있는 기회에 흥분한 상태로 꿈의 직장을 바라며 델리에 왔다. "아, 정말 흥분됐죠." 체이스가 말한다. "학교도 훌륭해, 직장도 끝내줘… 델리는 묘하게 매력적이고, 경이롭고, 마법과 같죠. 기막히잖아요."

그래서 체이스는 때로 대기오염이라는 현실을 무시하고픈 유혹을 느끼곤 했다. 하지만 남편이 3년의 근무 기간을 다 채울 때쯤 미국으로 돌아가기로 결심했다. 빨리 떠난 편은 아니었지만, 고민 끝에 더 연장하지는 않겠다는 결정을 내린 것이다. 체이스는 다른 많은 사람들도 똑같이 한다고 생각한다. 게다가 그들의 후임으로 올 만한 동료들이 델리를 근무 후보지에서 제외하고 있다. "저희 세계인 개발 관련 사업에 종사하는 사람들에게 그건 엄청난 일이에요. '그래, 난 그 기사를 읽었어. 내 애를 거기로 데려가지 않을거야' 같은 말을 한다는 건 말이죠." 체이스는 델리에서 지내는 동안 이 문제를 전문적으로 다루는 웹사이트를 만들었고, 그걸 자신의 새로운 경력으로 삼기로 결심했다. 그보다 더 중요한 점은 인도의 미디어가 이 문제를 다루면서 변화가 일어났다는 것이다. "더 이상 몇 안 되는 외국인들의 사안이 아니게 된 거예요. 다행히도 말이죠. 계속 그런 식이었다면 변화는 없었을 거예요."

통신원 해리스가 델리를 떠나면서 발표한 후속 기사에서 그는 두 어린 아들이 델리의 공기에 노출되는 것이 윤리적인지를 놓고 고민했다. 아이들은 인도에서 몇 년을 지내면서 폐기능이 저하될 위험에 노출되었고, 따라서 장애와 조기사망의 위험 역시 뒤따랐다. 두 어린아이를 델리의 대기오염에서 보호하기 위해 해안에 있는 고아주로 집을 옮긴 인도의 한 대기 전문가는 명쾌한 입장이었다고 해리스는 밝혔다. "'당신이 다른 곳에서 살 만한 상황이 되면 델리에서 아이들을 키우지 말아요.'"[26]

캐나다에서 휴가를 보내고 난 뒤 델리로 돌아가기 싫어하는 아이들을 억지로 끌고 오는 만잘리 코슬라는 다르게 생각한다. 코슬라의 아이들 역시 미국대사관학교를 다녔다. 젠 체이스가 떠나고 난 뒤 나는 캠퍼스 카페에서 코슬라를 만났다. 코슬라와 남편은 홍콩, 캐나다, 미국에서 수십 년을 살다가 델리로 돌아왔다. 아이들이 인도의 문화를 경험하고 자신들의 대가족과 함께 시간을 보낼 수 있도록 하고 싶었기 때문이다. 코슬라는 폐렴을 한바탕 앓고 난 뒤 친구들과 친지에게 델리에서는 구하기도 힘든 마스크를 쓰고 다니라며 권하기 시작했다. "애들은 그래요. '왜 우리가 여기 있는 거야, 왜 그냥 떠나지 않는 거야?' 그러면 나는 말하죠. '우리가 떠나면 문제가 해결되지 않아. 우리가 떠나면 너희 할아버지, 할머니는 여기에 있고, 너희 사촌들도 여기에 있어. 남아서 해결해보자. 그리고 그러는 동안에는 마스크를 쓰렴.'"

***

물론 대부분의 인도인은 선택의 여지가 없다. 나는 델리 남쪽으로 쭉 뻗은 마하트마 간디라는 이름의 도로 근처에 있는 8차선 고속도로 한가운데 콘트리트 섬에서 모하마드 유누스와 바블리 유누스를 만났다. 그들은 삼면이 고속도로로 둘러싸이고 나머지 한 면은 높은 금속 울타리에 답답하게 가로막힌 이 작은 포장 지역에서 다섯 아이를 키우고 있다. 이들 위로는 고가도로가 있어서 차선이 몇 개 더 추가된다.

이 가족의 소지품은 울타리의 뾰족한 못에 걸려 있다. 플라스틱 양동이, 무늬가 있는 천에 싸인 꾸러미들, 담요 몇 장, 티셔츠. 도로 연석 옆에서는 갓난아기와 그보다 조금 더 큰 아기가 얼굴에 숄을 뒤집어쓴 채 더러운 녹색 매트 위에서 잠을 잔다. 이삼 개월 정도로 보이는 아기가 조금씩 꼼지락대고, 천 아래로 살짝 보이는 한쪽 손에는 작은 손목에 팔찌가 채워져 있다. 승용차, 트럭, 오토바이가 겨우 몇 발짝 떨어진 곳에서 으르렁대지만 아이들은 쌔근쌔근 잠을 잔다. 얼마 지나지 않아 네 살쯤 되어 보이는 좀 더 큰 남자아이가 어슬렁거리며 다가와서 아기들 옆에 몸을 누인다. 이 남자아이 역시 순식간에 잠에 든다.

네하와 내가 젊은 아버지와 이야기하는 동안 그의 아이들과 동네 아이들까지 여남은 명쯤 되는 아이들이 몰려든다. 모하마드 유누스는 사회경제적 사다리에서 내가 앞서 만났던 오토릭샤 운전자보다 몇 단계 아래이지만 그의 말에는 울림이 있다. 땅을 빌릴 돈도 없고 농장 일자리도 얻을 수가 없어서 그와 가족들은 살던 마을을 떠나 델리로 왔다. 그는 일용직으로 닥치는 대로 돈을 벌고, 아이들은 버려진 플라스틱 병을 모아다 팔아서 몇 루피씩 가져온다.

유누스네 같은 가족이 델리 도처에 있다. 도로 옆에서 불을 피워 음식을 만들고, 공원 가장자리에 비닐 방수포를 치며 야영을 하고, 구도심에 있는 유명한 자마 마스지드 사원 밖에서 수백 명과 어울려 잠을 잔다. 부실한 식생활, 집 없이 떠도는 상태, 잦은 감염으로 이미 몸이 약해진 아이들은 통행 차량에서 바로 몇십 센티미터 떨어진 곳에서 낮잠을 자면서 어떤 눈에 보이지 않는 피해까지 짊어지고 있을까? 바블리 유누스 역시 이 점이 궁금하다. 유누스는 가래를 동반한 걸쭉한 기침이 그치질 않는다. "저는 건강이 너무 안 좋고, 아이들도 아파서 여기저기 누워 있어요. 하지만 제가 뭘 할 수 있나요?" 세 살쯤 되어 보이는 딸이 더러운 노란색 빗을 가지고 놀면서 엄마의 무릎에 비스듬히 몸을 기대고 있다. "이 아이는 기침감기가 있어요. 그래서 그런지 다른 아이도 기침감기가 있어요." 아이들의 엄마는 가장 최근에 돌아가면서 아팠던 게 탈진 때문인지, 아니면 비가 흠뻑 내리는 바람에 옷과 담요가 젖었기 때문인지 알지 못한다. "그게 전부 우리 시스템으로 들어가잖아요. 우리는 결국 먼지를 엄청 먹게 돼요."

유누스 가족은 이 비참한 장소에서 이삼 년째 살고 있다. 앞으로 얼마나 더 여기서 지낼 것 같은지 네하가 묻자 모하마드 유누스는 대답하지 않는다. "우린 어디로 가야 할까요?" 그가 내게 묻는다. "당신이 우리한테 좀 알려주세요."

고속도로 한복판에 있는 이들의 섬은 도로를 따라 마구잡이로 뻗어나간 커다란 야영지의 일부에 지나지 않는다. 그곳에서는 수백 명이 살고 있다. 땅거미가 내리자 그 주위 모든 이들의 저녁 일상이 펼쳐진다. 가장 나이 많은 아들이 잠든 아기를 깨운다. 큰 아들의 팔에 안긴 아기는 심기가 불편하고 피곤해 보이지만 칭얼대지는 않는다. 분홍색 원피스를 입은 더 큰 여자아이가 자루에서 나뭇가지를 꺼내 불을 지핀다. 아이가 화염 속에 플라스틱 병을 두어 개 집어던지자 연기가 고약한 냄새를 피우며 짙어진다. 아이는 커다란 금속 볼에서 반죽을 꺼내 둥글납작한 모양을 빚기 시작한다. 그날 저녁으로 먹을 로티 빵을 만드는 것이다.[27]

3장

9,416

런던의 디젤 재난

두껍고 육중하다. 안정적이고 믿을 만하다. 전 세계의 역축役畜. 바로 디젤이다. 엔진 안에 깊이 숨어서 눈에 보이지 않는 그 힘. 엔진 안에 있는 어두운 방에서 공기가 쉭쉭거린다. 피스톤이 밀고 들어오면서 공기를 압축하는데, 그 공기는 1초 전에 채웠던 공간의 좁디좁은 구석으로 몰려간다. 압력이 치솟고, 온도 역시 올라간다. 더 뜨겁게, 더 뜨겁게. 수백 도, 천 도. 이제 연료가 등장해 분사 형태로 이 작은 공간에 들어간다. 순식간에 타오른다. 폭발의 힘이 다시 피스톤을 밀어서 꾹 누른다. 힘이 발생하고, 동력으로 활용된다. 바퀴가 돌아간다. 버스를 언덕 위로 밀어올리고, 트럭이 고속도로를 따라 달리게 만든다. 전기를 만들어서 폭풍우를 뚫고 병원에 공급한다. 피스톤이 다시 밀려 들어가면서 검은 연기를 밖으로 몰아낸다. 검은 연기가 밖으로 사라지면서 새로운 공기가 다시 방 안으로 들어오고,

같은 순환이 시작된다. 압력. 폭발. 힘. 필요한 일, 더러운 일, 하지만 없어선 안 되는 그 일을 하기 위해.

***

나는 서른 번째 생일을 한 달 앞두고 런던으로 이사했다. 그보다 몇 년 전 뉴욕에 살 때 프린스턴에서 물리학 연구원으로 일하던 댄을 만났다. 우리 둘 다 알던 친구의 해변가 별장에서 여름 주말을 보내면서 나는 내 생각보다 훨씬 큰 관심을 가지고 끈이론에 대한 그의 설명에 귀를 기울였고, 뉴저지의 교외에서 보낸 나의 성장기와는 한참 동떨어진 영국에서의 성장기 이야기에 집중했다. 얼마 후 그는 거의 매주 나를 찾아왔고, 나는 연합통신사에 보낼 뉴욕시 뉴스를 취재하고 난 뒤 시간이 날 때마다 주중 며칠은 휴가를 얻어 프린스턴으로 가는 기차에 올랐다. 댄이 영국에서 학생들을 가르치는 자리를 제안받자 나는 그곳에 있는 일자리를 달라고 연합통신사를 설득했다.

런던에서 자리 잡기에 최악의 시기인 12월이었다. 꾸준한 보슬비가 끝이 없을 것처럼 내렸고, 대낮에도 우중충한 하늘은 오후 4시면 컴컴했으며, 도로 지도를 가방이 묵직해지도록 들고 다녀도(아직 스마트폰을 쓰기 전이었다) 몇 블록마다 이름이 계속 바뀌는 것 같은 도로에서 거듭 길을 잃었다. 뉴욕의 논리적인 격자형 도로가 그리웠다. 더구나 내가 선택하지 않은 이 새집, 그리고 날 혼란스럽게 만들 정도로 낯설지만 젊을 때 머나먼 아시아를 누비며 발견했던 새로움의 전율은 안겨주지 않는 도시에 내가 잘 적응할 수 있을지 자신이 없었다. 하지만 나는 점점 내 자리를 찾았고, 런던을 나의 도시로 만들기 시작했다. 일을 위한 인터뷰에서 점잖게 얼버무리는 정부 관료들의 반응을 해독하는 방법을 배웠고, 좋아하는 스웨터에 전부 구멍을 낸 나방과 화해를 했으며, 내가 대서양을 건너 따라간 남자와의 생활을 만들어가기 시작했다.

하지만 여전히 나를 괴롭히는 문제가 있었다. 런던은 뉴욕에서 경험해보지 못한 방식으로 더럽다고 느껴졌다. 공기가 탁했다. 샌드위치를 사려고 사무실에서 잠깐 나왔다가 들어간 뒤에는 모래가 내 치아를 뒤덮은 느낌이 들고 목 뒤쪽에서 희미하게 쓴맛이 느껴졌다. 이보다 더 밖에서 걸어 다니면 종종 약간의 어지럼증을 느꼈다. 하지만 누구도 그런 기분을 언급하거나 그런 데 관심이 없는 것 같았기 때문에 나는 내가 망상에 빠졌나 보다 생각했다. 이 모든 상황을 사소한 불편 정도로 일축하고 커피에 대한 불만(그 뒤로 나아졌다)과 때로 맞닥뜨리는 불가해한 영국식 강세와 동일한 범주에 포함시켰다. 몇 년간 나는 런던에서 숨을 쉬면 수명이 몇 년 단축될 수 있다는 런던 사람들의 농담을 가끔 듣곤 했지만, 아무도 그 말을 진지하게 여기는 것 같지 않았고 그 유명한 완두콩 스프 색 안개는 당연히 역사 속 이야기로 치부됐다.

그로부터 한참 뒤 나는 곧 개최될 2012년 올림픽에 대한 기사를 준비하다가 이 안일함에 문제를 제기할 기회가 생겼다. 당시 우리에겐 딸 애나가 있었기 때문에 댄과 내 건강뿐만 아니라 애나의 건강까지 신경 쓰던 차였는데, 온라인에서 대기오염의 영향에 대한 과학을 다룬 글을 보게 되었다. 런던의 더러운 공기는 사소한 귀찮음일 뿐이라는 내 편안한 환상이 산산이 부서지는 데는 몇 분밖에 걸리지 않았다. 아는 사람은 별로 없는 것 같았지만 이 도시—사실상 이 나라 전체와 나머지 유럽의 많은 나라들—는 심각한 공중보건 위기 한중간에 있었다.

***

상황을 파악하기 위해 9,416이라는 숫자에서 시작해보자. 놀라울 정도로 구체적인 수치. 범인의 정체는 처음부터 분명하지만 피해자가 누구인지는 아무로 모르는 이상한 살인 미스터리가 절정에 달한 것과 같다. 하지만 이 이야기에서 핵심은 피해자들의 이름이 아니다. 수사관들이 찾는 것은 하나의 숫자였고, 그들이 발견한 것은 9,416이었다. 그것은 얼마나 많은 피해자가 있는가라는 질문에 대한 유일한 대답이었다. 매년 대기오염 때문에 목숨을 잃는 런던 시민은 몇 명인가.

이 정확도는 오해의 소지가 있다. 9,416은 사망자의 수가 아니라 개별 진단기록이기 때문이다. 하지만 그럼에도 그것은 과학적 엄정함을 바탕으로 오염이 이 도시의 대기와 시민들의 특성에 미치는 힘에 대해 알려진 바를 조심스럽게 적용한 결과물이다. 그 수치는 가능한 범위의 최대치다. 그리고 더 심하게 진행될 수도 있다. 당신이 이 글을 읽을 즈음이면 오염으로 인한 사상자의 개선된 또는 재고된 새로운 수치가 9,416 대신 사용될 수도 있다.

어떤 경우든 사망자 수는 더러운 공기의 피해를 나타내는 최선의 방법이 아니다. 하지만 연구실에 틀어박힌 사람들조차도 9,416 같은 숫자의 힘을 알 수 있다. 신문 헤드라인을 장식하는 힘, 정치인들에게 압력을 행사하는 그 힘을 말이다. 하지만 그보다 더 중요한 점은 그것이 나 같은 런던 사람의 머릿속을 떠나지 않는 힘, 이 공기를 마시는 사람들의 어깨를 꽉 붙들고 흔들어대는 힘, 우리 또는 우리가 사랑하는 누군가가 그 9,416명 중 하나가 될지 모른다고 두려워하게 만드는 힘이라는 사실이다.

***

9,416이라는 숫자가 등장하기 오래전부터 사이먼 버킷은 그런 숫자가 있다는 게 어떤 의미일지 이미 알고 있었다. 버킷은 과학자는 아니지만 2009년에 이 분야에서 전일제로 몰두하기 위해 금융업을 그만둔 이후 런던의 대기 문제에 대한 깊은 전문지식을 얻었다. 질소산화물과 PM2.5, 그리고 다른 오염물질의 세세한 내용뿐만 아니라, 어떤 오염을 허용할지를 관장하는 복잡한 규정들과 그런 규정을 시행하는 관료 집단의 내부 작동 방식에 대해서까지.

버킷은 이 문제에 대해서는 외골수다. 진짜 강박에 가깝다. 그는 '런던의 깨끗한 공기'라고 하는 캠페인을 주로 혼자서 진행하면서 정부 각료와 국회의원, 유럽연합 관료들에게 편지를 보내고, 정보열람 신청서를 밥 먹듯 제출하고, 그가 살고 있는 도시를 장악하고 있는 보이지 않은 보건 위기에 귀 기울이는 사람이 있으면 누구에게든 이야기하면서 수년을 보냈다. 우리는 몇 번 전화통화를 했고, 많은 이메일과 트위터 메시지를 주고받았지만 직접 만난 적은 없었다. 어느 초봄의 오후 그의 작은 노란색 집 문을 두드리고 안으로 들어오라는 말을 듣기 전까지는 말이다. 우리는 이야기를 나누기 위해 조용한 도로가 보이는 2층 응접실에 자리를 잡았다. 부산한 도시의 주도로에서 겨우 한 블럭 떨어져 있는 장소. 해러즈 백화점에서 도보로 몇 분밖에 안 걸리는 곳에 고요한 풍경이 펼쳐지고 있었다.

정수리에는 머리카락이 없고 측면에만 정리된 은발이 있는 버킷은 검은 뿔테안경을 쓰고 있다. 그는 이야기를 하다가 여러 차례 핸드폰을 들고선 내게 자신이 이야기한 내용을 뒷받침하는 보고서나 보충 자료를 보낸다. "이게 다 웹사이트에 있어요." 그의 사이트는 사실과 수치와 공식 보고서를 철두철미하게 모아놓았다. 이렇게 모인 자료 가운데 2005년의 한 보고서에는 켄 리빙스턴 시장이 언급한 숫자가 적혀 있는데, 이 숫자 때문에 버킷이 통계수치를 추적하게 되었다. 당시에는 그 수치가 1,031이었다. 버킷은 런던의 오염으로 인한 사망자 추정치가 어떻게 도출되는지를 알고 싶었다. 그는 정보 열람 신청서를 접수했지만 교묘한 회피조 대답이 돌아왔다. "[모두가] 얼렁뚱땅 넘어가고 싶어 했어요, 얼렁뚱땅."

이후 2009년 그는 오염이 매년 30세 이상의 영국인 100만 명 중에서 650명의 조기사망자를 유발한다는 유럽연합의 새로운 연구 결과를 가지고 직접 계산했다.[1] 그 결과 런던의 사망자는 기존의 수치보다 거의 3배나 더 많은 것으로 추정되었다. 버킷의 수치는 2,905였다. 그리고 그는 디젤 때문에 뿌연 런던의 공기가 전국 평균보다 더 나쁜 건 아니라고 추정했는데, 이건 아주 보수적으로 도출한 결과였다. 그는 13쪽짜리 편지를 작성해 영국 보건부장관에게 보냈다(마지막 7쪽은 그가 참조로 보내는 모든 사람의 기나긴 목록과 관련 보고서 링

크로 가득한 부록이었다). 거기에는 그의 계산식과 함께, 정부가 런던의 오염이 미치는 영향을 솔직하게 밝혀야 한다는 요구가 담겨 있었다.[2]

결국 그는 환경식품농무부의 초청을 받았고, 거기서 처음에 했던 질문에 대한 대답을 얻었다. "그들에겐 노트북이 한 대 있었는데, 그걸 내 쪽으로 돌리면서 '여기서 1,031이 나온 거예요'라고 말하더라고요. 그건 스프레드시트 안에 있는 셀 하나일 뿐이었어요." 버킷은 자신이 무엇을 보고 있는지 이해했고 그 자리에서 바로 문제를 지적했다. 해당 분야에서 사망자는 일반적으로 '계수'라고 하는 비율을 이용해서 추정하는데, 이는 오염 수준이 일정하게 증가했을 때 늘어날 것으로 예상되는 사망자 수를 말한다. 하지만 버킷은 그들이 전체를 아우르지 못하는 잘못된 계수를 사용했음을 알 수 있었다. "그건 단기적인 노출이에요." 그는 자신이 본 수는 피해자가 오염된 공기를 들이마신 직후에 일어나는 사망자만을 포착한다고 지적하며 이렇게 말했던 것으로 기억한다. 방을 가득 메운 정부 전문가들이 버킷의 말에 어안이 벙벙해졌다. 하지만 그가 "무슨 말을 하고 있는지 정확히 아는" 한 사람이 있었다. 영국 건강보호국에서 독물학자로 일하던 헤더 월턴이었는데, 버킷의 회상에 따르면 월턴은 전화기로 회의에 참석하고 있었다. 월턴은 내게 그 대화를 기억하지 못한다고 말했지만 그는 나중에도 계속 이 이야기에서 중요한 역할을 하게 된다.

그러는 동시에 버킷은 연구에 착수했다. 한 미국 전문가의 도움을 받아 그는 장기적인 계수를 이용해서 몇 가지 새로운 계산을 수행했다. "그러자 모든 게 드러나기 시작했죠." 그의 새로운 추정치는 3,459에서 7,900 사이였다. 미세먼지 때문에 매년 목숨을 잃는 런던 사람의 수. 그는 이 숫자를 또 다른 매서운 편지에 적은 뒤 영국 하원의 환경감사위원회로 보냈다. 편지에는 오염의 영향에 대해 영국인들에게 경고하지 않은 정부의 실패가 "근대사에서 가장 큰 공중보건의 실패 또는 '은폐 공작'에 해당할 수 있다"고 적혀 있었다.[3]

킹스 칼리지 런던에 소속된 영국 최고의 오염과학자인 프랭크 켈리가 환경감사위원회에서 증언하기로 예정되었을 때, 버킷은 의원들에게 새로운 수치에 대한 의견을 켈리 교수에게 물어볼 것을 제안했다. "하원의원들이 전부 모여 있었죠. 그중 절반은 졸고 있는데 한 명이 말했어요. '런던의 깨끗한 공기 캠페인에서 이렇게 말하던데, 켈리 교수님은 어떻게 생각하십니까?' 물론 그들은 전부 켈리 교수가 '이건 그냥 버킷 씨가 히스테리를 부리는 겁니다'라고 말하기를 기대했죠." 하지만 켈리 교수는 그 추정치가 합리적으로 보인다는 의견을 밝혔다.[4] "프랭크처럼 존경받는 사람이 '그 숫자들은 맞다고 봐요'라고 얘기해버리면 그건 끝난 거라고 봐야죠." 버킷이 내게 말한다.

그 무렵에는 보리스 존슨이 리빙스턴의 후임으로 시장직을 맡고 있었고, 버킷은 런던을 대상으로 4,267이라는 개정된 수치가 담긴 새로운 연구를 발표했다.[5] 버킷의 계산이 크게 틀린 적은 아직 없었다. 그러는 한편, 버킷이 정부의 스프레드시트를 엿보았을 때 전화기 반대편에서 발언을 했던 월턴이 킹스 칼리지로 옮겨와 켈리의 연구팀에 합류했다. 월턴은 런던의 수치를 다시 한번 검토하는 연구를 진행하고 있었는데, 이번에는 그때까지만 해도 미세먼지만 고려했던 추정치에 심각할 정도로 높은 런던의 이산화질소 오염도로 인한 사망자를 추가했다. 이들은 2015년에 계산을 마쳤고, 이제까지 나온 것 중에서 가장 경악스러운 추정치인 9,416을 제시했다.

***

9,416에 대한 많은 충격적인 사실 중 하나는 그것이 런던의 연간 사망자의 약 20%에 해당한다는 점이다.[6] 다시 말해서 런던에서 사망하는 사람의 5분의 1이 더러운 공기 때문에 임종이 앞당겨진 것일 수도 있다는 뜻이다. 어느 날 월턴은 기차를 기다리다가 다른 승객이 그 뉴스에 대해 이야기하는 것을 우연히 듣게 되었다. "그게 맞을 리가 없어." 한 사람이 다른 사람에게 말했다. "그랬다면 내가 느꼈겠지." 월턴은 끼어들지 않을 수 없었다. "사실 그 기사 제가 쓴 거예요." 이렇게 말하면서 그 수치의 몇 가지 한계에 대해 설명했다. 월턴은 뉴스보도가 이런 일을 등한시해서—사실 헤드라인에 통계 기법의 복잡함을 담기는 불가능하다—사람들이 과학을 불신하게 만든다고 우려한다. 하지만 같은 분야의 많은 사람들처럼 월턴은 대부분은 읽지 않을 과학 논문의 시시콜콜한 내용과, 연구 결과를 폭넓은 대중이 이해할 수 있는 방식으로 제시할 필요 사이에 끼어 있었다.

월턴의 연구가 획기적인 이유, 즉 수치가 앞선 연구자들보다 훨씬 높아진 이유는 연구의 불확실성이 높은 이유이기도 하다. 영국 정부가 어리석게도 사람들에게 디젤차를 사라고 부추기는 바람에 거기서 오염물질이 쏟아져 나왔고, 그로 인해 런던은 이산화질소 문제가 심각해졌다. 미세먼지보다는 덜 위험하긴 해도 런던은 질소산화물 수준이 대단히 높다. 이전에 제시된 사망자 추정치는 이 점을 고려하지 않았다. 질소산화물의 영향에 대한 연구가 많이 진전되지 않았기 때문이다. 중요하지만 답을 찾지 못한 한 가지 질문은 두 오염물질이 중첩되면 얼마나 많은 피해가 발생할 것인가이다. 즉, 이산화질소에 의한 사망자는 미세먼지에 의한 사망자와 별도로 합해질까, 아니면 그 둘의 사망자가 완전히 겹칠까? 아무도 이 문제에 대해 확실한 답을 내리지 못하기 때문에 월턴의 추정치는 하나의 숫자가 아니라 범위다. 한쪽 끝에서는 "그 둘이 완전히 중첩되고, [다른 한쪽 끝에서는] 전혀 중첩되지" 않는다. "그래서 어느 쪽도 정확하지는 않다고 생각하게" 된다. 월턴이 중첩을 약간 반영했더니 범위에서 높은 쪽의 수치가 9,416이었다. 그래서 언론인들은 "이만큼이나 높을 수 있다" 같은 표현을 낚아채 기사의 서두로 삼았지만 대부분의 독자들은 대수롭지 않게 지나쳐버렸다.

9,416이 틀렸다거나 근거가 희박하다는 말이 아니다. 오히려 나는 워털루역 근처에 있는 연구실에 앉아서 월턴과 동료들이 그 숫자에 힙겹게 이른 과정에 대해 그 어느 때보다 큰 인상을 받았다. 월턴은 그들이 런던을 20m×20m의 사각형으로 쪼갠 뒤 사각형 하나하나에서 오염 수준을 어떻게 추정했는지 설명했다. 그들은 얼마나 많은 사람이 각 사각형에 있는 공기를 호흡하고 있는지 확인하기 위해 이 수치를 인구 기록과 대조했다. 그러고 난 다음 120만 명의 미국인을 대상으로 16년에 걸쳐 수행된 연구에서 오염의 영향에 대한 철저한 추정치를 가져와 사용했다. 그것은 바로 미세먼지가 세제곱미터당

10마이크로그램 증가할 때마다 사망자가 6% 증가한다는 것이었다.[7]

헤더 월턴의 연구에서 잊을 수 없는 또 다른 수치는 대기오염 때문에 일반적인 런던 시민이 잃게 되는 수명이다. 런던 시민은 미세먼지 때문에 약 9개월, 질소산화물 때문에 무려 17개월의 수명이 단축된다(월턴은 두 수치를 같이 더해서는 안 된다고 경고한다). 하지만 이건 평균이고, 실제로 어떤 식으로 분포할지는 알아내기가 힘들다. 상대적으로 적은 수의 사람들이 오염이 없을 때의 기대수명보다 몇십 년 더 빨리 사망하는 걸까, 아니면 많은 수의 사람이 그보다는 짧게 수명이 단축되는 걸까? 지금으로선 전문가들도 단언할 수 없다.

나는 이런 부류의 수치들 때문에 오랫동안 속앓이를 해왔지만, 월턴과 이야기를 하면서 우리 같은 비전문가들이 이 수치를 가지고 뭘 해야 할지 알아내기가 얼마나 어려운지 다시 한번 절감한다. 나는 오염이 내게서 앗아가는 시간이 내가 더 부지런히 운동하지 않아서, 또는 찬장에 있는 달달한 간식들이 날 유혹할 때 강한 의지를 발휘하지 않아서 잃게 될 시간과 비교하면 전혀 많지 않다고 믿기 위해 애쓰곤 한다. 바라건대 어쨌든 그건 아직 먼일이고, 어쩌면 그때쯤 우리는 다른 곳에 살 수도 있다. 때로는 런던 시민 다섯 명 중 한 명이 대기오염 때문에 죽는다면 어쩌면 우리 작은 가족은 운이 좋아서 다 함께 그 영향을 피할 수 있을지 모른다고 혼자 생각하기도 한다. 그러면 나의 모든 근심은 의미가 없어질 것이다. 반대로, 우리 셋 중 하나 또는 둘이 그 불행한 20%에 포함될지 모른다.

말할 필요도 없이 이런 합리화가 자연스러울 수도 있지만, 사실 일은 이런 식으로 돌아가지 않는다. 월턴의 연구에서 도출한 것과 같은 수치들은 개인이 아니라 전체 인구—어떤 도시나 나라, 수백만 명의 사람—에 대한 위험을 나타내기 위한 것이다. 이런 수치에는 긴박하고 극히 중요한 무언가가 담겨 있어서, 우리가 어떤 문제의 규모를 감지하고 이를 다른 위험과 비교하여 어떻게 대처할지 결정하도록 도와준다. 하지만 이런 것을 원래 목적대로 받아들이기가, 그 무서운 수치를 비틀어서 개인적으로 받아들이지 않기 위해 애쓰기가 힘들 때가 있다.

데이비드 스피걸홀터는 위험에 대한 대중의 이해 문제를 다루는 케임브리지 대학교 교수다. 따라서 이 문제에 관해 누구보다 적임자다. 그는 나와 통화하면서 오염으로 인한 사망자를 추정하는 건 까다로운 작업이며, 사람들이 그 숫자를 가지고 무엇을 해야 하는지 이해하도록 돕는 일은 훨씬 힘들다고 설명한다. 그는 월턴이 9,416이라는 숫자를 발표하지 말았어야 한다고 생각한다. "9천 명 정도" 또는 "1만 명 정도"로 뭉뚱그렸더라면 그 수치가 개략적이라는 사실을 더 분명하게 이해시킬 수 있었을 것이기 때문이다. 2010년, 이 문제에 대한 영국 전체 차원의 보고서를 제출한 한 위원회는 바로 이런 방식으로 숫자를 처리했다. 미세먼지가 영국인에게 미치는 영향이 연간 약 2만 9,000명의 사상자와 같다고 추정한 것이다.[8] 나중에 왕립대학의 내과 의사, 소아과 의사들이 질소산화물의 영향을 포함했더니 연간 사상자가 4만 명으로 훌쩍 증가했다(그리고 경제적 영향은 220억 파운드로 늘어났다).[9] 사실 스피걸홀터는 이 정도 수준의 정확도도 옳지 않다고 생각한다. 그는 4만이라는 숫자를 보았을 때 "그냥 '수만'이라고 생각"했다. "그냥 0이 네 개인 숫자 정도로요. 미국은 0이 다섯 개인 숫자고 중국은 0이 여섯 개인 숫자예요."

나는 기사를 쓰면서 특정 장소의 오염 문제 규모를 폭넓게 보여주는 지표로는 이런 개략적인 사망자 추정치가 가장 좋다는 생각을 스스로 직감했다. 한 나라 안에서도 그 수치는 어떤 오염인자를 넣을지, 어떤 방법론을 사용할지에 따라 크게 달라질 수 있다. 이런 수치들은 도처에 있다. 중국과 인도는 대기오염으로 인한 사망자가 각각 150만 명 이상이다.[10] 유럽은 50만 명에 육박하고,[11] 미국은 10만 명 이상이다.[12]

이 가운데 개별 사례를 계산해서 나온 수치는 없다. 월턴의 경우처럼 모두 복잡한 통계 모델링을 통해 도출되었다. 스피걸홀터는 만일 누군가 시도해본다 해도 오염은 의학적인 의미에서—가령 심장발작이나 뇌졸중과는 다르게—사인이 아니기 때문에, 시신 장부를 보고 더해서 결과를 도출하는 건 불가능하다고 말한다. 그것은 흡연, 비만, 활동 부족처럼 단독으로 또는 여러 요인 중 하나로서 사망을 재촉하거나 가능성을 높이는 위험요인에 더 가깝다.

스피걸홀터는 오염의 영향을 개괄적으로 그려 보이려는 시도가 아무 쓸모가 없다고 말하는 건 아니라고 재빨리 덧붙인다. 그렇게 할 경우 우리는 오염의 영향을 다른 위험들과 비교할 수 있게 된다. 영국 전체 차원의 오염 추정치에서 주목할 만한 점은 더러운 공기가 흡연 바로 다음으로 중요한 주요 사인으로 제시된다는 사실이다. 스피걸홀터는 수년간 담배, 알코올, 과체중, 활동 부족이 4대 건강 위협요소로 생각되다가 "대기오염이 그 사이에 끼어드는 것은 상당한 충격"이라고 말한다. 그는 정확한 순위는 신뢰할 수 없지만 "이것들 모두 0 네 개짜리 문제"로서 매년 영국에서 수만 명의 목숨을 앗아 간다고 생각한다.

규모에 대한 감각이 중요한 것은 우선순위를 정하는 데 도움이 되기 때문이다. 스피걸홀터는 일부 위협—"0을 한 개도 채우지 못한 노출"—은 그 영향에 비해 과도한 관심을 받고 있다고 말한다. 그가 언급하는 것은 핵폐기물이다. "그것 때문에 피해를 당한 사람은 찾을 수 없어요." 더러운 공기의 영향을 완벽하게 제시하지 못한다고 해서 심각한 위협이 아니라는 의미는 아니다. "그 문제가 얼마나 큰 일인지 정확하게 말하기가 극도로 어렵다는 의미인 거죠. 하지만 큰 문제인 건 맞아요."

그의 관점에서는 그 지점이 핵심이다. 과학적인 불확실성이 정치적인 의미가 가득한 개념이 되어서, 과학자들의 결론을 좋아하지 않는 사람들은 쉽게 오해하고 그 결론을 약점으로 여긴다. 물론 이런 역학관계는 기후변화를 둘러싼 채 가장 심하게 고조되어 있다. 압도적인 합의를 인정하고 싶지 않은 사람들은 "불확실"이라는 단어가 나오기만 하면 기고만장해진다. 하지만 금세기의 해수면 상승이 1m인지 2m인지가 불확실하다고 해서 해수면이 상승하지 않는다거나 기후가 변하지 않는다는 의미는 아니다. 대기오염도 마찬가지다. "불확실하다는 게 아무것도 모른다는 의미는 아니"라고 스피걸홀터는 말한다. "그건 그냥 모든 걸 알지는 못한다는 의미예요."

***

1880년대에 젊은 청년이었던 루돌프 디젤은 냉장기술자였다. 하지만 그의 진짜 열정은 사무실 밖에 있었다. 당시 말의 자리를 대신하기 위해 경쟁하고 있던 증기엔진과 가솔린엔진보다 더 효율적인 엔진을 만드는 것이 바로 그의 꿈이었다. 디젤이 만들고 싶은 엔진은 연료와 공기를 같이 압축한 뒤 점화플러그로 불을 붙이는 대신 연료에 직접 불이 붙을 정도로 뜨거워질 때까지 공기만 압축하는 것이었다. 항상 제대로 작동하지는 않아서 초창기 고객 중 일부는 환불을 요구했다. 하지만 그는 계속해서 엔진을 조금씩 개선했고, 얼마 되지 않아 믿음직하고 마모가 더딘 그의 엔진은 어디서나 볼 수 있는 역축이 되었다.

디젤은 독일인이었고, 향후 몇 년 내에 그의 발명품을 가장 열정적으로 포용하게 될 곳은 바로 독일의 자동차 제조업체였다. 하지만 그가 예상하지 못한 위험이 있었다. 디젤엔진의 강렬한 열은 그가 꿈꾸던 효율성을 안겨주었지만, 공기 중의 질소가 산소와 반응하게 만들어서 질소산화물을 생성하도록 유도했던 것이다. 이 질소산화물에는 일산화질소와, 그보다 더 위협적인 이산화질소가 있다. 이산화질소는 공기 통로에 불을 붙이고 다른 배출물질과 결합하여 주로 미세먼지와 오존으로 구성된 훨씬 많은 오염물질을 만들어낸다.

디젤은 자신의 발명품이 채소유油를 넣으면 가장 잘 작동하리라고 믿었고, 그래서 1900년 파리 세계박람회에서 열린 시연 행사에서 땅콩유를 사용했다. 그러므로 석유에서 추출한, 에너지가 가득한 밀도 높은 연료에 그의 이름을 붙이는 것은 사소한 역사적 부당함에 해당한다. 그의 사후 유명세를 생각하면 안타깝지만 그 연료에는 화학적 불순물 역시 가득한데, 연소시키면 이산화질소뿐만 아니라 유독한 미세먼지가 뭉게뭉게 피어오른다.

1913년 디젤이 벨기에에서 런던으로 가던 도중 종적을 감추자 그와 관련된 시시콜콜한 소식들이 신문 1면을 장식했다. 그의 코트는 영국해협에 떠 있는 배 갑판에 단정하게 놓여 있었고 파자마는 선실 침대에 펼쳐져 있었다. 그가 대안적인 연료를 옹호하자 석유 산업계에서 그를 살해했을지 모른다는 설도 있었다. 전쟁이 다가오자 독일이 그가 자신의 기술을 영국에 팔지 못하게 막고 싶어 했다고 생각하는 사람도 있다. 그보다 가능성이 높은 건 자살이었다. 그는 엔진 덕에 많은 돈을 벌긴 했지만 빚에서 헤어날 수는 없었던 것 같다.

한 세기가 지나고 이제 그의 마지막을 둘러싼 미스터리는 오래전에 잊혔지만 루돌프 디젤의 이름은 또 다른 이야기의 중심에 놓였다. 그것은 바로 디젤 자신보다 훨씬 많은 사람들의 목숨에 미친 영향에 관한 이야기다. 오늘날 디젤은 유럽을 질식시키는 독극물이다. 디젤은 힘든 작업에 적절하기 때문에 유럽이 아닌 다른 지역에서는 주로 버스와 트럭의 연료로 사용된다. 하지만 최근 몇십 년간 디젤의 본고장인 유럽대륙은 디젤을 승용차에도 사용하도록 부추겼다. 영국의 경우 1994년에 디젤 차량이 160만 대였지만 20년 뒤에는 1100만 대로 폭증했다.[13]

나는 경험을 통해 디젤엔진의 독특한 칙칙 소리는 얼굴이 곧 배기가스로 뒤덮일 거라는 믿을 만한 경고임을 알게 되었다. 도처에 존재하는 디젤엔진은—런던의 빨간 이층버스도, 커다란 검은 택시도, 배송용 밴도, 수십만 대의 승용차도—매년 새해가 왔음을 알리는 우울할 정도로 믿을 만한 신년 인사의 진원이다. 1월이 끝나기 전—때로는 1월이 된 지 일주일도 안 되어—지역 뉴스는 교통체증이 가장 심한 도로가 이미 이산화질소 1년 허용치를 모두 배출했다고 보도한다. 12월 말이 되면 일부 도로는 기준보다 1,000배 이상 더 많이 배출하게 될 것이다.

이 이야기는 도시 하나를 훌쩍 넘어선다. 이 건강상의 위협은 대륙에 걸쳐 있다. 버밍엄과 리즈, 파리와 로마, 부다페스트와 프라하가 모두 디젤로 북적대고 연기를 털털 뿜어낸다. 슈투트가르트는 독일의 베이징이라는 불운한 명성을 얻었고, 오염물질이 햇볕에 구워지는 마드리드에서는 문제에 대한 대응이 실패했다며 환경단체가 관계당국에 'F 학점'을 날렸다. 글래스고와 빈 모두 미세먼지 수준이 런던보다 높다. 프랑스 알프스에서는 나무를 땐 연기가 디젤 오염물질과 혼합되어 회색 담요의 형태로 험준한 산을 덮고 있다.

오랜 친구의 생일축하 모임에 참석하기 위해, 질척거리지만 아름다운 요크셔로 가는 길에 새삼 깨달았다. 사실 대도시만 영향을 받는 게 아니다. 우리를 북쪽으로 데려다준 기차와 구불구불한 시골길을 달리기 위해 탔던 택시 모두 똑같이 시끄러운 우르릉 소리와, 똑같이 불쾌한 연기를 뿜어냈다. 잉글랜드 남서쪽에 있는 엑스무어로 가는 길에 차와 케이크를 먹으려고 잠시 들렀던, 그림처럼 완벽한 작디작은 마을에서마저 나는 자동차가 지나갈 때마다 배기가스의 맛을 느낄 수 있었다. 대기오염은 보이지 않고 서서히 퍼져서 피해자가 모르는 사이에 피해를 입힌다고 이야기하곤 한다. 하지만 디젤에는 냄새가 있고, 걸쭉하고 희뿌연 연기는 공기를 묵직하게 만든다.

나는 최근 들어 히스로 공항에 착륙할 때 회색 실안개가 한 겹 끼어 있음을 알아차리기 시작했다. 이 인위적인 독극물을 위에서 내려다보면 상황이 명쾌해진다. 수백만 명이 살고 있는 곳을 유독한 먹구름이 완전히 집어삼키며 뒤따르는 위험이 고통스러울 정도로 분명해지는 것이다. 하지만 다시 지상으로 내려오면 그 날카로운 초점은 흐려지고 위협은 배경 속으로 서서히 자취를 감춘다.

물론 이곳의 대기오염에는 유구한 역사가 있다. 1952년의 런던 대大 스모그는 역사상 최악의 환경재난으로 꼽힌다. 이 사건으로 1만 2,000명의 런던 시민이 목숨을 잃은 것으로 추정된다. 그들은 병원의 입원 병동을 가득 메웠다. 집에서 숨을 거두기도 했는데, 짙은 안개가 너무 무겁게 내려앉아서 앞을 보기 힘든 5일 안에 목숨을 잃은 경우도 있고 그 이후 몇 주 안에 목숨을 잃은 경우도 있다. 그것은 한 세기 반에 걸친 "완두콩 스프 색의 짙은 안개"의 절정으로서 런던 구전설화의 일부가 되었다. 누런색의 짙은 안개는 건강과 목숨을 망가뜨렸지만 모네와 휘슬러의 캔버스에서 낭만적인 풍경으로 묘사되었고, 디킨스와 콘래드, 아서 코난 도일의 작품에서 불멸의 생명을 얻었다.[14]

당시 런던을 고난에 빠뜨린 원인은 석탄이었다. 발전소의 높이 솟은 굴뚝과 그 외 온갖 굴뚝에서 검은 연기가 피어올랐다. 대 스모그 사건에 대한 대응으로 통과된 1956년의 청정대기법은 도시 내 석탄 연소를 새롭게 규제했다. 끔찍한 시대의 종말을 고하기 위한 첫 번째 조치였다.

오늘날에는 문제가 다르다. 물론 런던의 대기오염은 델리나 베이징, 크라쿠프(폴란드의 공업도시)보다는 훨씬 나은 편이다. 더 나은 비교 상대는 차량 때문에 비슷한 고통에 시달리는 뉴욕인데, 뉴욕의 경우 디젤을 거의 쓰지 않아서 런던보다 공기가 훨씬 깨끗하다. 미국의 도로는 거대한 SUV로 북적이는데도, 더러운 공기의 영향 때문에 사망할 가능성은 영국 사람이 미국 사람에 비해 2배 더 높다.[15]

***

프랭크 켈리는 이 골치 아픈 현실을 대부분의 사람들보다 더 잘 이해한다. 킹스 칼리지의 환경연구집단 대표인 그는 런던의 오염 문제에 대해 손꼽히는 전문가다. 하지만 그가 처음부터 대기를 연구한 것은 아니었다. 처음에는 꾸준히 조산아의 폐 손상에 집중했다. 그러다가 천식, 낭포성 섬유증 같은 다른 호흡기 질환 역시 살펴보기 시작했다. 그는 많은 사례가 너무 열성적이거나 방향이 잘못된 면역반응을 통해 몸이 스스로에게 가한 피해 때문이거나 그로 인해 더 악화된다고 생각했다.

그가 오염 문제에 관심을 가지게 된 것은 1990년대 초에 런던으로 이주하고 난 뒤부터였다. 인체 내부를 엿보기 시작하면서 더러운 공기의 영향이 분명하게 눈에 들어왔다고 그는 내게 말했다. 런던 사람들의 폐는 연구 대상으로 삼기에는 면역반응에 문제가 많았다. 그래서 머리칼이 굵고 희끗하며 벨파스트 지방 억양이 있는 다부진 체격의 켈리는 스웨덴 북부에서 연구를 진행했다. 지원자들은 디젤 매연이 옥스퍼드가街와 유사한 수준으로 가득한 방에서 두 시간을 보냈다. 옥스퍼드가는 빨간 대형버스가 몰려 있어서 런던에서도 오염이 최악인 쇼핑 구역이다.

피험자들이 오면 연구자들은 기관지경이라고 하는 도구를 사용해서 폐에서 체액과 조직 샘플을 채취했다. 켈리의 말에 따르면 폐의 내벽과 기도는 "전쟁 구역"이다. 몸이 외부 세계로부터 스스로를 지키기 위해 부단히 싸우는 주 무대인 것이다. 하지만 그는 침입자가 자연의 위협이 아닌 인위적인 오염일 때는 시스템이 스스로를 공격한다는 사실을 알게 되었다.

오염물질이 몸에 침투한 박테리아나 바이러스일 때 지원자들의 몸은 오염물질에 반응했다. 이들의 면역체계는 공격 태세를 갖췄고 방어를 담당하는 세포들이 전쟁터를 향해 돌진했다. "그런데 이 세포들이 화학물질로 뒤덮인 작고 검은 그을음 입자와 마주친 거죠. 이 세포들은 이런 입자를 상대할 방법이 없는데 말이에요." 그래서 세포들은 폐 자체를 공격하고, 매번 조금씩 피해를 입힌다. "도시에 살고 있고 이 정도로 오염된 공기를 들이마시면" 해가 갈수록 피해가 누적된다. 결국 조직은 재생을 멈추고 폐는 주어진 일을 하기 위해 사투를 벌이게 된다.

켈리의 연구팀은 길거리에 나가서 오염 수준을 측정하기도 하는데, 정보가 쌓일수록 그림이 분명해졌다. 런던의 가장 붐비는 거리는 "가스실"이라고 그는 내게 말했다. "우린 일종의 악몽 속으로 걸어 들어갔죠." 디젤은 휘발유보다 질소산화물과 미세먼지를 더 많이 만들어낸다. 뿐만 아니라 이런 입자는 "더 다양하고 유독하며" 더 고약한 화학물질 혼합물에 덮여 있다. 사실 오늘날의 미세먼지는 인체 깊숙이 관통할 정도로 작아서, 런던의 대기는 1950년대보다 더 위험할지 모른다고 켈리는 말한다.

런던의 공기를 망치는 것은 도로에서 배출되는 물질만이 아니다. 켈리의 연구팀은 잉글랜드 남부 전역에 있는 역들을 모니터링하면서 유럽의 다른 곳에서 흘러온 오염을 추적한다. 만약 오전 6시에 영국해협 인근에서 오염수치가 올라가면 오전 11시 무렵 런던의 오염수치가 치솟는다. 이 과학자들은 바람과 날씨 데이터를 이용해서 오염물질이 프랑스, 네덜란드, 심지어 폴란드로 되돌아가는 경로를 추적한다. "만일 날씨가 원래 상태면 유럽대륙의 절반이 폴란드에서 날아온 오염물질의 영향권에 들어선다"고 켈리는 말한다. 폴란드는 석탄을 거침없이 태우고 있다.

그래서 켈리는 런던이 혼자서는 이 문제를 해결할 수 없음을 알고 있다. 영국의 디젤 사랑에 막을 내리는 것은 영국 지도자들의 몫이며 더 큰 변화를 위해 압력을 행사하는 것 역시 그렇다. 유럽연합도 마찬가지다. 프랑스의 차량 배기가스와 폴란드의 석탄 매연, 독일의 농장에서 날아오는 암모니아가 바다를 넘어 흘러든다면 영국인들도, 이웃의 유럽인들도 깨끗한 공기를 마시지 못할 것이다.

내가 보기에 특히 공모 관계에 있는 또 다른 오염원은 항공이다. 한 연구에 따르면 매년 항공기 때문에 발생하는 오염은 전 세계 사망자에 1만 명을 추가한다. 다른 기여 요인에 비하면 많다고 볼 수 없지만 상당 규모인 것은 분명하다.[16] 항공 부문의 경우 기후에 미치는 영향에 대한 우려가 더 크다. 비행은 빠르게 늘고 있는 주요 온실가스원이고, 환경 분야에서 의심할 여지 없는 아킬레스건이다. 내가 우연히 접한 한 통계는 특히 남 일 같지가 않다. 런던과 뉴욕을 왕복

할 때마다 북극해의 약 3m²가 녹게 된다는 것이다.[17] 영국으로 이사한 이후 런던과 뉴욕을 오간 게 몇 번이었는지 셀 수도 없다. 그리고 이 책을 쓰기 위해 그보다 훨씬 오래 걸리는 장거리 비행도 많이 했다. 기후 문제를 조명하기 위한 노력이었지만 동시에 기후에 부담이 가중되었다.

변화는 쉽지 않을 것이다. 국내에서는 런던의 도로 위를 달리는 승용차, 버스, 트럭의 상태를 개선하는 일부터 시작해야겠지만 켈리는 그걸로는 충분하지 않다고 말한다. "방에 있는 큰 코끼리," 그러니까 모두 알고 있지만 입에 올리지 않는 진실은 차량이 지금보다 줄어들어야 한다는 점, 어쩌면 절반 수준으로 줄어야 한다는 점이다. 이는 런던 시민들의 이동 방식을 근본적으로 재고해야 함을 뜻한다. 삐걱거리는 대중교통망에 대대적인 투자를 하고, 운전에 대한 규제를 더 엄격하게 실시해야 하는 것이다. "나라면 도시 전체에 전기트램 전동차를 다시 도입할 거예요. 지하철을 정비하고 운행 간격도 개선해야겠죠." 그리고 많은 지역을 보행자 전용구역으로 만들어야 한다. 켈리는 킹스크로스 역의 화려한 보수와 한때는 허름했던 그 일대의 재활성화를 언급한다. 켈리가 담당자라면 "모든 게 킹스크로스처럼 깨끗하고 매력적으로 보이도록 만들" 것이다. 통근객들은 킹스크로스뿐만 아니라 런던 곳곳의 역에서 밖으로 걸어 나와 "전기트램에 오르거나 자전거를 탈" 수 있을 것이다.

이런 매력적인 미래상은 실현 가능하다. 내가 이곳에서 지낸 수년 동안 영국은 큰일을 해내고도 남을 정도로 능력이 있음을 보여주었다. 새로운 킹스크로스뿐만 아니라 크로스레일(한국의 GTX 사업의 모델로 일컬어지는 런던의 수도권 광역급행철도 프로젝트. 엘리자베스 라인이라고도 한다—옮긴이), 올림픽파크 프로젝트, 주빌리 지하철 노선 연장 등이 있다. 작은 변화들은 이미 눈에 보인다. 가령 자전거 타기는 꾸준히 인기를 얻고 있다. 더 큰 변화를 위해서는 헌신, 그리고 돈이 필요할 것이다. 하지만 분명 실행 가능하다. 그래도 프랭크 켈리가 최소한 한 가지 점에서는 옳았다. 오늘날의 난장판이 만들어지기까지 오랜 시간이 걸렸고, 디젤 버스와 트럭, 밴과 승용차가 영국의 도로 위를 달리는 상황에서 "그 문제가 해결되려면 대부분의 사람들이 생각하는 것보다 훨씬 많은 시간이 걸릴" 것이다.

***

나는 데이비드 킹 경에게 인터뷰를 요청하는 이메일을 쓰면서 그를 어떻게 불러야 할지 약간 망설였다. 킹은 영국의 전 총리 토니 블레어 집권기에 정부의 수석 과학자문관이었다. 나는 이 나라가 디젤과 운명을 같이하게 만든 결정에 대해 그가 어떻게 기억하는지 너무나 듣고 싶었다. 그는 수년간 케임브리지 대학교에서 학생들은 가르친 화학자였고, 그래서 교수님이라고 부르는 게 분명히 나을 것 같았다. 하지만 그 직함을 확인하려고 대학 웹페이지를 찾으려다가 금방 찾을 수가 없어서 그렇게 부르지 않기로 결심했다. 킹은 대단히 허물없는 사람 같기도 했다. 데이비드 경은 너무 격식을 차린 느낌이지만—정말 우스꽝스럽다—어쩌다 보니 그렇게 부르게 되었다. 다음 날 싱가폴에서 영국에 돌아가는 즉시 만나면 기쁘겠다는 답장에서 그는 데이브라는 서명을 남겼다. 난 갑자기 호칭을 낮추기가 힘들었지만 이제 데이비드 경이라는 호칭은 민망함을 안겼다. 그래서 답장에서는 아무런 호칭도 쓰지 않고 간단하게 감사하다는 말을 남겼다.

일주일이 조금 지나 나는 집에서 기차로 한 시간 거리에 있는 케임브리지 응접실에 앉게 되었다. 그는 책과 서류가 잔뜩 쌓인 책상 옆에서 팔짱을 낀 채 의자 옆면에 기대어 있다. 소매는 말려 올라가 있고 칼라는 단추를 채우지 않았다. 그가 자세를 바꿀 때 색깔 양말을 신은 발이 잠깐 눈에 들어온다. 발가락 쪽은 밝은 빨간색인 파란 줄무늬 양말이었다. 내가 처음 영국에 왔을 때 킹의 이름이 뉴스에 오르내렸다. 그는 2001년 수족구병이 발병해서 수백만 마리의 소, 양, 돼지가 도살당했을 때 블레어 정부의 공공연한 대변인이었다. 당시 나는 이 사안 때문에 잉글랜드 북부에 가서 생계가 피폐해진 농민과 호텔 소유주들을 인터뷰했다. 킹은 당시 위기 속에서 자신이 했던 조언 때문에 블레어의 신임을 얻게 되었다. 그건 새로운 난제가 발생했을 때 수상이 그의 말에 귀를 기울였다는 의미였다.

통치와 관련된 일상적인 압력 속에서 킹은 공무원들이 더 장기적인 위험을 진지하게 여기게 하고 싶었다. 그의 목록 맨 윗자리에는 기후변화가 있었다. 그는 해수면 상승에 따라 새로운 방어물이 필요하게 될 거라고 경고하는 홍수 보고서—나중에 이 보고서는 선견지명을 인정받았다—를 만들었다. 그리고 영국이 근본적인 문제를 직시함으로써 이런 예방조치의 필요성을 낮추기 위해 제 몫을 해야 한다는 생각에도 흔들림이 없었다. 그는 영국이 기후변화 부문에서 선도자가 되어야 한다고 믿었다.

수상도 동의하는 것 같았다. 블레어는 9·11 테러로 인한 미국의 상처가 아직 생생한데도 기후변화가 테러보다 더 큰 위협이라고 표현했다. 그는 영국이 21세기 중반까지 탄소 배출량을 60% 감축할 것이라고 말했다(나중에는 80%로 목표가 증가했다). 킹은 이를 위해서는 경제의 모든 부문이 기여해야 한다는 사실을 알았다. 결국 영국은 화석연료를 완전히 버려야 하며, 이는 무엇보다 전기나 수소를 동력으로 삼는 근본적으로 더 깨끗한 차량으로의 변화를 뜻했다.

하지만 미래의 차는 아직 준비가 되지 않은 상태였다. 앞으로 한동안은 현재의 차에 만족해야 했다. 탄소발자국을 조금이라도 줄일 수 있다면 도움이 되었을 것이다. 디젤은 휘발유보다 나은 중요한 장점이 있어서 아주 흥미로운 선택지였다. 연비가 더 좋았던 것이다. 적은 연료로 같은 거리를 달릴 수 있다는 것은 이산화탄소가 적게 배출된다는 뜻으로, 약 17%의 절감 효과가 있을 것으로 보였다.[18] 킹이 블레어의 팀에 합류하기 직전에 정부는 운명적인 결정을 이미 한 상태였는데, 구매자들이 고효율 모델을 선택하도록 독려하기 위해 자동차에 세금을 매기는 방식을 바꾸기로 했던 것이다. 사실상 디젤에 인센티브를 주는 변화였다.

새로운 조세제도가 효과를 발휘하여 공무원들이 그걸 만지작거리고 있을 때 킹은 자신의 목소리가 진로 변경을 촉발할 정도로 힘이 있다는 걸 알았다. 그리고 그는 뿌리를 내리고 있는 이 변화들을 승인할 준비가 아직 되지 않은 상태였다. 그가 알기로 디젤은 탄소는 적게 배출할지 몰라도 지구가 아니라 인체를 위협하는 오염물질의 측면에서는 휘발유보다 더러웠다. 세계보건기구는 2012년이 되어

서야 디젤을 유력한 발암물질에서 확실한 발암물질로 승격시켰지만 이미 디젤의 위험에 대한 증거는 많았다.

이 영역은 수석 과학자문관인 그의 전문분야기도 했다. 그는 가장 효과적인 오염 통제장치인 촉매변환 장치에 대한 연구로 경력의 많은 시간을 보냈고, 그 장치가 휘발유 자동차를 얼마나 극적으로 정화할 수 있는지 알았다. 그리고 그것이 디젤엔진에서는 그만큼의 효과를 발휘하지 못한다는 사실 역시 알았다. 디젤엔진의 그을음 섞인 배기가스가 촉매변환 장치의 작은 통로를 막아버리는 데다 질소산화물이 그 장치를 무력화시킬 정도로 엄청나게 쏟아져 나오기 때문이다.

하지만 결국 디젤을 정화할 수도 있는 새로운 기술이 개발되고 있었다. 이 가능성이 실현될 경우 영국은 국민의 건강을 해치지 않고도 이 적당한 가격의 연료가 기후에 안길 편익을 수확할 수 있었다. 그래서 킹은 케임브리지에서 가까운 로이스턴에 갔다. 그곳에는 존슨 매티라는 이름의 회사가 가능해 보이는 접근법을 제시한 상태였다. 그는 회사를 방문하고 또 방문해서 연구자들에게 질문을 던졌고, 그들이 배출량을 측정하기 위해 실험실의 시험대—런닝머신처럼 돌아가는 롤러—에 차를 한 대씩 올리는 모습을 지켜보았다. "놀라울 정도로 성공적이었다"고 그는 회상한다. 킹은 캘리포니아가 1970년대에 촉매변환 장치를 의무화했을 때 그곳에 있었고, 그 후로 하늘이 얼마나 빨리 깨끗해졌는지를 직접 보았다. 전 세계가 이 변화를 모방했다. "그 모든 오염물질을 제거하다니 현대의 기적이었죠." 그는 내게 말한다. 몇십 년 뒤 대서양 건너 다른 대륙에서 "저는 우리가 디젤로 같은 과정을 거치게 될 거라고 생각했어요."

결국 킹은 디젤은 유럽이 부과하려고 준비 중이던 더 엄격한 기준을 충족할 준비가 되었다는 결론에 도달했다. 그는 연료 효율이 좋은 자동차에 대한 세금우대 덕분에 영국의 도로 위를 달리는 디젤차의 수가 걷잡을 수 없이 늘어나게 되리라는 사실을 알고 있었다. "우리는 디젤 사용의 측면에서 세상을 선도하게 될 거라고 느꼈어요." 깨끗하고 현대적인 형태의 디젤이라는 측면에서 말이다. 누구도 기후 문제에 있어서 디젤이 최종 해결책이라고 생각하지는 않았지만 필요한 탄소 감축에 들어가는 비용을 빠르게 낮출 수 있었다. 그리고 건강에 대한 우려가 해소된 상태에서 전진하지 않을 이유가 없었다.

탄소를 감축할 수 있는 값싸고 손쉬운 방법에 대한 유혹과, 디젤에 엄청난 투자를 쏟아부은 힘 있는 자동차 제조업체의 독려에 힘입어 유럽 전역에서도 각국 정부가 비슷한 결정을 내리고 있었다. 이런 선택에 이르게 된 역사는 각자 달랐다. 가령 독일은 원래 트럭 수송 비용을 낮춤으로써 제조업 부문의 경쟁력을 끌어올리기 위해 디젤 연료의 세금을 낮췄고, 그다음에는 기후변화에 대한 우려를 포용하여 인센티브를 유지했다. 그 영향은 극적이었다. 2000년에는 영국 사람들이 구입한 자동차의 14%가 디젤이었지만, 2012년에 이르자 절반을 조금 넘어섰다.[19] 다른 곳에서는 훨씬 열렬히 디젤을 포용했다. 프랑스에서는 구매된 신차의 72%가 디젤이었고, 스페인에서는 70%, 이탈리아에서는 55%였다.[20] 값싼 연료의 고장인 미국에서는 운전자들이 연비에 거의 신경을 쓰지 않아서—그리고 질소산화

물 규정이 훨씬 엄격했기 때문에—디젤 자동차는 2% 미만이었다.[21]

토니 블레어에게 조언을 하는 일을 그만두고서 한참 지난 2011년경 킹은 뭔가 잘못되었음을 처음으로 깨달았다. 유럽의 오염규정이 엄격해졌음에도 런던을 비롯한 도시의 공기가 전혀 나아지지 않았던 것이다. 처음에는 새로운 촉매변환 장치가 예상보다 빨리 마모되는 게 아닌지 의심했다. 실제 원인도 관계가 아주 없지 않은 것으로 확인되었다. 킹이 연구실에서 보았던 인상적인 결과는 도로상에서 그대로 나타나지 않았다. 이제는 온 세상이 알고 있지만, 우연한 사고가 아니라 의도된 일이었다. 차량 제조업체들이 테스트 중에는 차량이 깨끗하게 달리고 그 외 나머지 경우에는 매연을 뿜어내도록 설계했던 것이다. 그래서 오염규정을 충족하는 것 같았던 디젤차들이 합법적인 이산화질소 기준치보다 7배 더 많은 양을 만들어내고 있었다.

연구실과 도로상에서 오염이 큰 차이를 보인 것은 기업의 부정행위에 대한 충격적인 이야기의 핵심인데, 이에 대해서는 이후 장에서 다룰 것이다. 지금은 영국 운전자들을 디젤차로 유인한 결정의 예상하지 못한 결과가 자동차 제조업체들의 속임수—그리고 그들이 별다른 처벌 없이 상황을 모면하게 한 시행상의 실패—로 인해 크게 악화되었다는 정도의 이야기로 충분하다. 이 속임수 때문에 가장 치명적인 결과에 직면한 곳은 유럽이었다. 유럽은 데이비드 킹이 오래전에 엿보았다고 생각한 혁명적인 정화를 아직도 기다리고 있는 연료에 의지하기로 이미 선택한 상태였기 때문이다.

***

정치인 데이미언 맥브라이드는 영국을 디젤 재난으로 몰아넣은 결정에서 킹보다 훨씬 더 앞자리에 있었다. 하지만 그는 상황을 약간 다르게 기억한다. 나중에 맥브라이드는 정치적인 청부업자, 가장 거친 형태의 게임을 하는 사람으로 악명을 떨치게 되었다. 자신의 상사인 고든 브라운 총리의 정적을 비방하기 위해 성추문 조작을 계획한 이메일이 2009년에 공개되면서 맥브라이드는 정계를 떠나게 되었다. 하지만 영국수상의 관저 다우닝가街 10번지에 발을 들이기 한참 전, 맥브라이드는 브라운이 재무장관으로 영국의 곳간 열쇠를 쥐고 있을 때 조세정책의 핵심에 깊이 관여한 하급 공무원이었다. 디젤 난장판의 중심에 있는 자동차 세금을 비롯한 과세제도를 통제하는 곳이 바로 재무부다. 맥브라이드는 과세제도를 재구성하기로 한 그 운명적인 결정에는 기후변화에 대한 단순한 우려 이상의 것들이 개입되었다고 말한다.

나는 맥브라이드의 이름은 알고 있었지만, 그가 다우닝가에 오기 전에 어떤 분야에 있었는지는 정계에 연줄이 있는 친구가 얘기해준 뒤에야 알았다. 알고 보니 맥브라이드는 런던에서 나와 같은 구역에 살고 있었다. 내가 만날 수 있는지 묻자 그는 나의 집에서 멀지 않은 펍을 제안했다. 바깥은 더웠고 창문은 모두 열려 있었다. 버스의 우르릉대는 소음과 매캐한 연기가 펍 안에 가득했고, 우리는 구석에 있는 테이블에 자리를 잡았다. 상냥하고 친절한 그는 음료를 기다리는 동안 웨스트민스터 시절의 이야기로 나를 즐겁게 해주었다. 맥브라이드는 아직 젊었지만 수술을 받고 회복 중이었고, 허약한 기색이 엿보였으며, 멈칫거리며 발을 끌듯 걸었다. 정치적 다툼에는 어울리지 않는 사람처럼 보였다. 사실 그는 자신의 비행에 회한을 드러냈고, 자신이 깊이 존경하는 고든 브라운을 난처하게 만든 것에 대해 스스로에게 대단히 실망한 것 같았다.

18년간 보수당이 집권하고 난 뒤 1997년 선거에서 승리를 거머쥔 블레어와 브라운은 노동당의 해묵은 실수를 반복하지 않기로 굳게 결심했다. 또한 이들은 영국의 공공 서비스와 학교, 병원을 재건하는 데 전념했다. 하지만 소득세를 올리지 않겠다고 약속했는데, 돈은 어디에서든 구해야 했다. 맥브라이드는 연료세—휘발유와 디젤 모두에 대해 주유소에서 걷는 세금—가 이 계획에서 핵심이었다고 말한다. 브라운은 노동당이 집권한 첫 3년 동안 매년 연료세를 대폭 인상했고, 운전자들은 크게 신경 쓰지 않았다. 연료 탱크를 채우는 비용은 어쨌든 오르락내리락하기 때문에 연료세는 눈에 잘 띄지 않는 세금 같은 것으로 인식되었다. 그래서 브라운보다 앞서 집권했던 보수당 전임자들 역시 연료세가 유용한 돼지 저금통이라는 사실을 알았다.

누구도 운전자를 괴롭힌다는 비난을 감수하고 싶지 않았고, 그래서 공무원들은 연료세를 올리면서 맥브라이드에게 차량 소유주들이 자신의 차량에 대해 매년 납부하는 자동차세를 깎아주는 일을 맡겼다. 이들은 차량이 주행 킬로미터당 뿜어내는 이산화탄소를 근거로 과세 구간을 만들어서 연료 효율성을 높이는 목표를 중심으로 새로운 시스템을 구축했다. 연료를 적게 연소하는 차량은 탄소를 적게 배출했고, 그러면 납부해야 하는 세금도 줄어들었다. 각료들은 자신들이 운전자와 기후 모두에 도움을 주고 있다며 으스댔지만 맥브라이드는 그 설명이 "쓰레기"라고, 정치적인 공치사일 뿐이라고 말한다.

토니 블레어 정부가 기후 문제에 대해 진지하지 않았던 것은 아니라고 맥브라이드는 이야기한다. 그들은 진지했다. 하지만 맥브라이드의 설명에 따르면 정책은 두 가지 범주로 나뉜다. 온실가스 배출량을 감축하는 데 정말로 중요한 정책과, 주로 모양만 좋게 설계된 정책으로. 연료세는 첫 번째 범주에 해당했다. 운전에 들어가는 비용을 높임으로써 제약을 설정하기 때문이다. 반면 자동차세는 주로 겉치레였다. 재무부는 그것이 탄소발자국에 큰 효과를 낼 거라고 기대하지는 않았다. 하지만 노동당이 운전자를 상대로 전쟁을 벌인다는 비난을 막아줄 유용한 방패로서 다른 정책들이 수월하게 통과하도록 해줄 거라 여겨졌다고 맥브라이드는 말한다.

맥브라이드는 자신의 팀은 디젤에 인센티브를 주려고 했던 게 아니었지만 이런 변화들이 그런 효과를 가져오리라는 사실을 깨달았다. 그들은 건강상의 위험에 대해 알았고, 그래서 디젤차 구입의 매력을 약화하기 위해 디젤에 약간의 요금을 추가했다. 하지만 그들은 "양다리를 걸쳤"다. 처음에는 이 새로운 시스템으로 값비싼 하이브리드만 세금우대 조치의 수혜를 받을 거라는 비난이 일었다. "그래서 저희는 깜짝 놀라면서 낮은 세율로 살 수 있는 포드 피에스타 디젤이 있다고 떠들어댔죠." 사실 낮은 세금 구간에서 가격을 감당할 만한 자동차는 디젤밖에 없었다.

세금우대 조치는 사실 금액으로 환산하면 크지 않았지만 화폐의 가치보다 더 큰 힘이 있었다. 맥브라이드는 그것을 "분위기용 음악"이라고 부른다. 자동차 제조업체들은 돈을 아낄 수 있다며 자랑하기 시작했고, 각료들도 텔레비전에 나가서 떠벌렸다. "자동차 딜러들은 이 정도로 홍보비를 댈 수 없죠." 맥브라이드가 내게 말한다.

얼마 안 가 또 다른 중대한 변화가 나타났다. 2000년에 이르자 유가가 치솟았고, 전에는 보이지 않았던 연료세로 대중의 분노가 집중되었다. 격분한 트럭 운전사들이 정유공장을 봉쇄하고 비축분을 쓰지 못하게 만든 탓에 주유소는 연료를 배급해야 했다. 그 영향이 경제 전반으로 퍼져나갔다. 슈퍼마켓 선반이 텅 비었고, 병원은 수술을 취소했으며, 응급차 대원들이 서비스를 축소했다.

이 위기로 영국에 각종 위험이 누적되었고, 블레어와 브라운이 쌓아올린 정치의 본령이 그 맨 꼭대기에서부터 위협을 받았다. 마치 "노동당이 통제력을 잃은 것 같은" 상황이었다고 맥브라이드는 회상한다. 유력 신문들이 연료세 삭감을 요구했다. 8년 만에 처음으로 여론조사에서 노동당을 추월한 보수당 역시 그랬다. "과거 노동당 정부의 전철을 따르고 있다는, 토니 블레어와 고든 브라운의 공포심에 [이 상황이] 기여한 거죠." 제대로 권력을 휘두르지도 못하고 금방 실권될 거라는 공포심이었다.

재무부는 연료세를 삭감하기로 결정했지만, 트럭 운전사들이나 타블로이드 신문에 굴복하는 모습으로 비춰질 수는 없었다. 친환경 정부라는 명성에 의문이 제기되는 것도 원치 않았다. 그래서 맥브라이드는 환경과 관련된 이유를 제출하라는 주문을 받았다. 우리가 앉은 펍 안에 기묘한 한낮의 댄스 음악이 울려퍼지고 있었다. 그는 휘발유세 감축의 개요를 작성했다. 그것을 저황휘발유에만 적용하면, 오염이 적은 그 연료로 전환하기 위한 방법이라는 정당한 설명이 가능했다. 하지만 비판가들을 만족시키려면 디젤 역시 세금우대를 받아야 했다. "그건 적나라하게 정치적인 촌극이었죠."

브라운은 인터뷰를 거절했지만 당시 그의 진술은 맥브라이드의 이야기와 상충된다. 연료세가 어떤 과정을 거쳐 결정되었든 간에, 디젤에 대한 또 다른 인센티브 역할을 했다는 점은 부정할 수 없다. 정부가 두 가지 연료에 동등하게 세금을 매길 경우 디젤이 연비가 좋기 때문에 사실상 휘발유보다 더 저렴해진다. 영국은 그렇게 오늘날의 대기질 위기를 향해 달려갔다.

킹과 맥브라이드가 한 이야기의 비극적인 후기는 약속했던 기후 편익이 전혀 실현되지 않았다는 사실이 점점 분명해졌다는 것이다. 디젤차가 더 무겁기 때문에 효율성이라는 장점이 종종 지워지는 것으로 확인되었다.[22] 그리고 휘발유차는 효율성이 점점 향상된 반면, 디젤차는 자동차 제조업체들이 더 크고 힘이 좋게 만들기 시작하면서 탄소 배출량이 늘어났다. 게다가 디젤의 그을음 덩어리 입자—"검은 탄소"라고 알려진—는 대기 중에서 열을 가둬 지구온난화에 지대한 역할을 하는 것으로 여겨진다.[23] 따라서 디젤이 이렇게까지 피해를 입히고 있었으므로 디젤 혁명은 고통을 완전히 없애지는 못해도 최소한 밝은 전망을 제시할 수도 있다는 약속을 이행하는 데 실패했다.

어쩌면 맥브라이드가 다우닝가 경력을 굴욕적으로 끝마쳤기 때문에 관점이 바뀐 걸 수도 있다. 돌이켜봤을 때 지금 그에게 분명한 것은 그와 주변의 다른 사람들 모두 수십 년간 수백만 명에게 영향을 미칠 결정을 내리면서 장기적인 관점을 취하지 않았다는 점인 듯하다. 그는 자신과 동료들이 디젤의 위험을 알고 있었다는 사실이 떠오를 때 특히 마음이 괴롭다고 말한다. 조세제도 개편안에 명목상의 할증을 추가할 정도로 신경을 쓰긴 했지만, 자신들이 만들고 있는 시스템을 재고할 정도로 충분히 신경을 쓰지는 않았던 것이다.

지금 그는 어떤 하나의 결정보다도 그 근시안적인 안목을 후회한다. "이렇게 말하기는 좀 끔찍하지만, 장기적인 결과가 무엇일지를 묻는다는 건 적절하지 않은 질문인 것 같았어요. 그런 건 내 일이 아니라고 생각했죠." 그가 보기에—그리고 나도 동의하는 바지만—이런 결함은 한 정당이나 시기에 한정되지 않았다. 심지어 한 나라만의 문제도 아니다. "[그 문제는] 우리 정치의 본성과 결부되어 있어요. 이 예산 저 예산을 운용하고, 이 선거 저 선거를 치르다 보면 실수가 다반사로 일어납니다."

***

데이비드 킹이 토니 블레어의 자문관으로 일하기로 동의했을 때 킹은 바로 이런 장기적인 안목의 부재를 해소하고 싶었다. 물론 데이미언 맥브라이드의 회상은 킹과 아주 많이 상충된다. 누가 거짓말을 한다는 의미가 아니다. 정부에서 다른 부문에 있다 보면 상황을 다르게 인식할 가능성이 높고 상이한 동기를 따르게 된다. 맥브라이드는 재무부에서 세금 결정에 대한 책임이 있는 사람들과 가까운 관계였고 그 결정을 이행하는 일을 했다. 킹은 직위가 훨씬 높았지만 세금과 직접적인 관련은 없었고 사후에 자문만 했다.

그렇다면 궁극적으로 영국의 디젤 사태에 대한 책임은 누구에게 있는 걸까? 모든 세금에 대해 최종 결정권이 있었던 재무부장관 고든 브라운일까? 정부를 책임지는 블레어일까? 사기를 친 자동차 제조업체? 그들을 잡아내지 못한 규제기관?

사실 온갖 비난이 난무한다. 그리고 나를 힘들게 한 건, 원래의 실수도 실수지만 그것을 되돌리기 위한 조치가 너무 오랫동안 취해지지 않았다는 점이다. 데이비드 캐머런 정부, 그다음 테리사 메이 정부는 문제해결을 위해 노력하는 대신 진지한 오염 해결전략을 요구하는 소송에 맞서 싸우고, 유럽연합 대기질 규정을 연기할 방법을 모색하는 데 골몰했다. 보리스 존슨 시장은 비교적 공격적인 전임자의 정화 계획을 미루면서 희석했고, 심지어 수치를 낮추기 위해 일부러 오염 모니터 장치 근처에서 먼지 억제제를 살포하기까지 했다.

런던의 공기를 유독하게 만든 오류를 바로잡기 위해 가장 애쓰며 진지하게 개입한 정치인 중 한 명은 사디크 칸이다. 그는 외국에는 주로 런던 최초의 무슬림 시장으로 알려져 있다. 실제로 그의 개인사는 대단히 흥미롭고, 파키스탄 출신 버스 운전사의 아들로 지낸 유년기에 대해 본인 스스로가 종종 이야기하기도 한다. 영국 정치 안팎에 반이민자 국경폐쇄 포퓰리즘이 득세하던 시기에 칸의 소년 같은 얼굴은 다른 영국, 대도시적이고 다문화적인 영국의 상징이 되었다.

칸은 2016년 시장으로 선출된 이후 런던의 공기정화를 목표로 일련의 조치를 개시했다. 이듬해 수도 중심부로 진입하는 노후 차량에 "독성 부담금"을 부과한 것은 근 10년 만에 더러운 공기에 취해진 의미 있는 최초의 조치였다. 시장은 이 조치를 단행하면서 "런던 시민들이 오염 때문에 목숨을 잃는 동안 가만히 지켜보고 있지만은 않겠다"고 밝혔다.[24] 그는 독성 부담금 부과구역 내에서는 배출규제를 더 엄격하게 하고 그것을 더 넓게 확대하겠다는 계획을 발표했다. 옥스퍼드가를 보행자 전용도로로 만들겠다는 비전을 제시하고, 버스를 친환경 차량으로 개선하라고 명령했으며, 도시 내 나무 연소(이 예상치 못한 오염원에 대해서는 뒤에서 다룰 것이다)를 제한하는 근거를 마련하고자 했다. 또한 칸은 오염이 너무 심한 날 학교에 경보를 발령하는 시스템을 만들고, 버스 정류장과 지하철 역에도 경고문을 게시하기로 했다.

이는 의미 있는 조치들이었고, 일정한 개선 효과를 가져왔다는 증거도 있다. 하지만 한 도시가 자체적으로 공기를 정화하기 위해 할 수 있는 일은 그 정도가 다였다. 칸은 실제적인 변화가 일어나려면 국가—그리고 대륙—의 권력이 필요하다는 사실을 누구보다 잘 안다. 특히 그는 정부의 부추김 때문에 디젤차를 구입한 많은 개인과 기업들이 그것을 다른 차량으로 대체할 수 있도록 도움을 주는 국가 차원의 폐차 지원금을 요구했다. 칸은 "내가 가진 모든 힘을 있는 대로 사용하고 있다"고 말했다. 하지만 권력 상층부의 태만 때문에 "한쪽 손이 등 뒤로 묶인 상태"다.[25]

오늘날에는 런던 안팎에서 두려움과 분노가 부글부글 끓어오르면서 더 폭넓은 변화의 압력이 거세지고 있다. 영국인들, 그리고 더 넓게는 유럽인들이 그들 주위에서 펼쳐지고 있는 디젤 재난에 드디어 눈을 뜬 것이다. 이제 대기오염은 뉴스에서 다뤄지고, 심지어 때로는 우리가 라디오 알람에 맞춰 눈을 뜰 때 정시의 헤드라인 또는 뉴스 1면 기사로 등장한다. 또한 이제야 비로소 대중은 대기오염을 의식하게 되었다. 애나가 다니는 학교의 학부모 페이스북 그룹 내에서 한마디만 해도 수십 개의 걱정스런 댓글이 달리고, 요즘에는 런던 시민들이 더 나은 해법을 요구하는 목소리를 높이고 있다는 글도 자주 접한다. 아무래도 휘발유로 되돌아가는 것이 제일 현실성 높은 첫 조치겠지만, 진작에 그다음에는 뭐가 올지 진지하게 고민했어야 했다. 그냥 이것저것 고려했을 때 더 낫기만 한 게 아니라 진짜로 깨끗한 연료와 이동 방법을 찾아내는 문제에 대해서도.

나는 불빛축제를 위해 런던 중심가 도로들이 폐쇄되고 기발한 예술 설치물이 도시경관을 수놓았던 어느 주말에 지금과는 다른 미래를 살짝 엿보았다. 나는 런던을 방문한 엄마와 애나와 함께 리젠트가街 한복판을 거닐면서 평소에는 자동차와 버스로 북적이는 공간에 보행자들이 모여든 것을 보고 놀라움을 금치 못했다. 도로를 따라 늘어선 건물의 웅장한 전면부가 갑자기 새삼스럽게 눈에 들어왔고, 흥분된 대화 소리가 우르릉거리는 엔진과 빵빵거리는 경적을 대신했다. 그리고 경이롭게도 공기는 평소 도심을 메우던 매연이 사라진 덕분에 신선하게 느껴졌다.

이제 그것은 한때의 기억일 뿐이다. 그리고 런던 시민들이 특별 행사가 없을 때도 그렇게 편하게 호흡을 할 수 있기를 희망하려면 갈 길이 멀다. 이곳의 내 삶은 훌륭하다. 전 세계에서 온 친구와 이웃이 있고, 레스토랑과 극장과 박물관은 끝없는 자극을 선사하며, 다른 많은 대도시에 비해 런던이 더 활기가 넘친다고 느낀다. 런던의 공원과 정원은 부산한 도로에서 벗어나 한숨 돌릴 수 있는 기회를 손쉽게 제공한다. 하지만 공기가 거의 매일같이 나를 괴롭히고 걱정을 안긴다.

가능하면 언제든 가족들은 붐비는 도로보다는 조용한 도로를 따라 걷는다. 나는 특히 우리 집과 애나의 학교가 도심의 보행용 숲길로 연결되어 있다는 점을 감사하게 생각한다. 우리는 아침마다 자동차를 거의 볼 수 없는 그 길을 따라 서둘러 학교로 향하고 오후에는 그보다는 한가하게 어슬렁거린다. 나는 그런 매일의 선택이 차이를 만든다는 사실을 알고 있다. 하지만 사실 한 사람이 할 수 있는 것보다 훨씬 큰 문제에 대해서는 내가 할 수 있는 게 많지 않다. 최소한 이 책, 이 글쓰기는 하나의 실천이다. 우리가 스스로에게 가하는 위험에 눈을 감기로 결심한 듯한 이 세상에서, 글쓰기는 내가 방법을 알고 있는 유일한 일이다.

스모그가 짙게 깔리고 무더운 어느 여름 오후, 학교에 아이를 데리러 가는 길에 나는 바로 앞에 있던 나이가 지긋한 한 여성이 두 남자아이에게 그날은 집으로 곧장 가야 한다고 이야기하는 것을 듣게 되었다. "밖이 좋긴 하지만, 가끔은 공기가 그다지 좋지 않단다."

4장

씹을 수 있는 공기

폴란드와 석탄의 대가

그것은 공기 중에 떠 있다. 눈에 보이지 않는 세 개의 원자가 하나로 뭉쳐진 상태로. 탄소, 산소, 산소. 이산화탄소. 공룡의 파충류 조상들이 거대한 늪을 어슬렁거릴 때, 무수한 수십억 개 중 하나의 작디작은 분자가 잎사귀와 부딪히고 그 속으로 끌려 들어간다. 이내 그 원자들은 서로 분리되고 다시 섞이고 서로 다른 상대와 결합하여 새로운 어떤 것, 큰 나무의 몸통 일부가 된다. 하지만 영원한 생명은 없으므로 결국 그 나무도 스러진다. 몇 주가, 몇 달이 흐르면서 나무는 진흙 속으로 깊이, 더 깊이 가라앉는다. 다른 것들도, 즉 줄기, 가지, 거대한 양치식물, 이끼도 그 위로 떨어진다. 그리고 몇 년이, 수백 년이, 수천 년이 흐른다. 새 생명이 자라고 새로운 층이 만들어진다. 이제 수백만 년, 수억 년이 지났다. 오래전의 그 나무는 더 이상 예전 모습이 아니지만, 예전에 공기에서 취한 모든 것을 풍부하게 가지고 있다. 위에서 무게가 가해지며 압축이 된 탓에 남은 것들은 밀도가 높아진다. 고체가 된다. 영겁의 시간이 흐르면서 단단하고 까매진다. 그러다가 갑자기 어떤 소리가 침묵을 깬다. 드릴이 땅을 뚫는 고음의 윙윙 소리, 우르릉대는 소리. 얼마 안 가 자연이, 땅속 깊이 밀어 넣은 모든 것이 다시 위로 올라와 불태워지면서 수천 년에 걸친 작업이 반전된다. 그리고 그 안에 들어 있는 모든 것, 시간과 자연의 유산이 온 세상에 다시 뿌려진다. 어두운 무덤에서 부활한 탄소 원자가 옛 파트너를 찾아낸다. 그리고 세 원자는 다시 한 번 뭉쳐지고 위로 둥둥 떠오른다.

***

어느 추운 오후 크라쿠프 중세풍 구舊 시가지에서 몇 킬로미터 떨어진 조용하고 숲이 우거진 동네에서 나는 텅 빈 운동장을 지나 빨간 타일 지붕에 창백한 오렌지색과 노란색이 섞인 집을 향해 걸어간다. 내부와 계단 위쪽은 따뜻하고 정감 있다. 주방은 식당, 거실, 어린 두 남자아이의 침실 등 다양한 역할을 하는 밝은 공간을 향해 열려 있다. 두 남자아이의 벙커형 침대 위로 비스듬하게 기울어진 천장에는 축구스타 사진이 붙어 있고, 목재 서랍장에는 스파이더맨 스티커가 붙어 있으며, 폴란드어판 해리포터 책이 긴 테이블 위에 놓여 있다. 두 아들이 커다란 운동용 공을 튀기고 비행기 소리를 내며 달리고 그러다가 바닥에 있는 잡지를 넘기며 잠시 숨을 고른다. 청바지에 보라색 티셔츠를 입은 한 여성은 스토브 위에 있는 무언가를 젓고 고양이 한 마리가 어슬렁거리며 돌아다닌다. 한쪽 옆에는 높이가 1m에 조금 못 미치는 가늘고 흰 기계가 벽을 배경으로 눈에 잘 띄지 않게 놓여 있다.

이곳은 보그단 아키메스쿠와 모니카 비엘라크의 집이다. 어두운색 코듀로이 바지에 검은 긴팔 셔츠를 입고 깔끔하게 면도한 얼굴에 안경을 쓴 보그단은 예술학교 교사다. 갈색 머리카락을 말총머리로 묶은 모니카는 그래픽 디자이너다. 정신없이 날뛰는 줄렉과 자시에크는 내가 만났을 때 아홉 살과 일곱 살이었다. 이 가족은 영국이나 미국의 펑키하고 창의성이 돋보이는 어느 지역과도 잘 어울릴 것 같다.

날렵한 흰색 기계는 공기청정기로, 이곳이 모두 훌륭하지만은 않다는 걸 보여주는 유일하게 눈에 띄는 단서다. 아키메스쿠는 이 장치가 매년 절반 이상의 기간 동안 이 동네를 독으로 잠식시키는 석탄 매연 연기를 상대하기 위한 작은 물건이라고 말한다. 청정기가 돌아가고 있는데도 그가 두 아들이 자는 침대 곁의 미세먼지 농도를 측정해보니 권고 수준보다 더 높게 나온다. 이 장치가 없으면 농도는 주 고속도로보다 더 높다. "도로 한복판에서 잠을 자는 것과 같다"고 그는 분노에 차서 말한다. 비엘라크는 앞 유리를 향해 찍은 사진을 보여주려고 핸드폰을 가져온다. 사진을 보니 짙고 검은 매연이 길 건너편에 있는 커다란 살구색 집의 굴뚝에서 쏟아져 나온다.

크라쿠프는 말 그대로 사람을 질식시켜 죽음에 이르게 하는 곳이다. 이곳의 공기는 유럽에서 가장 오염이 심한 상위 50개 도시 중 3분의 2 이상이 몰려 있는 폴란드에서도 최악이다.[1] 하지만 이제 이곳은 오염에 맞서 더 깨끗한 공기를 정당한 권리로 요구하는 장소이

기도 하다. 그래서 크라쿠프의 이야기는 희망의 이야기이기도 하다. 시민들이 가족과 공동체, 국가에 가해지는 위협을 알아차리고 행동에 돌입하기로 결정했을 때 무슨 일이 벌어지는가에 대한 이야기. 그리고 사람들이 충분히 목소리를 높여 외칠 때, 무엇이 뉴스인지 또는 법이 무슨 말을 해야 하는지를 결정할 힘을 가진 사람은 어떻게 귀를 기울여야 하는가에 대한 이야기.

아키메스쿠와 비엘라크가 살고 있는 예쁘고 부유한 동네, 브로노위츠는 상황이 특히 나쁘다. 이 단독주택 동네는 인구밀도가 더 높은 고층 아파트 동네에 비해 "지역난방"이라고 하는 파이프관 난방 시스템—공동체 전체를 아우르는—으로 연결되어 있을 가능성이 더 낮다. 그리고 많은 사람들이 천연가스에 비용을 지불하지 않는 편을 선호한다. 그래서 폴란드 전역의 마을과 소도시에 사는 수백만의 사람들처럼, 동유럽과 세계 곳곳의 다른 사람들처럼, 이들은 지하실이나 뒷마당의 헛간에 석탄을 저장했다가 기술 수준이 낮은 가정용 보일러에서 그것을 태운다.

슈퍼영웅 스티커와 스포츠 잡지를 좋아하는 줄렉과 자시에크는 그 결과로 생기는 매연을 들이마셔야 한다. 아이들의 아버지는 그해에 대체로 "아이들이 밖에 나가지 않았다"고 말한다. 그가 길 건너편 운동장에서 미세먼지 수치를 측정해보고 권고치보다 6배나 더 높다는 사실을 알고 난 뒤부터 두 아들이 그곳에서 기어오르고 뛰어다니며 오후 시간을 보내지 못하게 막았다. "겨울철에는 내가 애들을 데리고 최대한 빨리 학교와 집 사이를 오가요. 그리고 우린 여기서 창문을 닫고 살죠." 비엘라크는 밖에는 나가기도 싫을 때가 많다고 말한다. "공기에서 냄새가 나요. 끔찍하고 더러워요." 겨울 내내 매연이 이웃의 굴뚝에서 피어오르면 "우린 집에 수감된 사람들 같죠."

그런데도 아이들은 항상 기침을 하고, 감기에 걸릴 때마다 한 달씩 힘들게 밭은 기침을 한다. 비엘라크의 말에 따르면 기침 소리가 개 짖는 소리 같을 때도 있다. 그는 상자를 하나 꺼내서 거의 매일 밤 줄렉과 자시에크에게 사용하는 네뷸라이저—약물을 흡입 가능한 안개로 바꾸는 기구—를 보여준다. 아이들이 호흡이 너무 안 좋을 때 비엘라크는 그 혼합물에 스테로이드를 추가한다. 형 줄렉은 성장호르몬 주사도 매일 맞는다. 아이들의 부모는 줄렉의 작은 키가 공기와 무슨 관계가 있는지 알 수 없지만, 불가능한 가설은 아닌 듯하다. "모두가 언젠가는 죽을 거예요. 아이들도 마찬가지고요." 아키메스쿠가 말한다. "하지만 이런 일이 언제 일어날지, 어떻게 일어날지, 그리고 정상보다 훨씬 빨리 일어나지는 않을지, 저로선 알 수가 없어요."

아이들만이 아니다. 부모 역시 그 영향을 느낀다. "우리에게도 이상한 일이 벌어지고 있어요. 예를 들어 제가 어느 날 아침에 일어났는데 갑자기 코피가 나는 거예요." 아키메스쿠가 내게 말한다. 코피는 20시간 동안 계속되었고, 그러다가 결국 그는 응급실에 갔다. 의사는 그냥 웃었다. "의사가 그러더라고요. '뭘 기대하시는 거예요? 크라쿠프에 사시잖아요.'" 기침이 떨어지지 않아서 찾아갔던 호흡기내과 의사 역시 비슷한 반응이었다. 비엘라크는 수그러들지 않는 알레르기 때문에 고생하고 있다. 최근에 세상을 떠난 반려견마저 기침을 했다.

당연히 부부는 걱정이 끊이지 않는다. 석탄보일러를 돌려서 아이들에게 독극물을 날리는 이웃들에게, 이 문제가 곪아 터지도록 방치해온 정부 관료들에게 불같은 분노를 느낀다. 그리고 가끔은 이 분노가 서로를 향할 때도 있다. "우린 2년 동안 싸웠어요." 비엘라크가 말한다. "보그단에게는 이런저런 계획이 있었고, 우린 베를린으로 이주해야 한다고 생각했어요." 하지만 비엘라크는 그곳에 남고 싶었다. 더 강력한 여과장치를 장착해서 짓고 있던 새집에서 살고 싶었던 것이다.

이곳에서 석탄을 옹호하는 사람들은 더 깨끗한 난방법을 선택할 경제적 여력이 없는 사람들이 석탄을 사용한다고 말하곤 한다. 아키메스쿠와 비엘라크가 보기에 이는 자신들이 사는 중산층 동네의 현실을 제대로 반영하지 못하는 편리한 신화일 뿐이다. 길 건너편 큰 집에 사는 한 가족은 몇 년 전에 별채를 지으면서 석탄 스토브를 새로 설치했는데, 그 이유는 천연가스 비용을 내기 싫어서였다. "근처에 부인과 의사가 있어요. 그 사람한테는 대형 SUV와, 매연을 토해내는 커다란 굴뚝이 있죠." 아키메스쿠가 말한다. 그런 이웃들은 자신의 결정이 남에게 미칠 영향을 이해하지 못하거나 아니면 그냥 신경 쓰지 않는다. 아키메스쿠가 보기에 그들이 자기 아이들 옆에서 줄담배를 피우는 편이 더 나을 것이다. 그는 아들 한 명을 가리키면서 말한다. "이 아이가 암에 걸리게 된다면…." 그러면서 길 건너를 가리킨다. "저쪽에서 돈을 적게 내려고 해서 그렇게 되는 거예요. 대단한 거래 아닙니까?"[2]

***

폴란드는 지구상에서 석탄 의존도가 가장 높은 나라 중 하나로, 전력의 85%, 난방의 40% 이상을 석탄에 의지한다.[3] 따라서 폴란드 방문은 석탄에 의지하는 사람들의 건강에 석탄이 어떤 영향을 미치는지 가까이 들여다볼 수 있는 기회였다. 석탄은 수은, 비소, 납, 황, 일산화탄소 같은 독성물질로 가득한, 매우 유해한 에너지원 중 하나다. 이런 독성물질은 공기를 더럽힐 뿐만 아니라 물속으로 침출되고, 광산에 버려진 폐기물과 연소 뒤에 남은 재 속에도 들어 있다. 그 매연에는 미세먼지, 질소산화물, 그리고 폐를 손상시키고 산성비를 유발하는 산화황이 가득하다.

이 나라의 곤경은 동유럽과 구소련 전반, 불가리아, 발칸반도 지역과 우크라이나 등지에 펼쳐진 더 큰 이야기의 일부에 불과하다. 사실 그것은 인도와 중국의 발전소에서부터 요크셔와 애팔래치아의 탄광에 이르기까지 전 세계에서 울려퍼지는 이야기다. 석탄은 세계 전력의 40% 이상을 공급하고[4] 건강 문제를 일으킬 뿐만 아니라 인간이 만들어내는 총 이산화탄소 배출량의 거의 절반에 책임이 있는 기후변화의 주요 원인이다.[5] 그래서 폴란드인들이 안고 살아가는 위험, 숨을 쉴 때마다 조금씩 상처를 입는 위험은 이 세상에서 인간이라는 존재와 가장 밀접한 문제에 속한다.

크리슈토프 차르노빌스키 박사는 공산주의 시절을 연상시키는 보호시설 같은 느낌의 노란색 사각 콘크리트 건물에서 매일 그 비용을 눈으로 확인한다. 크라쿠프의 MSWiA 병원 노인과 과장인 그는 예의 바르고 콧수염을 깔끔하게 정돈한 남자로, 사무실의 번쩍이는 나무 책상 뒤에 앉아서 흰색 코트의 단추를 모두 채우고 있다. 아래층에서는 일꾼들이 응급실 개조 공사를 하면서 망치질을 하고 고함을 친다. 그곳은 차르노빌스키와 동료들이 검은 그을음 구름이 도시를 뒤덮을 때마다 줄줄이 밀려드는 환자를 치료하기 위해 뛰어다니는 곳이다. 평소보다 2배 많은 폐렴 환자가 들어오고, 심장마비와 뇌졸중의 수가 치솟고, 만성 폐쇄성 폐질환과 천식 같은 호흡 문제가 있는 사람들이 숨을 쉬려고 사투를 벌이며 찾아온다. "이쪽 도로에 구급차가 길게 줄을 이어요." 의사가 내게 말한다.

오염은 위기의 순간뿐만 아니라 겨울철 매일매일 끝없이 이어지는 끈질김으로도 노년 환자들의 삶을 위협한다. 차르노빌스키는 이들에게 공기가 안 좋을 때는 외출을 자제하고 운동을 삼가라고 조언해야 하는 불편한 위치에 있다. 그는 이 처방의 씁쓸한 부작용을 잘 알고 있다. "이런 시기엔 사람들이 아주 슬퍼해요. 집에만 있으면 외로운데, 이 우울증은 노인 건강에 아주아주 해롭죠." 그는 악순환이 어떻게 진행될 수 있는지 직접 확인했다. 우울함과 고립감이 악화된다. "물론 고령의 환자가 집에서 움직이지 않는다면…." 그는 이렇게 말하면서 말끝을 흐린다. "그 끝에 뭐가 있겠어요? 침대에서 지내다가 결국 죽는 거예요."[6]

이곳에서 나는 그런 비통한 얘기를 종종 듣는다. 때로 거기에는 칙칙한 동유럽식 유머가 가미된다. 어느 화창한 토요일 갓난 딸과 함께 걷고 있는 한 젊은 아버지가 이렇게 말한다. "오래된 말 중에 이런 게 있어요. 크라쿠프의 공기는 아주 좋아. 하지만 그건 씹어야

해."[7]

***

한때 크라쿠프는 폴란드 왕실의 수도, 왕들의 고향이었고, 따라서 그걸 보여주는 웅장한 건축물이 있다. 두꺼운 석벽이 에워싸는 역사 중심지는 돔형 교회가 점점이 흩어진 관광객들의 천국으로, 우아하고 고상하다. 그 심장부에 있는 널찍한 광장이 굽어보이는 14세기 고딕 양식의 바실리카 탑에서 나는 그 계절의 첫 튤립을 파는 행상들을 지나치며 어슬렁거린다. 모든 것이 아름답게 복원되었다. 이 구역에서는 돈 냄새가 물씬 풍긴다. 크라쿠프는 세련되고 현대적이라는 뜻에서 내 상상보다 훨씬 유럽스럽다. 나는 그곳에 도착하는 순간, 언론인으로서 석탄에 갖는 관심과 폴란드에 대한 편협한 선입견 때문에 내 시야가 대단히 한정되어 있음을 깨닫는다. 폴란드를 생각하면 전쟁 피해와 공산주의 시절의 중공업 같은 것만 떠올렸던 것이다. 나는 문화와 지식의 중심지인 이 도시의 풍부한 역사를 알아보지도, 그 정교함을 예상하지도 못했다.

학생과 사상가가 가득한 부르주아적인 크라쿠프는 공산주의를 잘 받아들이지 못했고, 그래서 정권은 인구 구성의 변화를 통해 이데올로기에 대한 지지도가 향상되기를 기대하면서 이 지역에 공장과 대형 제철소를 건설해 노동자를 끌어모았다. 이제는 이 나라 최고의 대학에서 공부하는 젊은이들이 높은 사각의 아파트 블루칼라 가정에서 나란히 거주한다. 도시를 가로지르는 반짝이는 신형 트램을 타면 금방 도착하는 중심지에서 멀지 않은 곳이다. 아우슈비츠 당일 여행을 홍보하는 플래카드는 어두운 과거를 뼈아프게 상기시키지만, 오늘날의 크라쿠프는 채식 카페와 세련된 피에로기(동유럽식 만두) 식당, 고급 쇼핑몰, 그리고 밤 문화와 쇼핑 허브로 변모한 구舊 유대인 지구를 품고 있다. 수공예 기념품점을 기웃거리던 방문객들은 무너져가는 유대교 회당의 껍데기와 그 벽에 붙어 있는 빛바랜 과거의 사진을 구경하려고 구 유대인 지구에서 발길을 멈춘다.

주 광장에서 멀지 않은 빛바랜 오렌지색 건물에서 좁은 계단을 따라 세 층을 올라가면 "크라쿠프 스모그알람"이라고 하는 일군의 운동가들을 만날 수 있다. 그들은 실제 변화의 가능성을 지닌 법률을 요구하기 시작한 최초의 집단에 속한다. 이들이 겨냥하는 대상은 겨울철이면 아침마다 주민들이 불을 피우는 석탄 연소 보일러 수만 개다. 석탄 회사들은 종종 주택 소유주들에게 가장 저렴하고 더러운 등급의 석탄을 판매하고, 스토브는 기술 수준이 낮아서 연소 온도가 산업 규모의 보일러에 비해 훨씬 낮다. 그러다 보니 최악의 오염 물질이 소각되지 못하고 주위 공기로 빠져나온다. 특히 두려운 것은 강력한 발암물질인 벤조피렌이다. 1775년 런던의 좁고 구불구불한 굴뚝을 때로는 벌거벗은 몸으로 기어 올라갔다가 석탄 타르와 재에 뒤덮인 어린 청소부들은 음낭종양이 생겨 괴로워했다. 벤조피렌은 그 원인으로 규명된 물질로, 그을음 안에 들어 있다.[8] 오늘날 폴란드의 공기에서 벤조피렌 수치는 때로 법적인 한도의 10배 또는 15배에 이르곤 한다고 크라쿠프 스모그알람은 말한다.

최소한 여과 규정을 충족해야 하며 규제의 대상이 되는—그래도 여전히 인명을 앗아가지만—발전소와 공장의 굴뚝과 달리 이런 주거용 굴뚝은 최근까지 거의 완전히 관리를 벗어나 있었다. 보그단 아키메스쿠와 모니카 비엘라크의 두 아들이 개가 짖듯이 기침을 하게 만든 것이 이 매연이다. 그래서 몇 년전 결국 크라쿠프에서 더 이상 이 문제를 방치해서는 안 된다는 판단으로 거리 시위가 시작되었을 때, 그들은 더 나은 공기를 요구하는 행진에 참여했다. 크라쿠프 스모그알람의 설립자 중 한 명인 안나 드보라코프스카는 한 번에 몇백 명씩 모인 그 시위들을 계획하는 데 힘을 보탰다. 시위에 참가한 많은 사람들은 줄렉과 자시에크처럼 실내에 머물 수밖에 없는 아이들 대신 빈 유모차를 밀었다. "'소피는 지금 2개월 동안 외출을 못해서 신선한 공기를 마시지 못했다'라고 적힌 피켓도 있었죠." 드보라코프스카는 이렇게 말한다.[9]

드보라코프스카는 삐죽삐죽한 짧은 머리칼을 가졌고 녹갈색 눈이 상대를 찌르는 듯했다. 그는 해가 잘 드는 사무실의 밝은 빨간색 소파 끝에 걸터앉았다. 그러고는 가정용 난방에서 석탄과 나무의 사용을 금지하도록 지역 지도자들에게 촉구하는 서명과 함께 캠페인이 어떻게 시작되었는지 내게 설명한다. 서명에 참여한 많은 사람들이 하고 싶은 말을 남겼고, 그와 동료들은 예술가들에게 그중 일부를 일러스트로 표현해달라고 부탁했다. 한 일러스트에서는 어떤 남자가 하늘에서 내려온 올가미를 잡으려고 손을 뻗고 있고, 또 다른 그림에서는 폴란드의 상징인 흰 독수리가 가스마스크를 쓰고 매연이 자욱한 교회 첨탑 위로 날아오른다. 밀집한 건물들이 정맥주사 용액 주머니에 비친 모습을 스케치한 그림에는 스모그가 한 아이의 암으로 바뀐다는 설명이 달려 있다. 이 포스터가 도시 곳곳에 게시되자 사람들이 말문을 열었다. 수년 동안 오염을 수박 겉 핥기식으로만 다뤘던 지역 미디어가 관심을 기울이기 시작했다.

얼마 되지 않아 대중이 이끄는 곳으로 정치인들이 따라왔다. 2013년 폴란드 최초로 가정에서 석탄과 나무 연소를 금지하는 지역법안이 5년 뒤부터 효력을 발휘하는 일정으로 통과되었다. 공무원들은 지역주민들이 구형 스토브를 폐기하고 가스와 전기, 아니면 폴란드의 많은 지역에서 흔히 사용하는 배관형 지역난방 같은 더 청정한 시스템을 설치하는 데 도움을 주기 위해 1억 파운드를 확보했다. 상당액의 전환 비용을 부담하겠다고 제안하면서도, 매년 이 인센티브의 크기를 줄임으로써 신속한 변화를 고무하고자 했다. 진전은 많은 사람들의 희망에 비해서는 느렸지만 그래도 이 법안이 법적인 분쟁에 휘말리게 되었을 때도 노력은 꾸준히 이어졌다.

결국 법정 승리를 통해 새로운 형태의 법을 마련할 기회가 조성되었고, 크라쿠프의 금지안은 2019년에 효력이 발휘되었다. 도시 주변에 우뚝 솟은 빨간색과 흰색 줄무늬의 공장 굴뚝에서부터 도로를 가득 메운 자동차에 이르기까지, 이 도시의 공기를 더럽히는 다른 오염원들도 많다. 따라서 가정에서 연소를 금지하는 조치는 첫발에 불과하다. 하지만 여전히 석탄을 꼭 끌어안고 있는 나라에서 이것은 의심할 여지 없이 획기적이다. 수백만의 건강에 대한 터무니없고 직접적인 위협이 제거될 것이다. 어쩌면 장기적으로는 훨씬 큰 어떤 것, 폴란드 사람들에게 이로울 뿐만 아니라 우리 모두가 속한 지구와 미래에 대한 압력을 완화하는 변화의 첫 조짐처럼 보일 것이다.

***

하지만 모두가 변화를 열망하는 것은 아니다. 장식이 화려한 교회를 지나치자 나오는 울퉁불퉁한 자갈길에서 아를레타 볼레크는 작은 아파트 건물 지하실로 이어지는 반 층짜리 계단으로 나를 안내한다. 지저분한 콘크리트 벽으로 된 상자 같은 지하실의 맨바닥에는 석탄이 쌓여 있다. 그는 노란 설거지용 장갑을 끼고서 석탄을 삽으로 퍼올려 파란 금속 양동이에 담는다. 한 통이 가득 차자 낡은 보일러 입구로 쏟아붓는다. 문에는 단단하게 굳은 검은 잔여물이 케이크처럼 쌓여 있다. 화장품 회사 관리자로 일하다가 은퇴한 볼레크는 혼자 살고 있는데, 이런 허드렛일은 재미없는 생활의 일부일 뿐이다. 그는 지하실 여행이 약간의 사회 활동 기회를 제공하기도 한다고 말한다. 남동생 역시 같은 건물에서 사는데, 종종 석탄실에서 마주치면 그들은 각자의 보일러를 채우고 재를 삽으로 퍼내면서 수다를 떤다.

그것도 오래가지는 않을 것이다. 청정한 난방으로 전환하는 사람들에게 주는 재정지원을 정부가 염두에 두고 있고 지원금이 곧 줄어든다는 사실을 알고 있기 때문에 볼레크는 난방 시스템을 바꾸기로 결심했다. 작업자가 와서 새로운 천연가스 난방 시스템을 설치해주기를 기다리고 있다. 나는 그 난방 시스템이 구역 아래쪽 공원의 육중한 문을 통과해 뛰어다니는 아이들의 건강에 유익할 거라는 사실을 볼레크가 깨닫지 못한 게 아닌가 의심한다. 그는 비용을 걱정한다. 설치비로는 한 푼도 낼 필요가 없지만 연료비는 공적인 지원을 전혀 받지 못할 거라고 말한다. 지원제도가 있긴 하지만 아무래도 그는 형편이 넉넉해서 지원 대상에서 제외될 것이다.

사실 볼레크는 난방 시스템에 쏠린 나의 관심이 약간 어리둥절하다. 매일 반복되는 일상의 한 부분인 난방을 보여달라는 나의 요청 때문에, 그리고 이곳에서 나의 취재를 돕고 있는 후줄근하지만 사랑스러운 젊은 폴란드인 마르친 크라스노볼스키를 통해 전달한 내 질문들 때문에 특히 멍해진 것 같다. "이 사람한테는 이게 이색적인가 보죠?" 볼레크가 크라스노볼스키에게 묻는다. 그는 볼레크의 질문을 통역하면서 웃음을 터뜨린다. 나는 볼레크가 어떤 기분인지 이해할 수 있다. 누가 내 집에 와서 빨래하는 모습을 보여달라고 했다면 나도 분명 똑같이 반응했을 것이다. 하지만 사실 나는 호기심이 크게 일었다. 석탄 벽난로가 딸린 스코틀랜드의 작은 섬에서 몇 번 휴가를 보낸 적이 있었지만, 그걸 제외하면 내가 매일 글을 쓰는 주제에서 아주 중요한 영향을 발휘하는 석탄이란 연료와 육체적으로 접촉해본 기억이 없다.

영국에 살고 있는 미국인에게 석탄은 세대 간 차이를 드러낸다. 내가 집에 돌아와서 폴란드 여행에 대한 이야기를 풀어놓자 영국인인 시어머니와 뉴저지에서 나고 자란 엄마 모두 어린 시절에 집을 덥혀준 석탄에 대한 이야기를 들려주었다. 엄마는 어린 시절 뉴어크의 웨인라이트가街에서 트럭이 할아버지 집 뒤편에 있는 지하 저장실 문으로 석탄을 쏟아붓는 모습을 구경하곤 했다. 나와 관련 있는 두 나라 모두, 지금까지 폴란드 사람들을 아프게 만드는 바로 그 연료에 불과 얼마 전까지 의지했다는 건 되새길 만한 유용한 정보였다. 크라스노볼스키는 자기 역시 석탄을 그렇게 신기한 구경거리 보듯 하는 사람을 만나서 재미있었다고 무심코 털어놓았다. 크라쿠프에서 자란 그는 할머니와 부모님을 위해 위층으로 석탄을 나르곤 했다. 석탄보일러가 드문 바르샤바의 현대적인 건물로 이사했을 때는 더 이상 그 지저분한 심부름을 하지 않아도 된다는 사실에 기뻐하긴 했지만 말이다.

볼레크는 곧 시작될 석탄이용 금지조치에 대해 내키진 않아도 체념하고 있지만, 화를 삭이지 못하는 사람들도 있다. 크라스노볼스키는 마을 남쪽 끝에 있는 열차 선로 옆의 어떤 부지로 나를 데려갔는데, 그곳에는 땅바닥에 석탄이 내 키보다 높이 쌓여 있었다. 일부는 파란 비닐 방수포에 덮여 있고 일부는 그냥 드러나 있다. 콧수염이 북슬북슬한 한 일꾼이 쇠스랑을 어깨에 짊어진 채 터덜터덜 걸어가고, 흰색 소형 전방 적재기가 석탄을 한 무더기씩 덤프트럭 화물칸에 퍼 담는다. 입구 근처에 놓인 녹슨 궤도차 옆에는 미소 짓고 있는 흑갈색 머리의 백인 여성 사진이 박힌 현수막이 이곳에서 판매하는 것을 홍보하고 있다. "품질은 우리의 최우선"이라고 크라스노볼스키가 통역해준다. "100% 폴란드 석탄."

그 작업장은 그제고시 루민의 생계가 걸린 곳이다. 1998년부터 석탄을 판매한 그는 석탄이용 금지조치 때문에 문을 닫게 될 가능성이 크다는 걸 알고 있다. 지금은 아직 손님들이 조금씩 찾고 있다. 이례적으로 따뜻한 기온을 생각하면 올겨울은 장사가 그다지 잘되지 않겠지만 말이다. 나는 바로 이 산업 때문에 일어난 기후변동이 외려 석탄 산업계 사람들에게는 원망이 대상이 될지 모른다는 의구심을 떨치지 못한다. 몇 분 간격으로 새로운 차가 들어와서 루민의 사무실인 작은 흰색 헛간 옆에 있는 낡은 저울판 위에 올라선다. 고객들은 석탄 더미로 차를 후진시킨 뒤 석탄을 포대에 담아 자신의 트럭에 실은 다음 다시 차의 무게를 재서 그 차이만큼 돈을 지불한다.

루민은 30대 후반의 마른 남자로, 무거운 부츠에 해진 파란색 후드티를 입고 있다. 크라스노볼스키가 석탄이용 금지조치에 대한 내 질문을 그에게 통역해서 전달하지만 그가 어떻게 생각하는지 알기 위해서 폴란드어를 이해할 필요는 없었다. 그는 사무실 밖에 서서 요란하게 화를 내며 말을 쏟아낸다. 강조하기 위한 동작을 취하더니 격한 분노를 담아 웃음을 터뜨린다. 루민의 핸드폰이 끊임없이 울린다. 그는 안으로 들어가서 공책에 주문을 적어놓기 위해 몇 차례 인터뷰를 중단시킨다.

폴란드어로 "망할"을 뭐라고 하는지는 모르지만 크라스노볼스키가 통역을 할 때 반복적으로 그 단어가 나온다. 나는 저 멀리 지친 델리의 트럭 운전사들이 쓰레기를 태우며 검은 연기를 피워 올리는 불을 가리키며 어째서 이웃이 숨을 편하게 쉬도록 도움을 주는 부담을 자신이 짊어져야 하는 거냐며 분통을 터뜨릴 때 들었던 분노가 떠오른다. 크라쿠프에서 진행 중인 것과 비슷한 부류의 변화에는 비용이 따른다. 그리고 건강과 환경을 지키는 부류의 변화가 종종 그렇듯 패자들은 자신이 누구인지, 얼마의 대가를 지불하는지를 정확히 알지만, 승자의 소득—이 경우에는 루민의 석탄이 이들의 공기로 배출하는 오염물질에서 곧 자유로워질 크라쿠프 사람들—은 수백만 사이로 퍼져서 흩어지기 때문에 체감하기가 더 어렵다.

루민은 석탄보일러의 수는 줄어들고 자동차가 늘어나고 있는 상황에서 어째서 자신의 산업이 지목되어야 하는지 이해할 수 없다. 그는 지역의 큰 공장이 폐쇄되면 공기질이 향상될 거라고 보았던 정치인들의 호언장담을 기억한다. 하지만 자신은 남자들이 일자리를 잃고 그 아이들이 마약과 범죄에 빠져드는 모습을 보았다고 말한다. "뭐든 금지할 수는 있겠지만 그 결과에 대해서 생각하지 않으면 그건 말이 안 되는 거죠."

크라스노볼스키와 나는 루민의 고객 몇 명과도 이야기를 나누었다. 커다란 안경을 쓰고 빗자루 같은 백발이 제멋대로 뻗친 아담 쿠클라는 집에 두 가지 난방 시스템이 있다. 하나는 천연가스를, 다른 하나는 석탄을 땐다. 가스가 훨씬 편하지만 보통 석탄을 땐다. "돈이 유일한 이유죠." 그가 내게 말한다. 하지만 절약과는 다른 무언가가 작동하고 있다. 쉽게 정량화하기 힘든 뭔가가. 쿠클라는 지하실에 석탄이 가득하면 마음이 편안해진다고 말한다. "겨울철은 한 번씩 너무 힘들어요." 그는 자신의 아이들을, 손자녀들을 걱정한다. "그 아이들을 따뜻하게 해주는 게 중요합니다." 또 다른 구매자 즈비그니에프 옝드리가스는 내년을 위해 창고에 쌓아두려고 낡은 벤츠 해치백에 불룩한 석탄 주머니를 집어넣는다. 그의 설명은 쿠클라와 비슷하다. 연료의 가격이 합당하다는 것. 그리고 그보다도 "석탄을 1톤 가지고 있으면 안전하다고 느끼고 푹 잘 수" 있다.[10]

***

이런 주장은 루민의 석탄부지를 넘어서, 폴란드의 미래 계획을 세우는 바르샤바 권력의 회랑에서도 울려 퍼진다. 정치 지도자들이 국민의 건강을 망가뜨리는 연료의 공급 중단을 거부하는 이유는 비용과 안정성이다. 그들은 옆 나라 독일을 가리킨다. 독일은 재생에너지 발전 혁명을 야심 차게 추진하지만 여전히 석탄에 의지하면서 폴란드보다도 석탄을 더 많이 땐다. 그 정도로 부유한 나라가 저렴한 연료가 필요하다면, 어떻게 아직도 트라우마로 얼룩진 역사의 그늘에서 빠져나오느라 버둥대고 있는 폴란드 사람들에게 그 이상의 비용을 기대할 수 있을까?

하지만 모스크바에 대한 수십 년에 걸친 예속이 어떤 기분인지 아직 잊지 못한 나라에서 가장 깊은 신경을 건드리는 것은 서구가 아닌 동구에 대한 관점이다. 폴란드 사람들은 블라디미르 푸틴이 2006년, 다시 2009년에 우크라이나로 들어가는 천연가스 공급을 차단했을 때를, 그리고 공급 부족이 동유럽 전역에 파장을 일으키면서 따라온 고난을 기억한다. 이곳의 그 누구도 난방을 위해 푸틴의 파이프라인에, 그의 변덕스러운 승낙에 의지하기를 원치 않는다. 폴란드 사람들은 때로는 애정을 담아, 때로는 냉소적으로 석탄을 "폴란드 금"이라고 부른다. 이 나라가 풍부하게 보유하고 있어서 역사가 어떤 소용돌이에 휘말리더라도 의지할 수 있기 때문이다.

그다음으로는 석탄이 폴란드 경제에 핵심적이고 일자리를 지켜준다는 믿음이 있다. 하지만 실제로는 폴란드의 광산 부문이 너무 비효율적이고 남아 있는 석탄은 너무 깊이 매장되어 채산성이 떨어지기 때문에 광산 회사가 채굴을 할수록 돈을 잃는 실정이다. 요즘 폴란드는 많은 석탄을 수입하고 있고 수입국 중 하나는 뜻밖에도 러시아다.

석탄은 폴란드 문화와 역사의 중요한 부분으로 묘사되기도 한다. 내가 방문한 기술대학의 입구 측면에는 곡괭이를 든 영웅적인 크기의 광부 한 쌍이 서 있었다. 구소련의 우락부락한 노동자를 연상시키는 근육이 육중한 스타일로 조각된 상이었다. 자립과 강인함의 이미지는 여전히 이 산업을 향해 쏟아지는 경의와 그 정치적 힘을 뒷받침한다. 내가 폴란드를 방문하기 얼마 전, 광산을 폐쇄하고 시들어가는 국영 회사를 재구조화한다는 정부 계획에 성난 광부들은 거리 시위와 파업으로 대응했다. 총리는 재빨리 물러섰다. 유럽 국가들이 기후나 공기질에 대해 토론하기 위해, 그리고 지구온난화를 늦추거나 사람들의 호흡을 편하게 해주는 규정이나 합의를 놓고 협상을 벌이기 위해 모일 때, 그 소중한 검은 금의 사용을 방해하는 일체의 노력을 지연시키고 희석시키면서 석탄을 가장 굳세게 방어하는 폴란드는 끊임없는 장애물이다.

그 고집스러운 집착은 이제 폴란드의 에너지 문제를 완화하는 데 도움이 될 수 있는 상전벽해에 가까운 변화를 가로막고 있다. 천연가스를 멀리 운반하는 건 쉬운 일이 아니라서 폴란드 사람들은 호주의 석탄이나 사우디의 석유를 구입하듯 먼 곳에서 천연가스를 사들일 수 없다. 러시아는 이 부문에서 우세한 공급국이기 때문에, 천연가스에 의지한다는 것은 푸틴에 의지한다는 의미다. 하지만 더 크게 생각하면 태양과 풍력 같은 재생에너지의 잠재력으로 그 간극을 메울 수 있다. 에너지 구성비에 어쩌면 핵에너지를 추가하거나, 유럽 전역으로 전기를 이동시키기 시작한 국제 연결망에 좀 더 빨리 연결될 수도 있다. 하지만 폴란드에서는 풍력과 태양에너지가 아직 걸음마 단계다. 대놓고 적대적이진 않아도 완전히 무관심해 보이는 정부가 친환경에너지를 거의 장려하지 않기 때문이다. 세계의 다른 곳들에서처럼 친환경에너지로의 전환은 쉽지는 않지만 충분히 가능하다. 하지만 이를 위해서는 변화가 필요하다는 인정과 그것을 이루기 위한 계획, 그리고 실행하겠다는 정치적 의지와 재정이 필요하다.

어쩌면 석탄이 폴란드가 감당할 수 있는 최선의 연료라는 생각은 가장 손쉬운 대답인지 모른다. 루민의 고객들이 그의 석탄부지를 떠날 때 건네는 한 움큼의 동전은 그들이 천연가스 회사에 지불하는 것보다 더 적기는 해도, 그렇게 남긴 차액으로 숨어 있는 더 비싼 비용을 해결하지는 못한다. 가령 매년 대기오염 때문에 수명을 채우지 못하고 사망하는 4만 5,000여 명의 폴란드인이 부담하는 비용 같은 것 말이다.[11] 경제적인 측면에서 이 사망자들은 연간 1000억 달러 이상의 비용을 폴란드에 지우는데, 이는 폴란드 GDP의 약 13%에 해당한다.[12] "폴란드에서 석탄이 저렴하다는 건 신화예요." 내가 만난 한 전문가는 이렇게 말한다. "우리는 거기에 아주 높은 가격을 지불하고 있죠."[13]

***

볼레크가 가지고 있는 것과 같은 석탄보일러는 폴란드의 석탄 사랑을 보여주는 아주 부분적인 모습에 지나지 않는다. 어느 날 아침 크라스노볼스키와 나는 이 이야기에서 다른 축을 맡고 있는 발전소를 더 가까이 들여다보기 위해 렌터카를 빌렸다. 우리가 폴란드의 석탄 중심지인 실레시아를 향해 잘 닦인 새 고속도로를 타고 도시를 떠날 때 대기에는 짙은 연무가 끼어 있었다. 경관이 빠르게 농촌으로 바뀌면서 탁 트인 너른 들판 위에 군데군데 눈이 남아 있는, 폴란드 겨울철의 칙칙한 회색과 갈색 풍경이 펼쳐졌다. 오시비엥침 도시의 표지판을 보다가 20세기에 암운이 드리운 폴란드어 지명을 알아보고 가슴이 내려앉았다. 아우슈비츠였다. 나는 매년 열리는 하누카 축제 외에는 특별히 지키는 게 없지만, 어린 시절을 유대교 신앙과 문화 속에서 보냈다. 유대교는 세속적이고 교외적인 부류의 종교긴 했지만, 목숨을 빼앗긴 유럽의 유대인들을 기릴 때는 성스러운 진지함을 보여주었다. 그래서 나는 이곳 풍경에 그 영령들이 떠다닌다고 생각했고, 최근 수십 년간 이곳에 평화가 찾아와서 기뻤다.

흰색의 짙은 수증기가 피어오르는 원통형의 냉각탑과, 높이 솟은 빨간색과 흰색 줄무늬 굴뚝에서 어두운색의 연기 기둥이 퍼져 나오는 석탄 화력발전소를 하나하나 지나쳤다. 도로 옆에 자리 잡은 발전소들이 마을을 위협하는 듯 보였다.

우리는 주 고속도로에서 빠져나와 소나무 숲을 따라 굽이굽이 차를 몰았다. 키가 크고 가는 나무줄기는 맨 윗부분에 암녹색 솔잎이 몰려 있는 것만 빼면 헐벗은 상태였다. 방향을 한번 틀자 나무들 위로 두 개의 굴뚝이 쑥 올라왔다. 잠시 후 우리는 그 굴뚝이 있는 발전소 옆에 차를 세웠다. 발전소는 창백한 녹색의 거대한 건물이었고, 석탄을 실은 파란 궤도차들이 눈을 먼지처럼 뒤집어쓴 선로 앞쪽에 일렬로 서 있었다. 기다란 금속 파이프가 낮은 철조망 위로, 궤도차 위로, 발전소를 향해 구불구불 이어진다. 보행자용 도로 역시 마찬가지다. 주위에는 아무도 없어서 이 고립된 장소는 거의 저세상에 온 것 같은 기분을 안긴다.

나는 이 발전소의 내부를 들여다보고 석탄이 어떻게 전기가 되는지 내 눈으로 확인하고 싶었다. 끝없이 밀려드는 수 톤의 석탄을 먼지로 갈아버리는 제분기를, 거대한 보일러를, 회전하는 터빈을 직접 확인하고 싶었다. 하지만 이메일과 전화로 숱하게 연락을 취해보았지만 발전 회사가 우리에게 내부를 보여주도록 설득하는 데 실패했다. 그래서 내가 할 수 있는 건 이 건물을 밖에서 쳐다보고 핸드폰으로 몇 장의 사진을 찍은 뒤 떠나는 것이 전부였다.

폴란드 내에는 석탄 화력발전소가 대기오염과 관련이 있는지에 대한 논쟁이 있다. 심지어 나는 환경주의자들 사이에서도 이런 논쟁을 들어본 적이 있다. 가정용 보일러의 기여도가 워낙 눈에 잘 띄고 지독하다 보니 일각에서는 가정용 석탄 사용만 중단시키면 이 나라의 대기 문제는 해결될 거라고 주장한다. 분명 도움이 될 테지만 석탄을 태워서 전기를 생산하는 것이 건강한 공기와 양립 가능하다는 생각은 터무니없다. 물론 발전소에서 나오는 매연은 가정용 보일러에서 나오는 매연에 비해 규제를 더 많이 받고 처리도 더 잘되지만, 건강과는 거리가 멀고 폴란드인이 짊어지는 질병의 부담을 가중시킨다는 데는 의심의 여지가 없다.

그리고 이는 폴란드인에게만 국한되지 않는다. 이 거대한 발전소가 만들어내는 오염은 유럽 전역으로 퍼져나가서 약 1600km나 떨어진 런던에 이를 정도다. 실제로 한 연구에 따르면 폴란드의 석탄 화력발전소는 국경 바깥에서 연간 4,700명의 사망자를 유발한다. 석탄 매연은 모두 이동하기 마련이지만, 이 수치는 유럽 국가의 전력 생산이 이웃 나라에 입히는 피해 중 최대치다. 그리고 물론 이런 계산에는 기후에 미치는 영향이 아직 포함되지도 않았다.[14]

석탄 산업계를 옹호하는 사람들은 발전소가 엄격한 유럽연합 배출규정을 충족한다고 지적하기를 좋아하지만, 사실 폴란드는 이런 요건을 연기하고 면제받았기 때문에 제재가 약해졌다. 이 세상 다른 곳에서 어떤 사람들은 석탄의 위험에 맞서고 있는데—가령 영국은 2025년까지 모든 석탄발전소를 폐쇄하기로 약속했다—이곳에서는 여전히 당당하게 석탄을 태운다.

***

카롤리안 졸나는 가정의 연소와 실레시아 곳곳에 솟아오른 높은 산업용 굴뚝 모두가 자신과 가족들이 들이마시는 공기에 독극물을 퍼붓고 있다는 사실을 알고 있다. 나는 숲속의 발전소에서 멀지 않은 평범한 소도시 미슬로비체에서 그를 만났다. 또 다른 발전소 엘렉트로브니아 야보주노 III는 주도로에서도 볼 수 있다.

폴란드 여행의 이번 단계에서 발전소에 집중할 수도 있지만 나는 가정용 보일러에서 도망칠 방법이 없다. 눈에 들어오는 거의 모든 집의 굴뚝에서 짙은 연기가 피어오른다. 그릇과 타월 같은 생활용품을 파는 가게 앞, 얼얼한 추위 속에서 이야기를 나누는 동안 나는 주위의 모든 것을 보고 냄새로 확인한다. 공기는 그 지독함에 충격을 받을 정도로 짙고 묵직하다.

졸나는 학교 교무원으로 아들과 함께 잔일을 한다. 그의 아들은 파란 털모자를 푹 눌러써서 눈을 가리고 있다. 자주색 아이섀도에 지적인 느낌의 치마를 입은 졸나는 따뜻하고 친절하지만 미소에서 슬픔이 느껴진다. 그는 자신의 두 아이를 비롯해 그 마을에 있는 대부분의 아이들이 호흡에 문제가 있어서 운동을 조금만 해도 헐떡거린다고 말한다. 졸나의 딸은 아기였을 때 4개월 동안 폐렴으로 병원 신세를 진 적이 있고, 의사들은 절대로 원인을 콕 짚어서 알려주지 않았지만 졸나는 항상 대기오염 탓이라고 생각했다.

보일러는 추운 계절에만 사용함에도 이곳의 건강 문제는 연중행사라고 졸나는 지적한다. "이 발전소들도 문제인 거죠." 그는 이렇게 추론한다.

졸나는 어느 쪽에서도 변화의 희망을 볼 수 없다. "솔직히 말해서 석탄은 가장 저렴한 에너지원이에요." 국가 차원에서도, 개별 가정 차원에서도 말이다. 졸나의 이웃에게는 여윳돈이 없기 때문에 지금의 계산 방식이 이어지는 한 석탄을 이용할 것이다.[15]

보제나 보리스는 졸나와 마찬가지로 체념 어린 분노와 끊이지 않는 걱정을 표출한다. 보리스가 자기 집 창문에서 야보주노 발전소를 볼 수 있다는 이야기를 하는 동안 일곱 살짜리 손자는 벨크로 끈이 달린 부츠에 곰 머리 모양의 북슬북슬한 모자를 쓰고 보리스의 손을 잡아당기며 꼼지락댄다. 보리스는 매연이 너무 싫고 종종 숨이 가쁘며 미슬로비체의 많은 사람들이 비슷한 문제를 겪는다고 말한다. 그는 자기 자신은 걱정하지 않는다. "내 나이엔 그런 게 중요하지 않아요." 어린 손자는 다른 마을에 사는데, 역시 석탄발전소와 가까운 곳이다. 보리스는 그곳의 공기가 자신이 마시는 것보다 더 낫기를 희망한다.

하지만 졸나와 보리스는 이곳에서 예외적인 존재다. 내가 미슬로비체에서 만난 많은 이들이 오염에 대해 의식하지 않거나 최소한 무관심해 보인다. 크라스노볼스키와 내가 몇몇 가게에 불쑥 들어가 이 문제에 대해 질문을 하자 대부분이 어깨를 으쓱하거나 고개를 젓는 반응을 보인다. "태어나서부터 여기에 살아서 매연에 익숙해요. 전 신경 쓰지 않아요." 빨간 앞치마를 두른 무뚝뚝한 생선장수가 말한다. "한 번도 생각해본 적 없어요." 비좁은 주류점 계산대 뒤편의 중년 여성이 말한다. 단정하게 이발한 식료품점 주인 아그니에슈카 코페츠는 주스와 잼, 소스가 쌓여 있는 선반 옆에 서서 발전 회사들이 이웃 사람들에게 자기네 굴뚝은 첨단 집진장치를 사용한다고 하면서 전혀 위험하지 않음을 보장했다고 말한다. "우린 그 사람들을 믿어요. 음, 그럴 수밖에 없으니까요." 고객 중에는 그 시설에서 일하는 사람들이 많고 보수도 좋다. "그래서 난 괜찮은 거 같아요."

우리는 주도로에서 몇 발자국 떨어져, 굴뚝에서 짙은 연기를 뿜어내는 콘크리트 아파트 건물을 향해 걸어간다. 불쾌하고 톡 쏘는 듯한 냄새가 빠르게 우리를 휘감는다. 오렌지색 표지판이 건물 울타리에 붙어 있다. "석탄은 포대에"라고 크라스노볼스키가 읽어준다. 나는 다른 것도 감지한다. 일부 폴란드인이 아직도 겨울철에 플라스틱 병과 비닐봉지, 갖은 비닐과 플라스틱 쓰레기를 태운다는 이야기를 들은 적이 있었다. 전보다는 흔치 않고 은밀하게 이루어지긴 하지만, 나무 칩이나 낡은 티셔츠 조각으로 플라스틱 병을 채운 뒤 때로는 자동차 기름에 적셔서 추운 저녁에 보일러에 두어 개 던져 넣는다는 것이다. 그걸 "수류탄"이라고 한다. 이제 대부분의 폴란드 사람들은 그로 인해 얼마나 오염이 심해지는지를 알고 있긴 하지만, 수류탄이 만들어내는 열은 저렴하면서도 강렬해서 아직도 사용된다. 이 나라의 폐를 괴롭히는 또 하나의 독성물질인 것이다.[16]

내가 석탄 산업계에서 만난 사람들 그리고 정부 관계자들은 내게 종종 그런 식의 연소에 대한 이야기를 한다. 그리고 물론 그건 진짜 걱정거리이기도 하지만, 공식적인 제재하의 오염 기여분—수류탄보다 훨씬 널리 사용되는 연료로 인한—에서 관심과 비난의 화살을 돌리려는 수작이 되기도 한다.

***

며칠 뒤 크라스노볼스키와 나는 실레시아 더 안쪽으로 데려다줄 기차에 올랐다. 기차를 타고 가면 갈수록 석탄이 인간의 삶뿐만 아니라 한 나라의 경관을 어떻게 장악하고 있는지 눈에 확연하게 들어왔다. 석탄은 선로 옆에도 높이 쌓여 있었고, 우리 옆에 멈춰선 개방형 화물차에도 들어 있었다. 쓰러져가는 산업용 건물의 자갈 깔린 마당에도 있다. 이곳에서 석탄은 그저 삶의 일부이며 어디서나 볼 수 있다. 내가 런던에서 하교 중인 댄과 애나와 셀카 사진을 주고받는 동안 그 모든 것들이 서둘러 지나간다.

이 지역의 상업 허브인 카토비체에서 크라스노볼스키는 안제이를 만나기 위해 약속을 잡았다. 안제이는 위장무늬 야구모자에 회색 운동복을 입은 날렵한 몸매의 친절한 광부였다. 나는 그의 작은 빨간 승용차 뒷자리에서 어린이용 시트 옆에 끼인 상태로 다른 사람들과 함께 그의 일터로 향했다. 그는 이상할 정도로 직선을 그리며 가파르게 솟은 언덕 아래쪽에 차를 세웠다. 이 언덕은 중간에 평평한 선반처럼 수평으로 이어지다가 다시 위로 솟아올랐다. 안제이는 꼭대기까지 올라가려면 15분이 족히 걸리는 이 부자연스러운 형태의 언덕이 광산 폐기물로 이루어졌다고 말한다(사실 안제이는 실제 이름이 아니다. 이름을 밝히면 일자리를 잃을지 모른다고 우려했기 때문이다). 언덕 위로 오르는 동안 수직갱도 옆에 있는 높은 굴뚝과, 뒷부분에서 바퀴가 돌아가는 금속 비계로 된 탑 두 개가 눈에 들어온다. 두 탑은 석탄을 끌어올리고 사람들을 깊은 땅속으로 들여보내는 엘리베이터를 작동시킨다. 석탄에서 불순물을 제거하고 가공하는 창고 형태의 회색 건물이 있고, 그 옆에는 일련의 탑이 대여섯 개의 길고 기울어진 활송장치로 연결되어 있다. 화물차들은 선로 앞쪽에 주차되어 있다.

언덕에서 내려오면서 나는 그 건물이 깊고 진한 검은색 카펫처럼 석탄으로 덮인 넓은 부지 옆에 있음을 알아차린다. 그 부지는 축구장 두 개, 어쩌면 세 개 정도는 되는 것 같다. 그 위에서 불도저가 석탄을 밀어 무더기를 만들어내고, 그보다 더 많은 석탄을 적재한 대형 트럭들이 천천히 연결도로로 향한다. 몇 분 간격으로 또 다른 트럭이 그 어마어마한 더미를 향해 들어와서 석탄을 내려놓는다. 하지만 위로 올라갈수록 나는 전체에서 작은 일부만 보고 있음을 깨닫는다. 그 거대한 부지 뒤에는 석탄이 훨씬 많이, 18m 높이의 언덕을 이루며 쌓여 있다. 이런 석탄들은 판매가 불가능한 제품이라고 안제이가 말한다. 폴란드의 광산은 높은 비용 때문에 몰락 중인, 말썽 많은 비대한 산업이기 때문이다. 이 산업이 죽어가고 있다는 건 모두가 안다. 정부 보조금은 그 불가피한 종말을 지연시킬 수 있지만 막지는 못한다. 실레시아의 광산은 수년 동안 하나둘 폐쇄 중이다. 대부분의 경우 안제이와 다른 광부들이 다른 일을 배울 수 있게 도와주는 지원이 빠져 있다. 최근 몇 년간 큰 타격을 입고 높아진 불만의 목소리가 정치를 휘저어놓은 미국 애팔래치아 지역과 잉글랜드 북동 지역이 그랬던 것처럼.

내가 갱도 맨 밑은 어떠냐고 묻자 안제이는 주저한다. "그게 어떤 기분인지 당신에게 말할 수가 없어요. 모든 게 달라요. 음식 맛도 다르죠. 완전히 다른 현실이에요." 작업은 공포를 유발한다. 익숙해지기는 했지만 무심해지지는 않는다. 상황이 점점 힘들어지면서 노련한 많은 광부들이 은퇴했고, 그래서 젊은 광부들과 작업하는 것은 더 위험하다. "언제든 일이 틀어질 수 있어요. 그 사람이 뭘 해야 할지 모르면 내가 죽을 수도 있는 거죠." 장기적인 결과 역시 걱정스럽다. 분진은 광부의 폐를 망가뜨리고, 마흔이 된 사람 중 일부는 호흡이 너무 가빠서 계단을 오르기 힘들어할 정도다.

안제이의 아버지와 할아버지는 그보다 먼저 이곳에서 일했다. 그는 집안의 역사에서 광부 일이 얼마나 오래 이어져 내려왔는지 정확히는 알지 못한다. "하지만 여러 세대 전부터 그랬던 것 같아요." 나중에 자기 집에서 그는 광업의 역사—이곳에서는 13세기까지 거슬러 올라간다—에 대한 책을 꺼내와서 1600년대에 처음으로 문을 연 자신의 광산이 언급된 부분을 보여준다. 그는 그 과거가 자랑스럽다. 광부 일은 힘들지만, 9시에 출근하고 5시에 퇴근하는 사무직은 더 싫어한다. 그러면서도 자기 집안에서는 자신이 마지막 광부이기를 희망한다. 아들 안테크는 아직 아기지만 안제이는 아들에 대해서는 다른 미래를 상상한다. 안제이의 아버지가 지하에서 일하던 때는 급료가 평균적인 폴란드 사람보다 두세 배 더 많았다. 그 시절은 갔다고 안제이는 말한다. "역사가 죽어가고 있어요."

광산의 인공 언덕 꼭대기에서 바라보면 시야가 몇 킬로미터 너머로 뻗어나가고 모든 게 짙은 연무 속으로 자취를 감춘다. 세어보니 굴뚝에서 짙은 검은 구름을 뿜어내는 광산이 네 곳, 네 개의 거대한 냉각탑 옆으로 굴뚝이 높이 솟은 대형 발전소가 한 곳이다. 집도 있다. 주택 굴뚝에서 퍼져 나온 연기는 마을 위에 걸려 있다. 이곳은 인구가 적은 외딴 벽지가 아니다. 우리는 주거지 한가운데 놓여 있고, 아파트 건물은 광산 입구 옆에, 주택은 도로 건너에 있다. 내 입을 떡 벌어지게 만든 높은 검은 무더기들은 혼잡한 도로 바로 옆에 있다. 차로 돌아온 우리는 기나긴 열차가 개방형 객차에 석탄을 높이 쌓은 채 지나가는 동안 주차장 출구에서 기다린다. 엎어지면 코 닿을 곳에 빨간 겨울 재킷을 두르고 버스를 기다리는, 다섯 살 정도밖에 안 되어 보이는 작은 여자아이가 눈에 들어온다.

다음 날 나는 폴란드의 정신에서 석탄이 점하고 있는 지위를 상기시켜주는 마지막 경험을 했다. 마을 중심부의 낮은 언덕에 안제이의 광산에 있던 것과 유사한 금속 엘리베이터 타워가 서 있다. 하지만 이 타워는 칠한 지 얼마 되지 않았고, 맵시 있는 유리 상자가 에워싸고 있어서 바닥을 내려다볼 수 있다. 한때 사람들이 일하던 석탄광산이 예술역사박물관으로 탈바꿈한 것이다. 낡은 광산의 골격은 조심스럽게 보존되어 있긴 해도 그 장소는 완전히 새로운 이미지로 재탄생되어 있었다. 서유럽과 미국 전역의 박물관을 다녀본 사람들에게 친숙한 세련되고 현대적인 건축의 어휘로 말이다.

햇볕이 잘 드는 지하 공간에서 한 팀의 작업자가 비디오 모니터를 분주하게 설치하고 있는 모습을 바라보면서, 한때 이곳에서 땀에 절어 교대근무를 했던 분진을 뒤집어쓴 남자들을 생각하니 묘한 기분이 든다. 박물관은 이상한 혼종이다. 분명 석탄이 이 나라의 역사와 정체성을 일구는 데 기여한 역할을 증언하면서도, 그 과거를 역사의 뒤안길에 남겨두고픈 욕망을 표출하는 것처럼 보이기도 한다. 아니면 결국 그것이 서서히 잊힐 수밖에 없다는 인정을 드러내거나.

***

나의 여행은 마구잡이로 뻗어나간 회색의 바르샤바에서 끝났다. 바르샤바는 크라쿠프의 아름다움 같은 것은 전혀 찾아볼 수 없고 한때 공산주의의 수도였던 사실이 그대로 드러나는 곳이다. 하지만 그 칙칙한 겉모습 아래엔 크라스노볼스키와 예술가 느낌이 풍기는 그의 친구들처럼 외향적인 젊은이들로 구성된 새로운 세대의 에너지와 창의성과 문화, 그 모던함이 고동친다. 나는 일정이 없는 어느 오후에 트램을 타고 바르샤바 봉기박물관을 찾았다. 나의 역사적 상상력은 내 배경에 그리고 폴란드의 과거에 대한 제한된 지식에 발목 잡혀 있다. 따라서 나는 바르샤바 게토 최후의 날들, 한때 이 도시에 거대하게 자리 잡았던 유대인 공동체의 불운하지만 용감했던 마지막 항전에 대한 전시 같은 것을 예상했다. 하지만 박물관에서는 그와는 다른 봉기에 대한, 죽어가는 나치의 전쟁 기계에 맞서다 야만적인 폭격에 짓밟힌 폴란드인들에 대한, 수십만 명의 목숨을 앗아가고 도시 하나를 거의 초토화시킨 전투에 대한, 그 살상을 지켜보면서 먼지가 가라 앉은 뒤에 진군해 들어오려고 기다리기만 했던 소련의 배신에 대한 이야기를 전하고 있었다.

그러고 나서 얼마 뒤 나는 공항의 한 상점을 어슬렁거리면서 이 나라의 고통스러운 과거에서 그나마 밝은 순간을 상기시키는 기념품에 내 마지막 폴란드화를 썼다. 연대—폴란드어로 솔리다르노시치Solidarność—를 의미하는, 빨간색과 흰색 로고가 찍힌 머그컵 하나. 나는 그것이 제국을 쓰러뜨리는 데 일조한 조선업 노동조합에게 바치는 약간은 키치적인 헌물, 포스트공산주의적이며 포스트모던한 헌물이라 생각한다. 그리고 나중에 집에 돌아와 그 머그컵에 커피를 따라 마시면서 폴란드가 다시 한번 스스로를 탈바꿈할 영감과 용기를 얻을 수 있을지 생각에 젖는다. 우리 모두 그럴 수 있을까.

암울하고 성난 포퓰리즘, 민족주의와 고립, 과학에 대한 무시의 바람이 유럽과 미국, 바르샤바와 워싱턴, 그 사이 곳곳에서 불고 있는 오늘날, 우리가 그 집단적인 의지를 제때 불러내리라는 희망은 순진하게 느껴질 수 있다. 하지만 만일 우리가 할 수 있다면, 인간과 지구를 죽음으로 내모는 석탄과 다른 연료들에 대한 의존을 끝장내고 그것들을 원래 있던 곳에 내버려둔 채 더 깨끗하고 건강한 세상을 건설하는 데 필요한 평화로운 혁명을 이행한다면, 그 변화는 인류 역사에서 똑같이 자랑스럽고 고결한 한 시절로 자리할 것이다. 부패한 정권과 증오의 장벽이 함께 무너져 내리던 그 획기적인 1989년과 나란히.

5장

소, 아몬드, 천식

샌와킨밸리의 위기

몸은 문제를 감지하면 반응해야 함을 알아차린다. 이질적이고 위협적인 무언가가 들어온다. 작디작은 입자가 폐 안 깊숙이. 맞서 싸우려고 돌진하는 병사들이 막강하면서도 위험한 무기를 휘두른다. 많은 침입자를 파괴할 정도로 충분히 위력적이지만 주인을 향해 돌아설 수도 있는 반응이다. 이 전쟁터를 떠나서 몸 이곳저곳을 돌아다닐 수도 있다. 이제 자유로워진 세포들이 폐에서 나와 혈류를 향해 돌진한다. 아직은 자신의 무기를 휘두르면서 원래 하던 싸움을 하고 있지만, 원래 의도했던 적에게서 멀어진다. 이 무기는 우리를 괴롭히는 많은 문제의 원인, 바로 염증이다. 동맥 벽이 점점 두꺼워져서 통로가 매일 조금씩 좁아진다. 혈액 자체도 빽빽해진다. 그러다 결국 그 빽빽함에서 덩어리가 형성된다. 혈전이다. 몸 이곳저곳을 떠다니다가 어딘가에 자리를 잡고 휴식을 취한다. 혈액의 흐름,

생명의 흐름을 막아버린다. 심장이나 뇌로 통하는 길일 수도 있다. 원래의 침입자는 오래전에 사라졌지만, 그것이 촉발한 결과의 연쇄 작용은 이제 막 시작된다.

***

99번 고속도로는 뜨겁고 먼지 날리는 샌와킨밸리의 한복판을 가로지른다. 커다란 낡은 차를 빌려 광고판과 모텔, 패스트푸드점을 지나 남쪽으로 달리는 동안 도로에 끝없이 북적이는 트럭들이 빠른 속도로 내 옆을 지나치거나 후미에 바싹 붙어 따라온다. 오른편에는 디아블로산맥이 하늘 높은 줄 모르고 솟아 있다. 산봉우리들이 완전히 평평한 골짜기에서 가파르게 솟구친다. 왼쪽에는 웅장한 시에라네바다산맥이 솟아 있다. 두 산맥 사이에 끼어 있는 바싹 마른 길쭉한 땅에는—이곳은 가난한 이민자의 집이자, 이들이 복숭아와 토마토와 피스타치오를 수확하는 대형 농업회사들이 있는 곳이다—햇볕이 가차 없이 내리꽂힌다.

고속도로에는 거대한 산업 건축물이 빽빽하게 늘어서 있다. 하지만 내가 이제까지 본 산업과는 완전히 다른 모습이다. 탁 트인 채 뻗어 있는 들판 사이에, 일부는 건물 사오 층 높이는 될 것 같은 원통형 탱크들이 모여 있고 그 꼭대기를 따라 파이프가 굽이친다. 속을 알 수 없는 건물에서는 길고 밀폐된 경사로가 뻗어 나온다. 도로 양쪽으로 열차 선로가 같이 뻗어나가고, 거기서 갈라진 지선은 화물열차를 공장 바로 앞까지 데려다준다. 차량에서 멀리 떨어진 곳, 금속 막대가 받치고 있는 흰 지붕 아래에서 소들이 콘크리트 플랫폼 위에 수백 마리씩 모여 있다.

이것이 산업 규모의 농업이다. 비판가들에게는 공장형 농업, 지역 사람들에겐 그냥 농사일. 샌와킨은 캘리포니아의 광활한 센트럴밸리 대부분을 이룬다. 세계에서 가장 비옥하고 생산성이 높은 농업 지역 중 하나로, 미국인들이 먹는 식품의 4분의 1을 공급한다.[1] 이 99번 고속도로에 있는 거대한 구조물들은 중서부에서 운반된 옥수수와 대두를 가축 사료로 가공하고, 중국 수출을 위해 우유에서 수분을 제거하며, 인근 밭에서 자란 작물을 멀리 그리고 널리 운반하기 위한 준비 작업을 한다.

하지만 샌와킨밸리가 농업 생산성 하나만으로 최고의 명성을 얻은 것은 아니다. 이곳은 미국에서 공기가 가장 나쁘다. 이 지역의 도시와 소읍들은 미국 폐학회의 미세먼지 순위권을 한결같이 장악하고, 오존에 대해서는 로스앤젤레스를 제외하면 따라올 곳이 없다.[2] 오염은 끊이지 않는 연무로 산맥을 감싸고 있어서 존재감이 분명하다. 주민들은 어떤 날엔 산이 거의 보이지 않는다고 말한다.

이곳의 위기는 더러운 공기가 도시만의 문제라는 생각을 산산이 부숴버린다. 하지만 샌와킨밸리의 오염원 중 일부가 의외로 느껴지기는 해도 이야기 전반은 훨씬 일반적인, 아주 미국적인 이야기를 그대로 반영한다. 그래서 이 경관의 독특함이 시사하는 것에 비해 휴스턴과 피츠버그, 뉴욕과 클리블랜드 같은 장소와의 유사점이 더 강렬하다.

한 가지 공통된 특징은, 수십 년간 나아지긴 했지만 샌와킨밸리와 미국 전역의 공기 중에 떠다니는 위협이 아직도 대단히 현실적이라는 점이다. 두 번째 유사점은 샌와킨밸리와 미국 전역뿐만 아니라 전 세계에서도 이중의 역학이 작동한다는 데 있다. 더러운 공기는 여러 가지 면에서 오염 지역에 거주하는 모두에게 피해를 주는 기회균등 문제이지만, 가난한 사람이 가장 혹독한 대가를 치르는 경향이 있다. 지나치게 많은 유색인종 또는 신규 이민자들이 가장 붐비는 고속도로와 가장 더러운 공장 그리고 악취가 심한 가축 밀집지역 근처에 거주한다. 그래서 샌와킨밸리와 그 너머에서 대기오염 이야기는 인종, 계급, 공정함이라는 주제와 같이 얽혀 있다.

샌와킨밸리의 더러운 공기 이야기가 미국 전반의 상황과 비슷한 세 번째 지점은 무슨 일을 할 것인가를 둘러싸고 격한 논쟁이 벌어졌다는 점이다. 그 전선戰線은 거의 미국 자체만큼이나 역사가 유구하다. 거대산업과 그 이익을 위해 일하는 정치인들. 그 정치인들은 더 큰 공익의 이름으로 기업의 행위를 제한하려고 정부가 힘을 행사해야 한다는 요구에 맞선다. 언제나처럼 싸움의 버팀대는 그 싸움을 위해 사용되는 도구, 규제권력이다.

***

나는 섀프터라고 적힌 출구에서 99번 고속도로를 벗어나 좁은 2차선으로 접어든다. 양쪽에 길게 늘어선 나무들은 벌거벗었고, 그 주위의 땅은 이곳의 모든 것처럼 건조하고 먼지투성이다. 올해 시간이 좀 더 지나면 이 나무에는 아몬드가 열릴 것이다. 센트럴밸리는 미국 견과류 공급량의 99%,[3] 세계 공급량의 80%를 생산한다.[4]

나는 곧 아몬드 밭 가운데 자리한 톰 프랜츠의 목장 주택으로 들어섰다. 입구 쪽에 있는 분홍색 야외용 의자와 흰색 말뚝 울타리 근처에서 장미가 자란다. 진입로 옆에는 메마른 흙 마당이 있다. 이 집에서 어린 시절을 보낸 프랜츠는 머리칼이 희끗하고 얼굴은 풍상을 짐작케 한다. 인생의 많은 시간을 집 밖에서 보낸 사람의 얼굴. 그는 농부이자, 은퇴하기 전에는 고등학교 수학교사였다. 흐트러진 흰 머리칼이 머리에서 흘러내리고, 너덜너덜한 황갈색 티셔츠 차림에 콧수염이 북슬북슬하다. 프랜츠는 일생 동안 잔소리꾼이었고, 지칠 줄 모르는 소송 제기자이자 운동가, 공동으로 설립한 한 모임의 대표다. 모임의 별스러운 이름은 짜증난주민협회Association of Irritated Residents, 줄여서 AIR다.

난 그로부터 일주일 정도 뒤에 이곳에서 몇백 킬로미터 떨어진 샌프란시스코의 고요한 연방법정에서 이 이름을 다시 접했다. 천장이 높고 벽은 대리석인 그 법정에서 프랜츠는 자신이 가장 최근에 제기한 법적 다툼에 휘말린 검은 정장의 변호사들과 검은 법복을 입은 판사들 사이에서 독보적인 외모를 뽐냈다. 그는 자신의 집 근처 대형 낙농장과 그 오염을 가능케 한 정부 규제당국을 고발한 상태였다. 하지만 지금은 자기 구역에 편안하게 자리한 채 나를 집 안으로 안내하고는 세탁실을 지나 바퀴 달린 사무용 의자에 앉는다.

프랜츠는 이곳 컨카운티에서는 제곱킬로미터마다 수천 마리의 소가 산다고 말한다. "소가 온 땅을 거의 뒤덮고 있는 거죠." 그에 따르면, 집에서 가까운 어떤 곳에는 초대형 농장 열 곳이 차지하는 반경 8km 이내에 약 6만 마리의 가축이 있다.[5] 가까운 툴레어카운티에는 약 50만 마리가 있고, 샌와킨밸리 전체에는 150만 마리가 넘는다.[6]

프랜츠는 그 영향을 강력하게 뒷받침하는 위성지도를 꺼낸다. 그 지도에는 99번 고속도로를 중심으로 노란색과 오렌지색을 섞은 듯한 원이 있는데, 이 색은 천연가스의 주성분인 메탄 수치가 높다는 경고다. 미국에서 공기 중 메탄이 이보다 더 많은 장소는 애리조나, 뉴멕시코, 유타, 콜로라도가 만나는 지점으로, 그곳에서는 석탄층에서 가스를 채취한다.[7] 하지만 프랜츠가 사는 곳의 메탄은 광산에서 나오지 않는다. "소똥 말고는 메탄이 나올 데가 없어요." 메탄은 막강한 기후변화 유발 요인이다. 그래서 이렇게 가축이 밀집해 있으면 인근 주민뿐만 아니라 지구의 미래 역시 위협받게 된다.

거대한 배설물 웅덩이와 들판의 비료에서는 암모니아도 퍼져 나온다. 이 암모니아는 차량의 질소산화물 등 다른 오염물질과 결합하여 샌와킨밸리의 치명적인 골칫거리 PM2.5를 만들어낸다.

프랜츠는 내가 이제까지 제대로 이해하지 못했던 것을 명쾌하게 정리해준다. 샌와킨밸리 곳곳에는 집만큼 크고 길이가 수십 미터에 달하는 거대한 무더기, 사실상 언덕들이 흩어져 있다. 이 언덕은 흰색 비닐 방수포로 덮여 있고, 이 방수포의 부드러운 표면에는 커다란 검은 원이 곳곳에 있다. 나는 그 밑에 뭐가 있는지 맞춰보려고 애를 쓴다. 프랜츠는 그게 가축을 위해 푸릇한 옥수수나 다른 꼴을 발효시키는 사일리지 더미라고 설명한다. 검은 원은 방수포가 날리지 않게 눌러주는 잘린 타이어였다. 이 묘하게 생긴 언덕은 이곳의 공기에 오명을 추가한다. 방수포를 걷으면 휘발성 유기화합물이라고 하는 기체가 날아가면서 공기 중의 이산화질소와 결합하여 오존을 형성하기 때문이다.

낙농업장 근처에 사는 사람들에게는 냄새가 숨이 막힐 지경이다. 일상생활이 엉망이 되고 많은 사람들이 손님이 찾아오는 걸 부끄럽게 여기게 된다. 공기가 정체된 여름 저녁이면 "소 한 마리가 한 발 뗄 때마다 먼지가 피어오르고" 그 먼지가 집으로 들어온다고 프랜츠가 말한다. "당신이 마시고 있는 건 똥이에요. 먼지가 아니라고요." 미세먼지 농도가 올라가면 그는 끔찍한 두통에 시달린다. 그런 날 낙농업장 근처 어딘가에 갔다간 "열 배 더 심해"진다.

샌와킨밸리의 끔찍한 공기가 미치는 영향은 대규모 농장 옆에 사는 사람들에게만 국한되지 않는다. 이 지역의 조산율은 해당 주에서 가장 높은데,[8] 여러 요인이 복합적으로 작용했을 가능성이 높지만 비아테 리츠의 연구에 따르면 더러운 공기와 직접적인 관계가 있다. "[생의 또 다른 반대편에서] 저는 사람들이 때 이른 죽음을 맞는 모습을 지켜봤어요. 여기 컨카운티에서 평생을 살았으니 나도 때 이른 죽음을 맞게 될 거예요." 프랜츠는 무미건조하게 말한다. 그는 자기 아버지의 수명이 짧았던 것도 이 때문이라고 확신한다. 심장판막 문제의 기원은 유전적이기도 하지만, 그는 더러운 공기가 아버지의 죽음을 재촉했다고 말한다. 결국 아버지는 미세먼지가 심한 겨울철에 돌아가셨다. "해변가에 살았더라면 10년은 거뜬히 더 사셨을 거예요. 그건 절대 의심의 여지가 없어요."

그다음으로 삶의 질 문제가 있다. "사람들이 많이 아파요." 그와 아버지 모두 성인이 되어서 천식이 발병했고 매부 역시 그랬다. "딸은 여기 올 때면 편두통에 시달리죠."[9]

마침내 우리는 밖으로 나가서 프랜츠의 소형 트럭에 올랐다. 도로를 따라 내려가자마자 그가 어린 시절 다녔던 학교 밖에서 아이들이 노는 모습이 보인다. 대규모 낙농업장이 근처에 문을 열자 교실에 파리가 들끓었다고 그는 말한다. 나무숲을 길러서 장애물이 생긴 지금은 파리가 줄어들었다고 한다.

초대형 낙농업장은 비교적 최근에 들어섰다. "1990년에는 그런 게 전혀 없었어요." 프랜츠가 말한다. 샌와킨밸리의 비옥한 토양은 오래전부터 농민들을 환대했지만, 이 지역의 대형 우유 제조업체 소유주들이 부지를 매각하고 툴레어와 컨카운티로 옮겨온 것은 로스앤젤레스 인근의 부동산 가치가 치솟기 시작할 때였다.

거대한 농장을 하나하나 지나치는 동안 프랜츠는 소가 밀집한 개방형 플랫폼을 "개방형 축사"라고 부른다고 설명한다. "이 낙농업체에는 그런 축사가 하나, 둘, 셋, 네 개 있네요." 그리고 그 사이에 착유 구역이 있다. 그곳의 허가증은 젖소 3,500마리를 보장할 거라고 그는 짐작한다. 그 말인즉 송아지와 어린 암소, 휴식기를 맞아 쉬고 있는 소들이 있으니 총 7,000마리까지 있을 수 있다는 뜻이다. 길 바로 건너에는 비슷한 크기의 농장이 하나 더 있다. "이 모든 낙농업체의 크기를 표현한 지도가 내 사무실에 있어요." 프랜츠가 가장 큰 농장을 가리키며 말한다. 그 농장은 6,000마리의 젖소를 허가받았기 때문에 아마 총 1만 2,000마리를 데리고 있을 것이다.

얼마 후 우리는 한 낙농업체 뒤편의 흙길로 덜컹이며 진입해서 거대한 직사각형 분뇨 웅덩이 옆에 차를 세우고 나왔다. 산업계에서는 "고밀도 동물사육장"이라고 하는 이런 농장에서 최대 과제는 막대한 양의 분뇨를 처리하는 일이다. 전통적인 소규모 사육장에서 분뇨는 비료가 된다. 질소가 풍부해서 사료 작물에 영양을 공급하고 이 영양소는 동물에서 흙으로, 다시 식물로 아주 오랜 세월 동안 순환이동을 한다. 하지만 작은 땅에 많은 동물을 몰아넣다 보니 분뇨가 토양이 흡수할 수 있는 양보다 훨씬 많고, 어떤 경우든 사료는 멀리서 수송해오는 경우가 많다. 그래서 일꾼들은 동물 수천 마리의 분뇨를 분리기에 넣어서 지푸라기 같은 고형물질을 제거하고 질소와 다른 영양소를 액체 형태로 남긴다. 길이가 최소 90m는 됨 직한 이 탁한 웅덩이를 채우고 있는 게 바로 그것이다.

미국 회사들이 발명한 이런 형태의 농산업은 이곳 샌와킨밸리에서 절정에 달했다. "인류 역사상 가장 산업화된 영농법"이라고 어떤 지역 작가는 말한다.[10] 규모를 가늠하기는 힘들다. 아몬드 나무가 4000km^2 정도. 그리고 매주 단 한 곳의 회사가 지구를 한 바퀴 돌고 남을 정도의 당근을 재배한다.[11]

이런 집약적인 생산은 한 세대 만에 우리가 땅과 음식과 맺는 관계를 바꿔놓았다. 이런 생산 방식은—밀집 생활하는 동물들이 질병에 걸리지 않게 하려면 반드시 필요한 약물과 살충제, 비료를 퍼부음으로써—항생제 내성 바이러스를 무서울 정도로 양산했고, 곤충 개체군을 감소시켰으며, 토양을 척박하게 만들었다. 이 건조한 샌와킨밸리는 지하수가 너무 심하게 고갈되어서 일부 지역에서는 땅이 1920년대 이후로 9m 정도 내려앉았다.[12]

그리고 지금 내가 이해하는 바에 따르면 이런 집약적인 생산 방식은 이곳만이 아니라 전 세계 대기오염에도 크게 기여한다. 나는 농업이 미국에서는 인공적인 대기오염의 약 절반, 유럽에서는 그보다 많은 55%에 책임이 있다는 사실을 알고 충격을 받았다.[13] 유럽과 미국 동부에는 농업이 대기오염과 관련된 단일한 첫 번째 사인인 지역이 많다.[14] 영국의 한 연구에 따르면 유럽의 농장—당시 정부와 미디어가 비난하던 사하라의 먼지가 아니라—이 특히 끔찍했던 대기오염 사건의 주요 원인이었다.[15]

아몬드 숲을 지나 다시 프랜츠의 집으로 되돌아올 때 우리가 이용한 도로들은 직선과 직각으로 이루어진 격자 모양이다. 거대한 관개망의 마지막 연결 부위인 검은 호스가 밭 가장자리에 자리한 탱크에서 나와 흙 밭을 뱀처럼 관통한다. 나는 하얀 나무 상자가 아몬드 숲 곳곳에 흩어져 있다는 것을 알아차린다. 그 안에는 전국에서 트럭으로 운반해온 벌집이 들어 있다. 이 나무들이 개화하기 시작하는 몇 주 동안 한꺼번에 닥치게 될 가루받이의 수요를 충족시킬 수 있는 유일한 방법이다. 한때는 벌새가 오스트레일리아에서 여기까지 날아왔다. 그것은 지구상에서 가장 거대한 연중 '가루받이 이벤트'로 알려졌고, 고향에서 차출된 수백만 마리의 임대 벌들—이동하는 동안 스트레스를 받고, 일할 때는 낯선 미생물과 기생충에 노출되는—은 이 집약적이고 현대적인 영농 방식이 어떻게 자연의 리듬을 비틀어놓고 살아 있는 생명에 비정상적인 압력을 가하는지를 보여주는 생생한 사례다. 이 모든 게 땅 한 뙈기 한 뙈기에서, 거기에 들어간 모든 비용에서 최대의 생산성을 뽑아내기 위한 노력이다.

***

샌와킨밸리의 대기오염이 농업 때문이라는 사실은 내겐 낯설지만 그보다 친숙한 기여 요인도 있다. 99번 고속도로와 그와 평행한 I-5 도로를 질주하며 지역 농장과 가공공장을 들르는 트럭들 역시 대기 오염에 크게 기여한다. 트랙터 같은 농업 장비에서도 디젤 매연이 나온다. 이 모든 배기가스가 높은 산에 갇혀서 빠져나가지 못한다.

나는 톰 프랜츠에게 작별인사를 하고 난 뒤 농업이 샌와킨밸리의 유일한 산업이 아님을 알게 되었다. 컨카운티는 캘리포니아 석유가스 산업의 중심지기도 하다. 캘리포니아의 천연가스나 석유를 채취하기 위한 수압파쇄 시추업체와 재래식 유정의 4분의 3이 몰려 있는 곳이다.[16] 아몬드 숲과 알팔파 밭 가운데 거대한 펌프잭이 도처에 흩어져서 머리를 위아래로 까딱이며 땅에서 연료를 뽑아낸다. 그 옆에 있는 탑에서 화염이 혀를 날름거린다.

나는 고속도로로 돌아가기 전에 와스코라고 하는 조용한 마을에 잠시 들렀다. 커다란 카우보이 모자를 쓴 나이 지긋한 두 남자가 작은 집 현관에 앉아 있는데, 도시 출신인 내 눈에는 옛날 서부영화의 등장인물처럼 보인다. 그곳에는 아스팔트와 콘크리트 업체들이 있고, 긴 활송장치에 연결된 거대한 원통형 탱크들이 주를 이루는 대형 석탄 종착지가 있다. 길 건너에는 몇십 개의 방갈로 건물이 몰려 있는데, 주로 이주민인 농장 노동자들이 거주한다. 빨랫줄에 빨래가 널려 있고, 아이들은 작은 놀이터에서 아장아장 걸어 다닌다.

80여 년 전 여기서 멀지 않은 곳에 또 다른 신참이 도착해서 절박하게 일자리를 찾았고, 정부의 이민자 캠프에서 위엄과 품위를 발견했으며, 캠프 너머에서 인간의 어두운 면, 탐욕과 증오, 냉혹함의 정수를 접했다. 물론 톰 조드는 소설 『분노의 포도』에 나오는 주인공

이므로 허구의 인물이다. 하지만 바로 그와 같은 수십만 명, 가뭄과 고통스런 경제 변화를 피해 이주한 오키들(1930년대 대공황기 오클라호마 출신의 이동 농업 노동자들을 말한다—옮긴이)은 1930년대에 자신의 고물 자동차가 이 샌와킨밸리로 털털거리며 들어설 때 같은 감정을 느꼈다. 그들은 기아를 면하기도 어려운 임금을 받기 위해 복숭아와 목화를 수확했고, 조드가 그랬듯 비참한 판자촌에서 야영을 했다. 존 스타인벡은 고난에 대한 그들의 분노로 얼룩진 소설을 출판하기 전에 샌와킨밸리를 여행하면서 이런 이주자들을 만났다.

도러시아 랭은 카메라를 들고 바로 그 야영지들을 돌아다니면서 미국의 역사에서 대공황기를 여전히 규정짓는 사진들을 찍었다. 랭의 작품 중에서 가장 긴 여운을 남기는 사진에는 한 검은 머리칼의 여성이 지치고 걱정스런 표정으로 먼 곳을 응시하고, 여성의 어깨 뒤에는 두 아이가 얼굴을 숨기고 있다. 이 사진은 샌와킨밸리 바로 밖에 있는 해안 근처의 니포모에서 촬영한 것이다. 그리고 톰 조드가 잔혹한 지주들의 요구를 따르며 복수심을 불태우는 경찰로부터 몸을 피해 야음을 틈타 도망친 뒤 아마도 노동 조직가가 되고 나서 한 세대가 흘렀을 때, 또 다른 잊힌 우상이자 실존 인물이 이곳에서 역시 정의를 위해 싸웠다. 세자르 차베스와 그의 농장노동자연합이 1960년대에 포도 수확 보이콧을 이끌어서 이동형 수확 노동자의 착취 문제에 전국적인 이목을 집중시킨 것은 캘리포니아 델러노에서부터였다.

이 모든 것은 샌와킨밸리에서 편안한 삶을 사는 사람들과 겨우 목숨만 부지하는 사람들, 그 두 부류를 고통스럽게 갈라놓는 간극인 불평등의 역사가 유구함을 보여준다. 불평등은 특히 샌와킨밸리의 작물을 돌보는 사람들, 토마토와 피칸을 수확하는 사람들, 거름을 분리하고 공장에서 일하는 사람들을 그 모든 노동의 보상을 가져가는 사람들과 갈라놓는다.

이 불평등은 샌와킨밸리 경제의 DNA 속에 남아 있다. 남부에서 면직물을 재배하던 남성들은 1920년대에 목화바구미가 고향의 작물을 초토화시키자 이곳에 왔다. 그리고 그와 함께 대농장식 사고방식도 따라왔다. 나중에 대규모 재배자들은 멕시코에서 일꾼을 모집했고, "기본적으로 하층계급 전체를 수입해왔다"고 이 지역의 역사를 기록해온 작가 마크 애렉스는 말한다. 그는 한 텔레비전 인터뷰에서 그 구조가 거의 봉건제에 가깝다고 이야기했다. "토지와 기계는 이 계곡 위아래에 있는 약 300개 가구의 손에 있어요."[17]

이런 경제적 세력들이 이 지역의 대기 문제뿐만 아니라 그에 대한 지역주민들의 경험을 결정한다. 농장이든, 공장이든, 재활용 시설이든 전부 이곳에서 운영 허가를 받을 수 있기 때문에 다른 사람들은 원치 않는 시설이 이 계곡에 밀집한 거라고 지역주민들은 말한다. 소각장은 농장에서 나온 나뭇가지와 다양한 목재 폐기물을 소각하고, 대도시는 음식물 쓰레기와 하수 슬러지를 산업 규모의 분해공장으로 수송하며, 석유가 기차를 타고 들어와서 해안 정유소로 향하는 파이프라인으로 퍼부어진다.

그 결과 대기만이 아니라 다양한 환경재난과 건강 문제가 발생했다. 살충제와 독성 폐기물에서부터 더러운 공기와 물에 이르기까지 각종 오염의 영향을 모아온 한 데이터베이스에 따르면 캘리포니아에서 가장 부담을 많이 지는 동네 열 곳 중 일곱 곳이 샌와킨밸리에 있다.[18] 나는 어떤 상자공장에서 나온 먼지가 그 동네의 자동차와 사람들의 폐를 뒤덮고 있다는 이야기를 들은 적이 있다. 그리고 샌와킨밸리에서 가장 큰 도시—그리고 미국에서 가장 가난한 도시 중 하나인—프레즈노에 있는 어떤 정제공장에서는 동물 사체의 악취가 가장 불우한 동네 중 한 곳을 몇 년째 못살게 굴고 있다. 이 역학관계는 미국 전역과 전 세계에서 작동하고 있다. 사우스브롱크스의 대형 쓰레기 적환장 옆에 사는 사람에게, (석유정제 부산물인) 먼지가 날리고 유독한 석유코크스 대형 저장시설을 동네에서 몰아내기 위해 싸웠던 시카고 사람에게, 주택 예산이 빠듯해서 차량 때문에 가장 숨이 막히는 동네에서 살 수밖에 없는 런던 사람에게는 이미 익숙한 역학관계다.

호세 차베스는 이 이야기를 잘 알고 있다. 그는 『분노의 포도』에서 정부 캠프에 있는 수세식 화장실 때문에 톰 조드의 여동생 루시가 겁을 먹었던 곳인 아빈에 살고 있다. 스타인벡은 이 마을에 있는 연방 쉼터를 자신의 소설에 등장하는 위드패치 캠프(지독한 모래 먼지 폭풍인 '더스트볼' 때문에 발생한 40만 명의 이주민을 수용하기 위해 연방정부가 건설한 대형 캠프 중 하나—옮긴이)의 모델로 삼았다. 아빈에는 지금도 가난한 농장 노동자들이 많이 산다. 오늘날에는 대부분이 라틴계 남자들이다. 나는 샌와킨밸리를 떠나 몇백 킬로미터 떨어진 오클랜드의 한 공원에서 차베스를 만났다. 그는 새벽에 일어나서 기후변화 조치를 요구하는 시위에 참여하기 위해 함께 북쪽으로 이동하려는 이웃들과 버스에 올랐다. 어떤 사람이 부리토를 은박지에 싸서 가득

넣어둔 상자를 꺼내자 사람들은 행진이 시작되기를 기다리면서 이른 점심식사를 했다.

오렌지색 피켓을 든 차베스는 흰색 반팔 셔츠 위에 너무 큰 회색 조끼를 입고 있고 갈색 바지는 자루처럼 헐렁하다. 그의 검은색 머리카락은 관자놀이 부분이 희끗해져가고 눈은 게슴츠레하며 얼굴은 침울하고 진지하다. 그는 영어를 잘 못하고 내가 고등학교 때 배운 스페인어는 녹이 슬어서 또 다른 시위 참가자가 우리를 위해 통역을 해주었다. 차베스는 멕시코 과나후아토 출신이지만 로스앤젤레스에 살다가 몇 년 전에 아빈으로 이사했다. 아빈은 샌와킨밸리에서 미세먼지 수치가 가장 높은 지역에 있다. 실제로 아빈의 PM2.5 농도는 미국에서 최악인지도 모른다.[19]

그는 그때부터 자신의 건강 문제가 시작되었다고 말한다. 그와 10대 딸 모두 천식이 있는데, 둘 다 샌와킨밸리에 온 뒤 발병했다. 차베스는 아내와 또 다른 딸에게는 그보다는 약한 호흡기 문제가 있고 옆집의 두 아이도 천식이라고 말한다. 사실 아빈에서 그가 아는 거의 모든 사람에게 한두 가지 건강 문제가 있는데, 호흡기 문제가 가장 흔하다. 그 지역 사람들을 아프게 만드는 원인은 한두 가지가 아니다. 주위에는 많은 낙농업체가 있고 악취가 끔찍하다. 거기에 대형 퇴비공장에서 나오는 냄새도 있다. "오늘 아침에 거기를 지나왔어요." 차베스가 말한다. "아주 끔찍했죠. 지금도 그 냄새가 나는 것 같아요. 창문을 닫아야만 했습니다."

그 도시는 식수에서 법적인 한도보다 세 배 더 많은 비소 수치가 확인되기도 했다.[20] 살충제 역시 타격을 입힌다. 한번은 차베스가 밭에 있는데, 농약 살포기가 머리 위에서 농약을 뿌린 적도 있다. 그는 이 모든 상황에 분노를 느낄까? 내가 묻는다. "그럼요." 그가 대답한다. 그가 '더 나은 아빈을 위한 위원회'라는 주민 조직에 가입한 것은 그 때문이다. 이 조직은 지역주민의 삶을 향상시키기 위해 다양한 전선에서 싸우고 있다. "그들이 우리에게 하는 짓은 부당합니다."

하비에르 크루스 역시 행진에 참가하려고 오클랜드에 왔다. 그는 차베스보다 나이가 더 든 남성으로 커다란 적갈색 카우보이 모자를 쓰고 회색 정장을 입고 있다. 내가 그의 남다른 벨트—그냥 뱀 가죽이 아니라 원래 모양이 그대로 남아 있어서 머리가 버클 기능을 하는 말린 뱀—를 언급하자 그는 웃음을 터뜨린 뒤 호기롭게 벨트를 풀어서 뱀이 턱을 열었다 닫을 수 있다는 것도 보여주었다. 이때는 주위에 통역해줄 수 있는 사람이 없어서 서툰 스페인어로 변통해야 했다(나중에 좀 더 유창한 친구가 녹음을 듣고 제대로 해석해주었다). 원래 멕시코 미초아칸 출신인 크루스는 지금은 톰 프랜츠의 집에서 99번 고속도로를 타고 조금만 올라가면 되는 델러노에서 산다. 그의 동네 역시 온갖 오염원에 둘러싸여 있다. 당연히 낙농업체가 있고, 양계장과 수압파쇄 시추업체도 있다. 크루스는 감기와 편도염에서부터 암에 이르기까지 온갖 질병이 있다고 말한다. 일단 그 자신이 암 환자였고, 뇌졸중을 앓았다가 회복 중이다. "내 모든 문제가 다 오염 때문"이라고 그는 내게 말한다. 보통은 공기가 너무 안 좋아서 외출을 피하려고 노력한다. 물에서도 너무 악취가 심해서 그와 이웃들은 병에 든 물을 사야 한다.

이 모든 오염이 사람들에게 얼마나 심각한 영향을 미치는지 그가 이해하는 것만큼 다른 사람들도 이해하는 것 같은지 물었더니 크루스는 슬픈 목소리로 말한다. “델러노 사람들은 이 문제에 대해서 이야기하긴 하지만 아무도 귀를 기울이지 않을 거라는 걸 알아요. 그래서 결국 더 이상 말하지 않게 되었죠.” 호세 차베스처럼 그는 자기 지역의 고통을 알리기 위해 노력하는 조직과 함께 움직인다. 힘 있는 사람들은 그들의 문제를 듣고 싶지 않은 듯하지만, 그는 계속 매진할 것이다. “그거 알아요? 만약에 대통령이 직접 와서 자기에게 이야기하라고 하면 가서 말할 겁니다.” 나는 그가 한 말을 믿는다. “난 겁나지 않아요.”

***

물론 빈민들이 오염으로 인한 영향을 더 많이 짊어지긴 하지만 샌와킨밸리에 사는 모두가 그 끔찍한 공기를 마셔야 한다. 이곳에서는 도시 주변에 있는 농장과 작은 소읍뿐만 아니라 프레즈노, 베이커스필드, 머데스토 같은 도시에서도 오염이 일상생활의 리듬을 결정한다. 천식이 흔하고, 공기가 나빠지면 학교들은 휴식 시간과 체육 수업을 취소해 학생들이 밖으로 나가지 못하게 한다. 운동을 해야 하는 성장기의 필요와 오염이 가하는 위험 사이에서 균형을 잡는 투쟁은 꾸준히 진행 중이다. 오염이 심한 금요일 밤에는 고등학교 풋볼 경기를 취소해야 하는가를 둘러싸고 감정 실린 논쟁이 벌어진다. 코치들은 거의 그렇지 않지만, 일부 학부모와 대기운동가들은 10대 운동선수들이 그 모든 오염물질을 흡입하여 건강을 위험에 빠뜨리게 놔두는 것은 무책임하다고 생각한다. 눈길을 사로잡는 2008년의 한 연구는—그 이후로 상황은 어느 정도 개선되었다—샌와킨밸리의 대기 문제로 인한 경제적 타격이 1년에 60억 달러, 주민 한 사람당 1,600달러라고 계산했다.[21]

세예드 사드레딘은 이곳 주민들이 지금보다 편하게 숨을 쉴 수 있도록 배출량을 줄이면서 이 문제에 정면으로 대응하는 일을 한다. 내가 방문했을 때 그는 대기질에 대한 책임을 캘리포니아와 함께 지는 지역 규제기관인 샌와킨밸리 대기오염 통제지구의 책임자였다. 그는 자신과 직원들이 대중의 건강보다 오염 유발자들을 지키는 데 더 관심이 많다고 믿는 샌와킨밸리의 환경주의자들과 분노에 찬 교착상태에 몇 년째 갇혀 있다.

그 싸움은—분노의 측면에서, 그리고 양측이 깊은 심연을 사이에 두고 있고 조만간은 공통분모를 찾을 확률이 희박하다는 점에서—전국 수준에서 벌어지는 당파적인 전쟁의 축소판이다. 사실 사드레딘은 국회 증언에서 연방의 규제를 바꿔서 대기오염 통제지구에 대한 압력을 완화해줄 것을 요구하는 동시에 그와 비슷한 다른 것들을 통해 공기를 깨끗하게 만들어야 한다는 의견을 밝히기도 했다.

말쑥한 정장 때문에 사무적인 느낌을 물씬 풍기는 그는 보좌관 간담회를 마치고 나서 자기 부처 사무실에 있는 회의용 테이블에서 내 옆에 자리를 잡았다. 그의 사무실은 흰색 저층 건물로, 앞에는 차단기가 딸린 주차장이 있다. 사드레딘의 입장은 분명하다. 샌와킨밸리의 공기는 과거보다 크게 나아졌고, 그곳의 산업들은 미국 내의 어떤 산업보다도 엄하게 규제받고 있으며, 오늘날의 문제는 주로 그들이 통제할 수 없는 힘 때문에 발생하기 때문에 산업체에 합리적으로 요구할 수 있는 건 더 이상 없다는 것이다. 문제는 이 지역을 관통하여 질주하는 트럭에서부터, 중국과 베이에어리어에서 날아오는 미세먼지, 그리고 엉망인 공기를 정체시키는 불운한 지형 같은 것들이다.

그의 말에도 일말의 진실이 있다. 멀리서 날아온 오염물질은 분명 이 지역 문제에 기여하고, 웅덩이 모양의 지형이 실제로 문제이며, 공기 중의 오염물질이 서로 결합하는 복잡한 방식은 가령 낙농업체가 높은 미세먼지 농도에 얼마나 기여하는지를 정확히 파악하기 어렵게 만든다. 이런 것들이 지역주민들의 삶의 질과 지구의 기후에 미치는 영향은 분명하지만 말이다. 하지만 폴란드의 석탄회사들이 플라스틱 연소에서 발생하는 안 좋은 매연에 대해서 자주 언급하는 것과 마찬가지로, 외부 요인에 대한 이런 식의 강조 역시 대기오염 통제지구와 사드레딘의 권력으로 할 수 있는 일을 최소화하는 효과가 있다.

환경주의자들은 오바마 시절 환경보호청이 오존 기준을 초과했다며 샌와킨밸리에 2900만 달러의 벌금(지역 공무원들은 이 벌금을 산업체보다는 운전자에게 전가했다)을 부과한 뒤 사드레딘이 지역의 보수적인 라디오 진행자에게 했던 말 때문에 격노했다. "그 경우 유죄는 연방정부예요." 사드레딘이 마이크에 대고 말했다. "샌와킨밸리에 있는 우리 기업들은 수년 동안 그 터무니없는 규정을 준수하느라 수십억 달러를 썼다고요." 진행자가 전국적인 대기질 규정이 비현실적이라며 맹비난하자 사드레딘은 그의 말에 열렬히 동의했다. "내 말이 그 말이에요. 당신과 청취자들이 우리와 함께 환경보호청을 압박하는 데 동참하기를 희망합니다." 오염 유발자에게 더 강력한 조치를 취하라고 하며 샌와킨밸리를 못살게 굴지 말도록 하자는 것이다.

내가 만났을 땐 그때만큼 강한 어조가 아니었지만 핵심은 바뀌지 않았다. 샌와킨밸리의 더러운 공기에 대해서 사드레딘은 "우린 이미 할 만큼 했어요"라고 말한다. "우리가 해보지 않은 건 이제 얼마 남지 않았어요." 나는 그곳에서 일하는 과학자와도 이야기를 나누었는데, 그 상냥한 남자는 안타깝게도 우리가 만나고 나서 얼마 뒤 세상을 떠났다.[22] 그는 지역 환경단체에 대한 불만을 토로했다. 그가 보기에 그들은 거대 농장이 악당이라는 생각, 이주 노동자의 노동조건 개선을 위해 싸우던 1970년대의 전투에서 이어져 내려온 그 이데올로기적 유물에 갇혀 있다. "그들은 말하자면 우리와 농업을 표준적인 혐오 대상으로 여기고 다른 걸 볼 생각은 하지 않습니다."

다음 날 그가 지목한 단체, 인종빈곤환경센터에서 일하는 두 활동가를 만났을 때 그들은 흘러간 시대의 급진주의자들이라는 묘사에 웃음을 터뜨렸다. 하지만 이 지역의 대기질을 책임지는 규제기관과 그들이 더 많은 것을 해야 한다고 주장하는 운동 집단 사이의 균열을 감출 수는 없었다.

운동가들의 사무실이 있는 농업도시에는 희미한 분뇨 냄새가 떠다닌다. 이들은 잘 가꾼 정원이 앞에 딸린 작은 집을 사무실로 쓰고 있다. 바닥에서는 털이 북슬북슬한 흑백 얼룩의 개가 낮잠을 자고, 단체의 부대표인 루페 마르티네스가 책상에서 일어나 나를 맞이한다. 그는 키가 작고 희끗한 염소수염에 챙이 넓은 밀짚모자를 쓴 다부진 남자다. 구겨진 라벤더색 셔츠를 입은 캐럴라인 패럴은 그의 상사로, 이 단체의 대표다.

대기오염 통제지구에 대한 이들의 불만은 분명하다. 이들이 보기에는 아무것도 하지 않을 이유만 찾고 있다. "구멍을 낼 방법이 있으면" 그렇게 한다고 패럴은 내게 말한다. "그들은 기본적으로 산업체에다 '필요한 거 있으면 우리한테 말만 해'라고 말할 거예요. 그게 그쪽의 관계죠." 떨떠름한 규제기관 사람들은 "우리에게 불신을 안기려고 노력하고, 우리를 묵살하려고" 한다. 하지만 인종빈곤환경센터는 농업에 반대하는 게 아니라고 패럴은 말한다. 농장과 다른 산업체들이 책임감 있게 행동하기를 원할 뿐이다. "처음으로 차가 생긴 사람이 정지 신호판을 지지한다고 해서 자동차에 반대하는 게 아니잖아요. 안전을 원하는 거라고요. 이것도 마찬가지예요."

마르티네스는 이제 큰 모자를 벗더니 손으로 머리칼을 쓸면서 가끔은 농장 노동자들의 가족이 겪는 건강 문제에 충격을 받는다고 말한다. 천식을 치료하느라 "한 살짜리, 두 살짜리 아이들이 호흡기를 달고 산다는 사실을 잊을 수가" 없다. 그런 지역사회는 관심과 에너지를 대부분 먹고사는 데 쏟지만, 그들은 점점 오염이 자신에게 어떤 위협을 가하는지를 이해하고 있다고 마르티네스는 믿는다. 그는 결국 그들이 자신의 삶을 주무르는 결정에서 발언권을 얻기를 희망한다.

그리고 그런 날을 위해 할 수 있는 일을 한다.

***

존 캐피트먼은 지지자들과 대기오염 통제지구 사이에 위치한다.

그는 프레즈노에 있는 캘리포니아 주립대학교 공중보건학 교수이며 대기오염 통제지구의 이사로 일한다. 그가 그곳에 자리를 얻게 된 것은 규정을 만드는 절차에서 목소리를 얻고자 하는 환경주의자들의 투쟁 덕분이지만, 그는 산업 소유주들의 관점도 이해할 수 있다.

동부해안 출신인 캐피트먼은 새로운 생각을 힘주어 이야기할 때마다 몸을 앞으로 숙이며 속사포처럼 말을 쏟아낸다. "여긴 아주 양극화된 장소예요. [정치적으로 말해 이 장소에는] 식민지 시절의 구조 비슷한 게 있어요. 샌와킨밸리를 경영하는 사람들은 아주 부유한 극소수의 사람들이죠." 당연하게도 그들은 토지 대부분을 소유한 대규모 영농인들이기도 하다. 그들에게 "관건은 항상 자신의 산업을 보호하는 문제"였다. 그들은 지역 정치에 보수적이며 반정부적인 색채를 더한다. 규제를 격하게 반대하는 이 엘리트들의 입장은 대기오염 통제지구 위원회의 기조를 정했다. 그들이 환경을 깨끗하게 하고 자신의 사업 방식을 바꾸는 노력에 임하게 하는 것은 쉬운 일이 아니라고 캐피트먼은 말한다. 그들이 그런 문제를 생각하는 데 흥미가 있을까? 내가 묻는다. "아뇨." 그의 대답은 단호하다. "그들이 왜 그래야 하나요? 그들은 엄청난 이윤을 남기고 있어요."

그렇다고 해도 그는 자신의 동료 이사들 마음속에서 미국에서 가장 오염이 심한 곳이라는 부끄러운 낙인을 영원히 짊어지지 않고 살고 싶다는 염원 역시 감지한다. 그래서 대기오염 통제지구의 조치가 필요보다 소극적이고 자신의 바람보다 미적지근하긴 해도 캐피트먼은 느리지만 꾸준히 앞으로 나아갈 거라고 믿는다. 여러 진보의 신호가 있지만 그중에서도 농업 폐기물 소각이 크게 줄어든 사실을 지목한다. 뿌리 뽑힌 견과나무와 죽은 포도넝쿨뿐만 아니라, 그 옆에 버려진 화학 처리된 목재와 플라스틱까지도. 치명적인 오염원이지만 이제는 10년 전만큼 그렇게 흔하지 않다.

캐피트먼은 자신의 역할에 대해서도 이야기한다. "저는 많이 듣습니다." 이사회가 열릴 예정이면 수백 통의 전화가 걸려오곤 한다. "낙농업협회, 견과류협회, 환경단체죠. 저는 그 전화를 다 받아요. 그게 제 일이라고 생각해요." 그는 궁극적으로 샌와킨밸리의 미래가 과거와 달라지려면 이런 종류의 소통—그리고 거대 생산업체들의 참여—가 필요하다고 믿는다. 1만 에이커에서 당근을 재배하는 사람이나 6만 에이커에서 포도를 재배하는 사람이 이런 변화에 앞장서게 만들려면 그들과 함께 충분한 관계를 형성해야 해요."

지금으로선 이 지역의 대규모 기업들이 다른 방식을 취하게 만들 인센티브가 별로 없다. 이런 변화가 나타나기 전까지 아직도 그 극심한 불평등에 의해 규정된 장소에서—존 스타인벡이 그 이야기를 써서 미국의 고전 반열에 올려놓은 지 수십 년이 흘렀는데도—누가 가장 고생하게 될지는 분명하다. 늘 고생했던 바로 그 사람들이다.

어느 늦은 저녁 나는 저녁식사를 할 만한 붐비는 타코 집을 발견했다. 그곳의 고객들은 샌와킨밸리의 농장을 소유한 쪽보다는 그곳에서 일하는 사람들 같았다. 운전과 대화로 긴 하루를 보낸 피로감 속에서 나는 주위의 주민들이 식당의 저렴하고 맛있는 식사, 엔칠라다와 새우 타코를 앞에 놓고 웃으며 수다 떠는 모습을 구경하면서 과카몰리와 칩을 게걸스럽게 먹어치웠다. 유모차에 탄 아이들, 지친 부모들, 그날의 노동으로 아직 지저분한 상태인 일꾼들, 스페인어로 말하는 많은 사람들. 내일 또다시 일이 시작되기 전 저녁 한나절의 잠시 멈춤, 한 끼 식사, 휴식.

6장

불을 피우는 집

패러다임 전환

수천, 수십만 개의 불에서 연기가 올라온다. 수백만 개의 불에서. 그을음. 우리 몸을 아프게 하는 그 입자들이 이제는 하늘을 향해 날아오른다. 그 어두운색이 햇볕을 받아들여 열을 흡수한다. 이미 균형이 깨진 대기에서 이 입자의 영향력은 구름을 만들고 그것을 확산시킬 정도로 강력하다. 날씨를 바꿀 정도로. 가뭄과 홍수를 불러온다. 굶주림과 목마름. 하지만 그 그을음은 하늘에 오래 머물지 않는다. 비나 눈이 씻어 내린다. 그중 일부는 거대한 빙하 속으로 흘러든다. 빙하가 녹은 물은 생명을 지탱한다. 빙하는 물이 점점 수위가 올라가는 대양으로 유입되지 못하게 잡고 있다. 얼음의 흰빛은 태양의 접근을 차단하고 차가운 온도를 유지한다. 아니, 전에는 그랬다. 이제는 검은 그을음이 열을 끌어온다. 얼음이 똑똑 녹고 있다. 줄어들고 있다.

***

전 세계 수억 개의 집에서 매일 하루 세 번, 아침, 점심, 저녁. 여성과 소녀들이 가족이 먹을 음식을 조리하기 위해 불을 피운다. 그들은 나무, 숯, 동물의 똥, 수확이 끝난 밭에서 긁어모은 작물의 줄기와 겉껍질을 태운다. 어떤 음식을 조리하는지는 사는 지역에 따라 다르다. 인도에서는 렌틸콩과 차파티를, 에티오피아에서는 인제라 빵을, 페루에서는 토르티야를 만든다. 공통점은 불에서 나오는 짙고 무서운 연기다. 그리고 그것이 야기하는 건강 피해. 이 피해는 자동차 배기구와 공장 굴뚝보다 더 치명적이다. 농도가 훨씬 높기 때문이다.

인류의 40% 이상인 33억 명이 이런 식으로 음식을 만드는 집에 거주한다.[1] 경제성장으로 많은 사람이 참혹한 빈곤에서 벗어나고 각지의 농민이 도시로 이주하면서 이 비중은 계속 줄어들었다. 하지만 동시에 전 세계 인구는 늘고 있기 때문에, 개방형 취사용 불이 내뿜는 연기와 함께 살고 있는 사람들의 절대적인 수는 여전히 고집스럽게 높은 상태다.

과학자들은 우리에게 더 친숙한 '실외' 오염원과 구별하기 위해 이를 "실내 대기오염"이라고 불렀다. 하지만 최근 들어 이 용어는 새로운 깨달음을 반영하여 바뀌었다. 취사용 불에서 나온 연기는 주방에서 흘러나와 그 일대나 한 나라의 더러운 공기에 더해지기 때문에 두 문제는 깊이 연결되어 있다는 깨달음이었다. 그리고 집에서 연기를 빼내는 것만으로는 문제를 해결할 수 없고, 그 사람들이 집 밖으로 나온다고 해도 음식을 조리하는 사람과 그 가족들은 그 문제에서 자유로울 수 없다는 깨달음이었다. 이 연기는 이들이 살고 있는 동네 곳곳에서 하루하루, 그리고 평생 동안 따라다닌다.

그래서 이제 집에서 피운 불에서 나온 연기는 "가정 대기오염"으로, 과거에 '실외' 범주에 속했던 더 넓은 문제는 "주변 오염"으로 이름이 바뀌었다. 그리고 가정 대기오염은 매년 약 400만 명의 사망자를 유발하는 것으로 확인되었다. 이는 대기오염 총사상자의 약 절반에 해당한다. 말라리아로 목숨을 잃는 사람의 약 10배에 달한다. 여성과 아이는 남성에 비해 집에 더 많이 있는 편이기 때문에 피해는 이들에게 쏠리게 된다. 이 연기는 심장질환, 심각하고 종종 치명적인 폐질환뿐만 아니라 사산과 저체중아를 유발할 수 있으며 백내장 같은 시력 문제와도 관계가 있을 수 있다.[2]

물론 이는 빈곤 문제다. 더 청정한 대안, 선진국 사람들이 당연시하는 가스와 전기 같은 대안에 접근할 방법이 없기 때문이다. 연료 연결장치와의 물리적 거리 문제, 즉 농촌에서 겪는 문제일 때도 있다. 이 문제를 어떻게 해결할 것인가를 놓고 아이디어가 빠르게 바뀌고 있다. 그러는 동안 수십억 명이 생명과 건강에 대한 위협에 노출된 채 더 나은 무언가에 대한 절박한 필요 속에서 해법을 기다리고 있다.

***

이 모든 사실에도 불구하고 취사에서 발생하는 연기는 고드노즈 마세코의 최대 관심사가 아니다. 그와 아내 헬렌은 방치되거나 버려지거나 고아가 된 64명의 아이들과 청년들의 행복을 책임지고 있다. 이들을 맡기 전 마세코 부부는 세계에서 가장 가난한 남부아프리카 내륙국가인 말라위의 상업 허브 블랜타이어에서 길거리 생활을 했다. 마세코 부부는 엄청난 집안일을 관리하고, 아이들의 학교생활을 눈여겨보며, 닭과 달걀을 팔고 손으로 옷을 만들고, 미니밴과 SUV 두 대를 다른 사람에게 빌려줌으로써 필요한 현금을 융통하는 등의 일상으로 정신이 없다.

마세코는 영국의 한 연구팀이 "취사와 폐렴 연구"라는 연구 프로젝트 이름을 말라위의 주요 언어 중 하나인 치체와어로 티셔츠에 새길 수 있도록 도와주었다. 그러다가 헬렌이 음식을 만들 때 나무와 숯에서 발생하는 연기가 가족에게 해로운 영향을 미칠 수 있음을 처음으로 이해하게 되었다. 그는 책임 과학자에게 그 프로젝트가 무엇을 위한 거냐고 물었고, 자신의 인생에서 항상 배경에 존재했던—헬렌에게는 전면에 더 가까운—그 불이 자식 같은 수십 명의 아이들에게 기침과 폐렴을 유발할 수 있음을 깨닫기 시작했다. "나이가 들고 있던 그제야 그게 위험하다는 걸 알게 된 거예요." 그는 나와 통화를 하면서 이렇게 말했다. 연기는 "인간의 생명에 해롭다는 사실을" 말이다.

말라위에서는 취사용 불 때문에 발생하기도 하는 폐렴이 5세 이하 어린이의 단 하나의 최대 사인이다. 폐렴에 걸린 아이들은 호흡을 위해 사투를 벌이면서 에너지가 고갈된 상태로 몇 달씩 시름시름 앓을 수 있다. 폐렴이 흔하긴 하지만 부모들은 그게 얼마나 심각한지 알지 못해서 질질 끌다가 치료 시기를 놓치기도 한다고 마세코는 말한다. 그와 헬렌은 증상이 처음 나타날 때 아이들을 병원으로 데려가지만, 의사들은 한 번도 아이들의 기침이 주방 헛간에서 쏟아져 나오는 연기와 관련될 수 있다고 알려주지 않았다.

그럼에도 마세코 부부는 자기 집 안에 그 모든 매연이 발생하는 것을 원치 않았기 때문에 헛간을 지었다. 헬렌은 이 헛간에서 콩과 훈제 생선, 닭 스튜와 쇠고기 스튜와 함께, 옥수수 가루로 만든 은시마라는 주식의 조리를 감독한다. 두 여성이 주방 일을 도와주러 오고 아이들 역시 일손을 거든다. 이 가족의 기금 모금 웹사이트에 올라온 한 사진을 보면[3] 남자아이 두어 명이 연기가 나는 모퉁이에 서 있는데, 그 옆으로 돌덩이 세 개 위에 크고 검은 냄비가 올라와 있고 그 사이에서 불길이 일고 있다. 그것은 일반적인 방식이다. 말라위 가정의 90% 이상이 이런 식으로 음식을 만든다.

마세코 부부는 연료를 노점상에게서 구입하고, 노점상들은 시골에서 연료를 가져온다. 시골 사람들은 목재를 밀폐된 가마에 넣고 태워서 숯을 만든다. 숯은 제조 과정에서 건강 문제를 유발하기도 하지만 동시에 말라위의 숲을 황폐하게 만든다. 하지만 더 나은 선택지는 보이지 않는다. 이 가족에게는 가스 스토브를 가진 친구가 있긴 하지만 이 친구도 경제 사정 때문에 한 달에 한두 주 정도밖에 사용하지 못한다. 가스는 비싸기 때문에 전기 공급원으로 신뢰할 수 없다. 마세코 부부는 가끔 하루에 일고여덟 시간만 전력을 쓴다. 태양광 패널 비용 역시 엄두를 내기 힘들다. 사하라사막 이남 아프리카 전역이 비슷한 상황이어서 인구의 80%—7억 명 이상—가 전문가들이 "바이오매스"라고 부르는 동식물 기반 연료에 의지한다.[4]

마세코는 티셔츠 만드는 일을 거들고 난 뒤 그 영국 연구팀에 더 개입하게 되었고 과학자들을 할머니의 마을로 안내하기도 했다. 리버풀 열대의학대학이 본거지인 이 연구자들은 재래식 연료를 더 깨끗하고 효율적으로 연소시킬 수 있는 금속 스토브 수천 개를 나눠주었다. 그걸 받은 마을 주민들은 여전히 나무와 숯을 태우더라도 더 질 좋고 현대적인 기기에서 그렇게 할 수 있었다. 이 연구팀은 2년간 어린이 폐렴 사례를 추적했다. 그들은 신형 스토브가 있는 가정에서는 폐렴이 더 적게 나타나기를, 그러니까 그 기기에서 조리하는 것이 건강에 더 이롭다는 신호를 확인하기를 희망했다. 안타깝게도 결과는 그렇지가 않았다. 여성들은 금속 스토브가 사용하기 쉽다는 걸 알았기 때문에 구식 개방형 불보다 금속 스토브를 더 좋아했다. 하지만 폐렴 수치는 변함이 없었다.[5]

***

인구의 가장 높은 비중이 바이오매스를 연소하는 곳은 아프리카지만, 비중은 적어도—약 60%—워낙 인구가 많아서 실제 바이오매스 사용 인구가 가장 많은 곳은 인도다. 1억 7000만 가구에서 약 8억 명이 연기가 나는 취사용 연료에 의지한다.[6] 이렇게 거대한 나라에서 많은 일이 그렇듯 문제의 규모 자체가 압도감을 안길 수 있다. 그래서 이 문제를 해결하려는 노력의 야심 역시 커야 한다.

나는 러크나우라고 하는 북부 도시 외곽에서 한 시간 반 정도 걸리는 조용한 마을에서 더러운 취사용 연료와 함께 사는 삶—그리고 몇 가지 해법의 힌트—을 세밀하게 들여다보았다. 그곳까지 가는 과정에서 나는 처음으로 인도 농촌을 접했다. 델리의 인도에서 잠을 자고 육체노동을 하고 오토릭샤를 운전하는 그 많은 이주민들이 원래 살던, 가난으로 유명세를 떨치고 전통에서 헤어나지 못한 남겨진 집들.

나는 우리의 방문을 주선해준 환경단체, 에너지자원연구소TERI에서 나온 안내자 한 명과 내 통역사 네하와 함께 작은 길가 식당에 잠깐 들렀다. 우유가 들어가고 향신료가 강하며 달달한 차가 작은 토기 컵에 담겨 나왔다. 우리는 요거트와 함께 파라타 빵을 아침식사로 해치웠다. 얼마 후 우리는 바퀴 자국이 팬 좁은 흙길을 따라 걸었다. 햇볕처럼 화사한 노란 사리를 입은 한 여성이 대나무 막대로 진흙이 말라붙은 돼지 무리를 쿡쿡 찌르며 지나갔다. 그 길을 따라 작은 집들이 줄지어 있는데, 어떤 집은 벽돌로, 어떤 집은 진흙으로 되어 있었고 지붕은 지푸라기와 막대를 엮은 초가지붕이 많았다. 아이들은 우리를 향해 미소를 지고 고함을 치다가 사진을 찍기 위해 자세를 취하더니 내 핸드폰에 담긴 모습을 보고는 웃음을 터뜨렸다. 주위에는 벽돌이나 콘크리트로 된 구유에 머리를 깊이 박고 있는 염소와 소가 수십 마리 있었다. 나중에서야 나는 이 마을의 이름을 알게 되어 노트에 휘갈겨 적어두었다. 무스타파바드.

우리는 쿠슈와하 가족의 집으로 걸어가다가 가장자리만 지붕으로 조금 덮여 있고 나머지는 모두 하늘을 향해 열려 있는 마당 비슷한 곳을 지나게 되었다. 그런데도 나는 일순간 진하고 숨 막히는 연기가 목구멍과 가슴을 꽉 채우는 듯한 느낌이 들었다. 눈이 화끈거렸고 호흡을 하기가 힘들었다. 나는 눈을 가늘게 뜨고 열심히 깜박이며 기침을 토해내기 시작했다. 잘못된 방향으로 불에 다가선 모양이었다. 본능은 거기서 물러나서 신선한 공기를 찾으라고 다급하게 명령했다. 하지만 네하와 나는 주변을 살피기 시작했다.

두 귀퉁이에 회반죽을 바른 진흙 벽이 시커메져 있고, 각 귀퉁이에서 10대로 보이는 젊은 여성이 투박하게 생긴 진흙 스토브 옆에 쪼그려 앉아 있다. 진흙 스토브는 그저 바깥으로 활짝 열어둔 채 불을 담고 있는 용기일 뿐이다. 이들의 모든 노동은 지면에서 이루어진다. 한쪽과 맨 위가 뚫린 낮은 스토브는 무릎 높이도 되지 않는다. 반대편 끝이 안에서 활활 타오르는 기다란 막대가 남은 부분도 불에 잡아먹히기를 기다리며 각 노출 부위 밖으로 삐져나와 있다.

연기가 꾸준히 피어오르는 가운데 여자아이 하나가 반죽을 치대다가 둥근 원 모양으로 만들어서 불 위에 올린다. 온통 흰색 옷을 입고 머리카락을 땋아서 우아하게 틀어올린 아이는 몸을 움츠려 얼굴을 무릎에 대고 문지르더니 조용하게 싫은 소리를 한 번 내고 나서 눈에 힘을 주고 다시 일에 집중한다. 빵은 열을 받아 부풀어오르고, 아이가 금속 부젓가락으로 꺼내 쟁반에 쌓아올리자 평평하게 가라앉는다. 반대편 귀퉁이에는 아이의 사촌인 또 한 명의 요리사가 청록색 옷을 입고 불길을 키우기 위해 불을 향해 금속 막대로 바람을 분다. 이 아이 옆에는 불쏘시개가 한 무더기 놓여 있고, 재가 사방에 흩어진다.

두 여자아이는 일을 하면서 들락날락 돌아다니고, 나는 이 장소의 나머지 공간을 차지한다. 그들의 할머니로 보이는 나이 지긋한 여성이 돌로 막아놓은 세척 공간에서 냄비와 팬을 문지르며 역시 바닥에 쪼그려 앉아 있고, 세 번째로 나타난 10대 아이가 몸을 숙여 딱딱한 흙바닥을 거친 빗자루로 쓸고 있다. 뒤뜰을 가로지르는 빨랫줄에는 타월과 사리가 널려 있고, 집 내부 공간으로 이어지는 입구에 친 커튼 사이로 오토바이가 눈에 들어온다. 아기 염소 두 마리가 뒤뜰을 돌아다니고, 손수 만든 사다리는 여덟 살 정도 된 듯한 남자아이가 올라가 있는 지붕을 향해 서 있다.

흰옷을 입은 여자아이가 손가락을 다쳐서 씻으러 가자 모두가 법석을 떨고 사촌이 그 아이의 스토브를 맡는다. 나는 앉을 자리를 안내받는다. 남자들이 밖에서 한가롭게 담배를 피우는 동안 젊은 요리사들과 쿠슈와하 집안의 여성들이 하나하나 낡은 의자에 앉아 이야기를 시작한다. 한 시간, 또 한 시간이 지난 뒤 나는 천천히 누가 누구인지 짜 맞추고, 이 마을 생활의 윤곽을 파악하기 시작한다.

젊은 여성들이 이야기하는 와중에 네하의 통역을 기다리면서 내 관심은 무리의 가장자리에서 서성대며 관찰하고 귀 기울이는 여자아이에게 자꾸 쏠린다. 숱 많은 머리카락은 머리 뒤에서 분홍색 플라스틱 핀으로 묶었고, 지저분한 교복 아래로는 흙투성이 맨발이 드러나 보인다. 한쪽 다리의 교복 단은 찢긴 곳을 튀는 색깔의 실로 다시 기워놓았다. 나와 시선이 마주치자 아이는 킥킥대며 웃는다. 수줍은 미소가 온 얼굴 가득 퍼진다. 아이의 눈은 환하고 호기심이 가득하다. 그런데 아이가 갑자기 가래가 섞인 걸쭉한 기침을 한다. 나는 아이의 웃음소리 아래서 거친 숨소리를 듣는다.

나는 더 나이가 많은 여자아이들이 이 아이의 큰 언니와 사촌들임을 알게 되었다. 남동생 몇몇은 근처에서 놀고 있다. 인도에서 전형적인 가족 구성이다. 성인 남자 형제 두 명과 그들의 가족이 하나의 집을 공유하고, 그들의 아내와 아이들이 모두 함께 생활한다. 총 열다섯 명. 여덟 살이나 아홉 살로 밖에 보이지 않았던 그 여자아이, 쿠쉬부는 나중에 알고 보니 열한 살이었다. 아무래도 내 딸과 비슷한 또래라서 쿠쉬부에게 끌리는 것 같다. 서로 만날 일 없을 두 아이 사이에서 따뜻하고 친절하고 지적이라는 유사성을 아주 분명하게 확인할 수 있지만 삶의 형태는 아주 달랐다. 한 아이 앞에는 무럭무럭 성장하고 배우며 성취할 기회가 가득한 삶이, 다른 아이 앞에는 인도의 농촌이 여자아이들에게 강요하는 야만적인 제약과 가사 노동, 가난의 짐을 짊어진 삶이 놓여 있었던 것이다.

***

나는 내가 쿠슈와하 집안의 젊은 여성들이 입고 있던 옷 색깔로 이들을 생각하고 있었음을 깨닫는다. 내가 도착했을 때 음식을 만들던 두 아이 중 한 명은 크림색 옷을, 다른 한 명은 청록색 옷을 입었고, 세 번째 아이는 파란색과 자주색이 섞인 스카프를 두르고 있다. 이제 나는 그들의 이름을 알게 되었고, 그들의 목소리를 듣는다. 처음으로 말문을 연 사람은 세 번째 사촌인 사비타다. 열아홉 살인 사비타는 키가 크고 각진 얼굴에 코걸이를 하고 있으며 눈이 둥그렇고 싱글벙글한 표정을 짓는다. 사비타는 날마다 남자 형제들과 아버지가 아직 자고 있는 새벽 4시에 일어난다고 당당하고 침착하게 말한다. 사비타와 다른 여자아이들은 걸어서 10분 거리에 있는 우물을 여러 차례 오가며, 조리와 세척을 하고 몸을 씻을 물을 길어 온다.

그다음에는 스토브 앞에 쪼그려 앉아서 온 가족이 먹을 차를 만들고 빵을 굽는데, 한 명이 여섯 명의 가족을 위해 음식을 만들어야 한다. 다들 밀과 감자와 쌀을 재배하는 밭에서 고된 일을 하기 때문에 체력을 유지하려면 많은 양의 음식이 필요하다.

사비타는 자신이 속한 직계가족 안에서 유일한 딸이기 때문에 엄마의 도움을 받아 음식 준비를 책임진다. 다 합해서 하루 6시간 동안 연기가 나는 불 앞에서 시간을 보내고, 여기에 청소와 물 긷기, 밭일이 추가된다. 나는 사비타가 일종의 통신 강좌를 통해 학사학위를 받기 위해 공부도 하고 있다는 이야기를 듣고 놀라움을 금치 못한다. 사비타는 한 달에 한 번 30km 떨어진 대학에 가는데, 그사이 몇 주간에는 집에서 공부한다.

하지만 사비타의 하루하루를 규정하는 것은 음식 만들기다. 사비타는 열여섯 살 때부터 음식을 만들고 있다. 남자아이들이 근처 숲에서 나무를 해 오고, 스토브에서는 소똥에 쌀겨나 짚을 섞어 둥글납작한 모양으로 말린 것이 타고 있다. 인도에서는 이런 바이오매스 연료를 일상 용어로 "출라"라고 한다. 이곳의 모든 사람들이 그렇듯 사비타는 LPG 같은 연료를 원한다. 하지만 이 마을에서 금속 용기에 담겨 나오는 LPG를 감당할 능력이 되는 운 좋은 사람들은 얼마 없다. 쿠슈와하 집안에게는 그림의 떡이다. 특히 계절에 맞지 않게 내리는 비 때문에 작물을 많이 망친 뒤에는.

LPG 스토브를 사용하면 집에서 끔찍한 연기가 사라질 것이다. 더군다나 어린 요리사들에게는 손쉽게 스위치를 켰다 끌 수 있는 편리함, 그리고 그 덕에 아낄 수 있는 시간도 그만큼 중요하다. 재래식 스토브는 불을 피우고 조리를 시작하기가 번거롭고, 불이 약해지면 다시 잘 달래서 타오르게 해야 한다. 여자아이들은 자주 화상을 입는다. 사비타는 소매를 올려 내게 길고 얇은 흉터를 보여준다. "가끔은 엄마한테 내가 요리를 안 할 수 있으면 좋겠다고 말하기도 해요." 사비타는 가스 스토브가 있는 집의 남자와 결혼하기를 바란다. 그래야 적어도 성인이 되어 해야 할 단조로운 집안일에 청소년기를 괴롭힌 끔찍한 연기가 뒤따르지 않을 테니까.

청록색 옷을 입은 사비타의 사촌 레누는 겨우 열일곱 살이다. 쿠쉬부의 언니인 레누는 목소리가 거친 저음이다. 레누는 이야기를 할 때 목걸이에 매달린 크리스털을 손으로 만지작거린다. 레누 역시 매일 몇 시간씩 세끼 식사를 만들지만 삶이 사비타보다 더 팍팍하다. 어머니가 아파서 대신 스토브를 완전히 책임져야 하기 때문이다. "벗기고 다지고 향신료를 만들고" 스토브를 준비해놔야 조리에 들어갈 수 있다. "저는 남동생들이 있는데, 계속 빵을 더 달라고 해요." 레누의 손은 나이 든 여성처럼 거칠고 건조하다. 하지만 한순간 레누가 몸을 앞으로 숙이자 원래 나이대로 어리고 해맑아 보인다.

레누는 음식을 다 만들고 나면 얼굴이 그을음으로 뒤덮인다고 말한다. 눈에서는 계속 눈물이 흐르고, 불을 붙이려고 입으로 바람을 불어넣다 보면 기침이 터져 나온다. 두통이 끊이질 않는다. "지금도 두통이 있어요. 어지럼증도요. 항상 머리가 핑핑 도는 기분이에요." 레누는 자신과 쿠쉬부가 결혼을 해서 집을 떠나면 어떻게 될지 걱정이다. "그때도 가스 스토브가 없으면 어머니가 다시 이 위에서 조리를 하셔야겠죠." 레누는 연기가 피어오르는 모퉁이를 몸으로 가리키며 말한다.

연기에는 감정적인 상처 역시 실려 있다. 가난함에 대한, 더 나은 삶을 감당할 여력이 없음에 대한 수치심. "내가 음식을 만드는 모습을 누가 본다면 '이 가족은 소녀들한테 가스 스토브를 사줄 돈도 없나?' 하고 의아해할 거예요." 레누는 말한다. 대부분의 이웃 역시 출라로 음식을 만들지만 대도시에 사는 친척들은 그렇지 않다. "그들은 연기가 너무 많아서 여기에 오는 걸 싫어해요."

학업에도 지장이 있다. 레누는 중등교육 첫 단계를 마쳤고, 최근에 나머지 절반의 고등학교 과정을 시작하려고 입학시험을 치렀다. 하지만 집에 있는 어머니는 레누가 필요하기 때문에 한 주에 한두 번밖에 수업에 갈 수 없다. "학교에 너무 많이 빠지니까 선생님한테 혼나요." 레누는 의학을 공부하고 싶지만 현실적으로 힘들다는 사실을 알고 있다. 그래서 매일 오후 한 이웃으로부터 바느질을 배운다. "의사가 되는 꿈이 이루어지지 않으면 어쨌든 뭔가를 해야 할 테니까요."

레누의 어머니 미나 쿠슈와하는 나와 비슷한 40대 중반이지만, 내가 노년기 질병이라고 생각하는 종류의 건강 문제를 안고 있다. 미나 쿠슈와하는 25년간 들이마신 출라 연기 탓이라 말하며 이 연기가 다섯 아이에게 무슨 짓을 할지 걱정한다. "결국 아이들이 연기를 다 들이마시게 되니까요." 하지만 가스 스토브를 살 돈을 모으는 건 상상하기도 힘들다. "월말이 되면 남는 게 하나도 없죠. 적자를 면하지도 못하는데 어떻게 돈을 모으겠어요? 밀가루를 사야 하고, 가축을 먹일 사료를 사야 하고, 교육비도 내야 해요." 그들에게는 레누를 결혼시킬 돈도 충분하지 않지만 미나 쿠슈와하는 사비타가 바랐던 것과 같은 소망을 레누에 대해서도 품고 있다. 며느리들이 LPG로 음식을 만들 게 할 수 있을 정도의 재력이 있는 사돈을 만나는 것이다.

어린 남자아이가 다가와서 미나의 무릎에 염소를 올려두는 바람에 다음 질문은 쿠쉬부에게 넘어갔다. 쿠쉬부는 이 주째 기침을 하고 있다고 미나가 말한다. 내 옆에 있는 의자에 앉은 쿠쉬부는 발이 바닥에 거의 닿지 않고, 누군가 우리 사진을 찍어줄 때 환하게 웃는다. 쿠쉬부는 조리를 하기에는 아직 너무 어리지만 언니들을 위해 향신료를 갈고 물을 길어오고 설거지를 한다. 학교에서는 수학과 힌두어, 그리고 영어도 공부한다. 쿠쉬부는 학교를 좋아한다. "학교에서는 집안일을 할 필요가 없어요. 어른이 돼도 집안일을 하고 싶지 않아요."

쿠쉬부는 집에서 불을 피우면 바로 기침이 시작되고 눈과 폐가 타는 듯한 느낌이라고 말한다. 가능하면 스토브를 피해 좋아하는 님나무 아래서 시간을 보낸다. "그냥 밖에 앉아 있어요. 연기가 다 사라져야만 돌아가요." 하지만 언제까지 이렇게 도망 다닐 수는 없다. 곧 음식을 할 수 있을 정도로 성장할 것이다. 다른 사람들처럼 쿠쉬부 역시 가스 스토브를 원한다. 그걸 살 수 있을 정도로 집안 형편이 피지 못하리라는 걸 알고 있기 때문에 자신이 출라를 사용해야 한다면 "사용법을 배울 거예요"라고 쿠쉬부는 용감하게 말한다. "어머니한테 가르쳐달라고 해야죠." 하지만 내일 신식 스토브가 생기면 "당장 기쁜 마음으로 음식을 만들" 것이다.

물론 쿠쉬부에게도 더 큰 꿈이 있다. 네하가 커서 뭐가 되고 싶은

지 묻자 쿠쉬부는 눈을 내리깔고 의자의 직물을 만지작대면서 살짝 킥킥대더니 선생님이라고 대답한다. 나는 주변 상황이 어떤지를 몰라서 그 목표가 얼마나 달성 가능한지를 알 수 없다. 하지만 쿠쉬부의 어머니가 어떤 삶을 살고 있는지는 확인 가능하다.

인도는 변하고 있다. 농촌 역시 예외는 아니다. 그래서 어쩌면 이 소녀들은 꿈꾸던 교사와 의사가 될 수도 있다. 하지만 변화는 느릴지 모르고, 이들의 인생이 미나 쿠슈와하와 크게 다르지 않을 수도 있다. 자기 나이보다 더 늙고, 고생과 한계 때문에 뼛속까지 지쳐버린 삶.

***

석탄이 내가 폴란드에서 보았던 경관을 지배했듯, 쿠슈와하의 집을 나서면서 여기서는 출라의 증거, 바이오매스 연료의 증거가 없는 곳이 없음을 깨닫기 시작한다. 주택의 앞쪽에는 굵은 나뭇가지가 무더기로 쌓여 있고, 도로가 뻗어나간 작은 광장에는 나뭇가지 무더기가 높게 쌓여 있다. 이제야 나는 그 마을에 우글우글한 소들이 우유와 요거트뿐만 아니라 연료의 공급원이기도 하다는 사실을 이해한다. 자갈이 깔린 땅바닥과 지붕 위에는 둥글넓적하게 빚은 소똥들이 정연하게 줄을 지은 채 햇볕에 마르고 있다. 시크교 최대의 성지 황금사원이 있는 암리차르에서 주말 관광을 하려고 탔던 기차 창문으로도 그 풍경이 보인다. 승무원이 차와 비스킷을 나르는 와중에, 집에 있는 댄과 애나에게 우스꽝스러운 사진을 보내면서 나는 마치 건초 더미처럼 쌓여 있는 소똥 케이크 피라미드를 응시한다.

무스타파바드에 사는 모든 주민이 더러운 출라와 생활해야만 하는 것은 아니다. 그래서 나는 이 마을 방문을, 복잡하긴 하지만 변화의 시작을 확인하는 기회로도 삼기로 했다. 프리티 쿠슈와하는 미나, 레누, 사비타의 이웃으로, 그들이 사는 곳에서 걸어서 1분 정도 되는 거리에 살고 있다. 프리티 역시 가난하지만 나는 이 집의 형편이 훨씬 낫다는 걸 확인할 수 있었다. 그 집에 들어갈 때는 불쾌한 공기가 공격하지 않아서 그 사실을 몸으로도 느낄 수 있었다.

벽돌집 내부, 그 서늘한 어둠 속에서 10여 개의 전기랜턴이 선반에 놓여 있다. 이 랜턴들은 태양광 패널로 충전하고 매일 밤 전기가 부족한 이웃에게 대여한다. 나와 네하를 이 마을로 안내한 단체인 TERI가 몇 년 전 프리티 쿠슈와하가 이 랜턴 사업을 시작할 수 있도록 거들었고, 덕분에 가족의 삶이 바뀌어 전에는 손에 넣을 수 없었던 사치품을 손에 넣을 수 있게 되었다.

무늬가 있는 사리를 입은 왜소한 몸집의 프리티를 따라 좁은 계단을 오르니 주방으로 사용하는 벽돌 오두막이 있는 지붕이 나타난다. 개방형 창에 커튼이 드리웠고 바닥이 콘크리트인 오두막 안은 깨끗하고 편안하다. 옆쪽에는 가난한 이웃집이 쓰는 것과 비슷한 진흙 출라 스토브가 있지만, 프리티는 요즘에는 그곳에 불을 피울 일이 거의 없다. 그보다는 리버풀 사람들이 말라위에서 크게 충격을 받은 것과 다르지 않은 최첨단 금속 스토브를 훨씬 자주 쓴다. 프리티는 마을 사람들이 재래식 연료를 더 안전한 방법으로 연소할 수 있도록 애쓰는 많은 단체 중 하나, TERI를 통해 그 스토브를 구입했다.

프리티는 바닥에 놓인 널빤지 위에 걸터앉아서 우리에게 대접할

차를 만들기 위해 단열 연소실에 나뭇가지와 지푸라기를 넣고 스토브 안에 있는 환풍기를 돌려 스토브에 불을 붙인다. 연료는 동네의 다른 주민들이 사용하는 것과 같지만 이 주방은 앞서 방문한 쿠슈와하 집안의 뒤뜰보다 훨씬 쾌적하다(두 집안은 성이 같지만 친척관계는 아니다). 금속 스토브는 재래식에 비해 연료를 더 완전하게 연소시켜서 소각되지 않은 입자를 더 적게 남긴다. 그리고 환풍기는 공기를 유입시켜 효율성을 향상시킨다. "개량형 바이오매스 스토브"라고 하는 이 기기는 당연히 개방형 연소보다 연기가 적게 나지만, 말라위에서 이루어진 연구는 이런 개량이 이용자의 건강에 큰 변화를 줄 정도로 충분하진 않다는 증거에 더 무게를 더한다.

프리티에게는 가스 스토브도 있다. 내가 아는 가정용 레인지보다는 오히려 이동용 스토브—장비를 잘 갖추고 다니는 미국인이나 영국인 친구들이 캠핑에 들고 다닐 법한—와 더 비슷해 보이는 화구 두 개짜리 장치다. 여기에는 70cm 정도 되는 빨간 원통이 달려 있다. 쿠쉬부 가족은 이런 스토브로 음식을 만드는 게 꿈이라고 했는데, 프리티가 자신은 거의 이용하지 않는다고 해서 나는 어리둥절했다.

알고 보니 가스는 비싸기만 한 게 아니라 구하기도 힘들었다. 가스를 파는 가게는 10km 정도 떨어져 있다고 한다. 나는 프리티나 남편이 이 가스통을 오토바이에 대체 어떻게 실을지 상상해보려 애쓴다. 게다가 가스를 사려면 "하루 종일 줄을 서야 하고" 어떨 땐 다음 날 다시 방문해야 할 때도 있다고 프리티는 설명한다. 그러고 난 뒤 가스통 하나당 정부 보조금을 제외하면 420루피, 그러니까 약 6달러 정도의 비용이 들어간다. 그러면 꾸준히 요리를 했을 때 두어 달

정도 쓸 수 있는 가스를 살 수 있다. 프리티의 경우는 이걸 아껴서 6개월로 늘리긴 하지만 말이다. 가격은 현실적인 장벽이다. "가스 스토브를 사용하는 게 훨씬 쉬워요. 그걸 얻기가 불편하고 비용이 들 뿐이죠."[7]

이 장애물은 델리 같은 대도시의 공기가 그토록 나쁠 수밖에 없는 원인과 근본적으로 동일하다. 그것은 바로 지독하게 부실한 인도의 하부시설이다. 도시 이외 지역의 LPG 보급은 인도에 있는 65만 개 마을에 많은 고생을 덜어줄 수 있는 연료를 공급하기에 턱없이 부족하다. 그래서 프리티는 아직도 거의 공짜나 마찬가지인 데다가 자기 지역에서는 구하기도 쉬운 나무와 소똥을 태우는 날이 가장 많다. 정말 급할 때만 가스를 사용한다. 랜턴 대여사업 외에도 어린 이웃 레누가 다니는 바느질 학교를 운영한다. 그래서 일과가 너무 정신없을 때면 손잡이를 돌려서 불길이 일어나는 걸 편리하게 지켜볼 수 있다. 프리티의 신형 바이오매스 스토브도 재래식에 비하면 훨씬 수고가 적게 들어서 불을 빨리 피울 수 있고 불길이 더 지속적으로 유지된다. 그 안에 넣으려면 나무를 잘게 썰어야 하긴 하지만 말이다. 프리티는 이제 아이들을 위해, 그리고 다른 일을 위해 더 시간을 낼 수 있다. 나는 프리티보다 가난한 쿠슈와하 집안 사람들이 이런 여유 시간이 생기면 뭘 할 수 있을지 궁금했다. 학교에 더 자주 가고, 어쩌면 소득을 보충할 수 있는 일자리를 찾을 수 있을지도 모른다.

프리티의 주방 밖에서 네하가 이웃집 지붕에 있는 어린 남자아이와 여자아이 사진을 찍는 동안 나는 마을 전체를 바라본다. 집 대부분이 언제라도 쓰러질 것 같지만 그 안에 있는 사람들은 자신들의 삶을 규정하는 혹독한 진실 앞에서 굴하지 않는다. 나중에 나는 출라 연소의 과학을 이해하기 시작했을 때 그들의 투쟁이 생각보다 인도 도시인들의 문제와 그렇게 동떨어지지 않음을 발견했다. 오늘날 바이오매스를 이용한 취사는 인도 전체 대기오염의 최소 4분의 1을 일으키는 것으로 여겨진다.[8] 이렇게 많은 사람들이 날마다 연기를 뿜어내는 연료를 태우고 있으니 충분히 그럴듯하다. 그러므로 이 나라의 지도자들—멀리 떨어진 대도시에서 이 가난한 마을의 삶을 바꿀 힘을 가진 사람들—은 농촌에 있는 사촌들이 곤경을 해결할 수 있도록 돕는 데서 생각보다 많은 이익을 얻을 수 있을 것이다.

***

이 사실을 깨닫는 데 시간이 좀 걸리긴 했지만, 나는 무스타파바드를 방문하면서 가정의 대기오염 피해를 줄이려고 노력하는 많은 과학자와 정책 전문가들 내에서 일어나고 있는 사고 변화를 엿볼 수 있었다. 더러운 취사용 불에서 발생하는 재앙을 해결하려는 노력은 험난한 역사를 거쳤다. 수년간 정부, 원조단체, 국제기구는 가난한 사람들에게 나무나 소똥처럼 연기 나는 연료를 연소할 수 있는 더 나은 방법을 제시하려고 노력하면서 개량형 바이오매스 스토브를 홍보했다.

기술적인 측면에서 이는 어려운 과제로 입증되었다. 게다가 최신형은 좀 더 이용자 친화적이긴 하지만, 과거에 배포한 스토브들은 가난한 가정에서 음식을 만드는 사람의 필요를 충족시키지 못해 무시당하기 일쑤였다. 최근까지 개발도상국의 취사용 불은 건강 문제보다는 환경 문제로 인식되었다. 그래서 수세대에 걸친 스토브들은 인간의 건강을 지키는 방향보다는 삼림훼손을 늦추기 위해 연료 효율성을 개선하는 방향으로 설계되었다. 음식을 만드는 사람들은 이런 기기가 이미 사용하는 것보다 확실히 질이 낮다는 것을 알았다. "지역사회는 아주 똑똑해요." 델리의 한 과학자는 이렇게 말했다. "내가 그 스토브를 당신에게 주면 당신도 그걸 쓰지 않을 겁니다."[9]

전문가들의 접근법을 바꾸는 데 한몫했던 커크 스미스는 내게 그 변화에 대해 설명해주었다. 무스타파바드에서 한참 떨어진 샌프란시스코 베이 근처에 있는 사무실이었다. 사무실은 붉은 삼나무와 유칼립투스나무로 이루어진 언덕배기 캠퍼스의 가장자리에 있었다. "과대광고가 많았어요. 주방에 어떤 장치만 던져놓으면 다 해결할 수 있다는 식이었죠." 캘리포니아 버클리 대학교 세계환경보건학 교수인 스미스는 이렇게 회상한다. "아직도 세계은행에는 '개량형 스토브'라는 말만 하면 웃는 사람들이 있어요."

스미스의 비좁은 작업 공간 곳곳에는 종이와 마분지 상자들이 쌓여 있다. 그는 헝클어진 회색 머리칼에 콧수염이 북슬북슬하고 목에 걸린 줄에 안경을 매달고 있으며 단정치 못한 차림의 약간 통통한 사람이다. 그는 오랫동안 과학자들이 개방형 취사용 불의 위험이 얼마나 심각한지 이해하지 못했다고 내게 말한다. 그 위험을 줄이기 위한 과거의 접근법이 부적절함을 분명하게 밝힌 것은 그가 과테말라에서 이끈 한 연구였다. 스미스와 동료들은 아기에게 채울 수 있는 대기질 모니터 장치를 개발하고서, 마야 여성들이 종종 등에 아이를 업고 음식을 만드는 과테말라 서부 고원지대에서 피험자를 모집했다. 신생아들은 하루에 담배 세 대에서 다섯 대를 피우는 것과 비슷한 양의 오염물질을 들이마시고 있었다.

연구팀은 200여 개의 주택에 굴뚝이 딸린 벽돌 스토브를 설치하고 나서 주방의 연기가 90% 줄었음을 확인했다. 인상적인 결과인 듯했지만, 아기의 모니터 장치가 측정한 오염도는 절반밖에 줄지 않았다. 스미스는 아이들이 주방에서만 시간을 보내지는 않는다는 사실을 깨달았다. 아이들은 이 방 저 방 돌아다니고 밖에도 나가기 때문에 연기를 완전히 피하기가 힘들었던 것이다. "그 스토브는 연기를 이동시키기만 했지 제거하지는 못했던 거죠."

말라위의 연구팀처럼 스미스의 연구팀은 피험자들의 폐렴 발병률을 추적했다. 아프리카에서와 마찬가지로 결과는 실망스러웠다. 아기에게 노출된 연기의 양이 50% 줄어들 경우 질병 발병률은 겨우 18% 줄어드는 것으로 나타났기 때문이다. 심각한 질환의 수는 그보다 더 많이, 약 3분의 1 정도 감소하긴 했지만 말이다. "전보다는 나았지만" 충분히 좋지는 않다고 그는 말한다. 무언가가 더 필요했다.[10]

그는 그 방법을 찾아내겠다고 굳게 마음먹었다. 책상 뒤편 선반에는 그가 1981년에 처음 만난 인도 여성의 사진이 있다. 당시 이 여성은 요리를 하는 동안 집안 공기질을 측정하는 모니터 장치를 착용하여 그의 연구를 돕겠다고 했다. 최근에 그는 마을을 찾아가서 이 여성을 다시 만났다. "아주 감격스러운 상황이었어요. 나를 기억했고, 그 연구도 기억했죠." 이제 이 여성은 더 이상 음식을 만들지 않고 며느리가 대신 한다. 많은 세월이 흘렀지만 아직도 출라 스토브

위에서 개방형 불을 피워놓는다. 실망스러운 상황이었다.

하지만 그 여행에서 뭔가 다른 일이 벌어졌다. 그 일은 스미스가 가정의 대기오염에 대해 사고하는 방식을 바꿔놓았다. 이 나이 든 여성의 이웃 한 명이 그를 자기 주방으로 초대했다. "자기 LPG 스토브를 가리키면서 '나는 이걸 없앨 겁니다'라고 하는 거예요." 그는 다시 개방형 불로 돌아가려고 하는 것인지 물었다. 그러자 이 여성은 전자기 인덕션 스토브를 보여주었다. 가스보다 훨씬 깨끗한 기술인 인덕션은 영국 같은 부유한 나라에서 막 인기를 얻는 중이었다. 곧 스미스는 인덕션이 델리 같은 대도시 상점에 진열되어 있고 날개 돋친 듯 팔리고 있음을 깨달았다. "그 순간 '생각의 틀을 바꿔야겠군' 하고 말했죠."[11]

오늘날 그는 쿠슈와하 집안 같은 사람들의 생활과 건강을 지키는 최고의 방법은 선진국과 인도에서 부유한 도시인들이 당연하게 생각하는 것과 동일한 조리용 연료에 접근할 수 있게 하는 것이라고 믿는다. 오랫동안 바이오매스 연소를 놓고 이런저런 새로운 실험을 했던 전문가들처럼 "손에 넣을 수 있는 것을 깨끗하게 만들려고" 애쓰는 대신 이제는 "깨끗한 것을 손에 넣을 수 있게 만들" 때라고 주장한다. 그것은 진정으로 사용자를 지킬 수 있는 유일한 연료인 가스와 전기를 의미한다. 물론 쿠쉬부의 언니와 사촌들은 이미 자신들을 위해 그렇게 생각해왔다. 내가 만난 그 젊은 여성들에겐 가스 스토브가 자신의 삶을 개선해줄 거라는 사실이 명약관화했다.

나는 프리티에게는 가스 구입이 힘들고 그래서 아주 가끔씩만 사용한다는 이야기를 스미스에게 전한다. 그는 그런 문제는 일반적이라고 말하며 웃더니 자신이 인도에서 했던 한 연설에 대한 이야기를 들려준다. 그 연설은 석유가스회사 임원들이 LPG를 더 널리 보급하는 데 필요한 인프라 개선에 투자할 것을 촉구하는 내용이었다. 스미스는 몰랐지만, 청중 사이에는 정부 석유 부처의 고위관료도 있었다. 둘은 나중에 만나서 저녁식사를 함께했다. 스미스의 연설 이후 그 고위관료는 "자기 사무실로 돌아가" 직원을 불러서 수백만 가구로 가스 보급을 확대하기 위한 계획을 수립할 것을 요구했다.

스미스는 바로 이런 종류의 규모가 필요했던 거라고 주장한다. "석유 부처로 이야기가 들어가다니 아주 신이 났죠. '170만 인도 가구가 바이오매스 대체제가 필요해'라고 말만 하면 그들은 '알겠습니다, 앉아서 이야기해보죠'라고 하는 거죠." 이제 마침내 인도의 지도자들은 그 문제를 진지하게 해결하려는 것으로 보인다. 불과 몇 년 만에 관료들은 연료회사와의 공동 작업을 통해 수천만 가구에 가스로 조리를 시작하는 데 필요한 시설을 제공했고, 이 진보를 이어갈 야심만만한 목표를 세웠다.

물론 LPG는 화석연료고, 화석연료는 기후변화를 몰고 온다. 나무와 소똥을 태운 불에서 나오는 그을음—"검은 탄소"라고 부르기도 하는—의 과학은 그렇게 단순하지만은 않다. 그것은 이산화탄소처럼 수세기 동안 대기에 머물지는 않지만, 빙하나 다른 대륙빙하에 내려앉게 되면 그 어두운색이 열을 빨아들여 햇빛을 반사하는 얼음의 자연스러운 능력을 감퇴시키고 이로써 온난화를 가속화한다.

그래서 수십억 명이 바이오매스 조리를 가스로 바꿀 경우 기후에 무슨 일이 벌어지게 될지는 단언하기 힘들다. 스미스가 보기에 그것은 중요하지 않다. 연기가 날리는 그 모든 불을 끄게 될 경우 당연히 지구에는 도움이 되겠지만, 만일 그렇지 않더라도 이는 정의의 문제다. 그는 조리를 위해 화석연료를 사용하는—그리고 무시무시한 지구적 위기를 일으키는 짓을 훨씬 많이 하는—선진국 사람들이 탄소 발자국이라는 미명하에 가난한 나라 사람들이 그런 연료를 써서는 안 된다고 주장할 수 있느냐고 묻는다. 기후를 위협하는 것은 가난한 가정의 목숨을 살리는 연료가 아니라고 그는 말한다. "그건 당신과 나처럼 잘사는 나라 사람들입니다."[12]

***

인도는 수백만 명에게 더 청정한 조리 수단을 제공하는 막대한 일에 착수하면서 같은 길을 먼저 갔던 나라들의 경험을 참고할 수 있다. 라틴아메리카에는 바이오매스 의존도가 최근 몇십 년 동안 급격하게 줄어들어 가구의 약 15%까지 이르게 된 나라가 많다.[13]

브라질은 우연한 계기로 오래전에 조리용 가스와의 관계가 시작되었다. 그것은 바로 힌덴부르크 노선의 중단이었다. 이 비행선이 1937년 뉴저지에서 착륙하다가 화염으로 불타면서 체펠린 비행선 여행의 꿈이 막을 내렸을 때, 브라질에 남아 있던 프로판이 가정용으로 쓰이게 되었다. 나중에 보급망이 크게 확대되면서 아마존에 있는 외딴 정착지까지 가스통이 배에 실려 들어갈 수 있게 되었다. 보조금 덕분에 모두가 프로판을 쓸 수 있게 되었고, LPG 사용이 늘어나면서 목재와 숯 연소가 꾸준히 감소했다. 하지만 21세기 첫 10년 동안 이 보조금이 중단된 뒤 이런 추세가 반전되었고, 가스 비용이 올라서 많은 사람들이 바이오매스로 되돌아갈 수밖에 없었다. 빈민을 좀 더 직접적으로 겨냥한 지원금과 경제성장 덕분에 다시 상황이 원래 궤도로 돌아오게 되었다.[14] 이제 브라질에서 연기가 나는 연료를 사용하는 가구는 6%뿐이다.[15]

에콰도르는 브라질을 넘어서는 조치를 진행 중이다. LPG 보조금을 많이 풀어서 바이오매스를 이용한 조리를 거의 없앴고, 지금은 스미스의 사고를 바꿔놓은 것과 유사한 전자기 인덕션 스토브쪽으로 사람들을 유도하고 있다. 인덕션은 최신식(그리고 가장 청정한) 취사 방법으로, 빠르고 효율도 높다. 그리고 에콰도르는 스토브에 재생에너지를 공급하기 위해 수력발전을 확대하고 있다. 정부는 구매가를 감당할 능력이 없는 사람들에게 무상이나 할인가에 인덕션을 제공하고, 다른 사람들은 할부로 구매할 수 있다. 관료들은 라디오, 텔레비전, 소셜미디어에서 이 신기술을 적극적으로 홍보한다.

물론 경제성장과 도시화 덕분에 가스와 전기에 접근하기가 쉬워진 것도 있다. 하지만 라틴아메리카 전역에서는 결연한 정부의 조치가 있었기 때문에 가스와 전기가 널리 보급될 수 있었다. 변화를 일굴 수 있는 가장 빠른 방법은 이런 직접적인 개입임이 분명하다. 한 과학자는 "백신이나 다른 생명을 구하는 약하고 비슷한 데가 있어요"라고 말했다. "사람들이 부자가 되기를 기다리면서 생명을 구하는 데 필요한 약을 주지 않을 수는 없잖아요. 그냥 끼어들어서 사람들한테 필요한 걸 줘야죠."[16]

***

이 이야기에는 놀라운 후기가 있는데, 나는 집 근처에서 그 사연과 조우했다. 나무를 태워서 건강을 해치는 곳은 가난한 나라만이 아니었다. 부유한 나라, 특히 유럽 국가 안에서도 벽난로와 통나무 스토브에서 나온 연기가 전반적인 오염에서 상당한 비율을 차지한다. 물론 그 규모는 개발도상국에 비할 바가 아니며, 이토록 차이 나는 규모의 위협들을 나란히 늘어놓는 것은 적절치 않아 보인다. 하지만 인도나 아프리카 사람들이 감내하는 것에 비하면 아무것도 아니긴 해도, 유럽이나 북미에서 떠도는 나무연기는 더 높은 기준, 즉 건강한 공기라는 기준에서 보면 현실적인 문제다.

나는 오랫동안 선진국 내에서 나무연기의 위험을 진지하게 여기기가 힘들었다. 나는 솟구치는 불길을 누구보다 좋아한다. 기분 좋은 편안함을 안길 뿐만 아니라 뭔가 자연스러운 느낌, 그러므로 당연히 해가 없을 것 같은 기분이 든다. 그래서 나는 취재차 방문했던 샌와킨밸리나 크라쿠프 같은 장소에서 나무가 대기오염의 일부로 언급될 때면 무의식적으로 그걸 폄하하고 대신 더 치명적으로 느껴지는 석탄, 디젤, 농업 같은 위협에 초점을 맞추곤 했다. 물론 나는 쿠슈와하 집안이 들이마시는 것과 비슷하게 짙은 연기는 치명적이라는 사실을 이해했다. 하지만 영국이나 미국 같은 나라에서는 항상 전원적인 분위기만 자아내는 것 같았다.

사실 나무연기에는 벤젠, 포름알데히드 같은 독성물질과 PM2.5 입자가 가득하다. 나는 영국에서 전국의 차량이 만들어내는 미세먼지보다 2배 더 많은 양을 나무연기가 만들어낸다는 사실에 깜짝 놀랐다(디젤의 위협은 대체로 이와는 다른 오염물질인 이산화질소에서 비롯된다는 점을 잊어서는 안 된다).[17] 매년 겨울 아르브 계곡 주민들이 스토브에 불을 붙이면 프랑스 알프스 몽블랑산 주변의 아름다운 풍경은 연무 속에 자취를 감춘다. 헬싱키의 연구자들은 나무 연소가 그곳의 겨울철 미세먼지에서 29%를 차지한다고 보고했다. 교외에서는 무려 66%에 달했다. 그리스는 경제위기가 닥치자 쓰레기를 뒤져서 모으거나 저렴한 가격으로 구매한 나무를 태워 난방을 했고, 결국 대기질이 곤두박질쳤다. 캘리포니아에서는 화목난방이 겨울철 PM2.5 배출량의 20% 이상에 기여하고, 워싱턴 시애틀의 어떤 장소에서는 3분의 1가량에 달했다.[18] 알래스카 페어뱅크스의 미세먼지가 미국 최악인 것은 나무연기 때문이다.

물론 미세먼지 농도가 상승하면 질병과 죽음이 뒤따를 수밖에 없다. 다행히 그 역도 성립한다. 나무연기의 보이지 않는 피해를 강조한 한 연구에 따르면, 가정의 화목난방을 전기난방으로 전환하도록 유도한 뒤 오스트레일리아 태즈메이니아의 노년 사망률이 10% 하락했다. 그리고 몬태나의 작은 마을에서 1,000여 대의 스토브를 교체했더니 미세먼지 농도가 4분의 1 이상 감소했고, 부모들은 아이들의 천명과 호흡기 감염이 줄었다고 보고했다.[19]

내가 사는 동네에서 처음으로 연기 냄새를 맡았던 1월 초에 나는 이 모든 것이 이해되기 시작했다. 영국에서는 화목 스토브가 유행하기 시작했다. 나는 어떤 이웃이 크리스마스를 위해 화목 스토브를 하나 들여놨다고 확신했다. 겨울 내내 그 냄새는 저녁마다 우리 집 주변 거리를 떠돌았다. 그렇게 불쾌한 냄새는 아니었다. 잠시 멈춰서서 그 안에 뭐가 들어 있는지 생각하지 않는 한. 그리고 이내 나는 내가 얼마나 자주 그 냄새와 마주쳤는지 깨달았다. 사실 정확히 어디서 그 냄새를 맡을 수 있는지 알았다. 내가 늘 걸어 다니는 구역 중에서 매일 불을 피우는 집이 있었던 것이다.

대부분은 그런 불이 얼마나 많은 오염을 일으키는지 알지 못한다고 나는 확신한다. 최악의 범인은 유리문 뒤에서 화염을 날름대는 스토브가 아니라, 여과장치가 전혀 없는 평범한 벽난로의 불이다. 사실 대부분의 영국 도시와 마을에서는 스토브 없이 불을 피우는 것이 불법이다. 하지만 이 규정은 거의 이행되지 않을 뿐만 아니라, 대부분은 그런 규정이 존재한다는 사실 자체를 알지 못한다. 그리고 노출된 화톳불보다 스토브가 낫긴 해도, 화목 스토브의 기여는 여전히 상당하며 새로운 스토브가 설치될 때마다 그 기여도는 계속 늘어난다.

때로 그 결과는 눈으로 쉽게 확인할 수 있다. 한 활동가에게 나무 연기로 피해를 입은 사람들의 이야기를 듣고 싶다고 요청했다가 그 사람을 통해 전달받은 이메일을 보고 나는 충격을 받았다. 작은 마을, 대도시 가릴 것 없이 영국 전역에서 사람들은 이웃집 굴뚝에서 짙은 연기가 나온다고 이야기하고 있었다. 또 연기가 문과 창문 틈으로 들어오지 못하게 하려고 애쓰지만 소용이 없다고, 빨래를 널었다가 걷으면 지독한 냄새가 배어 있다고, 천식발작이 일어나고 오후에 마당에서 시간을 보낼 수 없게 되었다고 말하고 있었다.

조지핀 콕은 내게 이메일을 보낸 사람 중 한 명이었다. 콕의 문제는 몇 년 전 스위스에서 살 때 시작되었다. 스위스에서는 많은 이웃이 매일 불을 피웠다. 모두 규정—건조된 통나무와 승인받은 스토브—을 따랐음에도 냄새가 콕의 집으로 스며들었다. 기침과 천명이 시작되었고 가슴에 통증이 생겼다. "진짜 끔찍한 기분이었어요." 콕과 남편은 몇 년을 버티다가 결국 이사를 해야 했다. 이제 그 부부는 웨일스의 작은 해변마을에서 살고 있다. 그곳을 선택한 것은 바닷바람이 상태를 완화해주리라는 희망에서였다. 하지만 나무를 태우기 시작한 이웃이 매년 늘고 있다. 이 때문에 콕은 천명에 시달리고 맥박이 질주하듯 빨라졌다. "얼굴이 창백해지고 손이 파래졌어요. 몸은 부들부들 떨면서 속이 메슥거리고요. 머리도 어지럽죠." 콕은 의사를 만나러 갔다가 근처 마을에서 찍은 사진을 내게 보내주었다. 한쪽 구석에서 짙은 연기가 피어올라 모든 것을 뒤덮고 있었다. 콕의 집 근처에서는 한 집에서 특히 정기적으로 스토브에 불을 피운다. 콕은 그들이 자신이 어떤 피해를 유발하고 있는지 알지 못한다고 확신한다. "그들은 스토브가 멋지고 따뜻하고 저렴한 물건이라고 생각해요. 그들은 도시에 살다가 이곳 시골로 왔고 그래서 진짜 '자연으로 돌아왔다'고 생각해요."

실제로 많은 사람들이 그저 분위기를 내기 위해 불을 피우지만, 천연가스로 난방을 하는 것보다는 나무를 태우는 것이 환경에 더 좋다는 믿음 때문에 그렇게 하는 사람들도 있다. 이 관점은 일부 환경주의자들도 받아들이고, 스토브 판매업체들도 열렬히 홍보하며, 정부도 나무가 "탄소중립적"이라고 내세우며 승인한다. 유럽연합 역시 그 지지자로, 많은 유럽 국가들이 나무의 사용을 장려하기 위해 지원금과 여러 인센티브를 제공한다. 영국에서는 재생에너지 난방 인센티브라는 이름의 프로그램에서 보조금이 나오고, 스토브에는 "에

코" 인증을 받았다고 주장하는 라벨이 붙어 있다. 대형 화목 시스템 난방은 집뿐만 아니라 학교, 레크리에이션 센터, 관공서, 병원에서도 이루어진다. 운영업체는 자신이 기후변화를 물리치는 데 한몫하고 있다고 자랑한다.

안타깝게도 이런 주장 이면의 진실은 복잡하다. 무엇보다 화목난방은 나무 연소에 의해 배출된 탄소를 재포집하기 위해 심고 있는 새로운 나무에 의지한다. 하지만 그 주장이 예상하는 효과는 거의 일어나지 않거나, 재생 가능성의 발판이 되어야 할 다른 여러 조건들이 일관성 있게 충족되지 않을 수도 있다. 연소가 완벽하지 않을 경우—나무가 젖었거나, 스토브에 장작을 너무 많이 집어넣을 경우—효율성이 줄어들고 오염이 늘어난다. 한 과학자는 탄소중립적이라는 주장은 "존재하지 않는 이상적인 세상"에서만 성립된다고 내게 말하기도 했다.[20] 그리고 가난한 나라의 취사용 불이 그렇듯 유럽과 미국의 스토브에서 발생한 연기 안에 있는 그을음의 검은 탄소는 그 자체로 기후변화를 유발하기 때문에, 이산화탄소 측면의 장점을 무색하게 만들 수도 있다.

나무 연소가 기후에 도움이 되는 경우라 해도 입자가 배출된다는 것은 거기에 비용이 따른다는 의미다. 도시나 교외에서 나무를 연소하는 것은 특히 위험하지만, 입자는 먼 거리를 이동하기 때문에 인구밀도가 낮은 지역에서도 불을 피우면 건강 문제를 유발하게 된다. 얼마 안 되는 나무 연소 지지자들도 장단점이 모두 있다는 사실을 인정한다. 그리고 흥이나 깨는 사람이라고 욕먹을까 봐 겁내는 정치인들은 중재자로 나서거나 기존의 규정을 집행할 의지마저 거의 보이지 않는다.

문제는 유럽의 디젤 재난과 유사하다. 기후에 이롭다는 엄밀하지 못한 주장을 근거로 건강을 해치는 연료가 판매되고, 상황 파악도 제대로 하지 못한 정부가 그런 주장을 포용하고, 올바른 일을 하고자 하는 일반인들이 이것을 받아들인다. 가장 큰 차이는 디젤의 위험은 이제 널리 인지되고 있지만, 나무 연소는 아직도 이와 비슷한 비난을 받지 않고 있다는 점이다.

사실 나무 연소는 점점 늘고 있다. 그러면서 도시 차량에서 비롯되는 오염을 감축하는 일체의 진전을 무색케 하며 위협을 가하고 있다. 이제는 난방뿐만 아니라 전기도 나무를 원료로 사용한다. 영국 최대 규모의 드랙스 발전소 같은 오래된 석탄발전소들이 바이오매스로 전환하고 있는데, 바이오매스는 미국에서 운반된 우드펠릿일 때가 많다. MIT의 한 연구는 건강 위협 외에도 이런 나무 연소를 정당화하는 데 사용되는 주장들에 문제가 있음을 분명하게 밝혔다. 연구자들에 따르면 최소한 단기적으로는 나무 연소가 석탄보다 기후에 훨씬 나쁘다.[21]

가장 가난한 나라들이 연기를 내뿜으며 건강을 축내는 연료에서 벗어나려고 안간힘을 쓰고 있을 때 부유한 나라 사람들이 그걸 포용하는 것은 모순적이다. 나무를 태워서 불을 피우는 것이 인류 역사만큼 오래된 일인 것은 맞다. 하지만 21세기에 이토록 사람이 북적대는 지구상에서 분명 우리 모두는 더 나은 방법을 찾을 수 있다.

2부

한숨 돌리다

7장

한 나라를 바꾸는 일

미국의 청정대기법 이야기

국토 중간을 가로질러 곳곳에 굴뚝이 하늘 높이 솟아 있다. 검은 색과 회색이 뒤섞인 연기가 솟아오른다. 이산화황, 질소산화물. 석탄 연기. 대기를 향해 높이 솟구치다가 동쪽으로 날아간다. 이동 과정에서 뭔가 새로운 것으로 바뀐다. 산성을 띠는 것이다. 그러다가 다시 비, 진눈깨비, 눈이 되어 땅으로 내려온다. 흙 속에 스며들어 영양물질을 빼앗는다. 알루미늄을 풀어놓아 뿌리를 죽이고, 나무가 갈증과 굶주림으로 헐벗은 채 갈색으로 죽게 만든다. 호수와 하천에 독성물질이 유입된다. 지느러미가 파괴된 물고기의 숨이 막힌다. 건물, 동상, 비석에서 침식이 일어난다. 산성비를 유발한 독성물질이 인체에도 스민다. 하지만 그러다가 변화가 일어난다. 발전소들이 종류가 다른 저황석탄을 발견한다. 신식 집진장치가 연기에서 산성 성분을 제거한다. 그러자 멀리 떨어진 곳에서 공기가 깨끗해지고 비의 불순물이 줄어든다. 숲과 호수, 나무와 물고기가 되살아나기 시작한다. 사람들도 건강해진다. 완전하지도 완벽하지도 않지만 현실적인 진보다.

***

톰 졸링과 레온 빌링스는 처음에는 동료였지만 얼마 안 가 친구가 되었다. 1960년대가 1970년대로 바뀌었고, 두 남자는 서로 다른 정당의 젊은 보좌관이 되었다. 그들이 보좌하는 의원들의 관계처럼, 그들 자신이 쌓아올린 관계는 미국에서 가장 영향력이 큰 법의 기초를 마련하는 데 일조했다.

졸링과 빌링스는 주중에는 같은 픽업트럭을 타고 퇴근했고, 금요일에는 제일 좋아하는 동네 술집에서 싸구려 맥주와 기름 진 샌드위치를 놓고 긴장을 풀곤 했다. 이내 그들은 가족을 데리고 함께 블루리지산맥으로 캠핑을 다녔다. 처음에는 텐트를 치고 야영을 하던 곳에 빌링스가 아예 집을 지어서 스트레스 심한 워싱턴을 피해 쉴 수 있는 별장으로 삼았다. 어떤 시기에는 지리적인 이유와 일정 때문에 어쩌다 보니 졸링은 아내와 딸들보다 빌링스의 가족과 더 많은 생일을 보내기도 했다. 그들이 처음으로 만난 지 50년쯤 뒤 빌링스의 추도식에서 졸링은 그들이 방문하곤 했던 버니지아 별장을 빌링스가 제 성년기 집 근처에서 찾을 수 있는 몬태나에 가장 가까운 곳으로 묘사했다.

몬태나는 대초원지대의 주변부에서 급진주의자의 아들로 태어난 빌링스가 어린 시절을 보낸 곳이었다. 부모님의 저녁식사 테이블은 온갖 유형의 진보적인 지도자들이 규칙적인 모임을 갖는 장소였고, 훌륭한 대화 능력과 양주 한 병이면 누구든 한자리 차지할 수 있었다. 그의 부모인 해리 빌링스와 그레천 빌링스는 노조의 후원을 받는 캠페인성 신문을 만들었지만, 몬태나는 구리 광산의 이해관계가 지배적이었기 때문에 부모님이 만든 신문에서 다루는 내용은 세 아들이 주위에서 인기를 얻는 데는 아무런 쓸모가 없었다. 레온 빌링스는 주의회 의사당 건물에서 주에 고용된 노동자들에게 신문 〈민중의 목소리〉를 판매했는데, 일부 노동자들은 그의 빨간 머리카락이 부모의 정치 성향과 똑같다며 농담을 하곤 했다. 그는 그 날카로운 농담을 잘 받아내기만 하면 이데올로기적인 적수조차도 신문을 살 수 있다는 점을 배웠다. "진짜 어릴 때부터 능글능글하게 말하는 법을 배웠어요." 그는 이렇게 회상했다. "그 방법은 절대 까먹지 않죠."[1]

나중에 정부에서 경력을 쌓을 때 레온 빌링스에게는 종종 "거슬리는"이란 단어가 따라다니곤 했다. 그는 목청이 크고 입이 걸었으며, 의견이 갈릴 때는 대부분 자신이 옳다는 확신을 굽히지 않았다. "하나의 입장에 대한 여지만 있었어요." 과거에 그의 하급직원이었던 사람은 이렇게 회상한다.[2] 하지만 빌링스의 친구는 그 거친 겉모습 안에 관대한 영혼이 깃들어 있음을 보았다. 톰 졸링은 출신이 완전히 달랐다. 신시내티에 있는 예수회 고등학교의 풋볼스타였고 노터데임에서 장교 훈련과정에 등록했다가 베트남으로 향한 뒤 오래된 무릎 부상 때문에 자격을 상실했다. 톰은 마약이 판을 치는 1960년대에 20대를 보냈지만 처음으로 마리화나 냄새를 맡아본 것은 미국 상원에서 일자리를 얻고 난 뒤였다. 상원 복도에 진을 친 반전시위대가 밤새 마리화나를 피워댔던 것이다.

1968년, 졸링과 빌링스는 그곳에서 아직 잘 알려지지 않은 소위원회 담당직원으로 만났다. 졸링은 정당 정체성이 강하지 않았지만 공화당 자문단원을 위한 변호사였고 빌링스는 민주당 쪽 자문위원이었기 때문에 그 둘은 적이 될 수도 있었다. 이 모든 세월이 지나고 난 뒤 걸음걸이가 약간 불편해지고 눈썹이 북슬북슬해진 졸링은 나와 만나기 위해 뉴욕 올버니에서 사무실을 하나 빌려놓았다. 빌링스가 갑자기 뇌졸중으로 세상을 떠나고 몇 달 지나지 않은 상황이었다. 그가 세상을 떠났던 건 인생에서 가장 자랑스럽게 여기는 성과에 중대한 위협을 가하게 될 선거가 치러진 지 정확히 일주일 만이었다. 그래서 졸링은 따뜻함을 잃지 않고 이야기를 수다스럽게 쉴 새 없이 펼쳐놓으면서도 이따금 한 번씩 먼 곳을 말없이 응시했다. 친구를 잃은 슬픔이 아직 생생한 게 분명했다.

졸링은 자신과 빌링스가 각각 스물여덟 살과 서른 살에 형성한 관계는 여전히 어딘가 미스터리하게 느껴진다고 내게 말한다. "우린 일종의 유쾌한 사고 과정을 발전시켰어요. 그가 뭔가를 말하면 내가 뭔가를 말하고, 그러면 또 그가 뭔가를 말했죠. 합이 아주 좋았어요." 시대는 요동쳤지만 그 당시 가장 쓰라린 분열—흑인 미국인들의 민권과 베트남 전쟁을 둘러싸고 벌어진—은 정당이 아니라 지역에 따라 갈라졌다.

빌링스는 에드먼드 머스키 상원의원을 위해 일했다. 자기 보좌관보다 훨씬 불같은 기질과 뛰어난 지성으로 유명한, 멀쑥한 전직 메인주 주지사였다. 머스키는 1968년에 민주당 부통령 후보로 지명되었고, 허버트 험프리와 함께 패배의 쓴맛을 보았다. 하지만 리처드 닉슨 대통령이 재선을 위해 출마했던 1972년에 후보자 명단 최상위권 우승후보로 널리 인정을 받았다. 빌링스의 상관은 존 셔먼 쿠퍼 상원의원으로, 독립심이 강하고 목소리가 부드러운 켄터키주 공화당원이었다. 쿠퍼는 자신의 당에서 처음으로 매카시즘에 반기를 든 인물이었고 나중에는 민권의 수호자이자 주도적인 반전주의자가 되었다.

졸링과 빌링스가 만났을 때는 환경이라는 단어가 미국인의 정치 어휘 목록에 올라본 적이 거의 없었다. 하지만 오염은 신문 1면을 장식했고, 대중은 정치인들이 뭔가 행동에 돌입하기를 바라는 듯했다. 1969년 클리블랜드의 쿠야호가강에서 화재가 발생했을 때—수면의 기름에 젖은 쓰레기에 불이 붙은 사건이었다—산업화의 낙진을 처리할 때가 왔다는 감정이 확실히 결집되었다. 미국 전역의 도시에서 대기는 하천보다 전혀 깨끗하지 않았다. 스모그로 악명 높은 로스앤젤레스와 강철을 만드는 피츠버그만이 아니었다. 워싱턴에도 국회의사당에서 몇 블록 되지 않는 곳에 석탄 화력발전소가 있었고, 의회 직원들은 정오쯤이면 그을음으로 더러워진 셔츠를 갈아입어야 했다. 뉴욕에서는 쓰레기 소각장에서 발생한 재가 하늘을 떠다녔고, 나중에 과학자들은 센트럴파크 호수 밑바닥에서 그 당시 공기에 만연했던 납 층을 발견했다.[3] "부검대에서는 오해의 여지가 없죠." 한 검시관은 〈뉴욕타임스〉에서 이렇게 말했다. "애디론댁산맥에서 일생을 보낸 사람은 폐가 상태가 좋고 분홍색이에요. 도시인의 폐는 석탄처럼 새카맣죠."[4] 전국에서 이런 이야기를 하고 또 했다.

에드먼드 머스키는 처음 국회의원이 되었을 때 외교위원회 같은 주목받는 위원회에 들어가고 싶었다. 하지만 당시엔 린든 존슨이 강경한 입장을 고수하는 다수당 지도자였고, 머스키는 그의 뜻을 거스른 적이 있었기 때문에 외교위원회 대신 공공사업 위원회라는 후미진 곳에 배정되었다.[5] 그는 제지공장 때문에 메인주의 강이 오염되는 모습을 본 적이 있었기 때문에 대기수질오염 소위원회 설립을 요청했고 위원회 의장이 되어 다른 누구도 넘보기 힘든 관할구역을 확보했다. 그의 소위원회 자문위원들은 끔찍한 공기를 다루기 위한 청문회를 개최했고, 미국 전역의 도시에서 증언을 모았다. 졸링이 자신의 셔츠 주머니에서 색인카드 한 무더기를 꺼내 직접 시연을 하면서 내게 이야기해준 바에 따르면, 당시 오염 수준을 판단하는 주된 방법은 색깔로 구분된 카드를 들고서 눈대중으로 어느 색이 하늘과 가장 유사한지를 판단하는 것이었다. 머스키의 청문회는 대기오염을 해결하려 했던 과거의 시도들, 1950년대와 1960년대에 시행된 일련의 청정대기법이 어째서 실패했는지를 알아내고자 했다.

소위원회 위원 중에는 나중에 워싱턴의 역사에서 이름을 새기게 된 사람들이 많았다. 민주당의 토머스 이글턴은 당의 부통령 후보로 잠시 지명되었다가, 우울증 때문에 전기충격 치료를 받았다는 소식에 자리에서 밀려났다. 공화당의 밥 돌은 나중에 직접 대통령 선거에 출마했다. 이후 상원의원 중 다수당 대표가 되었던 밥 돌처럼 하워드 베이커는 실제로 백악관에 진출했는데, 로널드 레이건의 핵심 참모 역할을 맡았다. 그의 명성을 가장 오래 지속시킨 사건은 그가 워터게이트 청문회에서 당 지도자를 향해 송곳 같은 질문을 날린 일이었다. "대통령은 뭘 알았습니까? 그리고 그걸 언제 알았나요?"

하지만 이 모든 일은 나중에 벌어질 것들이었다. 이 소위원회에 분에 넘치는 야망이 들끓고 있긴 했어도—그리고 위원들은 의장인 머스키가 곧 당의 대통령 후보가 될 가능성이 높다는 사실을 알고 있었지만—이 남자들은 놀라울 정도로 예의를 갖추고 협력했다. 당시 청문회는 기존의 이데올로기를 재확인하거나 과시하기 위한 자리가 아니라(주위에는 의식할 카메라가 없었다) 정보를 모으기 위한 목적이 강했고, 그래서 상원의원들은 관례대로 끝까지 자리를 지키며 귀를 기울이고 질문을 던졌다. 대기오염을 개선하려면 새로운 법이 필요하다는 사실이 분명해지자 이들의 작업은 법안을 작성하는 쪽으로 옮겨갔다. 정부가 공기를 더 깨끗하게 하려면 어떤 수단이 필요할까? 헌법은 어떤 권한을 허락하고 있나? 상원의원들은 스스로 자문했다. "결과를 내놓으려고 골몰했던, 아주 질 높은 지적 활동이었어요." 졸링이 내게 말한다.

당의 영향은 거의 없는 것 같았다. "[상원의원들] 각자가 어떤 사안에 대해 개별적인 의견이 있었지만, 그 개별 의견을 당파성과 연결 지을 수는 없었어요." 졸링은 흰 머리카락을 손으로 쓸면서 말한다. 우리가 앉아 있는 채광 좋은 모퉁이 사무실 밖에서는 골든레트리버가 조용히 어슬렁거리고 있다. "그들은 서로를 끔찍하게 존경했어요. 서로에게 귀를 기울였고, 서로를 좋아했죠." 머스키는 말장난을 좋아했고—실력은 들쭉날쭉이었다—베이커와 이글턴도 가끔은 외설을 섞어가며 기나긴 청문회의 긴장을 재치 있게 해소했다. 또한 양측은 서로를 신뢰했다. 민주당원들은 가끔 질문이 있으면 공화당 자문위원인 졸링을 불렀고, 공화당원들도 비슷하게 빌링스에게 전화를 걸었다. 머스키와 베이커의 우정은 특히 끈끈했다. 요즘의 관점에서는 거의 상상할 수 없는 이런 협력은 당시로서도 이례적이었다. "레온과 저는 서로에게 '이게 어째서 가능한 걸까?' 하고 꾸준히 질문을 던졌어요." 졸링이 내게 말한다. 그들은 그저 개인의 자질 때문이었을 수 있다는 결론에 도달했다. 하지만 이 보좌관들은 다른 것, 그러니까 이 상원의원들이 공유한 특출한 경험 역시 그 원인으로 지목했다. 소위원회 위원들은 한 명을 제외한 전원이 제2차 세계대전에서 복무했던 것이다. "그들은 '민주당, 공화당. 그런 건 아무런 차이를 만들지 못해'라고 말하는 듯한 어떤 경험을 겪었던 거예요."

머스키는 맑은 공기를 얻기 위한 초창기의 노력이 효과가 없었던 이유에 대해 중요한 통찰력을 보여주었다. 비용과 기술적인 가능성 문제가 규칙을 정하도록 내버려둔 게 문제였다. 하지만 머스키는 경제적으로 또 기술적으로 무엇이 가능할지를 판단할 수 있는 쪽은 산업계이기 때문에 규제자들은 영원히 불리할 수밖에 없음을 깨달았다. 그렇다면 새로운 법의 가장 급진적인 성취는 이런 경제적, 기술적 고려사항을 두 번째 자리로 강등시키는 것이 될 터였다. 이제부터 미국의 공기에서 어느 정도의 오염을 허용할지 판단하기 위해 사용하는 유일한 요인은 공중보건이 될 것이었다. 나중에 새로운 전국 기준을 어떻게 충족시킬지 결정할 때 비용이 개입할 수는 있지만, 전반적인 틀을 잡을 때는 육체의 안녕만을 고려할 것이었다. 이런 새로운 틀—미국인의 건강을 기업의 이윤보다 우선시하기로 한 결정—은 이 법안의 핵심이었고, 이렇게 우선순위를 근본적으로 재조정함으로써 새로운 청정대기법은 앞선 법들이 갖지 못했던 권력을 갖게 되었다. 당연히 이 결정으로 인해 이 법은 머지않아 그 권력을 가차 없이 약화시키고자 하는 적수들의 공격 대상이 되었다.

소위원회가 만들어낸 시스템은 상황에 맞는 측정 방식을 설계할 권한을 각 주에 부여했다. 이에 워싱턴은 오염물질 목록 각각에 제한을 두고 대기질 기준을 설정하게 되었다. 그리고 모든 주는 그것을 충족시키기 위한 계획을 제출해야 했다. 이 계획이 한번 승인을 받으면 법적 구속력을 갖게 되었다. 퍼즐을 맞추기 위한 조각은 더 있었다. 졸링의 말에 따르면 법의 강도는 가장 약한 고리에 좌우된다. 그래서 그와 빌링스, 그리고 그들의 상관인 상원의원들은 안전장치를 만들어야 했다. 이 일을 미완성인 채 남겨둘 수는 없었다. 나와 만나는 자리에서 졸링은 서류로 가득한 천 가방을 들고 왔다. 그러고는 그 법안의 공식적인 입법 역사가 담긴 낡을 대로 낡은 서류를 뒤지면서 각 상원의원의 기여를 설명했다. 두꺼운 녹색 페이퍼백은 제본이 망가져서 몇 개의 큰 덩어리로 나뉘었고, 숱한 페이지에서 색색의 스티커 메모지가 빠져나와 있다.

졸링의 회상에 따르면 이글턴 상원의원은 그 법이 약속을 지키리라는 것을 미국인들이 믿을 수 있어야 한다고 말하면서 대기질 기준을 충족시키는 마감시한을 제안했다. 사람들은 법이 이행되리라는 사실을 알 필요가 있었다. 따라서 이 법안은 정부가 제 일을 하지 않을 경우 소송을 걸 권한을 부여하는 "시민소송"이라고 하는 새로운 조항을 처음으로 포함하게 되었다. 하나의 단어 선택이 특히 중요했다. 정부가 행동할 권리를 제시할 때 법안의 저자들은 약한 표현인 "할 수 있다may" 대신 의무적인 "해야 한다shall"를 사용했고, 그래서 아무리 내키지 않더라도 행정부는 그것을 지켜야 했다. 청정대기법은 미국인의 건강을 보호할 책임을 전례없는 수준으로 끌어올렸다.

베이커 상원의원은 혁신을 믿는 사람이었다. 그래서 산업계가 이미 갖고 있는 기술을 사용하기만 할 것이 아니라, 새로운 방식을 개발하도록 촉구하고 싶었다. 그는 정부가 힘든 요구사항을 제시하면 공학자들이 거기에 반응해서 충족시킬 방법을 떠올릴 거라 생각했다. 그래서 상원의원들은 자동차 제조업체에 높은 기준을 설정했다. 모든 신차는 5년 내에 90% 더 깨끗해져야 한다는 것이었다. 하워드 베이커의 생각은 "기술압박 규제"로 알려지게 되었고, 나중에 의회가 그 마감시한을 연장하긴 했지만 베이커가 옳았음이 입증되었다. 자동차회사는 상원의원들의 야심찬 목표를 달성했을 뿐만 아니라, 나중에 그보다 훨씬 더 엄격한 기준도 충족시켰다. 그리고 이들이 개발한 신기술—그중에서 가장 중요한 것은 촉매변환 장치다—은 미국뿐만 아니라 전 세계에서 수많은 목숨을 구해냈다. 이 신규 장비가 거의 모든 곳에서 점차 표준이 되었기 때문이다.

상원의원들은 대기오염에 대한 과학자들의 이해가 얼마나 빠르게 진전되는지를 확인할 수 있었고, 따라서 자신들의 법안이 시대에 뒤처지지 않기를 바랐다. 그래서 이들은 규제기관들이 5년마다 한도를 검토하고 최신 과학에 맞춰 갱신하도록 했다. 허용가능 수준을 변경할 수도 있고 목록에 새로운 오염물질을 추가할 수도 있었다. 또한 이 법의 조항들은 아직 규명되지 않은 오염물질에도 적용될 수 있었다. 몇십 년 뒤 미래에도 중요한 영향을 미칠 수 있도록 만든 장치였다.

상관의 생각을 입법부의 언어로 옮기는 것은 두 젊은 직원의 몫이었다. 이들은 매일 저녁 녹음기를 빌링스의 트럭에 싣고 집에 가는 동안 법안의 초안을 작성하고 전략에 대한 영감을 주고받았다. 졸링의 아내가 그에게 상기시켜준 바에 따르면 한번은 "너무 몰입하는 바람에 집에 도착하고 차에서 내린 뒤 집 안으로 들어가서는 아내가 이미 저녁식사를 차려놓은 식탁을 치워버리고 위원회 프린트물을 놓고는 작업을 시작"했다. 그 인쇄물은 졸링과 빌링스의 초안을 의회서기가 정서한 것들이었다. 당시에는 초안을 인쇄하는 데 적지 않은 시간이 걸렸기 때문에, 기술의 속도에 광포하게 떠밀리는 오늘날에는 기대할 수 없는 신중한 속도로 심사숙고할 수 있었다.

물론 그 법안이 변화를 강요했던 회사들은 재정적 파산을 예상하고 격하게 맞서 싸웠다. 졸링은 그들에게 정당한 공청회가 주어졌다고 말한다. 하지만 빌링스의 친구들이 떠들어대기 좋아하는 한 이야기는 빌링스가 어떤 관점을 가졌는지 분명하게 보여준다. 산업계 대표자들과의 만남에서 빌링스는 산업계 대표자들이 자신에게 건넨 서류를 종이비행기로 접어서 다시 방을 가로질러 그들에게 날려보냈다. 산업계의 적개심이 어디에서 비롯되었는지는 불 보듯 뻔했다. 빌링스의 동력은 자신의 유년기에 일생 동안 이 세상을 더 정의로운 곳으로 만들고자 모범을 보였던 부모였다. 오늘날의 관점에서 보면 우리 모두에게는 건강한 공기를 들이마실 권리가 있다는 생각이 그다지 급진적으로 보이지 않는다. 하지만 빌링스의 도움으로 작성된

법—인류의 건강은 기업의 이윤보다 더 중요하고, 정부에게는 국민을 보호할 권한과 책임이 둘 다 있다고 확신한—은 가히 혁명적이었다. 그가 이 문제에 뛰어든 것은 바로 이 확신 때문이었다. 그의 싸움은 어떤 면에서 자신의 부모가 몬태나에서 치렀던 외로운 투쟁의 연장이었다. 빌링스의 한 친구에 따르면, 빌링스와 그 곁에 있던 사람들은 "세상을 바꾸고자 뛰어나왔고" 대기업이 올바른 일을 하게 만들고자 했다. "그리고 이게 그 도구였던 거죠." 빌링스에게는 다른 선택이 없었다. "그게 그의 혈통이었어요."[6]

시계가 째깍대고 있었다. 연말까지 대통령의 서명을 받을 준비를 마치지 못한 모든 법안은 결국 사장되어 몇 달의 노력이 수포로 돌아가기 때문이었다. 그러는 한편, 미국인들은 대기오염의 긴박함에 눈을 뜨고 있었다. 1970년 4월에 최초로 열린 지구의 날 행사에 수백만 명이 운집했고, 닉슨의 한 보좌관은 환경 문제에 대한 대중의 의견을 "우리를 곧 집어삼킬" 밀물이라고 묘사했다.[7] 하원이 상원보다 더 약한 법안을 통과시켰지만 그중 살아남은 것은 거의 없었다. 존속하게 되는 쪽은 에드먼드 머스키의 소위원회가 만든 법안이었다. 결국 그 법안은 상원에서 만장일치로 승인되었고 하원에서는 단 하나의 반대표가 나왔다. 그것은 엄밀하게 말해서 앞선 법을 수정한 것이었지만, 그해 12월에 의회에서 모습을 드러낸 법안은 그냥 1970년의 청정대기법이라고 알려지게 되었다.

리처드 닉슨은 오염을 물리치는 싸움에 열정이 많지는 않았다. 그가 세상을 뜨기 얼마 전 한 보좌관은 그에게 위대한 환경 대통령으로 기억될 거라고 이야기했다. "맙소사, 안 그랬으면 좋겠는데." 그는 이렇게 반응한 것으로 알려졌다.[8] 하지만 닉슨은 정치적 감각이 탁월했고, 이 사안을 자신이 선점할 경우 힘들어 보이는 재선에서 유력한 적수인 에드워드 머스키가 자신을 상대로 휘두를 무기 하나가 사라지게 될 거라고 생각했다. 그래서 닉슨 대통령은 환경보호청을 만들었다. 그리고 그해 마지막날 정오에 청정대기법에 서명을 했다. 공중보건을 위한 역사적인 순간이자 미국 현대사에서 새 시대가 열린 시점이었다.

***

닉슨이 머스키에게서 감지했던 위협은 현실화되지 못했다. 머스키는 나중에 워터게이트로 비화한 "더러운 술수dirty trick"의 희생양이 되었다. 뉴햄프셔 예비선거 직전에 기자들은 머스키가 자신과 아내에 대한 비방에 대응할 때 뺨에서 눈물을 보았다고 주장했다(비방의 일부는 나중에 대통령 진영에서 나온 것으로 드러났다). 그는 울지 않았다고 주장했지만, 그랬을지도 모른다는 낌새만으로도 선거운동은 좌초했다. 대신 훨씬 약한 후보자였던 조지 맥거번이 지명되었고, 가을에 치러진 대통령 선거에서 닉슨에게 대패했다.

하지만 에드먼드 머스키의 유구한 유산이 될 청정대기법은 곧 그 위력을 드러내기 시작했다. 전국에 있는 주들이 워싱턴이 설정한 목표를 달성하는 데 필요한 규제의 기틀을 세웠다. 더러운 공기를 한 방에 해결할 수 있는 묘책 같은 것은 존재하지 않는다. 공기를 정화하려면 시간을 두고 오염원을 규명하고, 책임 있는 당사자들의 행동을 요구하는 체계적인 노력이 필요하다. 1970년대가 흘러가는 동안 바로 그런 일이 벌어지기 시작했다. 새로운 규제기관들의 요청에 따라 크고 작은 수천 가지 변화가 뿌리를 내렸다. 공장과 발전소가 집진장치와 그 외 오염 통제장치를 설치했고, 도시는 쓰레기 소각장을 폐쇄했으며, 주에서는 차량 검사를 도입하고 주유소에서 퍼져 나오는 유증기를 단속했다. 자동차 제조업체들이 하워드 베이커가 자신들에게 안긴 도전 과제를 붙들고 씨름하는 동안 환경보호청은 무연휘발유 판매를 요구하고 저황디젤을 의무화했다.

모든 마감시한이 충족되지는 않았지만, 전체적으로 오염 기준은 오염 유발자들을 올바른 방향으로 이끌었다. 그리고 공기는 느리지만 확실히 깨끗해지기 시작했다. 정부의 분석에 따르면 청정대기법이 통과되고 20년 뒤 일산화탄소는 이 법이 없었을 때에 비해 절반으로 줄었고, 미세먼지는 45%, 이산화황과 이산화질소는 각각 40%와 30% 줄어들었다. 이 법은 1990년 한 해에만 약 20만 명의 목숨을 구했고, 심장질환과 폐질환으로 인한 입원 15만 건을 막았다. 대기 중 납—뇌를 망가뜨리는 범인—이 99% 줄어든 덕분에 미국 어린이는 그 한 해에만 IQ 점수 총 1000만 점을 잃지 않을 수 있었다. 어쩌면 그보다 훨씬 충격적인 것은 이 모든 건강 증진의 경제적 효과였는지 모른다. 정부 보고서는 대기청정법의 편익이 첫 20년간 22조 달러였다고 밝혔다. 들어간 비용의 44배였다.[9] 1970년의 청정대기법은 전혀 완벽하지 않았고 추가 작업이 더 필요했다. 하지만 한 가지 면에서는 의심이 있을 수 없었다. 그것은 이 법이 미국을 더 나은 방향으로 바꿔놓았다는 점이었다.

***

청정대기법은 적도 만들었다. 그래서 이 법은 수호자들이 필요했는데, 그중 무척 열렬한 인물로는 헨리 왁스먼이 있었다. 왁스먼은 유창한 웅변가는 아니다. 특별히 텔레비전이 좋아할 만한 인물도 아니고, 정계 밖에서는 유명하지도 않다. 하지만 그는 집요했다. 한 동료는 "헨리와 논쟁하지 말라"고 경고한 적도 있다. "하지만 논쟁을 하게 될 것 같으면 점심식사를 하고 가라"고도.[10] 왁스먼을 현대 워싱턴에서 가장 유력한 입법가 중 한 명으로 만든 것은 이 완강함, 그리고 손에 닿는 모든 방법을 찾아내고 동원하는 재능이었다. 왁스먼이 2014년 공직에서 물러날 때 한 작가는 "어쩌면 현존하는 국회의원 중에서 그만큼 많은 업적을 이룬 사람은 없을 것이다"라고 선언했다.[11]

1974년에 의석을 차지했을 때 왁스먼은 35세였다. 고통스러운 워터게이트 이후 신선한 지도부를 염원하는 유권자들이 주로 그와 비슷한 민주당원들을 의원으로 선출하여 국회에 신참들이 물 밀듯 들어오던 시기였다. 왁스먼은 정부의 권력은 평범한 사람들을 수호하는 선함을 위한 힘이라고 굳게 믿은 채 국회에 입성했다. 식료품상이었던 루 왁스먼은 항상 아들에게 그들 같은 가족이 대공황이라는 암울한 시기를 버틸 수 있게 루스벨트 대통령이 도와주었다고 이야기하곤 했다. 헨리 왁스먼은 나중에 자기 아버지의 관점을 한마디로 "기업은 자기 이익만 돌본다"라고 정리했다. 정부의 권력은 "그 작은 남자에게 기회를 보장해주었"던 것이다.[12]

왁스먼이 로스앤젤레스에서 워싱턴으로 가져온 것이 또 있었다. 캘리포니아 의원으로 일하면서 얻은 한 가지 통찰, 신참이 한 가지 사안에 대한 전문지식을 발전시키면 서열이 높은 사람이 장악한 기구에서 원래 주어지는 것보다 더 많은 영향력을 행사할 수 있다는 점이었다. 왁스먼은 보건을 선택했고, 그 덕분에 졸링과 빌링스의 대의에 가담하여 정계에서 경력을 쌓는 내내 그들이 작성한 법을 지킬 뿐만 아니라 더 확장시키는 데 골몰할 수 있었다.

왁스먼은 청정대기법에만 열정을 쏟은 게 아니었다. 의료보장 범위의 몇 가지 확장, 식품과 수질 안전성 보호, 담배회사 규제 등 수십 가지 업적을 위해서도 힘썼다. 한 관찰자는 "아무도 관심을 두지 않을 때 헨리 왁스먼이 사회 안전망의 50%를 만들어냈다"고 지적하기도 했다.[13] 왁스먼은 법안을 통과시킬 수 있을 정도로 지지를 끌어모으지 못했을 때는 청문회를 열어서 관심을 끌었다. 민주당이 소수이고 자신이 청문회를 개최할 수 없을 때는 국회의원 한 명의 펜으로 최소한 몇 개의 문을 열 수는 있으리라고 생각하면서 엄청난 양의 편지를 작성했다. 어떤 헤드라인은 그를 "'불독' 왁스먼"이라고 불렀다.[14] "자유주의의 입법 천재"라고 주장한 신문도 있었다.[15]

가차 없는 불독치고 헨리 왁스먼은 꽤 인간미가 있다. 그는 아들이 운영하는 컨설팅 회사에서 나와 만나기로 해놓고 늦게 도착해서 사과하며 들어왔다. 벗어진 정수리가 반짝거리고 콧수염이 희끗희끗한 그는 날렵한 몸매에 넥타이 없이 셔츠만 입고 남색 블레이저를 걸쳤다. 정계에서 은퇴한 이후 한층 부드러워진 게 분명하다. "민간부문에 있다 보니 이젠 매일 점심을 먹네요." 그는 웃으면서 이렇게 말한다.

1977년 왁스먼이 워싱턴에 들어온 지 얼마 되지 않았을 때 의회는 청정대기법을 여러모로 손보았다. 하지만 워싱턴의 분위기는 1980년대 초에 로널드 레이건이 당선되면서 곧 바뀌게 되었다. 이 인기 많은 새 대통령의 정치 철학은 왁스먼과 근본적으로 달랐다. 레이건이 보기에 정부는 진보를 가능케 하는 수단이 아니라 미국의 진보를 가로막는 장애물이었다. 레이건은 "영어에서 가장 무서운 말은 '나는 정부에서 일하는데, 당신을 돕기 위해 이곳에 온 겁니다'이다"라는 말로 유명했다. 이 믿음은 그 후 몇 년 동안 점점 기세등등해지면서 공화당의 기틀로 자리를 잡았다.

민주당은 하원을 장악했고, 공화당 대통령은 민주당 내에 중요한 협력자가 있었다. 존 딩겔이었다. 에너지상업위원회 대표였던 그는 "제너럴모터스를 대변하는 국회의원"으로 알려지기도 했다. 딩겔의 지역구인 미시건주는 대형 자동차 제조업체 세 곳이 모두 있는 곳이었고, 그의 아내는 수십 년간 제너럴모터스에서 일했으며, 부부는 포드 본사에서 겨우 2km 떨어진 곳에 살았다. 그래서 딩겔이 산업계의 가장 신뢰할 만한 대변인이 되는 건 충분히 가능한 일이었다. 그는 왁스먼과 복잡한 관계였다. 그들은 많은 사안에서 같은 편이었지만, 자동차에 영향을 미치는 일체의 사안에서 딩겔은 강력한 적수였다.

레이건은 청정대기법의 보호조치를 후퇴시키기 위한 공세를 취할 때 딩겔을 척후병으로 삼았다. 그들은 자동차 제조업체뿐만 아니라 석탄, 석유, 철강, 발전, 화학 산업계로부터 강력한 지지를 받았다.

이런 업계에서는 청정대기법이 값비싼 두통거리였기 때문이다. 왁스먼은 최대한 자신의 세를 결집시켰다. 몇 년 뒤에 그는 "증기롤러를 상대할 때는 먼저 그 속도를 늦춰야 한다. 우리가 막 하려고 했던 것처럼 말이다"라고 말했다. "한 가지 방법은" 의회를 조종해서 눈보라 같은 수정안으로 "시동을 꺼트리는 것"이다. "다른 방법은 소규모 접전에서 승리하는 것이다."[16]

왁스먼은 두 가지 모두 동원했다. 생각할 수 있는 모든 전략을 이용해서 논쟁을 질질 끌었다. 중간선거가 다가오니 지연 전략을 사용함으로써 그의 가장 막강한 무기인 여론의 힘을 극대화하자는 계산에서였다. 1981년의 한 여론조사는 미국인의 86%가 청정대기법의 힘을 빼는 데 반대하고 있음을 보여주었고, 왁스먼은 그 여론조사 담당자를 증언대에 서게 했다. 루 해리스의 말은 레이건과 딩겔 진영에 찬물을 끼얹었다. "내가 이 일을 하는 동안 어떤 사안에 대해 한쪽에서 이렇게 강력한 의견을 보인 적은 단 한 번도 없었다."[17] 그는 이 법을 망치려고 노력했다간 "1982년 선거에서 패배하게 될 것"이라고 경고했다.[18]

그럼에도 딩겔의 위원회는 왁스먼의 수정안 중 거의 60가지를 부결시켰다. 상황은 암담해 보였다. 왁스먼은 자신이 맞서 싸우던 산업계가 서로에게 등을 돌리기를 희망하면서 화학공장의 발암물질 배출량에 대한 수정안을 가지고 화학물질 제조업체만을 겨냥했다. 한 표 차이로 수정안이 통과된 뒤 이 회사들은 지지를 철회했고 딩겔이 구축한 동맹은 붕괴했다.[19] 청정대기법을 쓰러뜨리려던 노력이 무산된 것이다.

하지만 아직 안심하긴 일렀다. 이제 헨리 왁스먼은 이 법안을 개선하고 싶었다. 원래의 법은 예상하지 못했던 새로운 종류의 도전이 제기되었던 것이다. 산성비가 북동부와 캐나다 일부 지역에서 나무를 죽이고 호수를 오염시키고 있었다. 범인은 애팔래치아의 고유황 석탄을 태우는 중서부의 발전소들—미국의 경관뿐만 아니라 미국인의 건강에도 해로운—이었고, 이를 중단하려면 값비싼 굴뚝 집진장치를 설치해야 했다. 업계는 반발했고, 상황은 교착상태에 빠진 것 같았다. 법을 강화할 수 없었던 왁스먼은 레이건의 남은 임기 동안 그게 가능해질 때를 기다리며 칼을 갈았다.

결국 그는 먼 곳에서 발생한 위기에서 기회를 얻었다. 인도 보팔에 있는 유니온카바이드 살충제공장 인근 수천 명이 독성물질 유출로 목숨을 잃은 사건이었다. 원래의 청정대기법은 공기 중의 독성 화학물질을 적절하게 처리하지 못했고, 이걸 해결하는 것이 왁스먼에게 가장 중요한 일 중 하나였다. 그래서 그는 자신의 소위원회를 웨스트버지니아로 불러서 또 다른 유니온카바이드 공장 옆에서 공청회를 열었다. 보팔을 참혹하게 오염시킨 것과 똑같은 기체인 메틸이소시안산염을 생산하는 곳이었다.[20] 그의 바람대로 공청회는 대중의 관심을 끌었고, 그는 그 기회를 틈타 공기 중 독성물질 규정을 강화하는 계획을 제시했다. 법안이 국회를 거치면서 살아남은 것은 독성 화학물질에 대한 국가적인 목록화 작업을 실시하기 위한 조항뿐이었다. 작은 승리였지만, 왁스먼은 더 큰 승리를 향해 가는 길이라고 생각했다.

그리고 그가 옳았다. 1989년에 첫 번째 독성물질 목록 보고서가 발표되었을 때는 정치 지형이 바뀌어 있었다. 조지 H. W. 부시가 "환경 대통령"이 되겠다는 약속으로 백악관을 차지하고 있었다. 그리고 피하 주사침 같은 의료 폐기물이 뉴저지의 저지 해안으로 밀려 올라오고 알래스카에서 엑손발데즈 유조선이 좌초되어 기름을 뿜어 내면서 환경에 대한 관심이 다시 뉴스에 올랐다.

왁스먼은 부시가 제안한 청정대기법이 별로 마음에 들지 않았지만 협력은 할 수 있었다. 그가 가장 크게 반대했던 부분은 1970년에 법안 작성자들이 주의 깊게 선택한 단어를 바꾸는 것이었다. 백악관에서 제안한 법안은 환경보호청이 오염 기준에 대해서 이행을 "해야 한다"가 아니라 "할 수도 있다"라고 적혀 있었다. 톰 졸링과 레온 빌링스처럼 헨리 왁스먼은 그 차이를 이해했다. 그리고 그들의 경우처럼 더 강력한 단어가 우세해야 미래의 행정부가 그 규정을 적용하는 문제에서 선택의 여지가 없어질 거라는 생각에 흔들림이 없었다. 이 중요한 문제에서 불독은 자기 길을 걸었다.

1970년 이후로 드러난 문제는 산성비만이 아니었다. 저 위쪽 오존층에는 구멍이 위험할 만큼 벌어져서 피부암을 유발하는 광선이 들어왔다. 원인은 스프레이캔의 압축가스, 그리고 냉각장치에서 사용되는 화학물질 염화플루오린화탄소CFC였다. 그리고 왁스먼은 아직도 많은 도시를 망치고 있는 스모그에 대한 규정도 더 엄격하게 개선하고 싶었다.

이 시기 딩겔의 장악력은 약해져 있었고, 그래서 그는 싸움보다는 협상을 택했다. 합의안이 발표되자 "그건 내가 완전히 편하지만은 않은 과정"이라고 이 중서부 출신의 국회의원은 씁쓸해하며 말했다.

"하지만 성공이었다."[21] 양당의 압도적인 지지를 받고 국회를 통과한 법안은 처음에 국회에 입성했을 때보다 훨씬 강력해져 있었다.[22] 산성비를 유발하는 (그리고 그것을 들이마시는 사람들을 병들게 하는) 이산화황 배출량을 감축하기 위해 시장을 발판으로 한 "총량제한 거래제"가 만들어졌고, 오존층을 손상시키는 화학물질의 단계적인 폐지를 의무화했으며, 환경보호청에 189가지 발암물질과 독성물질 목록을 넘기면서 규제하도록 했다. 또한 원래의 대기질 기준을 충족시키지 못한 지역에 대해서는 규정을 강화하기도 했다. 10년이 걸렸지만 헨리 왁스먼은 승리했다. 부시는 11월에 1990년의 청정대기법 수정안에 서명을 했고, 목숨을 구하는 대기질 법을 승인한 두 번째 공화당 대통령이 되었다.

이 법안은 극적으로 산성비를 줄였고, 오존 구멍을 닫는 국제적인 노력에서 미국이 제 역할을 할 수 있게 해주었다. 그리고 미국인들이 마시는 공기를 꾸준히 깨끗하게 함으로써 국민의 건강을 크게 개선시키기도 했다. 헨리 왁스먼이 성사시킨 조치들은 2010년까지 매년 16만 명의 목숨을 살렸고, 정부의 예측에 따르면 2020년이면 그 수치는 매년 23만 명으로 늘어날 것이었다. 경제적인 측면에서는 편익이 비용보다 30배 더 컸는데,[23] 이는 산업계의 암담한 예측을 뒤엎는 흔치 않은 논박 사례라 할 수 있다.

물론 이 싸움은 여기서 끝나지 않았다. 왁스먼은 부시의 아들을 포함해서 미래의 대통령들이 이 법을 이행하도록 압박을 가해야 했다. 한번은 어떤 기자가 그에게 1990년의 수정안은 지금 와서 생각해보면 불가피해 보인다고 말했다. 하지만 법안을 약하게 만들려는 강력한 적들과의 수년에 걸친 싸움, 다르게 판가름 날 수 있었던 온갖 과정을 돌아보면 왁스먼은 그것이 불가피한 수정이 아니었음을 알고 있었다. "우린 열심히 싸웠어요. 아주 오랫동안. 그건 끝이 없어요. 하지만 그런 일이 원래 그렇죠."

***

크리스틴 토드 휘트먼 역시 청정대기법의 긴 이야기 속에서 일정한 역할을 했다. 휘트먼이 뉴저지 서부의 농촌에 있는 자신의 농가에서 전화기를 집어든 순간, 나는 그를 성공한 정치인으로 만들어준 온화함과 자신감 넘치는 솔직함의 어우러짐을 곧바로 떠올렸다. 휘트먼이 최초의 (그리고 유일한) 여성 주지사가 되었을 때 난 이미 뉴저지를 떠난 뒤였지만, 뉴욕의 강 건너편에서 종종 뉴스에 나오는 그의 모습을 본 적이 있다. 나중에 휘트먼은 조지 W. 부시 대통령 집권기에 환경보호청장으로서 청정대기법의 이행을 책임지게 되었다.

애초부터 어색한 조합이었다. 휘트먼은 카우보이 부츠를 신은 텍사스 사람들 사이에 낀 동부해안의 귀족적인 공화당원이었고, 보수주의자들 사이에 낀 온건파였으며, 석유 산업계 관련자들이 지배하는 행정부에서 뉴저지의 해안선을 보호한 자신의 업적을 자랑스러워하는 전직 주지사였다. 어쩌면 휘트먼은 유엔 대사 같은 다른 일을 더 선호했을 수도 있다. 하지만 그 자리는 출산 관련 사안에 대한 발언 역시 책임져야 했는데, 휘트먼은 임신 중단권을 목청 높여 지지했기 때문에 부시의 확고한 반대 입장과 삐걱댈 수밖에 없었다. 그래서 결국 환경보호청으로 가게 되었고, 얼마 되지 않아 균열이 눈에 띄기 시작했다.

휘트먼의 적수는 많은 사람들이 부시 왕좌의 막후 권력이라고 생각하는 사람, 바로 딕 체니 부통령이었다. 그가 맡은 많은 책임 중에 백악관의 에너지 태스크포스를 이끄는 일이 있었다. 9·11로 모든 게 뒤집히기 전, 부시 행정부의 첫 몇 달동안 새로운 국가 에너지 정책이 백악관의 급선무였다. 캘리포니아는 반복되는 정전과 전기요금 폭등에 시달리고 있었고, 체니의 팀은 그 원인에 대해 아주 확고한 입장이었다. 중립에 가까운 관찰자들은 그 위기의 원인은 탈규제와 시장 조작이라고 생각했지만, 백악관 에너지 태스크포스에서는 청정대기법을 탓했다. "내가 그 사람들한테 그랬죠. '대기질 규정이 무슨 허가권을 방해하고 있는지 나한테 보여주십시오'라고요." 휘트먼은 이렇게 회상한다. "그 사람들은 하나도 가져오지 않았어요. 진짜 주범은 환경규제가 아니라 경제였으니까요."

부시는 교토 기후변화 협약을 포기했지만, 휘트먼은 환경보호청장으로 업무를 시작한 처음 몇 주 동안 미국의 G8 동맹국 환경부장관들과 참석할 지구온난화 회의에 자신이 화해의 선물을 들고 갈 수 있다고 생각했다. 이 선물을 통해 많은 사람들이 환경 문제를 거칠게 다룰 거라고 걱정하는 대통령에 대한 우려가 완화되기를 희망했다. 휘트먼은 조지 부시가 선거운동 기간 동안 미국의 발전소에서 나오는 탄소 배출량을 제한하겠다고 약속했음을 알고 있었다. 이 공약은 휘트먼이 받은 인수 브리핑 책자에도 나와 있었다. 그래서 휘트먼은 회의 장소로 떠나기 전에 당시 국가안보 담당보좌관이었던 콘돌리자 라이스에게 회의에서 그 부분을 부각시키고 싶다고 했고,

라이스는 승인했다. 대통령 수석보좌관실도 승인했다고 나중에 휘트먼은 자신의 책에서 말했다.[24]

이탈리아 트리에스테 정상회담에서는 이 약속을 반기며 휘트먼의 말을 부시 행정부가 많은 사람들의 생각보다 더 진지한 자세로 기후변화를 다룰 것이라는 신호로 받아들였다. 하지만 휘트먼이 미국으로 돌아오는 비행기에 오르기도 전에 적수들이 움직이기 시작했고, 일군의 공화당 상원의원들이 탄소 상한선에 반대하는 서한을 대통령에게 보냈다. 휘트먼은 귀국 직후 백악관으로 호출되었고, 부시는 휘트먼에게 약속을 철회할 것이라고 말했다. 부시는 휘트먼을 곤란하게 만든 점에 대해서는 사과했지만 임박한 에너지 위기 때문에 발전 사업자들에게 새로운 부담을 가중시킬 수 없다고 말했다. 휘트먼은 자신의 회고록에서 그날 백악관을 나서다가 바로 밖에 있는 좁은 복도에서 체니 부통령을 지나쳤다고 회상했다. 외투 차림의 부통령은 서두르는 기색이 역력했고, 누군가가 그에게 편지를 건네자 그것을 주머니에 찔러 넣었다. 나중에 휘트먼은 그것이 부시에게 탄소 제한을 중단하라고 촉구한 상원의원들에 대한 부시의 답장이었음을 알게 되었다.[25] 부시는 탄소제한을 중단했을 뿐만 아니라, 한 술 더 떠서 이산화탄소가 청정대기법에서 다뤄질 오염물질이라고 생각하지도 않는다고 이야기했다.[26]

조지 부시는 이 문제에 대해 결정적인 발언은 하지 않았다. 이것은 결국 대법원까지 갈 문제였기 때문이다. 하지만 그러는 동안 휘트먼은 황급히 런던과 오타와, 그 외 다른 G8 수도에 있는 상대방에게 연락을 취했다. "그 사람들에게 전화를 걸어서 '제가 지난 주에 말했던 사안 있잖아요. 그게 힘들어질 것 같아요'라고 말해야 했어요." 휘트먼이 내게 말한다. "화도 났고 난처했죠. [그 결정은] 탄소를 많이 신경 쓰고 있는 이 세상 나머지를 향해서 '엿이나 먹으세요'라고 하는 거나 마찬가지였으니까요." 휘트먼은 그런 의미에서 이라크전을 진행하는 과정에서 미국의 동맹관계를 크게 훼손한 것은 바로 이런 식의 독불장군 같은 태도였다고 믿는다.

이 경우 미국의 신뢰도만 훼손된 것이 아니라 휘트먼 역시 타격을 입었고, 따라서 안 그래도 어려운 일이 훨씬 힘들어졌다. "'내가 정말로 행정부를 대변하는 건가? 상황이 어떻게 돌아가고 있는지 내가 정말 알고 있는 걸까?' 하면서 의심하지 않을 수가 없었죠." 이런 반전은 점점 익숙해졌고, 휘트먼은 때로 행정부 내의 또 다른 온건파인 국무부장관 콜린 파월을 동정하곤 했다. "우린 각자 똑같은 경험을 했어요." 대통령과 만나서 기분 좋게 의견을 맞추고 난 뒤 백악관의 입장이 바뀌었다는 전화를 받은 일에 대해 이야기하며 휘트먼은 이렇게 회상한다.

휘트먼에게 가장 큰 충격을 안긴 것은 규제에 대한 공화당 동료들의 격한 반발심이었다. 휘트먼은 민주당과 환경론자들 측의 반대를 예상했다. 그리고 자기 당의 '작은 정부' 원칙과 관료행정을 줄이려는 욕구에 대해서는 같은 마음이었다. "이해는 해요." 휘트먼이 내게 말한다. "규제를 증오하기는 쉬워요." 돈이 들기 때문이다. 하지만 휘트먼은 그 이야기의 다른 쪽 역시 알고 있고, 환경규정이 미국인의 건강을 보호하는 데 엄청난 진전을 가져왔음을 이해한다. "규제는 과학 연구를 토대로 해요. 그 뒤에는 이성이 있고요. 환경보호청의 어떤 사람이 아침에 일어나서 '좋아, 다음엔 우리가 누구 인생을 망칠 수 있을까'라는 식으로 생각하겠어요?"

물론 공화당원들만 골치를 썩이는 게 아니었다. 휘트먼이 보기엔 환경단체들은 너무 성급하게 온갖 문제를 위기라고 과장하는데, 이런 경향은 후원자들이 계속 돈을 내게 하려면 자극을 줘야 할 필요가 있기 때문이다. 그리고 분명 휘트먼 자신도 청정대기법에 대해서 뭔가 불만이 있었다. 그 틀을 짠 사람들이 집어넣은 엄격함이 때로 휘트먼에겐 유연하지 못하다고 느껴졌다. 그리고 진을 빼는 소송—더 엄격한 이행을 요구하는 지지자들과, 더 느슨한 접근법을 바라는 산업계에서 제기한—은 청정대기법의 역사가 한 발 나가려고 할 때마다 발목을 잡았다. "그걸 가지고 뭔가를 하기만 하면 결국 법정으로 가게 됐죠." 하지만 휘트먼은 청정대기법의 성공이 어쩌다 보니 수십 년간 지속된 미국 경제의 팽창 시기와 겹쳤음을 알고 있었고, 그래서 규제가 성장의 숨통을 조인다는 우파들의 성난 주장이 휘트먼에겐 터무니없어 보였다. 우리는 1970년대보다 전기를 훨씬 많이 쓰고 자동차도 훨씬 많이 몰고 다니지만, 정부가 기업들이 더 좋은 발전소를 지어야 하고 더 깨끗한 자동차를 만들어야 한다고 이야기했기 때문에 우리가 마시는 공기가 훨씬 건강해졌다는 것이 휘트먼의 지적이다.

하지만 딕 체니는 그렇게 생각하지 않았다. 모호하게 들리던 청정대기법의 한 조항을 둘러싸고 2003년에 결국 갈등이 발생했다. 청정대기법에 따르면 발전 사업자가 구식 발전소를 충분히 광범위하게 개조했을 경우 신식 발전소를 관장하는 더 엄격한 오염규정이 적용된다. 규칙적인 정비는 그런 광범위한 재분류로 이어지지 않지만, 규칙적이라는 게 어떤 의미인지에 대한 정의가 없었다. 휘트먼은 많은 사업자들이 정직했지만 일부는 대대적인 개조를 사소한 일로 치부했다고 말한다. 휘트먼의 직원들은 그 규정을 분명히 하기 위한 제안서 초안을 작성하고 있었다. 하지만 체니에게는 자기 생각이 있었고, 그 규정을 빨리 완화하도록 휘트먼에게 압력을 행사했다. "[결국] 그들은 내게 많은 패를 건넸어요." 휘트먼이 생각하기에는 속임수를 쓰는 기업들이 빠져나갈 거대한 구멍이나 다름없는 패였다. 그리고 휘트먼은 이 패가 에너지산업에서 바로 전달된 것이라 의심했다. 이건 백악관으로서는 큰 문제였고, 부시의 수석보좌관은 끝내 "이거면 충분해요. 이게 표준이에요. 그러니까 이걸 하도록 합시다"라고 말했다. 하지만 대신 휘트먼은 사직을 했다. "그들에겐 아무런 거리낌 없이 거기에 서명하고 이행할 관료를 뽑을 권한이 있었어요. 그런데 난 그런 일은 할 수 없었죠."

공식적인 이유는 휘트먼과 남편이 주말부부 생활에 지쳤다는 것이었다. 실제로 그들은 주말부부 생활을 못 견디긴 했지만 이제는 체니와의 불화가 실제 사직 이유임을 분명히 한다. 사실 누가 봐도 그는 행정부에서 부적응자였다. 〈워싱턴포스트〉의 한 헤드라인은 휘트먼을 "환경보호청의 외로운 온건파"라고 불렀다. 실제로 휘트먼에게 가장 자주 따라다니는 "온건한 공화당원"이라는 꼬리표는 2003년에는 이미 감당하기 벅찬 외로움을 안기고 있었다. "해머(망치)"로 알려진 텍사스 출신의 톰 딜레이가 환경보호청에 "정부의 게슈타포"라는 낙인을 찍은 뒤 하원대표로 부상했다. 그리고 공화당 국회의원

중에는 이런 관점을 가진 사람이 많았다.

***

오바마 집권기에는 청정대기법이 또 다른 전기를 맞았다. 2007년, 대법원은 "매사추세츠주 대 환경보호청"이라고 알려진 판결로 이 오래된 법을 새롭게 적용할 수 있는 길을 열었다. 법원은 청정대기법이 이산화탄소를 규제할 힘을 환경보호청에 부여한다고 밝혔다. 그것을 들이마시는 사람의 건강을 해치지는 않지만 위험한 지구온난화의 주요 원인이라고 하면서 말이다. 사실 환경보호청은 이산화탄소를 규제해서는 안 된다는 주장에 대한 과학적 근거를 제시하지 못하는 한 탄소를 규제해야 한다는 것이 법원의 입장이었다. 존 폴 스티븐스 판사는 "온실가스는 대기오염에 대한 청정대기법의 널찍한 정의에 잘 들어맞는다"고 밝혔다.[27]

오바마는 분명하게 기후위기를 겨냥한 법을 더 좋아했을 것이다. 하지만 2010년 헨리 왁스먼의 이름이 들어간 법안이 좌초되면서 기후변화에 대한 국회의 행동에 걸었던 마지막 희망이 물거품이 되자 오바마 대통령은 1970년의 청정대기법을 꺼내들었다. 에드먼드 머스키와 동료들의 선견지명, 당시에는 분명하게 알지 못했던 어떤 것에 대한 그들의 의식 덕분에 오바마 대통령은 온실가스 배출량을 감축하기 위한 가장 전면적인 노력에 착수할 힘을 얻게 되었다. 그는 발전소에 대한 새로운 규정과 야심 찬 자동차 연비 기준을 마련함으로써 전 세계 앞에서 미국의 탄소발자국이 줄어들 것이라고 약속했다. 이 약속 덕분에 고삐 풀린 기후변화를 지연시키기 위한 가장 결연한 전 지구적인 노력인 파리기후변화협정이 체결될 수 있었다.

당연히 오바마의 조치는 논란을 일으켰다. 공화당 의원들은 오바마의 계획을 이행할 책임 기관인 환경보호청에 불길을 뿜어댔다. 마코 루비오 상원의원은 환경보호청을 "취업방지청"이라고 비꼬기도 했다. 찰스 코크와 데이비드 코크 같은 기부자들이 쥐여준 석유가스 업계의 후원금에 힘입어 발언의 선정성은 날로 짙어졌다. 하원의 과학위원회는 오바마가 만든 규정의 정당성을 무너뜨리기 위해 20년 전에 하버드 대학교와 미국 암학회가 대기오염의 피해를 보여주기 위해 실시했던 연구의 원자료를 꺼내들었다. 제임스 인호프 상원의원은 자신의 손녀가 기후변화에 대해 "세뇌를 당한" 미국 어린이 중 한 명이라고 말했고, 이런 우려가 부풀려졌음을 보여주기 위해 상원 건물 바닥에 눈 뭉치를 갖다 놓았다. 그리고 물론 다음 선거를 노리고 기후변화가 사기라고, 미국 경제를 망치기 위한 중국의 발명품이라고 먹칠하는 트위터 중독자이자 부동산 재벌인 사람도 있었다.

피트 올슨 국회의원은 이런 식으로 불을 뿜어내는 부류가 아니었다. 약간 얼빠진 매력이 있는 그는 레이번 하원의원 건물의 웅장한 대리석 복도를 따라 자신의 사무실로 나를 안내하면서 스포츠에 대한 농담을 던졌다. 공화당원인 올슨은 휴스턴과 그 교외 지역이 지역구로, 그의 담당 안내직원 책상 근처에는 짙은 연기를 뿜어내는 오래된 유정 흑백사진이 걸려 있다. 물론 휴스턴은 석유의 고장이고, 에너지산업은 올슨의 가장 큰 재정 후원자다.[28]

어린 시절 텍사스로 이사했을 때 스모그가 너무 짙어서 시내의 스카이라인이 1년에 열흘밖에 보이지 않았다고 올슨이 내게 말한다.

“이젠 상황이 뒤집혔죠. 아마 열흘 정도만 빼면 매일 도심을 볼 수 있을 거예요.” 그는 그것이 청정대기법 덕분임을 알고 있고, 그 법이 훌륭한 일을 했음을 기꺼이 인정한다.

올슨을 괴롭히는 것은 그보다 최근에 그 법이 활용된 방식이었다. 휴스턴 같은 곳에서 대기질이 향상되자 환경보호청은 계속 대상 지역을 바꿔가면서 지역 공무원들에게 끝없는 서류 작업과 불이익으로 부담을 주었고, 한때는 대기질이 충분히 좋다고 여겨졌던 곳들을 법을 준수할 수 없는 상태로 몰아넣었다는 것이다. “그들은 손을 들고 ‘우린 그거 못 해’ 하고 말하고 있어요.” 게다가 연방의 규제 담당자들은 가뭄이나 산불 때문에 기준을 맞추기가 더 힘들어질 때도 고삐를 늦추지 않고, 미국 국경 바깥에서 넘어온 오염이나 일부 지역의 자연적인 이유 때문에 높아진 오존 수치도 봐주지 않는다.

그래서 올슨은 청정대기법의 요건을 완화하는 법안을 추진해왔다. 그는 법에서 효과적으로 작동했던 것은 남겨두면서도 공중보건과 실용성, 비용 사이의 균형을 더 잘 맞추고 싶다고 말한다. 무엇보다 그의 제안은 환경보호청이 대기질 기준을 설정할 때 건강과 함께 실행 가능성을 고려하도록 할 것이었다. 하지만 이는 부분적으로는 오염을 해결하는 데 무관심한 지방 공무원들에게 연방의 기준을 맞추지 못할 손쉬운 변명을 쥐여줌으로써 법의 근간을 공격하는 행위였다. 그래서 청정대기법을 옹호하는 사람들은 올슨식의 온화한 말이 미국의 공기를 더럽게 하는 공격을 감추는 위장술일 뿐이라고 생각한다. 정치인들이 자신은 깨끗한 공기를 원한다고 말하는 것은 손쉽고 인기를 위해서도 유리하다. 하지만 목적을 달성하기 위한 수단을 지지하지 않으면서 그 목적만 바라는 것은 비합리적이다.

물론 올슨식의 조치에는 철학적인 근거가 있다. 그것은 톰 졸링과 레온 빌링스를 인도한 것과는 근본적으로 다르다. 의회 건물에서 몇 블록 떨어진 곳에 있는 헤리티지 재단 로비에서 곱슬거리는 검은 머리칼에 두툼한 안경을 쓴 다이앤 캐츠가 나를 맞아주었다. 캐츠는 올슨의 법안 작업을 하지는 않았지만, 유력한 보수 싱크탱크의 규제 전문가로서 종종 공화당 국회의원들과 연방기관에서 일하는 직원들, 목숨을 쥐락펴락하는 규정을 작성하거나 폐지할 힘을 가진 사람들에게 자문을 하곤 한다. 캐츠가 커피를 만들어준 안락한 라운지에서는 커다란 텔레비전에서 폭스뉴스가 나오고, 우리가 이야기를 나누는 동안 이 건물 어딘가에서 재단 대표를 인터뷰하는 모습이 화면에 나온다. 이는 헤리티지 재단과 이곳의 관점이 정가政街의 공화당원들에게 미치는 장악력을 여실히 상기시킨다.

많은 보수주의자처럼 캐츠는 처음에는 좌파였다고 내게 말한다. 오하이오의 출소자 갱생시설에서 사회복지사로 일하던 캐츠는 일부 출소자들이 더 나은 삶을 살 수 있는 기회를 잡지 못한다는 사실을 알아차렸고, "인간의 행위를 바꾸기에는 정부의 힘이 아주 제한적"이라는 결론에 도달했다. "사실 너무 제한적이에요. 그래서 저는 우리가 정부에 너무 많은 기대를 하고 있는 건 아닌지 의심하기 시작했어요." 워싱턴으로 온 캐츠는 언론인으로서 정부의 활동을 가까이 지켜보면서 공무원의 좋은 의도가 종종 해로운 결과를 초래하기도 한다는 확신을 가지게 되었고, 이를 통해 이데올로기적 개종을 다짐했다. 캐츠는 청정대기법이 가져온 진보를 인정하면서도 그것을 연방이 과도하게 실력을 행사한 사례라고 생각한다. 캐츠는 그것이 법의 본성인지, 아니면 그것을 집행하는 사람의 본성인지는 알지 못한다. "아니면 그게 항상 그런 식일 수밖에 없는 걸지도 모르겠어요. 어떤 기관에 많은 권력을 주면 결국은 가진 것보다 더 많이 사용하게 되잖아요." 캐츠는 대기질이 극적으로 개선되어 규제당국이 할 일이 거의 없어지자 이들은 더 밀고 나갈 정당성을 붙들었다고 주장한다. "기후변화를 강조하는 건 그래서예요. 새로운 대의를 찾아서 존재 근거를 더 확장하고 싶었던 것 같아요. 저는 그 지점부터 상황이 악화되기 시작했다고 생각해요."

캐츠의 입장은 로널드 레이건이 워싱턴에서 심어놓은 철학의 21세기 판이었다. 과도한 관료주의는 문제를 해결하기보다 오히려 문제를 만들어낼 가능성이 높다고 보는, 정부에 대한 관점. 미국의 두 주요 정당 중 한 곳이 보기에 환경보호청—분명 결함이 있지만 미국인의 건강을 지키기 위해 최선을 다하면서 공화당 대통령이 맡긴 사명을 이행하고 있는—은 이제 규모 축소 외에는 그 무엇도 필요하지 않은, 통제를 벗어난 일자리 파괴자이자 위험한 적이었다.

***

톰 졸링은 가족에게 전원생활을 약속했고, 그래서 1972년에 상원에서 하던 일을 그만두고 매사추세츠 윌리엄스 칼리지에서 학생들을 가르치기 시작했다. 상원을 떠나기 전 그와 레온 빌링스는 머스키 상원의원의 소위원회를 도와 청정수질법을 작성하면서 청정대기법 작업에 또 다른 업적을 추가했다. 두 법은 미국의 기초적인 환경보호법이었고, 빌링스가 죽기 전 몇 년간 두 사람은 그 자신이 일부였던 역사에 대한 수업을 맡아 학생들을 가르쳤다. 이들은 그 이후 워싱턴에 찾아온 변화를 곱씹기도 했다. 잘 작동하던 정부의 시스템이 재만 남은 전쟁터가 되고 돈이 흘러 들어오면서, 이제 지도자들은 문제를 해결하는 대신 기부자와 한담을 나누는 데 끝도 없이 시간을 허비했다. 또 24시간 방영되는 미디어가 가차 없이 조명을 밝히고, 보수적인 민주당원과 자유주의적인 공화당원이 공유했던 영역들은 이데올로기 분리 때문에 멸종해버렸다.

졸링과의 만남이 이루어진 것은 도널드 트럼프가 백악관에 입성해서 고위직 인사—환경보호청을 허수아비로 만들겠다는 의도가 빤히 보이는—를 단행한 지 몇 달 되지 않았을 때였다. 트럼프 행정부가 신바람이 나서 수십 년에 걸친 환경보호 노력을 무너뜨리는 모습은 졸링에게 고통을 안겼다. 나는 하워드 베이커와 존 셔먼 쿠퍼 같은 상원의원이 있던 당이 그들의 많은 노고를 수포로 돌리기로 작심한 치들의 손에 넘어간 것이 속상한지 묻는다. 그의 대답은 날카롭다. "영혼이 파먹히는 것 같죠." 그는 선생으로서 "다음 세대의 용기를 꺾을 수" 없다. "온통 비관적인 얘기만 할 수가 없어요. 하지만 [희망을 찾는 일이] 점점 힘들어지는군요."

공중보건을 지키기 위한 규정을 향한 공격은 다면적이었고 참혹한 결과를 가져왔다. 트럼프 집권 이후 환경보호청과 척을 진 원수들이 환경보호청의 운영을 맡았다. 수십 년간 석유, 석탄, 화학 산업계에서 입찰을 담당했던 사람들이 환경보호청을 책임진다는 것은 이런 산업이 가하는 최악의 약탈에서 미국인들을 보호해야 한다는 의미였다.

이 공격에서 핵심은 오랫동안 환경보호청의 의사결정을 이끌었던 과학을 중심에서 밀어낸 것이었다. 트럼프의 팀은 투명성을 위해서 피험자의 기밀 건강정보를 근거로 한 연구를 제외해야 한다고 주장하면서 환경보호청이 검토할 수 있는 연구의 종류를 제한했다. 이는 대기오염의 영향에 대한 가장 중요한 연구 결과를 활용하지 못하게 밀어낼 의도가 엿보이는 비논리적인 주장이다. 또한 트럼프의 환경보호청은 이해관계의 충돌 때문에 환경보호청에서 연구 지원금을 받은 과학자들은 자격 미달이라고 주장하며(하지만 규제 대상인 회사의 임원은 아니었는데, 과거에는 이 자리를 독물학자와 전염병학자가 차지했다) 과학 자문위원의 요건을 재작성하여 많은 과학자들을 배제했다. 한 새로운 자문 과학자는 반대되는 증거가 넘쳐나는데도 "오늘날의 공기는 최상의 건강을 유지하기에 조금 지나칠 정도로 깨끗하다"고 믿는다.[29]

터무니없는 삭감은 또 다른 위협이다. 이에 전문가들이 썰물처럼 환경보호청에서 빠져나갔지만 후임자가 없어서 의미 있는 시행에 필요한 전문지식에 공백이 생겼다. 트럼프 행정부는 발전소와 대기 중 독성물질, 자동차 등에 대한 규정을 겨냥했다. 이 때문에 의무적인 오염저감 조치들이 둔화되었고, 산업계의 입맛에 맞는 일들이 신속하게 처리되었으며, 끝도 없는 구멍이 만들어졌다. 한편 없앨 수 없는 규정들은 그냥 무시함으로써 법적인 요건들을 짓밟았다. 미국의 공기, 그리고 그것을 들이마실 사람들의 건강에 미칠 영향은 불 보듯 뻔하다.

하지만 이 모든 상황에도 불구하고 청정대기법은 한 사람의 변덕보다 더 강력하게, 한 정권보다 더 끈질기게 아직 건재하다. 그것을 무너뜨리겠다고 굳게 마음먹은, 돈맛을 아는 산업계보다 더 힘 있게. 국법을 존중하고 집행하는 것은 선택사항이 아님을 이해하는 대통령을 기다리면서.

***

폴 빌링스는 이 사실을 잘 안다. 미국 폐협회 대기질 담당 변호사인 그는 레온 빌링스와 동일한 대의를 위해 싸우는 데 평생을 바쳤다. 백악관에서 몇 블록 떨어진 사무실에서 그를 만난 나는 그가 오래된 사진에 담긴 아버지와 너무 닮아서 놀랐다. 둘 다 얼굴이 둥근 동안이었고, 폴의 머리칼 역시 레온이 한때 놀림당했던 바로 그 빨간색이었다. 그는 자신의 아버지에 대해, 그 까칠함 안에 숨은 너그러움에 대해 많이 생각한다. "20세기의 역사적인 공중보건법으로 수백만 명의 목숨을 구하고 이 세상을 바꾸기 위해, 정부가 공중보건 문제에 접근하는 방법을 바꿔놓은 법을 만들기 위해" 레온이 했던 일에 대해서도. 지금까지 수십 년간 폴 빌링스는 아버지가 법령집에 집어넣기 위해 힘을 보탠 그 원칙을 목소리를 높여 옹호했다. 인간은 질병을 유발하지 않는 공기를 들이마실 권리가 있다는 원칙 말이다. 물론 오염을 유발하는 산업들은 대기에 오물을 그냥 내버림으로써 돈을 아끼는 편을 더 선호한다고 그는 말한다. 하지만 "그건 유치원 규칙만큼 간단해요. '자기가 어지른 건 자기가 치운다.'"

이 싸움을 시작할 때는 이렇게까지 길게 이어지리라고 폴 빌링스는 생각하지 못했다. 젊었을 땐 지금쯤이면 일이 다 끝났으리라고 생각했다. 하지만 한편으로 항상 청정대기법에 적대적이었던 세력에 대해 분명하게 의식하면서도, 이 법이 수십 년간 일군 진보 역시 알고 있었다. 1970년과 비교했을 때 지금 미국에서는 약 75% 적은 오염물질이 배출된다.[30] "천식발작을 일으키지 않고 메릴랜드 교외의 축구장에서 뛰노는 여자아이." 그가 내게 말한다. "그게 승리죠. 사람들이 전과 같은 오염 속에서 죽어가지 않는다는 사실, 그게 승리예요."

하지만 폴 빌링스가 보기에 미국의 공기가 전보다 나아졌다는 것만으로는 충분하지 않다. 아무도 공기 때문에 목숨을 잃지 않을 정도로 깨끗해져야 한다. 그런데 수십 년간 이 법이 제 일을 하고 끔찍한 위기가 서서히 둔화되는 동안 새로운 도전이 등장했다. 이 법의 복원력 중 일부는 그 견고한 설계에서 나왔다. 그러나 우리가 들이마시는 공기보다 더 기본적인 건 없지만, 일단 공기에 둘러싸여 있으면 그 사실을 망각하기도 쉽다. 나부터가 그런 경험을 한다. 런던의 공기가 좋은 날은 어제의 오염을 깨끗하게 잊는다. 리처드 닉슨이 에드먼드 머스키의 법안에 서명하던 시절의 정치적 필요는 이제 어느 정도 그 긴박함을 상실했고, 청정대기법은 오히려 그 성공 때문에 훼손될 위험에 처했는지 모른다.

이는 이제 에드먼드 머스키와 하워드 베이커, 존 셔먼 쿠퍼가 시동을 걸었던 진보가 뒤집혀지고 퇴행할 위험이 있다는 의미다. 폴 빌링스는 청정대기법을 지키기 위해 싸우는 사람 중 하나지만 때로 이들의 주장은 잘 먹히지 않는다. "레온과 저는 베이징 사진을 하나

갖고 있었어요." 톰 졸링이 내게 말한다. "우리의 핵심은 '청정대기법이 없었더라면 이게 미국의 모습이다'라는 거였죠." 가지 않은 길도 현실이지만, 가정법은 상상력을 사로잡기가 힘들다. 톰은 싸움이 얼마나 길었는지를 망각하고 항상 지금과 같았을 거라고 상상하기는 쉽다고 말한다. 그는 자신의 역할에 대해, 그리고 이제는 곁에 없는 옛 친구의 노력에 대해 "묵묵히 자부심을 느낀다"고 내게 말한다. 하지만 오늘날 그의 자부심은 앞으로 무슨 일이 벌어질지에 대한 공포 때문에 반감된다. 건설적인 일을 하는 것보다 "일을 망치는 건 훨씬 쉬운 법"이다. 그는 혼잣말하듯 말한다.

8장

마지못한 혁신가들

공기와 자동차 제조업체

독성물질이 들어 있는 짙고 뜨거운 매연이 그 공간으로 밀려 들어간다. 수백 개의 작디작은 통로들로 이루어진 벌집 속으로 퍼져 간다. 축구장 두 개를 덮을 정도로 큰 벽[1]이 토스트 하나보다 크지 않은 공간에 접혀 들어가 있다. 그 표면에는 작은 귀금속 부스러기들, 지구상에서 극히 일부 지역에서만 발견되는 비범한 물질들이 점점이 흩어져 있다. 그 조각들이 벽을 층층이 덮고 있다. 백금, 팔라듐, 로듐. 그 매연의 성분들을 서로 떼어내고 독성물질을 다시 섞어서 새로운 무언가로 만드는 힘을 가진, 땅속 깊은 곳에서 파낸 금속들. 이런 금속들이 자기 일을 하려면 조건이 완벽해야 하기 때문에 센서가 산소 수준과 온도를 감시한다. 배기가스의 분자들—탄화수소, 일산화탄소, 질소산화물—이 금속에 내려앉아서 결합한다. 원자가 서로 분리되고 재결합한다. 어떤 덩어리에서 분리된 산소가 다른 덩어리와 결합하여 새로운 무언가로 바뀐다. 무해한 무언가로. 이제 그것들은 촉매변환 장치에서 나와 대기 중으로 흩어진다.

***

자동차의 복잡한 차대 속에는 특이하게 납작한 원통이 숨어 있다. 거기에는 더께가 층층이 쌓여 있을 때가 많고, 우리가 어딘가에 가고자 할 때 의지하는 자동차의 내부 작동에 익숙하지 않은 사람들에게는 특별히 눈에 띄지 않는다. 하지만 촉매변환 장치에는 그 명성을 엄청나게 넘어서는 의미가 있다. 사실 촉매변환 장치는 완전한 어둠 속에서 매일 생명을 구하는 훌륭한 일을 하면서도 별로 인정받지 못한 기술적 경이로움에 속한다.

이 발명품은 공학자와 화학자뿐만 아니라 정치인과 기업인들의 힘으로 만들어졌다. 창시자라고 주장할 만한 최초의 인물 중에 유진 후드리가 있다. 경주용 자동차에 대한 열정과 제1차 세계대전 탱크 지휘관으로서 영웅의 기록을 보유한 프랑스인 후드리는 새로운 석유 가공법으로 석유산업에 혁명을 몰고 왔다. 하지만 1940년대 말 자신이 연구하던 연료가 공기에 미치는 영향을 점점 우려하게 된 그는 자동차 엔진 속에 들어가는 것이 아니라 거기서 나오는 것을 처리하는 방법으로 연구의 초점을 틀었다.

그는 다른 사람과는 다른 각도에서 이 문제에 접근했다. 그가 생각하기에 가장 유망한 해법은 엔진을 다시 손보거나, 배기관에 물리적인 여과장치를 설치하는 것이 아니었다. 대신 그는 배기가스의 분자를 재조직하여 그 해로운 성분을 무해한 것으로 바꿔놓고 싶었다.

그는 석유에 대한 중대한 발견과 유사한 것을 성취하기 위해 화학적 자극—촉매—을 이용했고, 다시 그런 성과를 낼 수 있으리라 생각했다. 그래서 그는 미국으로 이주하여 필라델피아 외곽에서 옥시캐털리스트라는 회사를 만들고 연구에 들어갔다.

후드리는 엔진이 가동되면 공기 중에 독성물질이 배출되는 이유 중 일부는 내부의 연소가 완전하기 않기 때문임을 확인할 수 있었다. 그래서 탄화수소(연료의 작은 파편)와 일산화탄소(결함이 있는 난방장치에서 누출될 경우 목숨을 앗아가는 기체) 같은 불완전 연소의 폐기물이 아무런 처리 없이 대기로 날아가버린 것이었다. 이런 폐기물의 성질이 바뀌도록 자극할 물질은 백금이었고, 후드리는 이 귀금속을 자신의 장치 내부에 펼쳐놓았다. 1950년대 중반에 이르러 이 장치는 지게차에 설치되고 있었는데, 로스앤젤레스 대기오염청은 자동차에도 테스트해보고 싶어 했다. 한 실험에서 이 장치는 로스앤젤레스를 질식시키는 스모그의 핵심 성분인 탄화수소를 80%까지 줄였다.[2]

그런데 한 가지 문제가 있었다. 당시 엔진이 부드럽게 돌아가도록 도와주기 위해 휘발유에 추가되던 납이 몇천 킬로미터만 주행하고 나면 후드리의 변환장치 내부에 들러붙어서 그 장치를 쓸모없게 만들었던 것이다. 1920년대에 자동차회사들이 엔진노킹이라고 하는 이 골치 아픈 기술적 문제를 해결하려고 머리를 싸매고 있을 때, 제너럴모터스의 한 연구팀이 묘책이 될 만한 첨가제, 테트라에틸납을 생각해냈다. 당시 화학회사인 듀폰도 어느 정도 지분이 있었던 제너럴모터스는 스탠다드오일과 손을 잡고 에틸가솔린사를 만들어 이

회사가 곧 판매하기 시작할 유연휘발유에 대해 수익성이 높은 특허를 확보했다.

제1차 세계대전 중에 잠재적인 신경작용제로서 테트라에틸납을 테스트해본 적이 있는 예일 대학교의 생리학자 얀델 핸더슨은 제너럴모터스가 테트라에틸납을 휘발유에 넣는 문제에 대해 조언을 요청하자 경고 섞인 답변을 보냈다. "대대적인 납중독이 일어날 것이 거의 확실하다"라고 경고했던 것이다. 나중에 핸더슨은 그것이 "미국 대중에게 닥친 공중보건 영역의 가장 커다란 단일 사안이었다"고 평가했다.[3]

과학에는 의심의 여지가 없었다. 납은 강력한 신경독이다. 뉴저지의 한 정유공장에서 그 위협이 아주 생생하게 실현되었다. 이 정유공장의 테트라에틸납 가공시설은 거기서 일하는 노동자들이 더듬거림, 기억상실, 분노 폭발 등 기이한 행동을 보여서 "미친 가스 건물"이라고 알려졌다. 게다가 사고가 발생해서 수십 명이 쓰러져 발작과 환각을 겪었고, 결과적으로 30여 명이 입원하고 5명이 목숨을 잃었다.

기업들은—오염 유발자들이 수십 년간 활용할 전술을 수립하며—과학을 공격했고, 일부 과학자를 돈으로 매수하여 납의 위험이 과장되었다고 주장하게 했다. 스탠다드오일의 한 임원은 테트라에틸납을 "신의 선물"이라고 부르기까지 했다. 연방정부의 의무감 역시 우려를 무시하고 에틸가솔린사의 계획을 승인했고, 해외에 판매하기 위해 이 첨가물이 안전하다며 해외 정부를 안심시키는 수고를 아끼지 않았다.[4] 에틸가솔린사, 제너럴모터스 등은 특허권 사용료로 제너럴모터스에 4300만 달러를, 에틸가솔린사에는 그 두 배에 가까운 이윤을 곧 벌게 해줄 방법을 지키기 위해 다른 엔진노킹 해결방법을 회피했다.

얼마 되지 않아 미국에서 판매되는 휘발유의 90% 이상에 납이 함유되었다. 업계의 한 전문가에 따르면 이 특허 덕분에 제너럴모터스는 "거의 1갤런이 팔릴 때마다 돈을 벌었다."[5] 1970년대 말이 되자 납은 전 세계 거의 모든 휘발유에 추가되었다.[6] 그 결과 납은 대기로 퍼졌고, 먼지와 토양, 식수와 음식에도 침투했다. 어린이는 납으로 인한 뇌의 피해에 특히 취약하고, 성인 또한 납으로 인해 고혈압, 뇌졸중, 신장 손상 등의 피해를 입는다.

그리고 유진 후드리가 촉매변환 장치를 만지작거리고 있을 당시에는 납이 그의 혁명적인 기술의 채택을 가로막는 장애물이기도 하다는 점이 분명해졌다. 그 장래성은 납을 휘발유에서 제거할 경우에만 실현 가능했기 때문이다. 하지만 업계는 납을 포기할 마음이 없었고, 자동차가 대기 중에 뭐든 마음껏 배출할 수 있었던 1950년대에는 아무도 그걸 강제할 준비가 되어 있지 않았다.

후드리의 아이디어를 몽상에서 실용적인 필수품으로, 이제는 법에 따라 자동차회사가 해결해야 하는 문제의 가장 유망한 해답으로 탈바꿈한 것은 1970년 청정대기법에 들어 있는 단락이었다. 이 법은 자동차회사들이 5년 내에 탄화수소와 일산화탄소, 그리고 관리가 더 까다로운 오염물질인 이산화질소를 90%까지 줄이도록 했다. 자동차 제조업체들은 격분했다. 새로운 요건 중 일부는 "자동차의 지속적인 생산을 가로막을 수 있다"고 당시 포드의 부회장 리 아이아코카는 경고했다. "이 요건들 때문에 자동차 가격이 크게 오를 수 있다. 그렇게 되면 미국 산업 전반에 어마어마한 영향이 있을 것이고 미국 경제가 회복 불가능한 타격을 입을 수 있다."[7]

분명 목표는 원대했다. 그래야만 했다. 미국의 도로를 달리는 자동차의 수가 워낙 빠르게 증가하는 탓에 배기가스를 극적으로 정화하지 않고서는 대기질을 향상시키기 힘들었기 때문이다. 게다가 머스키 상원의원의 소위원회는 제조업체들의 항의에도 불구하고 이런 급격한 감축이 충분히 가능하다는 강력한 정보를 확보한 상태였다. 자동차회사 임원들이 기술 전문가들을 데리고 소위원회의 직원들과 함께한 회의에 참석했을 때, 한 사람이 톰 졸링에게 자신의 상사에 대한 이야기를 몰래 건넸다. "그들의 이야기를 듣지 마세요." 졸링은 그가 이렇게 말했다고 회상한다. "뭘 하라고 얘기하든 저희는 다 해낼 수 있습니다." 그리고 해외 자동차 제조업체들은 무엇을 지시받든 그대로 하겠다고 약속하면서 순응할 태세를 갖춘 상태였다.

디트로이트는 대중의 건강을 지키는 혁신보다는 차량의 외형이나 운전자의 경험을 개선하는 혁신—자동차를 사게 만드는 변화들—에 더 관심을 두면서 유달리 실천 의지를 보이지 않았다. 하지만 1970년이 되자 자동차 제조사들은 의회를 크게 신뢰하지 않게 되었다. 이들은 자신들이 새로운 오염 통제장비의 개발을 둔화하기 위해 공모했다는 혐의를 놓고 재판부와 합의를 해야 했다. 그리고 이들은 너무 오랫동안 양치기 소년 짓을 했기 때문에—새로운 규제라는 위협이 나타나기만 하면 덮어놓고 경제 재난이 일어난다며 엄살을 떨었다—의회는 거의 들은 척도 하지 않았다.

자동차 제조업체에게 촉매변환 장치를 만들어주고 싶은 마음이 굴뚝 같은 기업들 내에서도 새로운 지지자 층이 생겨났다. 이들은 대기수질오염 소위원회에 "'이건 쉬워요. 저희가 이 일을 할 수 있어요'라고 알리는" 서류를 한 아름씩 보냈다고 톰 줄링은 내게 말했다. 촉매 제조업체들은 공개적으로 이야기할 경우 판매 대상으로 염두에 두고 있는 기업들과 척을 지게 될까 봐 두려워했지만 자신들의 목소리를 내기 시작했다. 이들의 장치에는 세계를 바꿔놓을 잠재력이 있었다. 하지만 이 장치가 실험실을 나와 도로에서 상용화되기 위해서는 자동차산업 내부에서 강력한 지지자가 있어야 했다.

***

한 잡지 기사에 따르면 에드 콜은 자기 차를 직접 수리할 수 있는 디트로이트의 몇 안 되는 자동차회사 사장 중 한 명이었다.[8] 제너럴모터스의 사장이라는 그의 직무는 고객과 주주들을 만족시키고 최종 결산서를 신경 쓰는 비즈니스였다. 역시 업계에서 일생을 보낸 그의 아들 데이비드는 임원에는 재정에 치중하는 쪽과 공학에 치중하는 쪽, 두 유형이 있다고 이야기했다. "공학자형은 공학적인 일에서 손을 뗄 수가 없어요." 그게 그의 아버지였다. 에드 콜은 미시건 서부의 농장에서 어린 시절을 보냈고, 뼛속까지 실용성이 배어 있었다. 제2차 세계대전에서는 탱크와 관련된 일을 맡았고, 나중에 제너럴모터스의 캐딜락 부서와 쉐보레 부서에서 수석공학자가 되었다.

그는 사장이 된 뒤에도 항상 연구팀에서 하고 있는 작업을 파악했다. 보수적인 업계에서도 그는 또 다른 점에서 남달랐다. 모험을 두려워하지 않았던 것이다. "아버지에겐 사람들이 아버지와 잘 어울린다고 생각하는 모토가 있었는데, 그건 바로 '현실 안주는 개나 줘라' 였어요." 그의 아들이 말했다. "아버지는 전통에 맞서 싸웠죠." 위험을 즐기는 성향 때문에 그는 나중에 직접 몰던 개인 비행기가 악천후로 추락하면서 때 이른 죽음을 맞게 되었다.

하지만 1960년대 말에는 그의 성향이 제너럴모터스—그리고 미국—에 큰 도움이 되었다. 에드 콜은 청정대기법이 자리 잡히기 전부터 변화가 다가오고 있음을 알았고, 다른 경쟁자들과는 달리 변화를 받아들일 태세를 갖췄다. 자동차 제조업체들은 차량에서 오염물질을 제거해야 했는데, 그가 보기에는 촉매변환 장치가 다른 방법보다 훨씬 유리했다. 앞서 등장한 오염 통제 방식들은 주로 엔진의 힘이나 연비에 지장을 주었다. 그런데 촉매변환 장치는 엔진 성능에 거의 영향을 주지 않고, 그저 배출되는 배기가스만 처리했다. 제너럴모터스의 공학자들은 이미 유진 후드리의 아이디어를 손보고 있었고, 회사는 개선된 버전에 대한 특허를 확보한 상태였다.

하지만 후드리가 봉착한 문제는 여전히 그 자리에 있었다. 즉 촉매변환 장치는 휘발유에 납이 함유되는 한 무용지물이었던 것이다. 하지만 이 프랑스 전쟁 영웅과는 달리 에드 콜은 이 문제를 해결할 만한 자리에 있었다. 그는 미국 최대 자동차회사의 사장으로서 다른 사람의 힘을 빌릴 필요도 없이 수요를 창출해서 석유회사들이 무연 휘발유를 미국 전역의 주유소에 보급하게—사실상 보급하지 않을 수 없게—만들 수 있었다.

1970년 1월, 콜은 디트로이트에서 열린 자동차기술학회 만찬에서 자동차회사와 석유회사 임원들을 상대로 연설을 했다. 촉매변환 장치를 밀고 싶었던 그는 어리둥절해하는 청중들에게 휘발유에서 납을 제거할 때가 왔다고 선언했다. "아주 많은 논란을 일으킨 연설이었어요." 그의 아들이 회상했다. "아버지가 말했죠. '우린 이걸 어떻게 해결해야 하는지 알고 있습니다. 그러니 그렇게 합시다.'" 제너럴모터스 내부에서조차 동요가 일었지만 에드 콜은 존경을 받았기에 이 변화를 밀고 나갈 수 있었다.

그는 주요 납 공급업체 두 곳과 모든 대형 석유회사 임원들에게 한 명씩 자신을 만나러 오라고 연락했다. 제너럴모터스는 에틸가솔린사의 지분을 이미 매각했지만 그래도 아직 영향력이 있었다. 한 제너럴모터스 공학자는 그 만남이 흥미진진했다고 내게 말했다. "이렇게 말해서 미안합니다만, 석유회사들과 특히 에틸가솔린사와 듀폰이 뚜껑이 열렸거든요. '아, 당신 뭘 하려고 하는 거요? 우리 밥줄을 끊으려고 하고 있잖아. 그렇게 되지는 않을 거요'라고 하면서요. 하지만 그는 그렇게 만들었죠."[9]

이상한 상황이었다. 애초에 휘발유에 납을 첨가하기로 한 결정에서 핵심적인 역할을 한 것이 바로 제너럴모터스였기 때문이다. 하지만 에드 콜은 아이들의 신경에 피해를 주는 이 첨가물을 서서히 중단시키는 데 상당한 조력을 했다. 그의 강압적 전략은 석유회사들이 무연휘발유를 판매하게 만드는 데 성공했고, 1972년 환경보호청은 청정대기법이 부여한 힘을 이용해서 무연휘발유를 폭넓게 공급하도록 명령했다. 나중에는 휘발유 내에서 납 농도를 점점 낮추도록 요구했다가 아예 금지시켰다(매 단계마다 에틸가솔린사는 맞서 싸웠다). 휘발유와 공기에 함유된 납의 농도가 떨어지면서 과학자들은 미국인들의 몸 안에서 일어나는, 눈에 보이지 않는 변화를 측정했다. 아이들의 평균 혈중 납 농도가 0.16ppm에서 0.03ppm으로 떨어졌다. 이는 2~4점에 해당하는 IQ의 상실을 막아줄 정도로 큰 변화였다.[10]

콜은 촉매변환 장치를 포용하긴 했지만 그렇다고 해서 자기 회사를 너무 재촉하고 싶지는 않았다. 그래서 닉슨 대통령이 새 법에 서명을 하자마자 제너럴모터스와 다른 자동차 제조업체들은 새로운 요건은 충족이 불가능하다고 비웃으면서 더 시간을 달라고 요구했다. 닉슨은 고지식한 인디애나주 공화당 의원 윌리엄 럭겔스하우스에게 환경보호청을 맡겼고, 시간연장 문제는 럭겔스하우스의 권한이 되었다. 자동차 제조업체들이 비좁은 강당에서 자신들의 주장을 펼쳤다. 두 개의 긴 테이블 앞에는 카메라와 군중이 있었고, 한쪽 테이블에는 럭겔스하우스와 그의 직원들의 자리가, 또 다른 테이블에는 증인들의 자리가 마련되었다. 전선은 분명했다. 자동차회사들은 촉매가 작동할 수 없다고 말했고, 촉매회사들은 이미 준비가 끝났다고 말했다. 크라이슬러의 한 임원은 위험성을 보여주기 위해 녹아버린 금속 덩어리를 들어올리기도 했다.[11] 럭겔스하우스는 경청하고 난 다음 대답을 내놓았다. 안 된다, 였다. 자동차 제조업체들은 법이 정한 마감기한을 수용해야 했다.

생긴 지 얼마 안 된 환경보호청이 내린 거의 모든 결정이 그렇듯이 결정 역시 법정 다툼으로 이어졌다. 판사는 럭겔스하우스에게 재고하라고 명령했고, 결국 그는 타협안을 제시했다. 마감을 1년 연장하고 중간적인 수준의 개선을 하는 것이었다. 자동차회사들의 투쟁은 수그러들지 않았다. 크라이슬러는 전면 광고 자리를 구매해서 이렇게 주장했다. "여러분이 들이마시는 일반적인 보통 공기에서 자동차 배출물질이 건강을 위협한다는 주장을 입증하는 과학적 근거는 없습니다."[12] 당시 포드 사장이었던 리 아이아코카는 막대한 돈을 들여서 스모그를 없앨 경우 평균적인 미국인이 33년 중에 단 하루 기침을 하지 않게 해주는 효과를 가져올 뿐이라고 말했다.[13]

나중에 의회는 마감기한을 더 연장했다. 하지만 어쨌든 주사위는 던져졌다. 결국 자동차회사들은 해야 하는 일을 해냈다. 이들은 베이커와 머스키 상원의원이 생각했던 것만큼 빨리 목표를 달성하지는 못했다. 하지만 1970년대 중반 무렵에는 미국에서 판매되는 대다수의 자동차가 촉매변환 장치를 달고 있었다. 유럽은 그보다 더뎠지만 역시 점진적으로 변화가 일어났다.

***

한 가지 골치 아픈 문제가 남아 있었다. 촉매변환 장치는 의회가 지목한 두 오염물질인 탄화수소와 일산화탄소에는 효과가 좋았다. 하지만 세 번째 물질인 이산화질소를 제거하기는 더 힘들었는데, 그 이유 중 하나는 이를 위해서는 정반대의 화학반응이 필요하다는 것이었다. 산소를 추가하면 탄화수소와 일산화탄소가 제거되지만 질소산화물을 줄이려면 산소를 제거해야 했던 것이다.

존 무니는 방법이 있을 거라고 생각했다. 엥겔하드라고 하는 광물 정제회사의 화학공학자였던 그는 1970년대에 뉴저지 뉴어크에 있는 자신의 연구소 구석에서 엔진을 조정하고 또 조정했고, 새로운 촉매변환 장치에서 귀금속을 하나하나 테스트했다. 그는 매일 저녁

6시 30분경이면 항상 칼 키스의 사무실로 걸어가곤 했다. 키스는 그의 상급자로, 이 어려운 프로젝트에 매달릴 가치가 있다는 주장을 경영진 앞에서 펼쳐야 하는 사람이었다. 그들이 이산화질소 문제를 해결하면 시장의 크기가 막대해지리라는 주장과 함께.[14]

무니는 저녁에 키스를 만나서 그날 자신이 무엇을 발견했는지를 설명했고, 그러면 키스는 다음번 실험을 위한 아이디어를 던지곤 했다. 새로운 변환장치가 작동하려면 내부 조건을 엄격하게 통제해야 했다. 회사는 무니를 세계 곳곳으로 보내서 일본, 영국, 스웨덴, 독일의 자동차 공학자들과 의논하게 했다. 이들은 막 개발 중이던 내장형 컴퓨터가 산소 수준을 감시하고 조절할 수 있음을 깨달았고, 이 돌파구 덕분에 질소산화물 저감이 가능해졌다. 필요한 모든 오염물질을 처리할 수 있는 무니와 키스의 신규 장치는 "삼원 촉매변환 장치"로 알려지게 되었고, 이는 곧 이전의 장치를 대신하게 되었다(안타깝게도 이 장치는 디젤에는 맞지 않아서 디젤차는 질소산화물을 처리하기 위해 별도의 시스템을 사용해야 했다).

미국 규제기관들이 국내에서 납을 금지하자 에틸가솔린사는 유연휘발유를 해외로 보냈다. 그래서 무니는 나중에 아시아와 아프리카 국가들이 촉매변환 장치를 사용할 수 있도록 휘발유에서 납을 제거하는 작업을 거들었다. 이제 유연휘발유의 재앙은 어디서도 찾아볼 수 없다. 전 세계적으로 유연휘발유가 사라지면서 매년 120만 명 이상의 목숨과 2조 4000억 달러가 구제되고 있다. 놀랍게도 연구자들은 이로 인해 약 6000만 건의 범죄가 예방되었다고 밝혔다. 이 독성물질이 공격적인 행위를 유발하기 때문에 이런 결과가 나타난 것이다.[15] 이는 보기 드문 이중의 성취 가운데 절반에 불과하다. 뇌를 바꿔놓는 독성물질을 제거한 것이 그 절반이고, 이제 전 세계적으로 기술자들이 "고양이"라고 부르는 장치를 사용하여 수십억 명에게 더 깨끗한 공기를 제공하게 된 것이 나머지 절반이다.

무니는 자신이 일익을 맡았다는 사실을 자랑스러워한다. 그의 옛 상급자 키스는 세상을 떠났지만 나는 부모님이 사는 곳에서 별로 멀지 않은 뉴저지의 집에 있는 무니와 통화를 했다. 그의 목소리는 나이가 들어서 탁했고 오래전 일부 세부사항에 대한 기억이 흐려져 있다. 하지만 자신이 한 일이 지대한 영향을 미쳤다는 점에 대한 자부심은 밝게 타오른다. "네, 바로 그 순간이면 기분이 우쭐해져요." 나이 든 공학자가 내게 말한다. "저는 지금 얼굴에 보기 좋은 미소를 짓고 있답니다."

***

조 콜루치 역시 촉매변환 장치의 길고 느린 탄생 과정을 가까이에서 지켜보았다. 아버지가 자동차용 시트커버를 만들던 브루클린의 작업장에서 어린 시절을 보낸 그는 제너럴모터스의 대규모 연구부서 하나를 운영하는 자리에 오르면서 다시 자동차업계에 발을 들이게 되었다. 내가 오하이오에 있는 그의 집으로 전화를 걸었을 때 그는 에드 콜이 그의 영웅 중 한 명이라고 말했다. 콜이 선도적인 결정을 하고 나서 한참 뒤인 1980년대에 콜루치는 또 다른 큰 변화의 일부가 되었다. 황과 다른 오염물질을 저감하여 휘발유를 더 깨끗하게 만들도록 석유회사들에 압력을 행사했던 것이다.

콜루치는 그런 진전은 저절로 이루어지지 않는다는 사실을 알았다. 제너럴모터스에서는 "환경보호청을 적으로 여기는 분위기가 당연시됩니다." 콜루치가 내게 말한다. "그런 태도가 우리 안에 주입되어 있었어요. 그냥 윤리 같은 거였죠. 그들 때문에 우리가 돈을 더 쓰게 될 거니까요." 법과 규정이 치고 들어오면 회사는 대개 해야 하는 일을 했지만, 자동차업계에 그냥 맡겨두었더라면 미국의 공기는 두드러지게 개선되지 못했을 것이다. "우리가 캘리포니아와 환경보호청에 머리를 얻어맞아서 이런 일들을 억지로라도 하지 않았더라면 이 나라가 지금 어디에 있었을지 상상도 못하겠군요."

사실 캘리포니아는 미국의 오염 투쟁에서 오랫동안 미국을 선도하는 중요한 역할을 했다. 캘리포니아는 청정대기법이 통과되었을 때 이미 자동차 배출을 규제하던 상태였기 때문에 청정대기법은 캘리포니아가 하던 대로 계속하도록 허용했다. 그 외 다른 주는 자체 규정을 설정할 수 없었지만 캘리포니아의 규정에 동의하는 서명을 할 수 있었고, 전체 시장이 워낙 크다 보니 (캘리포니아의 주도인) 새크라멘토는 큰 권력을 갖게 되었다.

그러므로 에드 콜에게 선견지명이 있어서 자동차산업을 질질 끌며 앞으로 전진하게 만들었다는 말도 맞지만, 그가 그렇게 했던 이유는 누군가가 그에게 그렇게 하도록 강제했기 때문일 뿐이었다는 말도 타당하다. 수십 년간 자동차 제조업체들은 그렇게 이야기했고 지금도 여전히 그런 식으로 이야기한다. 새로운 변화의 물결이 일 때는 과거에 매달리기 때문이다. 그렇다. 그것은 혁신의 이야기, 기술 발전의 이야기다. 하지만 이 혁신은 너무 느리게 왔고—그동안 인간과 지구는 숨이 막히고 있었다—가능한 수준보다 훨씬 과감하지 못했다. 그리고 기본적으로 이 변화는 품어 안는 대신, 미래에 맞서 싸우는 데 막대한 자원을 쏟아붓는 산업계로부터 끌어내야 했다. 콜루치는 여전히 제너럴모터스 시절을 우호적으로 기억하기 때문에 이를 다르게 표현한다. "맞아요, 우리에겐 오점이 있었죠. 모두에게 오점이 있어요. 하지만 우린 사회를 더 나은 곳으로 만들려고 어마어마하게 많은 일을 했답니다. 그렇게 할 수밖에 없었겠지만요." 그가 웃으며 말한다. "하지만 어쨌든 우린 했어요."

***

존 저먼은 때로 자동차 제조업체들은 규정에 그냥 저항하기만 하는 게 아니라 고의적으로 위반하기도 한다는 사실을 알게 되었다. 저먼은 손자가 막 태어나서 워싱턴에 방문차 와 있었다. 곱슬거리는 흰 머리칼에 베이지색 버튼다운 셔츠를 입고 고리와 주머니로 뒤덮인 어두운 녹색 바지를 입고 있는 그는 허튼소리 같은 건 할 줄 모르는 중서부인처럼 보였다. 우리가 만난 세련된 듀폰트서클 지역의 카페와는 약간 어울리지 않는 모습이었다. 나라고 더 나은 건 아니었다. 타고난 세련됨이 부족해서가 아니라, 이제 막 도착하는 바람에 달고 다니는 여행용 가방 탓이라고 원망하긴 했지만 말이다. 저먼은 디트로이트에서 어린 시절을 보냈고—"모두가 자동차산업에 종사했어요"—미시건에서 일생을 살았다. 그는 자신이 참여했던 중도적인 연구집단이 예기치 않게 언론의 집중 세례를 받게 만든 발견에 대해 설명할 때는 말을 빠르게 하다가 핫초코를 홀짝일 때만 잠시 멈추었다.

그와 국제청정 교통위원회에서 일하는 동료들이 디젤차의 오염 검사를 의뢰했을 때는 세간의 관심을 전혀 염두에 두지 못했다. 이 검사는 법이 요구하는 실험실 테스트에서 디젤차의 배기관에서 나오는 배출물질과 실제 운전 상황에서 도로에 배출되는 물질을 비교하는 것이었다. 이들은 그저 중대한 보고서의 미진한 마지막 부분을 채워 넣고 싶었을 뿐이었고, 이 연구를 통해 디젤에 대한 긍정적인 이야깃거리를 얻을 수 있으리라 생각했다. 즉, 이 더러운 연료를 약간 더 깨끗하게 사용하는 것과 관련하여 미국의 경험에서 유럽에 전할 수 있는 조언을 얻게 될 거라고 말이다.

말할 필요도 없이 이들의 기대는 현실이 되지 못했다. 이들은 일차 테스트 대상으로 폭스바겐 제타를, 그다음 대상으로 폭스바겐 파사트를 선택했다. 캘리포니아의 규제기관은 이 차량에 대해 일반적인 인증 테스트를 진행하기로 합의했고, 국제청정 교통위원회는 웨스트버지니아 대학교 연구자들을 고용해서 이 차량들이 도시와 고속도로와 산속을 달리는 동안 배기관에서 바로 배기가스를 테스트하게 했다.

곧바로 뭔가 이상하다는 게 분명해졌다. 저먼은 처음에는 차량이 오작동하는 것이라고 생각해서 계기판의 등이 들어오냐고까지 물었다. 하지만 그건 정말로 말이 되지 않는 상황이었다. 이 차량들은 규제기관의 테스트를 막 통과한 상태였기 때문이다. 그의 파트너들은 장비에 문제가 있는 것인지도 모른다고 생각해서 장비를 조정하고 또 조정했다. 하지만 결과는 그대로였다. 제타의 배기관에서 나온 질소산화물 오염수치는 허용 수준의 15배였고, 어떤 조건에서는 35배로 치솟았다. 파사트는 허용 수준의 5배에서 20배까지 다양했다.

존 저먼은 평생을 자동차산업 언저리에 있었고, 그래서 무슨 일이 벌어지고 있는지를 상당히 잘 파악했다. 이것은 "임의 조작장치," 즉 규정을 회피하려는 의도적인 노력이었다. "그냥 말문이 막혔어요. 기준의 3배에서 5배 정도였다면 '아, 부하량이 많아서 질소산화물 배출량이 많은가 보다' 하고 얘기할 수 있었겠죠." 아니면 다른 외부적인 요인 때문이었을지도 모른다. "하지만 기준의 15배에서 30배 사이일 때는 설명할 방법이 없어요. 오작동 아니면 임의 조작장치인 거죠. 다른 방법으로는 그 근처에도 갈 수 없어요."

폭스바겐 같은 거대한 회사를 상대로 그런 심각한 혐의를 제기할 준비가 되어 있지 않았던 존 저먼은 연구가 더 진전되는 동안 침묵을 지켰다. 나중에 상급자는 그가 아주 초창기에 진실을 어느 정도 파악하고 있었다는 사실을 알고 놀라움을 금치 못했다. "상사가 그러더라고요, '임의 조작장치가 있다는 걸 알고 있었다고? 왜 나한테 말하지 않았나?'" 대답은 간단했다. "우리는 800만 달러짜리 조직이에요. 폭스바겐은 우리를 벌레처럼 눌러 죽일 수 있죠."

저먼과 동료들은 작업을 꾸준히 밀고 갔고, 연구가 마무리되자 결과를 온라인에 게재했다. 2014년 5월의 일이었다. 그는 여전히 신경이 곤두선 상태였다. 국제청정 교통위원회는 보도자료를 작성하지도 않았고 보고서에 제조업체의 이름을 밝히지도 않았다. 그는 예의상 폭스바겐에 있는 지인에게 사본을 보내면서 "그런데 차량 A와 B가 자네 회사일세"라고 언질을 주었다. 또한 저먼의 단체는 연구 결과를 환경보호청과 캘리포니아 대기자원위원회에도 전달했다. "우리는 완전히 겁을 먹은 상태였어요. 환경보호청과 대기자원위원회가 맡아주기를 바랐죠." 그 후로 그는 한 번씩 이 기관에 이메일을 보냈다. 하지만 아무런 답장이 없었다. 환경보호청에 몸소 13년 이상 몸담은 적이 있었던 그는 그게 무슨 의미인지 알았다.

규제기관들이 조사를 진행 중이었다. 그리고 이들이 연구실과 실제 도로 현장에서 오염 수준이 이렇게 다른 이유가 무엇인지를 판별하기 위해 애쓰는 동안 폭스바겐 임원들은 조용히 다음 조치를 놓고 논쟁을 벌였다. "일단 정직하게 나갈지 말지를 결정해야 합니다." 검사들이 나중에 주장한 바에 따르면 어떤 사람이 한 동료에게 이런 편지를 보냈다. 회사가 합의한 대답은 곧 분명해졌다. 폭스바겐은 몇 개월을 질질 끌다가 기술적인 결함을 탓하며 문제를 해결하겠다고 약속했다. 그러고는 차량을 회수하고 수십만 대의 소프트웨어를 업데이트하기 시작했다.[16]

몇 달 뒤 캘리포니아는 새로운 테스트를 실시했다. 배출물질은 여전히 제한선을 훨씬 웃돌았다. 이제 규제기관들은 소프트웨어가 차량의 오염 시스템을 제어하는 모습을 확인하고 싶어 했다. 그래서 이들은 이례적인 위협을 가했다. 만일 폭스바겐이 소프트웨어 코드를 넘기지 않으면 캘리포니아와 캘리포니아의 기준을 사용하는 10여 개의 주에서 차량을 판매할 때 필요한 승인을 얻지 못할 것이라고 말이다. 그리고 환경보호청은 미국 시장 전체에 대해 검정을 보류하겠다고 위협했다.[17] "그쯤 되자 폭스바겐이 실토했죠." 존 저먼이 내게 말한다.

디젤게이트가 터지면서 역사상 가장 큰 기업 스캔들 중 하나로 부상했다. 폭스바겐은 근 10년 동안 주로 유럽에서 자동차 1100만 대에, 미국에서는 약 60만 대에 임의 조작장치를 심어놓았다고 인정했다. 소프트웨어는 배출 테스트가 진행 중일 때 이를 감지했고, 그런 상황에서는 오염 통제장치가 제대로 작동했다. 하지만 실험실 밖에 나와서는 이 통제장치가 꺼지거나 약해졌고, 질소산화물 수치가 법적인 한도의 40배까지 치솟았다. 폭스바겐은 어쩔 수 없이 실시해야 했던 소프트웨어 업데이트를 이용해서 경탄을 자아낼 정도로 뻔뻔하게 언제 차량을 테스트하고 있는지를 감지하는 능력을 향상시키기까지 했다.[18] 임의 조작장치를 사용하다가 걸린 일이 처음은 아니었지만 폭스바겐의 속임수와 이후 은폐 방식이 워낙 과감해서 규제에 대한 적개심의 역사가 유구한 업계에서마저 충격을 자아냈다.

뉴스가 보도되자 저먼에게 기자들의 전화가 빗발쳤다. "완전히 제정신이 아니었죠." 그가 회상한다. 그 하루가 결국 저물었을 때 그는 안도의 한숨을 쉬었다. "마치, '다행히도 이제 끝났구나' 같은 상황이었어요. 그런데 그다음 날은 두 배 더 지독했죠. 두세 달 동안은 하루 열두 시간동안 다른 일을 거의 하지 못했어요."

처음에 폭스바겐은 "극소수의 중대한 오류"를 탓했지만 한 줌의 사악한 공학자들이 수행하기에는 꼼수가 너무 체계적이었다는 사실이 곧 빠르게 드러났다. 미국에서는 폭스바겐이 결국 벌금과 합의금으로 300억 달러에 가까운 돈을 지불해서 운전자들에게 보상하고, 차량을 회수하고 되사는 데 합의했다. 최고경영자 마틴 빈터코른은 속임수에 대해 알지 못했다고 말했지만, 결국엔 사임했고 나중에 형사고발되었다(그래도 그가 관할국으로 인도될 가능성은 낮다). 다른 고위 임원들 역시 기소되었고—한 명은 플로리다에서 휴가 중에 체포되었다—유죄 인정이 이어졌다. 폭스바겐 역시 청정대기법을 위반하기 위한 모의와 사법질서 방해를 비롯한 기소에 대해 유죄를 인정했다. "폭스바겐은 고의로 혼란을 초래했고 사실을 부정했으며 궁극적으로 거짓말을 했다"고 당시 법무장관이었던 로레타 린치가 말했다.

실제로 저먼을 화나게 만든 것도, 폭스바겐의 법적 문제를 훨씬 심각하게 만든 것도 그 부분이었다. 폭스바겐은 임의 조작장치가 걸린 뒤에도 그 장치를 제거하는 대신 "16개월 동안 관계 기관에 거짓말을" 했다. 저먼은 그 지점이 "정말로 이해할 수 없는 부분"이라고 말한다. 그들이 애초에 속임수를 썼던 이유는 그보다는 확실했다. 돈을 아낄 수 있었던 것이다. 디젤차는 휘발유차에 비해 정화하기가 힘들고 비용도 더 많이 든다. 그리고 그런 장치는 때로 마력과 연료 효율성을 떨어뜨린다. 임의 조작장치는 폭스바겐이 대신 더 저렴한 방법을 사용할 수 있다는 의미였다. "그게 작동할 필요가 없었으니까요."

그리고 나중에 밝혀졌지만 법을 회피한 회사는 폭스바겐만이 아니었다. 대다수의 디젤차가 폭스바겐만큼 노골적이지는 않아도 비슷한 방법으로 배출규정을 우롱하고 있었다. 미국에서 조작 사실이 드러난 뒤 유럽 정부들은 폭스바겐뿐 아니라 다른 유명 브랜드들 역시 도로 테스트를 실시했다. 독일은 53개 모델 가운데 3개를 제외한 모두가 질소산화물 한도를 초과했고, 이 중 가장 심한 경우는 18배 더 많이 배출한다는 사실이 확인됐다.[19] 런던에서는 검사를 담당한 회사인 이미션애널리틱스가 디젤 모델 250여 개 가운데 97%가 규정을 위반했고, 질소산화물을 한도보다 6배 더 많이 배출한 모델이 4분의 1에 달한다는 사실을 밝혔다.[20] "데이터가 계속 들어오는데 입이 다물어지지를 않았어요. 워낙 체계적이고 광범위해서요." 저먼이 말한다. "폭스바겐은 자동차 제조업체 가운데 최악인 절반에 들지도 않아요." 명예로운 몇몇 예외가 있긴 해도 "모두가 그렇게 하고 있었"다.

***

디젤차가 2% 미만인 미국에서도[21] 규정 위반은 분명 일정한 영향을 미쳤다. 하지만 건강에 미친 영향은 유럽이 훨씬 심각했다. 유럽 운전자들은 수년간 디젤차를 사라는 권유를 받았고, 스캔들이 터졌을 때 디젤차가 전체 판매량의 절반 이상을 차지했다. 한 연구에 따르면 2015년 한 해만 놓고 봤을 때 이 규정 위반이 6,800건의 조기 사망을 유발했다.[22] 쉽게 말해서 자동차 제조업체들이 그렇게 오랫동안 마음껏 법을 어기는 바람에 수만 명이 목숨을 잃고 말았다.

물론 디젤 스캔들로 인한 충격 속에서 들춰진 것은 기업의 비행만이 아니었다. 이 스캔들은 최소한 내가 보기에는 기업의 비행만큼이나 우울한 잘못 역시 드러냈다. 유럽 전역에서 법을 이행하고 국민의 건강을 보호할 책임이 있는 정부들이 책임을 깡그리 외면했던 것이다. 디젤 스캔들은 폭스바겐을 비롯하여 속임수를 쓴 다른 회사들만큼이나, 그들을 잡지 못했던 관료들에게도 문제가 있음을 보여준다. 저먼의 설명에 따르면 사실 유럽의 대기질 규제기관들에는 미국 기관들이 오랫동안 보유했던 자원이나 힘이 없다. 유럽 국가들은 자신들의 오염규정이 두려움의 대상이 되는 데 필요한 집행 능력을 한 번도 구축해본 적이 없었다. 저먼은 정부들이 "그것에 대해서 뭔가를 할 수 있는 것 같지 않고, 대부분의 경우에는 뭔가를 하고자 하는 의지조차 없는 것 같다"고 말한다.

저먼의 조직 중에서 유럽 지부는 2014년에 도로 테스트를 실시한 자동차들이 평균적으로 유럽의 한도보다 질소산화물을 7배 더 많이 배출했다고 보고했다. 하지만 유럽은 미국 규제기관들의 대응 때문에 이 속임수를 무시할 수가 없게 된 뒤에야 조치를 취했다. 그마저도 미국보다 훨씬 느리게 공격적이지 않은 방식으로 움직였다. 이런 느슨한 조치와 이것이 빚어낸 법적으로 애매한 부분 때문에 폭스바겐은 미국에서 잘못을 고백한 뒤에도 배출조작 소프트웨어가 유럽에서는 합법이라고 주장했다. 자신들의 행위를 인정했지만 그게 법에 저촉되지 않는다고 주장한 것이다. 유럽에서는 규정을 피하려는 코드가 담긴 폭스바겐이 850만 대—미국의 14배—였기 때문에, 그것이 불법으로 확인될 경우 재정적인 타격은 감당이 불가능할 수 있었다.

미국인들은 유럽인들에 비해 스스로를 환경 느림보라고 생각하는 데 익숙하다. 그리고 많은 경우 실제로 그렇다. 평균적인 미국인의 탄소발자국은 유럽인의 2배이고,[23] 미국인들은 휘발유 가격이 프랑스나 독일의 일부밖에 안 돼도 고함을 치며 항의한다. 하지만 청정대기법과 그 이행기관의 위력 덕분에 미국인들은 대서양 건너편에 사는 사람들보다 훨씬 몸에 좋은 공기를 마시게 되었다. 환경보호청은 수년간 법률과 기술에 대한 전문지식을 엄청나게 쌓았다. 최소한 트럼프 당선 이후 껍데기만 남게 되기 전까지는 모든 용어를 정확하게 정의하고, 모호함을 없애고, 무엇이 허용되고 무엇이 허용되지 않는지를 정리하는 보고서와 회보로 규정을 보충하며 그 부지런함으로 이름을 날렸다. 그 결과 물 한 방울 새지 않는 건 아니더라도 다른 어떤 곳보다 누수가 훨씬 적은 시스템이 마련되었다. 유럽은 규정이 비슷해 보이긴 해도, 누구도 그것이 정확히 무엇을 의미하는지 명확히 하려는 수고를 하지 않는다. 그래서 오염 유발자들이 제각기 다른 해석을 내놓는다. 유럽의 형편없는 공기에 대한 이야기에는 미국의 규제를 망가뜨리고 있는 사람들이 귀담아 들어야 할 경고가 담겨 있다.

이름을 널리 알리고 수년이 지난 지금, 아직도 한 가지 지점이 저먼을 심란하게 한다. 폭스바겐의 비행은 아무런 피해를 끼치지 않았다는 회의론자들의 주장이 때로 그의 귀에 들려온다. "그런 말을 들으면 정말 폭발할 거 같아요." 브레이크나 에어백과 관련된 스캔들과는 달리 이런 부정행위 때문에 운전자가 개인적으로 위험에 처하는 일은 없었고, 물론 누가 위험에 처했는지 정확히 꼬집어 말하는 것도 불가능하다. 하지만 우리가 대기오염의 위험에 대해 알고 있는 모든 지식을 감안했을 때, 유독한 배기가스를 인간이 들이마실 수밖에 없는 공기로 뿜어낼 경우 치명적인 결과가 초래된다는 것은 자명하다. 저먼은 오염규정을 회피한 자동차를 판매하는 것은 "피해자 없는 범죄가 아니라"고 힘주어 말한다.

***

나는 워싱턴의 카페에서 여행용 가방을 끌고 나와 대학 시절 어느 여름에 아르바이트를 했던 레스토랑을 지나친다. 존 저먼 덕분에 내가 런던에서 지내는 내내 강박과 분노와 두려움에 떨게 만든 오염을 이제야 완벽하게 이해하게 되었다는 사실을 깨닫는다. 이제 나는 그 책임이 운전자에게 디젤을 사도록 잘못 유도한 21세기 초의 결정에만 있지 않다는 걸 알고 있다. 자동차회사의 규정 위반만의 잘못도 아니다. 법을 집행하지 못한 그 많은 정부들의 실패가 이 퍼즐에서 빠져 있던 세 번째 조각이었다. 나는 이제 우리가 우리를 보호할 힘을 위탁한 사람들이 기본적으로 일부러 애써 그렇게 하지 않기로 결정했다고 이해한다. 대신 이들은 자동차 제조업체들이 공기 중에 뭐든지 내뿜을 수 있도록 내버려두었다.

그 본질적인 이유 때문에 오염물질이 내 입안에서 까끌한 모래와 신맛을 남겼고, 나와 가족과 이웃들이 심장병, 치매, 온갖 형태의 조기사망 위험에 몰렸다. 또한 런던 시민들이 매일 걸어 다니는 도로가 유해한 매연으로 더럽혀진 것은 실수와 속임수, 태만 때문이다.

어떻게 이런 일이 일어날 수 있었을까? 다른 곳에서는 친환경 진보주의의 대명사인 대륙에 있는, 이 세상에서 가장 부유한 축에 속하는 나라들에서 말이다. 나는 서류상의 규정과 현실의 간극이 어떻게 그렇게까지 크게 벌어질 수 있는지 이해하고 싶지만 아직은 가늠이 안 된다. 그래서 나는 저먼을 만난 지 얼마 되지 않아 베를린의 한 회의실을 찾았다. 아래쪽에 있는 분주한 광장에서 어떤 기타 연주자의 음악이 열린 창문을 통해 흘러 들어오고 있었다. 그곳은 국제청정 교통위원회의 유럽 사무실로, 저먼과 같은 조직의 유럽 지부였다. 나는 저먼의 유럽 동료인 피터 모크를 만나기 위해 그곳에 갔는데, 은색 셔츠를 입고 검은색 머리칼이 약간 삐죽삐죽한 그는 예상보다 젊은 남자였다.

모크의 말을 들으면서 나는 충격적인 실패를 맛본 유럽의 실태를 세세히 이해하기 시작했다. 대기 문제의 많은 것들이 그렇듯 세부사항들은 따분하고 관료적인 느낌을 물씬 풍기지만 그것들은 말 그대로 생사를 좌우한다. 대기 문제는 거의 범법자를 눈감아주려고 설계된 것처럼 보이는 집행 구조에서 출발한다. 유럽연합 집행위원회는 차량 한 대가 만들어낼 수 있는 오염의 양에 대한 규정을 만든다. 하지만 그것을 집행하는 일은 유럽연합이 위치한 브뤼셀이 아니라 각국 정부에게 주어진다. 그리고 신모델 출시를 준비하는 자동차회사는 어느 나라로부터 인증을 받을지를 선택할 수 있다. 그러면 모든 유럽연합 국가는 그 인증을 존중해야 한다. 약삭빠른 자동차 제조업체는 자신이 일자리를 많이 제공한 곳, 그래서 관료들이 고분고분한 곳을 선택한다.

각국의 집행기관은 일반적으로 인력과 자금, 기술 전문지식이 부족하다. 나는 독일의 경우 오랫동안 책임이 두 기관으로 나뉘어져 있음을 알게 되었다. 배출가스 데이터를 수집하는 곳은 환경청이고 신차 인증은 교통청이 한다. 하지만 교통청은 독일의 막강한 자동차 산업과 정부의 관계를 관리하는 곳이기도 한데, 이 관계를 우호적으로 유지하려는 바람은 엄격한 집행과 매끄럽게 조화되지 못한다.

영국은 예외이긴 하지만, 대부분의 나라에서 이런 힘없는 기관들은 직접 자동차를 테스트하지도 않는다. 신모델이 승인을 받으려면

10여 대의 차량을 확인해야 하는데, 이 테스트는 종종 외부 계약자들이 실시한다. 자동차 제조업체의 비즈니스에 의존하는 이런 외부 회사들은 불편한 결과를 제시하지 않을 이유가 충분하다. 이들이 일을 끝내면 제조업체들은 그 서류를 규제기관에 제출하는데, 모크의 말에 따르면 검사 결과는 일반적으로 별 이의 없이 받아들여진다.

게다가 테스트의 세부사항—속도, 가속도 등—이 모두 공개되어 있다. 그래서 제조업체는 그런 특정 조건하에서는 차량이 오염을 거의 유발하지 않고 나머지 상황에서는 오염을 많이 유발하도록 만들 수 있다. 이것이 나를 괴롭히던 질문을 푸는 열쇠였다. 나는 폭스바겐뿐만 아니라 많은 디젤 브랜드가 배출한도를 어기고 있음을 알고 있다. 하지만 대부분의 회사들은 폭스바겐처럼 법적인 문제에 휘말리지 않는다. 어째서 규정을 어기고 있다는 걸 모두가 아는 상황에서 그들이 똑같이 더러운 차를 만들고도 무사할 수 있을까? 알고 보니 많은 제조사들이 마치 좋은 점수를 딸 수 있는 사실에만 집중하며 시험을 준비하는 학생들처럼 오로지 시험을 통과하기 위해 오염 시스템을 설계한 것으로 드러났다.

다른 방법도 있다. 날씨가 너무 덥거나 너무 추울 때, 차가 막 출발할 때, 속도를 올리거나 낮추는 중일 때, 언덕을 올라갈 때, 그들이 비정상이라고 규정하긴 하지만 사실 많은 주행시간을 차지하는 조건에서는 오염 통제장치가 꺼지도록 프로그램을 짜는 것이다. 이에 대한 문제제기가 있으면 회사들은 법적인 허점을 끌어들여, 엔진을 보호하려면 오염 통제장치를 꺼야 한다고 주장할 수 있다. 이런 꼼수는 제조업체들이 드러내 말하지 않고 규제당국은 허용 여부를 밝히지 않는 애매한 영역에 속한다.

이제 결국 유럽의 규제당국들은 실험실 테스트뿐만 아니라 도로 테스트를 의무요건으로 넣기 시작했다. 많은 사람들이 이 새로운 접근법 때문에 결국 자동차 제조업체들이 굴복하게 되리라고, 더 깨끗한 자동차를 판매할 수밖에 없으리라고 떠들어댄다. 만일 문제가 실험실 테스트와 도로 성능 간의 차이라면 테스트를 바깥에서 시행하는 것이 해법이 될 수 있다.

하지만 내가 보기에 실제 문제는 그보다 훨씬 크다. 유럽 국가의 집행상 결함이 테스트 방법의 구체적인 사항보다 더 근본적이라는 것이 분명해 보이기 때문이다. 문제는 약점이 가득하고 악용되기 쉬운 시스템 자체다. 디젤게이트 이후 정치인들은 시스템을 더 엄격하게 단속하기 시작했지만, 시스템은 여전히 강력한 산업계의 시선—그리고 로비 압력—을 받으며 설계된다.

독일의 자동차 제조사들은 이 나라 제조업의 위력을 나타내는 강력한 상징이다 보니 특히 입김이 세다. 이들의 관계망은 정부 최고 위직까지 뻗어 있고, 유럽연합 내에서 독일의 힘을 무시할 수 없다는 것은 이 영향력이 유럽대륙 전역에서 발휘된다는 의미다. 실제로 베를린은 오염규정을 약화하고 집행을 느슨하게 만들려고 힘을 쓰고 있다. 때로 독일 자동차업계는 바다 건너까지 영향력을 발휘하기도 한다. 앙겔라 메르켈은 캘리포니아의 규제기관에 대고 이들의 엄격한 오염규정 때문에 자기 나라의 제조업체들이 피해를 본다고 투덜댔다. 캘리포니아의 고위 대기담당 관료의 회상에 따르면 "메르켈은 마치 자동차업계의 대변인으로 거기에 온 것 같았다."[24] 유럽에서 가장 힘 있는 여성이 하원의 증언에서 어째서 독일이 아니라 미국이 폭스바겐 스캔들을 밝혀냈나라는 질문을 받고서 할 수 있는 최선의 대답은 "저도 설명할 말이 없습니다"였다.[25]

자동차산업이 종종 권력자들을 설득해서 대중의 건강보다 이윤을 더 신경 쓰게 만드는 데 성공했던 것은 분명하다. 자동차산업의 우선순위는 에드 머스키가 미국에서 정했던 우선순위와는 완전히 정반대였고 그래서 그 결과 역시 정반대였다. 도로 테스트가 진전일 수도 있지만, 그것이 결국 공기를 깨끗하게 만들 만병통치약이 되리라는 희망은 부풀려진 듯하다. 집행 시스템이 이렇게 실효성이 없는 상황에서 유럽 정부들은 본질적으로 자동차회사들이 스스로 규율하도록 내버려둔다. 그로 인한 결과는 끔찍하지만 놀랍지는 않다.

사실 나는 일부 힘 있는 사람들이 그 결과를 줄곧 알고 있었다는 것을 알고 충격을 받았다. 나는 독일의 연방환경청 관료인 마르틴 슈미트와 통화했다. 그는 자신의 부서가 배출량을 측정하기 위해 25년간 자동차를 도로로 끌고 나갔고 그 결과를 발표했다고 말한다. 그들은 디젤 차량이 질소산화물을 법적인 최고한도보다 몇 배씩 더 많이 배출한다는 사실을 매년 확인했다. 최근에 시행한 한 테스트 결과는 6배였다. 깜짝 놀란 나는 그에게 더 자세히 설명해달라고 부탁했다. 독일 정부와, 그 공식 보고서를 읽은 사람이면 누구든 자동차 제조업체들이 수십 년간 규정을 어기고 있다는 사실을 알고 있었을까? 그는 침착하게 대답했다. 한도가 엄격해졌을 때 배출량이 줄어들어 있기만 하면 그의 부서는 허용량보다 훨씬 많이 배출된다 해도 신경 쓰지 않았다. "우린 이 데이터를 공개합니다. 원칙적으로 이

건 전혀 새로운 얘기가 아니에요."

그러니까 독일은 알고 있었다는 얘기다. 어쩌면 다른 정부들 역시 알고 있었을 것이다. 하지만 많은 국민들은 알지 못했다. 디젤차를 구매한 수백만 명도 몰랐다. 오랫동안 기업들이 법을 준수한다고, 그리고 그들이 법을 어기면 정부가 그들을 잡아낼 거라고 믿으면서. 오염된 공기를 들이마신 수억 명도 몰랐다. 나는 토니 블레어의 과학자문관이었던 데이비드 킹 경에 대해 생각한다. 그는 자신이 영국의 도로에 그 많은 디젤차를 쏟아내게 될 세금 변화를 지지했던 것은 디젤차가 배출한도를 지킬 거라 믿었기 때문이라고 내게 말했다. 그리고 나는 그가, 그리고 그와 같은 관점을 공유하는 다른 사람들이 독일에서 꾸준히 발표하는 정부 통계자료에 완전히 다른 이야기가 펼쳐지고 있음을 알았더라면 상황을 다르게 판단하지 않았을까 싶다. 영국을 치명적인 경로로 밀어 넣지는 않았을 것 같다.

디젤 사기 스캔들은 어떤 의미에서 혁신의 실패라는 생각이 든다. 자동차회사들은 믿음직하게 수익을 보장하는 자동차를 포기하지 않으려 하는데, 디젤 사기 스캔들이 그러한 고질적인 바람을 폭로하는 또 다른 증상이라는 생각도 든다. 유럽의 자동차 제조업체가 탄소발자국을 줄이려는 각국 정부에게 압력을 행사한 이유의 뿌리에는 분명 이런 보수적인 경계심이 있다. 가령 혼다와 도요타가 이미 1990년대 말에 상용화한 하이브리드보다 디젤에 의지하도록 압력을 넣은 사례가 그렇다. 막대한 자원과 마케팅의 힘으로 소비자를 쥐락펴락할 수 있는 폭스바겐과 다른 자동차회사들이 무엇을 전망으로 들고 나올지는 아무도 모를 일이다. 그리고 도전을 하지 않겠다는 그들의 결정에 대한 대가는 우리 모두가 치르게 되었다.

***

오늘날 전기차가 틈새에서 주류로 움직이기 시작하면서 지금과는 다른 미래의 모습이 흐릿한 윤곽을 드러내고 있다. 분명 해결해야 할 도전 과제들이 있다. 배터리 성능도 개선해야 하고, 충전시설도 늘려야 하며, 자동차에 충분한 전력이 꾸준히 공급되어야 한다. 하지만 이런 것들은 극복 가능한 장애물이며 기술은 빠르게 진보하고 있다.

위험 부담은 그 어느 때보다 크다. 일부 계산에 따르면 오늘날의 자동차는 규제가 거의 없었던 1970년의 자동차보다 99% 더 깨끗하다.[26] 하지만 각국 정부는 우리 몸에 피해를 주는 오염물질은 규제 대상으로 삼으면서도, 지구를 따뜻하게 만드는 오염물질은 오랫동안 방치했다. 최근까지도 이산화탄소 저감을 위한 자동차 규정은 존재하지 않았다. 그래서 이산화탄소는 도로 위를 달리는 자동차의 수와 이 자동차들의 주행거리, 그리고 그것들이 태우는 연료의 양이 늘어나면서 같이 치솟았다.

오늘날 전기자동차는 두 종류의 오염을 모두 대폭 줄일 수 있는 최선의 방법처럼 보인다. 건강한 기후와 건강한 몸이라는 목표가 수렴하는 또 다른 장소처럼 말이다. 전기는 그 자체로는 기후 친화성을 보장하지 않는다. 하지만 바람과 태양 같은 청정한 에너지원으로 차량의 동력을 공급하기 위한 필수적인 전제조건이다.

전기차는 만병통치약이 아니다. 배기가스를 만들어내지는 않지만 브레이크와 타이어가 마모될 때 아주 작은 유독한 입자들이 배출된다. 또한 전기차를 구매하는 사람이 꾸준히 늘어날 경우 차를 만드는 데 필요한 에너지, 그 몸체와 배터리에 사용되는 원재료는 안 그래도 신음하고 있는 지구에 지속 불가능한 부담을 줄 것이다.

지금은 차량에 대한 그칠 줄 모르는 수요가 모든 것을 압도한다. 미국의 차량 수는 1960년 이후로 3배 이상 늘었고,[27] 영국에서는 사람 2명당 차량이 1대꼴이다.[28] 그리고 지금 차량이 가장 빠르게 늘고 있는 곳은 인도와 중국 같은 개발도상국이다. 만일 이들이 선진국이 밟았던 경로를 따를 경우 전 세계 약 10억 대의 차량[29]은 2050년이 되면 30억 대가 넘을 것으로 예상된다.[30] 정말로 필요한 것은 이 성장 속도를 둔화하는 것이 아니라 종류가 무엇이든 간에 차량의 수를 줄이는 것이다. 우리가 삶의 장소를 밀도가 더 높고 보행자와 자전거에 친화적이며 편리하고 저렴한 대중교통—그리고 공유차 같은 새로운 선택지들—이 잘 갖춰진 곳으로 재조직할 경우 이 목표는 달성 가능해진다.

그래도 우리가 몰고 다니는 차량을 깨끗하게 만드는 것은 중요하다. 예전처럼 최고의 희망은 차량을 깨끗하게 만드는 데 기꺼이 돈과 지력을 쏟아붓는 회사에서 나온다. 그리고 항상 그렇듯 많은 힘 있는 선수들은 오래된 방식에 워낙 많은 투자를 하기 때문에 때로 진전은 등 떠밀리듯 이루어진다.

하지만 이번에는 몇 가지 중요한 새로운 힘이 작동하고 있다. 큰 힘 중 하나는 중국이다. 중국이 더 깨끗한 미래를 위해 노력하는 이유에 대해서는 나중에 다룰 것이다. 지금은 중국의 지도자들이 오염 문제를 시급하게 해결해야 한다는 사실을 인정했으며, 전기자동차를 포함해서 이런 일을 하기 위해 필요한 산업을 장악하는 데 열을 올리고 있다는 것만 알아도 충분하다.

청정한 차량에 대한 중국의 갈망—그리고 가장 높은 우선순위에 큰돈을 기꺼이 투자하는 태도—은 자동차산업에 변화를 몰고 와 우리 모두에게 영향을 미칠 것으로 보인다. 중국은 단연 세계 최대 자동차 시장이며, 전기차에 대한 수요가 빠르게 늘고 있기 때문에 이제는 전기차 최대 구매자이기도 하다. 중국 정부는 전기차를 구매하는 운전자에게 환불금을 제공한다. 또 거대 다국적 자동차 제조업체들에게 중국에서 사업을 하고 싶으면 제로배출 또는 저배출 모델이라는 패기만만한 목표치를 충족시켜야 한다고 엄포를 놓으면서 전기차 수백만 대를 추가로 도입할 목표를 세우고 있다. 이런 공격적인 추진으로 이미 전 세계적으로 진행 중이던 흐름에 확실한 가속도가 붙었다. 가격이 하락하고 기술이 개선되고 있으며, 특히 배터리 성능이 향상되어 주행가능 거리가 늘어나고 충전속도가 빨라진 것이다.

중국은 승용차만 청정하게 만들려고 하지 않는다. 승용차만큼 화려하지는 않을지 몰라도 버스는 도시의 역축—인구밀도가 높은 지역의 도로에서 매일 장시간 동안 일하는—이기 때문에 버스의 배출량을 대폭 삭감할 경우 건강상의 이익이 크다. 선전시에서는 2010년대 초에 버스가 전체 교통량의 0.5%였지만 오염물질의 20%를 만들어냈다. 선전시는 놀랄 만한 속도로 1만 6,000대가 넘는 모든 버스를 전기화한 최초의 도시가 되었다. 중국의 나머지 지역도 선전시의 모범을 따르면서 수십만 대의 전기버스를 운행하고 있다. 자동차의 경우처럼 중국의 어마어마한 수요는 다른 곳의 가격을 끌어내릴 정도로 규모의 경제를 창출한다. "시장이 실제로 움직이려면 강한 자극이 필요하다"고 한 저자는 피력했다. "그런데 중국이 바로 그 역할을 하고 있는 것 같다."[31]

물론 중국만 더 깨끗한 차량을 요구하는 것은 아니다. 미국에서는 캘리포니아가 앞장서서 수백만 대의 제로배출 자동차를 도로에 내놓고 있다. 노르웨이 역시 또 다른 선두주자이고, 좀 더 포괄적으로 유럽 역시 전기차로 옮겨가고 있다. 운전자들이 디젤 스캔들에 분노한 데다 대기오염의 위협이 널리 알려지고 기후변화를 해결해야 할 필요까지 더해졌기 때문이다.

자동차 제조업체들은 새로운 전기차와 하이브리드 모델을 출시하고 더 많은 모델을 약속하면서 앞서거니 뒤서거니 이에 대응하는 듯하다. 우습게도 이 새로운 시장에 뛰어든 업체 중 하나는 속임수의 오명을 필사적으로 지우고자 하는 한편 적정가격의 대중시장용 자동차를 만든 경험이 풍부한 폭스바겐이다.

전기차는 여전히 전체 자동차 가운데 아주 작은 일부에 지나지 않지만 그 비중이 점점 늘고 있다. 그 외에도 여러 선택지가 있는데, 아마 시간이 조금 더 흐르면 수소도 그런 선택지 중 하나가 될 것이다. 최근 들어 워낙 많은 산업들—텔레비전과 음악, 뉴스와 유통업—이 탈바꿈했기 때문에 자동차산업 역시 변화의 압력에 시달리는 모습은 그다지 놀랍지 않다. 역사가 오래된 대형 선수들이 충분히 빠르게 움직일지는 아직 섣불리 판단하기 어려운 상황이지만, 만일 그들이 그 일을 하고 싶지 않다면 다른 기업들이 하리라는 점은 점점 분명해지고 있다.

***

지금보다 깨끗한 미래를 엿보기 위해 나는 노스캘리포니아 혼잡 시간대가 끝날 무렵 휘발유를 먹어치우는 SUV와 대형 디젤트럭으로 붐비는 고속도로를 질주했다. 실리콘밸리 가장자리에 있는 프리몬트에 자리한 테슬라 공장을 향하는 길이다. 사실 공장 안은 전통적인 제조업의 기술공정 같은 느낌을 준다. 포스트산업주의의 분위기는 아니지만 오염을 발생시키지 않는 포스트 화석연료 시설이라는 데서 차이가 있다. 길이가 2km에 달하는 거대한 건물 주변은 주차장으로 둘러싸여 있다. 나는 15분 이내에 주차할 장소를 찾아야 한다는 지혜로운 조언을 받았는데, 몇 대의 플러그인 차량을 제외하면 이곳에 있는 거의 모든 자동차가 재래식이다.

건물 안에 들어서니 일군의 테슬라 광팬들이 모여서 수다를 떨며 아침의 투어를 기다리고 있다. 검은 바지에 티셔츠를 입고 은발의 머리카락을 늘어뜨린 우리의 가이드 김Kim은 우리를 작업장 쪽으로 인솔하면서 사실과 수치에 농담을 섞기도 하고, 동료 테슬라 소유주들에게 소리쳐 인사하면서 연륜이 느껴지는 말솜씨를 뽐내기 시작한다. 김의 열정에서 진심이 엿보인다. "여러분이 매일 테슬라를 몰고 1마일을 달릴 때마다 이 세상을 구하는 데 힘을 싣고 있는 거예요." 김이 우리에게 말한다.

김은 작은 시연 공간에서 이런 차량을 만드는 데 사용되는 재료 몇 가지를 사람들에게 돌린다. 맨 처음 재료는 AA 건전지 두세 개

크기의 작은 원통형 배터리다. 김은 이런 건전지 7,000개 정도를 바닥이 평평한 연녹색 통에 담으면 가까운 전시용 자동차의 차대가 된다고 설명한다. 다음 순서는 금괴 모양의 금속 덩어리였고 그다음에는 검은 플라스틱 구슬이 담긴 통이었는데, 그 구슬을 보니 예술가처럼 뽐내는 나의 딸이 형형색색의 구슬을 하트 모양과 별 모양으로 배열한 뒤 나한테 인두로 녹여서 붙이게 했던 기억이 떠오른다. 우리가 길쭉한 트롤리버스에 올라타자 김은 헤드셋을 쓰고 운전을 한다.

자연광이 넘실대는 공장은 흰색이어서 비현실적인 느낌이 든다. 깨끗함보다 더 충격적이었던 것은 조용함이다. 낮은 기계음이 들리긴 하지만, 가끔씩 삑 하거나 철컹 하는 소리를 빼면 여기서 낮잠을 자거나 책을 읽어도 될 것 같다. 우르릉대는 엔진도, 불쾌한 매연도 없다. 그을음도, 때도 없다. 청바지나 검은 바지에 티셔츠를 입고 야구모자를 쓴 노동자들은 대부분 육중한 작업용 신발을 빼면 전자제품 매장 계산대나 기술 신생업체 사무실에 있어도 될 것 같다. 그들은 자전거나 스쿠터를 타고 우리 옆을 휙 지나쳤고, 해가 잘 드는 바닥에 칠해진 선을 따라 걷는다. 한 명은 자전거에서 훌쩍 내리더니 핸드폰을 들여다보고 있다.

김이 운전을 하면서 이야기하는 동안 나는 수십 미터 길게 늘어선 선반에 놓인 금속 부품의 바다를 응시한다. 흙받기나 문처럼 알아볼 수 있는 것도 있고, 의미를 전혀 알 수 없는 모양을 한 것들도 있다. 작은 건물 크기쯤 되는 프레스가 둥글게 말린 거대한 알루미늄판으로 차체 패널을 만든다. 김은 이 프레스의 아랫부분이 3층 밑으로 뻗어 있다고 설명한다. 몇몇 작업자들이 컨베이어벨트에서 나온 부품들을 검사한다. 사람 대신 빨간 로봇 팔이 조용히 앞뒤로, 위아래로 미끄러지고 회전하고 돌리고 들고 리벳으로 고정하고 용접을 하는 곳이 많다. 하지만 작업자들도, 흩어져 있긴 해도 모두 합치면 꽤 많다. 책상과 테이블이 드넓은 작업 현장 쪽을 향해 놓여 있는 사무실 비슷한 장소의 컴퓨터 앞에 대다수가 앉아 있거나 서 있다. 우리는 샐러드바와 커피 판매대가 딸린 고급 카페테리아를 지나친다. 공장 작업장 쪽을 향하고 있는 그곳은 담소를 나누며 식사를 하고 있는 직원들로 가득하다.

트롤리버스를 타고 가고 있는데, 열을 맞춰 늘어선 자동차의 껍데기 수십 개가 눈에 들어오기 시작한다. 이 "끼워 맞추기 구역"에서는 문짝이 설치된다. 가까운 곳에 좌석이 쌓여 있다. 타이어와 이제 막 칠이 끝난 차체들도. 김이 우리에게 작별인사를 하는 동안—김은 "제가 여러분에게 차에 대한 많은 마법과 미스터리를 보여주었기를 바랍니다"라고 말한다—마침내 나는 무엇이 빠져 있는지를 깨닫는다. 내가 여기서 보지 못한 것, 너무 익숙해서 이제야 그 부재를 알아차린 것. 이곳의 자동차에는 배기관이 없다.

맵시 있는 스타일에 야심만만한 테슬라—한 칼럼니스트는 소문난 골칫거리이자 최고경영자인 일론 머스크를 "기술의 이드id"라고 불렀다[32]—는 신생아 단계에서 곧장 청소년기와 그 이후로 직행하고 싶어 하는 산업계의 대변인이라는 거창한 상징을 떠안았다. 테슬라의 자동차는 부드럽게 달리고, 유지 관리가 거의 필요없다. 또 스마트한 방식으로 작동해서 문 손잡이는 운전자가 다가가기만 하면 튀어나오고, 구식 계기판 제어장치가 있던 곳에 커다란 터치스크린이 있다. 테슬라가 재래식 자동차를 대체할 뿐만 아니라 그보다 훨씬 우월한 무언가를 제공한다는 구매자의 믿음은 테슬라의 매력과 그에 대한 떠들썩한 말들을 빚어낸다. 테슬라는 고객에게 했던 약속을 지키기 위해 빨리 차를 만드느라 애를 써왔고, 가끔은 재정 문제 때문에 미래에 암운이 드리워지기도 했다. 하지만 아이디어의 실현 가능성을 증명했고, 전기차가 신뢰할 만하면서 동시에 우아할 수 있음을, 운전자에게 필요한 것과 바라는 것을 모두 채워줄 수 있음을 확실히 보여주는 데 성공했다. 이 과정에서 테슬라는 다른 자동차업체가 자신을 따르도록 자극했다. 그리고 큰 그림에서는 바로 그 점이 이 한 회사의 운명보다 훨씬 중요하다.

머스크는 여러 가지 면에서 미국이 항상 스스로의 이미지로 여겼던 것의 전형인 자신감 넘치는 남아프리카공화국 이민자다. 대담하고 정력적이며, 원대한 꿈을 품고 위험을 감수할 준비가 되어 있는 사람. 허세도 있고 가끔 판단 착오를 일으켜 신문 헤드라인을 장식하긴 하지만, 사업과 공학에 대한 그의 접근법은 변화 앞에서 언제나 복지부동이었던 디트로이트의 태도와 완벽한 대조를 이룬다. 그는 애플의 스티브 잡스와 비교되곤 하지만, 기술 세계에 대한 전형적인 신념을 지닌 머스크는 자신의 사명은 아름다운 장치를 만드는 것보다 더 고매하다고 생각한다. 그는 기술을 움직여서 인류의 가장 시급한 문제를 해결하고 싶어 한다. 한 관찰자는 어떤 투자자가 실리콘밸리에 대해 "작은 아이디어를 좇는 숱한 거대한 정신들"이라고 묘사한 것을 떠올리며, 온갖 결함이 있긴 하지만 머스크의 "정신과 아이디어는 거대하다"고 말했다.[33] 때로 열정이 지나쳐 분란을 일으키는 선동가이기 때문에 머스크는 자신이 옹호하는 신산업을 알리는 메시지 전달자로서는 불완전하다. 화성 식민지 건설, 지하 "하이퍼루프"를 관통하는 고속이동 등 일부 아이디어는 기이해 보이지만, 그는 많은 이들의 예상을 깨고 이 중 몇 가지에서 상당한 진전을 보였다. 솔라시티는 청정한 에너지 사용을 확대하려는 노력이고, 파워월은 재생에너지의 신뢰도를 높이는 배터리 개발을 추진하는 작업이다. 그는 테슬라를 통해 교통수단을 개조하고자 한다. 덩치는 크지만 빈사 상태인 자동차산업보다 앞서서 해낼 수 있다고 장담하는데, 이는 틀린 말이 아니다.

테슬라 공장에서 걸어 나오는데, 멀리서 나부끼고 있는 대형 성조기가 눈에 들어온다. 그 옆에 있는 다른 현수막에는 석유회사 셰브론의 익숙한 적청색 로고가 있다. 화석연료 경제가 여전히 건재함을 확인하려면 테슬라의 성채에서 멀리 갈 것도 없다. 전기차가 아직 휘발유차와 디젤차의 망망대해에 떠 있는 작은 점에 불과하다는 사실을 한 번 더 상기할 필요를 느끼며 고속도로로 향하는데, 번쩍이는 테슬라 대여섯 대를 실은 트럭 한 대가 내 뒤에 선다. 최첨단 자동차를 실은 트럭은 오염을 유발하며 육중하게 움직이는 재래식 차였다. 디젤일 게 거의 확실했다.

기술이 충분히 의미 있는 규모로 약속을 이행하려면 아직 갈 길이 멀다. 하지만 테슬라, 그리고 테슬라의 도전을 따르는 다른 기업들은 무엇이 가능한지를 살짝 보여준다. 미래의 동이 일찍 텄다는 사실은 그런 미래를 누가 현실로 만들지, 즉 실리콘밸리일지, 디트로이트일지, 베이징일지, 독일 볼프스부르크일지보다는 별로 중요하지 않다. 오래전에 촉매변환 장치가 해로운 매연을 완전히 새로운 어떤 것으로 재배열함으로써 큰 도약을 일으켰듯, 오늘날의 혁신은 또 다른 변혁의 희망, 결국 우리가 가야 할 곳으로 우리를 데려가게 될 혁명의 희망을 제시한다.

9장

조금씩

로스앤젤레스의 기나긴 도로

공기 한 모금. 산소, 질소, 수증기. 생명을 선사한다. 숨이 몸으로 들어와 폐로 이동한다. 그런데 갑자기 어떤 계기로 변화가 일어난다. 기체 혼합물 속에서 눈에 띄지 않는 작디작은 오염물질이 기도 벽을 긁는다. 이질적인 분자 하나가 벽 안에 있는 수용기에 도달한다. 하나 더, 또 하나 더. 수천 개. 수백만 개. 하나하나가 수용기에 들러붙어서 꽉 결합한다. 각각의 수용기가 신호를 보낸다. 반응이 시작되고, 그러다가 폭포처럼 쏟아진다. 기도 벽에서 부드러운 근육이 수축한다. 조직이 부어오른다. 관이 좁아진다. 겁먹은 헐떡임. 진하고 굵은 점액이 기도로 쏟아진다. 보통 점액은 기도를 보호하지만 지금은 위협한다. 천명이 심해지고 고음으로 고조되면서 절박해진다. 공포, 그러다가 공황. 식은 땀. 심장이 빠르게 뛴다. 기침, 경련이 멎지 않는다. 호흡은 빠르지만 얕고 힘들다. 손이 주머니를, 가방을 뒤진다. 무언가를 입에 갖다 댄다. 흡입기. 들숨. 참았다가. 날숨. 한 번 더. 폭포가 반전되면서 이제는 긴장이 풀린다. 부어올랐던 곳이 가라앉는다. 점액이 맑아진다. 근육이 부드럽게 풀어진다. 기도가 열린다. 공기가 다시 흐른다. 호흡, 한 번 더. 위기가 지나간다.

***

그것은 쓰라림을 유발하는 황갈색 구름이 로스앤젤레스 도심을 집어삼켜 공황과 혼란을 야기한 1932년 7월 어느 아침에 갑자기 시작되었다. 눈이 타는 듯했고, 공기에서는 표백제 냄새가 났다. 일본의 화학 공격이라며 두려워하는 사람도 있었다.

연무를 경험해본 적은 있었지만 그것과는 전혀 달랐다. 얼마 되지 않아 그날 아침 밀려들어온 것과 비슷한 악취 나는 구름이 규칙적으로 발생해서 로스앤젤레스 사람들을 질식시키고, 그때까지만 해도 시민들이 생득권이라고 생각했던 햇볕을 퇴색시켰다. 심한 날에는 학교 문을 닫았고, 비행기 조종사들은 착륙 직전까지 활주로를 찾을 수가 없었으며, 시야가 나빠서 자동차와 오토바이 추돌사고가 일어났다. 도시 외곽의 들판에서는 작물이 시들었고, 후추나무와 폰데로사소나무 역시 말라 죽었다. 시위대는 가스마스크를 쓰고 당국에게 뭔가 조치를 취할 것을 요구하기 시작했다. 〈로스앤젤레스 타임스〉는 구름이 한 차례 발생하고 나서 "일광 소등"이 벌어졌다고 선언했다. 이삼 년 만에 〈타임〉은 로스앤젤레스를 "공중에 떠있는 쓰레기장"이라고 불렀다.[1]

로스앤젤레스의 스모그는 다른 곳의 오염과는 달랐다. 지금은 분명하지만 당시에는 그 원인이 무엇인지 아무도 이해하지 못했다. 짙은 갈색 연기가 난데없이 등장한 것이다. 일단 공무원들은 화학공장에서 화학물질이 누출된 것으로 의심했지만 공장을 폐쇄해도 상황은 달라지지 않았다. 1948년 오염된 구름 때문에 펜실베이니아의 철강 마을 도노라에서 20명이 목숨을 잃고 수천 명이 병들었다는 소식을 접한 뒤로 로스앤젤레스 시민들의 걱정이 커졌다. 도노라는 전국의 뉴스거리였다. 나중에 전문가들은 아연공장에서 나온 배출물질이 비정상적인 날씨 패턴 때문에 그 자리에 정체되면서 일어난 사고라고 밝혀냈다. 도노라의 사망 사건은 미국인들 내에서 대기오염에 대한 광범위한 의식을 처음으로 일깨웠지만, 로스앤젤레스는 문제의 원인을 규명하지도 못했다.

이런 상황은 결국 1950년대 초에 바뀌었다. 캘리포니아 공과대학교에서 연구하는 네덜란드 출신의 생화학자 아리 하헌스밋은 파인애플의 향미 성분을 분석하는 자신의 연구를 제쳐두고 이 스모그에 대한 실험을 시작했다. 그는 그것이 주로 오존으로 구성되었음을 발견했다. 지면의 오존은 높은 하늘에서 태양 복사로부터 우리를 보호하는 오존층과는 달리 기도에 염증과 피해를 유발하여 천명과 심장마비 같은 반응을 일으킨다. 따라서 여러 가지 불쾌한 영향은 설명이 가능했다. 하지만 하헌스밋은 아직 가장 큰 미스터리를 해결하지 못했다. 오존이 스모그 안에 다량 존재하긴 하지만 로스앤젤레스에서는 오존이 크게 배출되지 않았다. 그러면 이 오존은 모두 정확히 어디서 오는 걸까?

결국 하헌스밋은 범인은 이 지역 어디에나 있는 자동차와 이를 위해 휘발유를 생산하는 정유공장임을 설명해냈다. 하지만 그것들은 스모그의 원재료인 타지 않은 연료와 질소산화물을 배출할 뿐이었다. 세 번째 요인은 로스앤젤레스 사람들이 자동차보다 더 사랑하는 유일한 것, 바로 햇빛이었다. 하헌스밋은 태양이 어떤 화학반응을 촉발함으로써 공기 중에 있는 성분들의 상호작용을 촉진해 오존을 만들어낸다고 생각했다. 그래서 자신의 실험실에서 자동차 배기가스를 빛에 노출시킨 뒤 갈색 매연이 발생하는 모습을 눈으로 지켜본 그는 자신이 옳았음을 확인했다. "스모그"라는 단어는 이제 온갖 종류의 대기오염을 가리키는 일상 표현으로 사용되지만 이 경우 더 정확한 표현은 "광화학 스모그"다.

하헌스밋은 범인을 찾아내는 작업을 인상적으로 수행했지만, 그가 내놓은 대답은 사람들이 원하던 종류가 아니었다. 자동차는 이미 많은 선망을 받는 서던캘리포니아 사람들의 삶에서 핵심이었다. 석유산업과 자동차산업은 당연히도 그의 연구 결과를 깎아내리려고 노력했다. 그래서 그는 일반인들을 모아놓고 그 앞에서 자신의 실험을 반복했고, 청중들의 눈과 코 바로 앞에서 스모그를 만들어냈다. 이제 들이마셔도 안전한 공기가 로스앤젤레스 사람들의 소중한 생활양식의 일부가 되려면 자동차를 더 깨끗하게 만들어야 한다는 사실이 분명해졌다.

***

캘리포니아는 이런 변화를 최초로 요구하기 시작한 주였지만, 산업계의 미적거리는 태도는 이 변화가 현실이 되려면 시간이 걸릴 것임을 시사했다. 수십 년이라는 시간이. 로스앤젤레스 시민들은 점점 스모그에 익숙해져갔지만 그곳에 처음 온 사람들에겐 여전히 충격일 수 있었다. 1969년 예일 대학교 로스쿨을 다니던 메리 니컬스는 여름방학을 맞아 국토횡단 도로여행을 하다가 마지막 행선지에서 스모그를 처음 접하고는 혐오감에 치를 떨었다. "공기가 전에 한 번도 본 적 없는 특이한 오렌지색이었고 냄새도 끔찍했어요." 나와 만난 니컬스가 말했다. 일생의 절반이 더 지난 뒤 어느 이글거리는 여름 날, 새크라멘토에 있는 주 환경청 건물의 해가 잘 드는 회의실에 서였다. 싸구려 장식품—고개를 까딱거리는 플라스틱 부처상, 레트로 스타일의 점심 도시락 한 쌍, 흰 장갑을 끼고 손을 흔드는 영국 여왕의 사진—이 선반에 늘어서 있다. 사각거리는 린넨 재킷을 입고 짧은 은발인 니컬스는 "이곳은 정말 무서워요. 유쾌한 곳이 아니죠"라고 말하며 회상한다. 공기 중에 있던 오염물질이 건강에 미치는 영향에 대해서는 당시 별로 알려진 바가 없었지만 한 과학자는 내게 이런 식으로 설명했다. 로스앤젤레스의 오염은 실험용 쥐가 두 시간 동안 운동하면서 들이마신 공기 때문에 사망하게 될 수준보다 살짝 낮은 수준이었다고.[2]

메리 니컬스는 로스앤젤레스와의 첫 만남이 그렇게 불쾌했는데도 2년 뒤인 1971년에 학위를 마치고 남편과 함께 로스앤젤레스로 돌아왔다. 아직 직장이 없었던 니컬스는 매일 아침 남편을 사무실까지 데려다준 뒤 도시를 탐색하곤 했다. 부부는 로스펠리즈의 산비탈에 있는 아르데코 양식의 건물로 이사했다. 니컬스는 어린 시절을 보낸 눈이 많은 뉴욕 북부와 정반대인 로스앤젤레스가 점점 마음에 들었다. "날씨와 해변, 야자나무가 너무 좋았다"고 나중에 니컬스는 말했다. 하지만 여전히 공기는 참을 수가 없었다. 노란색과 회색이 뒤섞인 아침 때문에, 스모그의 금속 맛 때문에, 스모그가 눈을 따끔거리게 하는 것 때문에 우울해하다가 결국 분노를 느꼈다.[3]

니컬스는 캘리포니아에 오기 전에는 오염에 대해 별생각이 없었지만 어린 시절부터 이미 사회의식에 푹 젖어 있었다. 코넬 대학교 전기공학 교수였던 아버지는 민권, 노조, 그리고 시대를 앞서서 게이의 권리를 비롯한 온갖 대의를 위해 일생 동안 투쟁한 운동가였다. 이타카시 시장이었을 때는 미국에서 공직에 오른 몇 안 되는 사회민주주의자 중 한 명이었다. 어느 여름 니컬스는 테네시주에서 투표인을 등록하는 일을 하는 동안 한 소작인의 집에서 묵기도 했다.[4]

그래서 니컬스는 샌타모니카 대로의 사무실에서 법률 지식을 이용해 좋은 일을 하고자 하는 변호사 집단에 자연스럽게 참여하게 되었다. 니컬스가 로펌 일을 시작한 지 얼마 되지 않았을 때 리버사이드시에서 로펌으로 전화를 걸어 도움을 요청했다. 로스앤젤레스에서 동쪽으로 100km 정도 떨어진 리버사이드시는 인랜드 엠파이어—우뚝 솟은 샌버너디노산맥이 해안에서 불어오는 스모그를 차단하는—라고 알려진 곳에 있었다. 그곳에 정체된 오염물질은 며칠 동안 머물러 있기도 했다. 야구 경기와 육상 연습이 취소되고 학교를 휴교할 수밖에 없을 정도로 일상의 리듬이 뒤집어지는 일도 잦았다.

니컬스의 선배들은 핵 발전소와 신규 고속도로와 싸우느라 여유가 없어서 리버사이드 사건은 그에게 맡겨졌다. 그는 리버사이드시가 시장의 바람대로 로스앤젤레스를 상대로 소송을 하면 이길 가능성이 희박하다는 걸 빠르게 간파했지만 대신 다른 생각이 있었다. 니컬스는 막 발효된 청정대기법을 시험해보고 싶었고, 그래서 청정대기법을 이용해서 캘리포니아와 환경보호청이 스모그 해결 계획을 제출하도록 요구해보자고 리버사이드시를 설득했다. 그들은 소송에서 이겼고, 판사는 관계당국에게 이 지역의 오염 문제를 진지하게 처리할 것을 주문했다.

훨씬 많은 싸움이 기다리고 있었지만 젊은 변호사와 젊은 법 모두에게 중요한 순간이었다. 니컬스에게는 첫 소송이었고, 청정대기법하에서 제기된 최초의 소송이기도 했다. 이후 수년간 니컬스는 더 건강한 공기를 향한 미국의 기나긴 행진에서 가장 중요한 인물 중 한 명으로 성장했다. 니컬스가 1979년에 캘리포니아 대기자원위원회 대표가 되었을 때는 겨우 30대 중반이었다. 하지만 청정대기법은 캘리포니아에 독특한 역할을 부여했고, 이는 곧 대기자원위원회와 니컬스의 힘이 미국 전역에서 반향을 일으키리라는 의미였다.

***

청정대기법의 실제 적용 사례—뜨거운 논쟁, 불만스러운 타협, 수년에 걸친 느리고도 끝없는 진전—를 살펴보기에 로스앤젤레스만큼 좋은 곳도 없다. 청정대기법이 이곳에 가져다준 혜택과 단점들은 휴스턴과 피츠버그, 애틀랜타와 클리블랜드, 뉴욕과 필라델피아 등 미국 전역에서 펼쳐진 이야기들과 중첩된다.

사실 대기오염에 관한 한 로스앤젤레스의 이야기는 미국의 이야기지만, 문제와 대응 모두 미국의 다른 어떤 곳보다도 날이 서 있었다는 점에서 그 이상이었다. 로스앤젤레스의 특수한 환경에서는 부분적인 책임을 자연으로 돌릴 수 있다. 풍부한 햇빛이 오존을 만들어내는 데 도움을 줄 뿐만 아니라, 거친 아름다움을 선사하며 그 일대를 둘러싸고 있는 산맥들이 오염물질을 가두고 있기 때문이다. 1542년에 샌피드로만—오늘날 로스앤젤레스 대기오염의 진앙지—를 일별한 스페인 탐험가들은 그곳을 "연기의 만"이라고 불렀다. 그들은 아마 통바 원주민들의 취사용 불에서 나온 연기를 보았을 것이다. 바다에서 불어온 시원한 공기가 담요 같은 따뜻한 공기층 탓에 아래로 눌렸을 때 만들어지는 역전층, 그 보이지 않는 낮은 천장 때문에 연기가 고였을 것이다.

물론 1970년대에는 인간이 만들어낸 오염물질이 훨씬 많았다. 그래서 과학을 따르는 니컬스의 대기자원위원회는 환경보호청과 지역 규제기관들과 함께 일하면서 체계적이고 단계적인 오염 유발자 단속에 들어갔다. 니컬스가 사용한 규제라는 도구는 매력은 없었지만 효과는 있었다. 규정을 만들고 이행하는 일은 때로는 복잡하고 항상 고된 과정이었다. 물론 규제가 미국에서 오랫동안 가장 격렬한 정치적 단층선 중 하나였던 데는 이유가 있다. 규제는 본질적으로 권력에 대한 것이다. 이 경우에는 로스앤젤레스 사람들이 들이마시는 공기 안에 무엇이 들어 있는지를 결정하는 권력이다.

한 발을 뗄 때마다 힘겨운 투쟁이 벌어졌다. 한번은 대형 트럭들이 니컬스가 공청회를 진행하고 있는 사무실 건물을 에워쌌다. 다른 회의에서는 오토바이 폭주족 클럽인 헬스 엔젤스가 새로운 오토바이 규정에 항의하며 몰려들기도 했다.[5] 나중에 지역 규제기관들이 유독한 용제를 금지했을 때는, 그걸 사용하던 드라이클리닝 업자들이 버스를 타고 와서 시위를 벌였다. 캘리포니아는 주유소에서 퍼지는 유증기를 포집하는 특수 시스템을 의무요건으로 정했다. 그리고 니컬스는 차량에 대한 자체 규정을 허용한 유일한 주인 캘리포니아의 권력을 활용해서 엔진과 연료에 하나하나 개선사항을 요구했다. 자동차 제조업체들은 지역에 따라 다른 모델을 판매하고 싶지 않았기 때문에, 니컬스가 힘들게 만들어낸 변화는 미국 전역에 있는 모두의 혜택으로 돌아갔다.

더딘 과정이었지만 로스앤젤레스의 공기는 확실히 맑아지기 시작했다. 1980년대에도 여전히 공기가 아주 안 좋은 날에는 부모들이 아이들을 밖에서 놀지 못하게 했다. 하지만 꾸준한 개선이 이어지면서 그런 날은 점점 줄어들었다. 수십 년간 공장, 발전소를 비롯한 대규모 오염물질 배출업체들을 통제한 로스앤젤레스의 지방 오염규제기관인 사우스코스트 대기질관리지구는 이제 미국에 있는 다른 어떤 환경기구보다도 더 조밀하게 규제한다. 그곳의 조사관들은 가게 선반에 금지된 페인트가 있는지 점검하고, 심지어 매니큐어 제거제도 스모그에 기여하는 화학물질—휘발성 유기화합물이라고 알려진—이 한도를 초과해서는 안 된다.

니컬스는 첫 직장에서 소송 상대였던 환경보호청에 잠시 근무하고 나서 2007년 다시 캘리포니아 대기자원위원회 대표로 돌아왔다. 이 시기에 그의 시야에 들어온 오염 유발자 중에는 캘리포니아의 도로 위를 달리는 100만여 대의 트럭이 있었는데, 모두 합하면 캘리포니아에서 디젤 매연을 뿜어내는 최대의 오염원이었다.[6] 니컬스는 트력 배출물질에 대한 국지적인 단속을 주 전체 차원의 명령으로 전환했다. 대부분의 트럭 관련 규정은 신규 차량에만 적용되기 때문에 실제 건강상의 혜택이 일어나려면 수십 년이 걸린다. 하지만 니컬스는 이미 도로 위에 나와 있는 트럭들도 대상에 포함해야 한다는 주장을 굽히지 않았다. 또한 이 규정은 빽빽하게 들어찬 아이들이 가장 집약적으로 매연을 들이마시는 디젤 스쿨버스에도 적용되었다.

니컬스의 대기질위원회를 제멋대로 날뛰는 일자리 파괴범이라고 몰아세우며 니컬스에게 막말을 퍼붓는 사람들도 있다. 하지만 그와 대립각을 세운 적이 있는 산업계 내에서도 많은 이들이 마지못해서나마 존경심을 피력한다. 니컬스는 항상 그들의 우려에 귀를 기울이고, 큰 그림은 달라도 현실에서 타협할 준비가 되어 있다. 환경주의자들 역시 니컬스에 대한 감정이 복합적이다. 너무 기꺼이 규정을 희석시키는 선천적인 타협주의자라고 생각하는 사람들도 있고, 구세주 또는 규제의 "록스타",[7] 〈타임〉이 선정한 세계에서 가장 영향력 있는 100명 목록에 오른 "환경주의의 토머스 에디슨"[8]이라고 칭송하는 사람들도 있다. 니컬스 바로 다음에 예일 대학교 로스쿨을 다닌 야심만만한 젊은 여성 힐러리 로댐에 대한 의견이 그렇듯, 니컬스에 대한 관점은 때로 그 관점의 대상에 대해서 만큼이나 그 관점을 가진 사람에 대해서도 많은 이야기를 들려준다.

하지만 오늘날의 로스앤젤레스가 니컬스가 처음으로 봤을 때의 모습과는 완전히 다른 장소라는 점은 논란의 여지가 없다. 내가 만난 오랜 로스앤젤레스 시민들도 똑같이 이야기한다. 수년 전에는 짙은 스모그 때문에 산을 거의 볼 수가 없었는데, 지금은 그 우악스러운 아름다움이 일상생활의 배경이 되었다고 말이다. 이제 오존의 최고치는 오래전 수준의 3분의 1밖에 되지 않고[9]—여전히 법적인 한도를 초과하긴 한다—여러 가지 다른 오염물질에 대해 로스앤젤레스는 연방의 요건을 충족한다. 이 지역의 인구와 경제, 일인당 차량 주행거리가 치솟았음에도 이런 성과를 이뤄냈다는 사실은 특히 인상적이다.

하지만 아직이다. 이 모든 좋은 소식에도 불구하고, 로스앤젤레스는 여전히 아주 현실적인 오염 문제와 싸우고 있다. 이 오염 문제는 전처럼 눈에 보이거나 냄새를 맡을 수 없는데, 대부분의 로스앤젤레스 사람들은 더 이상 공기에 대해서 많이 생각하지 않는다. 그렇다고 해서 그것이 시민의 목숨을 빼앗지 않는다는 의미는 아니다. 이것이 로스앤젤레스의 역설이다. 스모그를 상대로 한 로스앤젤레스의 투쟁은 때로 역사상 위대한 환경 성과 중 하나로 정당하게 묘사되곤 한다. 하지만 이 도시의 공기는 여전히 미국 최악이다. 대 로스앤젤레스는 미국 폐협회의 오존 순위에서 줄곧 1위를 차지했고, 미세먼지 순위에서는 상위 5위 안에 든다.

근본적으로 이는 1700만 명의 사람과 1100만 대의 차—여기에 미국 최대 규모의 두 항구가 끌어모으는 선박과 트럭 통행량—가 그 끝내주게 아름다운 산맥에 둘러싸인 분지에 밀집해 있기 때문이다. 이 지역의 규제가 미국에서 가장 공격적인 이유는 그렇게 할 수밖에 없기 때문이다. 그리고 자동차가 극적으로 깨끗해지긴 했어도 그 절대적인 수 때문에 어쩌면 로스앤젤레스 시민들은 전기나 다른 제로배출 기술에 의지하기 전까지는 진짜로 건강에 좋은 공기를 들이마시지 못할지 모른다.

게다가 로스앤젤레스가 성공을 거머쥐긴 했어도 과학은 결승선을 뒤로 밀어놓았다. 지난 세월 동안 호흡곤란을 겪었던 세대에게는 기적에 가까울 정도로 낮아 보일 수 있는 오염 수준마저도 여전히 생명을 망친다는 연구 결과가 꾸준히 나오고 있기 때문이다. 그리고 세계의 많은 곳에서 그렇듯 더러운 공기는 이곳의 모든 사람에게 영향을 미치긴 해도 남들보다 더 많은 대가를 치르는 사람들이 있다.

***

이번 로스앤젤레스 방문은 수년 만에 처음이었고, 많은 외부인들처럼 나는 그 건조하고 마구잡이로 뻗어나간 경관이 약간 낯설었다. 하지만 가장 충격적이었던 것은 장소의 크기였다. 로스앤젤레스의 교통량과 고속도로는 악명이 높기 때문에 나는 야자수가 늘어선 8차선 도로에 오도 가도 못하고 갇혔을 때 놀라지는 않았다. 하지만 그 광활함은 예상 밖이었다. 비좁은 뉴욕과 그보다 조금 더 넓은 런던에 맞춰서 내부의 거리감이 정해져 있었던 나는 렌터카를 타고 며칠 만에 수백 킬로미터를 달릴 수 있다는 데 충격을 받았다.

내게 충격을 안긴 또 다른 것은 석유산업의 가시적인 존재감이었다. 어떤 멋진 동네에 인터뷰하러 갔다가 조금 일찍 도착하는 바람에 넓은 백사장으로 이어지는 표지판을 따라갔는데, 모래 위에 거대한 정유탱크가 우뚝 솟은 모습을 보고 깜짝 놀랐다. 위장막에 가려져 있기도 하지만 주로 그냥 훤하게 트인 석유펌프와 유정기가 주택 옆에, 맥도날드와 스타벅스 주차장에, 베벌리힐스 고등학교 바로 옆에 자리를 잡고 있었다. 석유 산업계를 위해 일하는 한 변호사는 "그 위에 도시가 건설되는 바람에 완벽하게 훌륭한 유정이 파괴되었다"고 불만을 털어놓기도 했다.[10]

나는 로스앤젤레스의 오염에 대해 누구와 이야기하든 같은 이름을 듣고 또 들었다. 바로 제시 마케즈였다. 마케즈는 이 도시의 남단에 있는 윌밍턴이라고 하는 자신의 동네를 깨끗하게 만들어달라는 요구로 수십 년간 정부와 산업계를 공격해온 정력적인 활동가였다. 슈퍼볼 경기가 열리는 일요일 이른 시간, 마당에는 장미나무와 오렌지나무가 꽃을 피우고 안에서는 작은 개 한 무리가 사납게 짖어대는 그의 집 앞으로 찾아갔다. 그는 슈퍼볼 경기가 시작하기 전에 이야기를 할 수 있는 충분한 시간을 갖고자 했고, 그래서 내게 아침 9시에 오라고 했다. 볼티모어에서 열린 회의에 참석하느라 그 전날 늦은 시간에 도착했으면서 말이다.

마케즈는 둥근 얼굴에 콧수염을 깔끔하게 정리한 우람한 남자다. 플립플롭 슬리퍼에 청바지와 검은색 지미 헨드릭스 티셔츠를 입었고, 꽉 묶은 말총머리가 등에서 찰랑거린다. 문으로 다가온 그는 팔에 2kg도 안 될 것 같은 티컵 치와와를 안고 있다. 다른 몇 마리는 그의 발목 근처에서 몰려다닌다.

말의 공습이 바로 시작된다. 60대의 마케즈는 무릎에 자리 잡은 소형견을 쓰다듬으면서 아즈텍 역사에서부터 아일랜드 감자기근이 멕시코 정치에 미친 영향, 고등학교 시절 크로스컨트리 스타로 빛났던 영광의 시절 등 갖가지 주제에 대한 이야기를 장장 5시간에 걸쳐 늘어놓는다. 하지만 그의 활기를 가장 많이 자극하는 주제는 공기다. 윌밍턴은 거대한 유정 위에 자리하고 있어서 시추 현장이 주택 사이에 흩어져 있다. 이 지역에는 대형 정유공장이 세 곳이고 경계 부분에 하나가 더 있다.

마케즈의 불행한 거주지는 화물의 주요 허브기도 하다. 미국 최대 컨테이너 항구인 로스앤젤레스 항구가 이 동네의 큰 부분을 차지하고, 두 번째로 큰 항구인 롱비치 항구가 바로 옆에 있다. 게다가 두 항구는 미국으로 오가는 컨테이너 선적의 3분의 1 이상을 처리한다.[11] 서던캘리포니아의 교통량에 대해서는 모르는 사람이 없지만, 대기오염의 복잡한 내용에 익숙하지 않은 사람들에게 화물산업의 역할은 놀라울 수 있다. 눈에 드러나지 않는 진실은 이렇다. 우리가 구매한 물건이 공장에서 우리 문 앞까지 이르는 동안 그 뒤에 더러운 족적을 남긴다는 것. 그래서 그 거대한 두 항구의 그늘 밑에 있는 마케즈와 이웃 주민들은 상태가 가장 심각한 로스앤젤레스 공기를 마신다는 것.

전문가의 표현을 빌리면 로스앤젤레스는 모두를 애먹이는 광역적인 대기 문제에 시달리고 있지만 상태가 훨씬 나쁜 핫스폿도 있다. 악명 높은 핫스폿 중 하나인 윌밍턴이 라틴계 인구가 압도적으로 많은 가난한 동네라는 점은 놀랍지 않다. 주로 아프리카계 미국인이 사는 핫스폿들도 있다. 이런 부정의한 부담을 해소하기 위한 투쟁을 두고 "환경정의"라는 표현을 사용하곤 하는데, 이는 마케즈의 동력이기도 하다.

이웃의 안녕이 걱정이 된 그는 2001년에 '안전한 환경을 위한 연합'을 설립했다. "항구나 국제무역, 크레인이 작동하는 방법이나 컨테이너 배, 유조선, 디젤트럭에 대해서는 아무것도 몰랐어요." 그가 내게 말한다. 하지만 항구 경영진이 그 땅 가장자리에 벽을 세우는 작업에 대한 이야기를 하고 있었고, 마케즈를 비롯한 다른 사람들은 항구 경영진이 그 뒤에서 뭘 하고 싶어 하는지가 궁금했다.

알고 보니 대규모 확장계획이 진행 중이었다. "다들 '안 돼'라고 말했어요. 전 그냥 소리쳤죠. '망할, 절대 안 되지! 내 눈에 흙이 들어가기 전엔 말이야'라고요." 교회든 학교든, 사람들이 몇 명이라도 모여 있으면 전단을 돌리면서 곧 있을 회의에 대해 알리고, 질 나쁜 공기가 윌밍턴의 건강에 얼마나 심대한 영향을 미치고 있는지를 설명했다. "우린 길모퉁이에 서서 사람들을 인터뷰했죠." 마케즈가 회상했다. 가족 중에 호흡기 문제가 있다고 답한 사람이 4분의 3이었다.

그 이후로 법정과 미디어, 관공서 사무실에서 항구 확장계획 하나하나를 상대로, 그리고 고속도로를 확장하고 철도 허브를 만들겠다는 제안을 상대로 진 빠지는 전투를 벌였고 새로운 공원 건설을 지지했다. 마케즈의 하루하루는 항구 위원회와 시의회 공청회로 채워져 있다. 그는 방대한 변론 취지서와 씨름하며 늦은 밤까지 일하는 아마추어 고소인이 되었다. "저는 대중용 서명 의견서는 30~40쪽 정도로 작성하고 거기에 3,000쪽 되는 문서를 첨부해요." 한번은 "시의회에 출석할 때 작은 도우미 요정들이 이 수천 쪽짜리 문서를 날라주기도 했어요. 쿵 하고 내려놨죠. 그게 행정기록의 일부가 됐어요." 마케즈는 자신의 적들에 대해 "그들은 윌밍턴 동쪽에 사는 집돌이가 아이큐가 0 이상일 거라고, 자신들의 모든 전문분야에 대해 이의를 제기할 수 있을 거라곤 꿈도 못 꿨을 것"이라며 뿌듯해한다.

그는 잠시 거실 밖으로 나갔다가 오래된 땅콩버터 단지를 들고 돌아온다. 이 단지는 숱한 말과 서류보다 그의 주장을 훨씬 강력하게 전달한다. 거기에는 화물선 배기관에서 모은 고운 검은 가루가 가득하다. "이게 우리가 매일 들이마시는 거예요. 우리 폐가 필터인 거죠." 그는 이웃과 동료 활동가 몇 명을 더 부른다. 마케즈가 집 여기저기를 돌아다니면서 짐을 풀며 정리하고 샤워를 하러 간 동안, 손님들은 인내심 있게 기다리며 한 명 한 명 자리에 앉아 내게 자신들의 이야기를 들려준다. 그들의 말 속에는 슬픔이, 이 마을을 망치고 있는 고통에 대한 날카로운 이해가 깃들어 있다. 다른 것도 감지할 수 있다. 배신감. 이 모든 피해를 유발한 유해한 매연의 주인공들에 대한 배신감 말이다.

리카드로 풀리도는 가족을 오염된 공기에서 보호하기 위해 생각할 수 있는 모든 것을 시도했지만 그걸로는 충분치 않다는 것을 알고 있다. 풀리도는 윌밍턴 바로 옆에 있는 카슨에서 산다. 정유공장에 둘러싸인 곳이다. 수년 전 그와 아내는 돈을 들여 이중창을 설치했고, 공기가 안 좋은 날에는 악취—"진짜 시큼한, 진짜 나쁜 냄새"—를 물리치려고 창문을 꼭 닫는다. 실내에 웅크린 온 가족은 욕지기를 느끼고 따끔거리는 발진이 돋는다. 진 빠지는 두통도 뒤따른다. 아이들은 "아빠, 아무것도 하고 싶지 않아요"라며 불평한다. 그런 날에는 아이들이 밖에서 놀지 못하게 하고 자신 역시 조심한다. "정상적인 상황에서는 매일 걸어요. 뭐가 어떻게 되어가는지를 보고, 가끔은 체육관에 운동하러도 가죠. 이제는 그런 일을 전부 못 해요."

풀리도는 수년간 마케즈 옆에서 같이 싸웠다. 커다랗고 북슬북슬한 눈썹에 콧수염이 희끗하고 짙은 파란색 야구모자를 쓴 그는 말씨가 부드럽고 상냥하다. 하지만 그 밑에 있는 분노는 숨길 수 없다. 정유회사 임원들과 항구의 사장들을 향한 분노 말이다. "그 사람들은 여기에 살지 않습니다. 내가 항상 그 사람들한테 그러죠. '당신들은 어디 삽니까?' [그러면] '저 위쪽 토팽가, 아니면 아래쪽에 있는 오렌지카운티'라는 대답이 돌아옵니다." 그들은 윌밍턴에서 돈을 벌고 오염시킨 뒤에 매일 밤 그곳을 떠난다. 이웃과 이야기하기를 좋아하는 풀리도는 가끔 보건소에 들러서 자녀를 둔 부모들과 한담을 나눈다. 영어를 거의 하지 못하며, 의학의 도움은 값비싼 마지막 수단으로 여기는 사람들이다. 그들은 아이들의 코피와 기침이 끔찍한 공기 때문이라고 생각하지만, 그렇다고 해서 항상 풀리도처럼 공기를 시급한 문제라고 여기지는 않는다. "거기에 아주 익숙해진 거죠. 아무도 상황을 바꾸지 못할 거라고 생각하고, 아무도 신경 쓰지 않는다고 믿죠."

소피아 카리요 역시 사람들이 치르는 비용을 알고 있다. 분홍색 블라우스와 어두운 줄무늬 바지를 입고 맵시 있는 링 귀걸이를 한 이 우아한 여성은 1988년에 멕시코에서 로스앤젤레스로 왔다. 카리요는 마케즈와 함께 볼티모어 회의에 갔다가 역시 어제 밤늦게 집에 왔는데, 오늘 아침 윌밍턴에서 일어날 때 항상 느끼던 기분을 느꼈다. 목소리가 거칠었고 목이 따끔거렸으며 머리가 지끈거렸다. "매일 똑같아요." 카리요가 말한다. "딸을 만나러 오스틴으로 갈 땐 기분이 좋아요. 매우 좋죠." 하지만 집에 돌아오는 순간 증상이 다시 도진다. 의사는 이곳에서 계속 지내는 건 목숨을 걸고 도박하는 것이라 경고하지만, 무슨 문제가 있어도 이 동네는 자신의 집이기 때문에 떠나고 싶지 않다. "나에게는 직장이 있고, 남편이 있고, 내 동네가 있어요."

윌밍턴의 고통은 때로 카리요의 마음을 찢어놓는다. 카리요가 아는 다섯 살밖에 안 되는 한 여자아이는 외출을 하려면 천식발작을 감수해야 한다. 그래서 아이는 집에 앉아서 창문을 통해 친구들이 노는 모습을 구경한다. 카리요는 보안 문제를 장황하게 토론하던 항구 회의에 참석한 적이 있었지만, 카리요가 보기에 진짜 위협은 폭력적인 외부인들이 아니었다. "테러리스트는 내부에 있어요. 정유소, 항구, 도로. 이런 게 테러리스트죠."

***

내가 마케즈의 집에 온 것은 이야기를 하기 위해서이기도 했지만 그가 동네 구경을 시켜주겠다고 약속했기 때문이기도 했다. 점심시간이 다 되어서 우리는 일단 그가 제일 좋아하는 멕시코 테이크아웃 식당부터 갔다. 몇 분 만에 그는 운전석에 앉아서 칠리로 속을 채운 부리또를 씹으며 빨대로 달달한 타마린드 주스를 마셨다. 그가 운전을 하는 동안 내 눈 앞에는 디스토피아적인 광경이 스쳐 지나간다. 처음으로 멈춘 곳은 코노코필립스 정유소. 거대한 탱크로 가득한 들판 옆에 뱀처럼 구불구불한 금속관이 서로 얽히고설킨 채 거대한 덩어리를 형성하고 있다. 그 끝, 낮은 벽 바로 밖에는 작은 마당이 딸린 예쁜 집이 있다. 뒤편 마당에는 옷이 빨랫줄에서 말라가고, 창고 뒷편에는 마케즈가 설치한 대기질 모니터가 있다. 이 집은 정유소와 붐비는 110번 고속도로 사이에 샌드위치처럼 끼인, 폭이 한 블록 정도밖에 안 되는 좁고 긴 땅 위에 있다. 엎어지면 코가 닿을 정도로 가까운 곳에 전문대학이 한 곳 있다. 마케즈는 가끔 정유소의 불길 때문에 공기를 들이마실 수 없을 지경이 되면 대학이 문을 닫는다고 내게 말한다. 이제 발레로에너지 정유소로, 그다음에는 테소로라는 회사가 운영하는 정유소를 지나간다. 둘 다 거대하며, 똑같이 거대한 탱크와 구불구불한 관들이 많다.

이동하는 동안 나는 화물의 이동이 어떻게 이 동네의 지형 역시 결정하는지를 줄곧 눈으로 확인한다. 이곳, 그리고 유사한 다른 곳들은 미국 소비자 경제의 중추 역할을 한다. 소파와 운동화에서부터 자동차 부품과 장난감에 이르기까지, 온갖 일상용품으로 꽉찬 선적용 컨테이너가 곳곳에 대여섯 개씩 높다랗게 쌓여 있다. 거대한 항구 두 개로 끝나는 게 아니었다. 자체적인 내부도로와 철로가 얽히고설킨 채 몇 제곱킬로미터에 걸쳐 뻗어나간다. 우리는 도처에서 거대한 야적장과 트럭, 기차 차고를 지나쳤는데, 그 수가 어찌나 많던지 숫자를 세다가 곧 까먹고 말았다. 그것들 모두가 '디젤 자석,' 끝없는 트럭 행렬의 허브다. 윌밍턴의 도로를 터덜터덜 관통하면서 유독한 배기가스를 뭉게뭉게 피우며 다니는 일련의 트럭 말이다.

그 규모는 상상을 초월한다. 그 산업적인 공간 사이에는 작은 집과 동네가 점점이 흩어져 있다. 컨테이너로 북적이는 한 야적장 건너편에 앞마당에 오렌지 나무를 심어놓은 깔끔한 주택이 늘어서 있다. 이런 심란한 경관은 항구에서 내륙으로 뻗은 화물의 통로를 따라 쭉 이어진다. 로스앤젤레스에서 동쪽으로 향하는 고속도로는 대형 운송회사의 이름이 달린 배에서 막 내린 컨테이너를 끌고 전국의 타깃 할인마트와 월마트로 향하는 트럭으로 꽉 막혀 있다.

이 중 많은 트럭이 먼저 초대형 창고가 가득한 유통 허브로 성장한 인랜드 엠파이어의 마을에 정차할 것이다. 가령 작은 미라로마—뜨겁고 평평하고 건조한 곳—에는 하루에 1만 5,000대의 트럭이 정차한다.[12] 미국인 대부분이 그렇듯 나는 옷이나 전자제품을 살 때 이런 장소에 대해 거의 생각해본 적이 없고, 이 모든 컨테이너를 바라보면서 그 안에 뭐가 들었을지 상상하는 것도 어색하다. 내가 앞으로 몇 주 뒤에 애나를 위해 충동적으로 집어들게 될 레깅스가 있을까? 내 핸드폰에 필요한 새로운 충전기가 있을까?

물론 이 시스템의 촉수는 캘리포니아에서 멀리 떨어진 곳까지 미친다. 화물은 세계화된 세상에서 반드시 필요한 내부 연결장치와 같다. 그리고 그것이 닿는 곳은 어디든 질병과 죽음이 따라간다. 이곳 항구에 정박된 것과 같은 원양 화물선은 최악의 오염 유발자에 속한다. 이런 화물선의 엔진—어떤 것은 건물 5층 높이만 하다—은 원유에서 디젤과 휘발유를 추출하고 난 뒤에 남은 찐득한 잔여물질을 연료로 움직인다. 벙커유라고하는 이 연료는 오염물질을 빨아들이기 때문에 가장 더러운 에너지원에 속한다고 평가된다. 점성이 있고 묵직하며 워낙 농도가 진해서 예열을 해야 관을 통해 흐를 수 있다. 벙커유는 황 함유량이 육지 차량 허용치의 1,800배에 달하기도 한다. 이로 인해 인간은 심각한 타격을 입을 수밖에 없는데, 특히 해안가에서 인구밀도가 높은 경우가 많기 때문이다. 가령 유럽에서는 화물선에서 비롯된 오염이 매년 약 5만 명의 사망자를 유발하는 것으로 추정된다.[13] 이 때문에 기후 역시 신음한다. 화물의 탄소발자국은 전 세계에서 2% 이상을 차지하는데, 이는 영국이나 독일의 연간 배출량보다 많다.

다행히도 마케즈가 수년간 싸워온 덕분에 성과가 있었다. 그의 동네에서 압도적인 존재감을 뽐내는 항구에 변화가 생겼는데, 이 중 많은 것들이 차이나쉬핑 회사가 사용하는 로스앤젤레스 항구 터미널 확장계획을 놓고 치러진 영웅적인 전투에서 비롯되었다. 컨테이너 9,000여 개를 저장하고, 연간 트럭 100만 대의 방문을 감당할 수 있는 규모의 시설로 확장한다는 제안[14]은 두 항구의 무제한적인 성장에 대한 지역사회의 좌절감을 표출하는 대리전으로 이어졌다. 그래서 마케즈와 다른 운동가들은 힘을 모아 심지가 굳은 변호사 팀과 함께 맞서 싸웠다.

이들은 7년간 늘어진 힘겨루기 과정에서 법적인 지렛대를 하나하나 사용해 항구가 제안한 모든 개발계획을 막았다. 새로운 부두도, 터미널도 모두 무산되었다. 양측이 휴전에 들어가기 전까지 모든 공사는 중단될 것이었다. 경쟁이 심한 산업에서의 교착상태는 항만의 입장에서는 고통스럽고 큰 대가가 따랐다. 결국 상소법원은 환경주의자들의 손을 들어주었고, 성장을 재개하는 데 물불 가리지 않던 항구의 임원들은 5000만 달러를 내놓고 정화를 약속했다. 옆에서 팔짱을 끼고 초조하게 지켜보던 롱비치 항구는 비슷한 싸움 때문에 제 확장의 꿈이 무산되지 않도록 공동으로 '청정대기 실천계획'에 서명했다.

메리 니컬스의 기관은 나중에 이 거래로 촉발된 많은 변화들을 주 전체 차원의 의무 규정으로 전환했다. 그래서 샌디에이고에서부터 오클랜드에 있는 모든 항구들이 변화를 받아들이지 않을 수 없었다. 물론 이 중에는 수년 전에 이루어질 수 있는 것들도 많았다. 화물선은 부두에 들어와 있는 동안 전기가 필요한데, 보통은 보조엔진을 돌려서 전기를 만든다. 그래서 거대한 배가 한 번 방문하기만 해도 디젤트럭 한 대가 전 세계를 세 바퀴 돌았을 때만큼 공기가 더러워진다.[15] 하지만 항구에서 충전식 전력을 공급할 경우 선장들은 엔진을 끌 수 있다. 해군은 수년 동안 이렇게 해오고 있었지만 로스앤젤레스는 처음으로 상업용 컨테이너 선박에 이 선택지를 제공했다. 이제 공회전 금지대상 선박의 비중이 점점 늘고 있다. 하지만 다른 경쟁관계에 있는 항구들이 이 모범을 따라 조치를 취하지 않기 때문에 대부분의 항구에서는 아직도 계류 중인 선박들이 유독한 배기가스를 뿜어낸다.

다른 변화들은 이보다 훨씬 수월했다. 충전이 불가능한 선박의 경우 선장이 굴뚝에 여과장치를 설치하면 95% 이상의 오염물질을 여과할 수 있다.[16] 인센티브 지불금 덕분에 선박회사들은 육지에 접근할 때 속도를 줄이게 되었고, 결국 오염이 절반으로 줄어들었다.[17] 그리고 항구의 대형 크레인이 디젤 대신 전기를 사용하기 시작했다.

니컬스의 기관 역시 한 발 더 나아가 배가 해안에 접근할 때 저황유를 사용하도록 했다. 국제화물을 정화하려는 노력은 관할구역 문제—전 세계를 돌아다니는 선박에 대한 규정을 누가 만들 것인가—때문에 오랫동안 지체되었다. 그래서 이 새로운 규정이 긴장을 낳긴 했지만 법원은 니컬스의 편을 들어주었다. 나중에 다른 주에서 역시 경감의 가능성이 나타났고, 국제협약은 언젠가 결국 캘리포니아 해안선뿐만 아니라 미국 전역의 해안선을 따라 더 깨끗한 연료를 사용하도록 요구할 것이다. 새로운 한도는 황을 이전 수준의 27분의 1로 제한할 것이고—이는 얼마나 오랫동안 황 수치가 높았던가를 알려주는 분명한 신호다—이 덕분에 매년 3만 1,000명이 목숨을 구할 것으로 예상된다.[18]

그러므로 로스앤젤레스와 롱비치의 항구들이 말하기 좋아하듯 이들의 정화 노력이 산업계를 선도했다고 볼 수도 있지만, 사실 이 관점은 너무 기준이 낮은 평가다. 운동가들은 항구가 오래전에 했어야 할 일을 한 것뿐이라고 믿는다. 즉, 자신들의 사업이 유발하는 질병과 사망을 최소화하기 위한 노력을 한 것뿐이라고 말이다. 그럼에도 이곳의 변화가 실제적인 혜택을 불러일으킨 것은 분명하다. 새로운 규정이 실시되면서 디젤로 인한 미세먼지가 대 로스앤젤레스에서 7년간 70% 대폭 하락했다. 그 결과 공기 중 유독물질로 인한 암 발생 위험도 거의 그만큼 줄어들었다.[19]

마케즈가 내게 동네 구경을 시켜주기 며칠 전, 나는 어떤 경영자가 후원한 보트를 타고 내부에서 로스앤젤레스 항구를 바라보았다. 스낵바가 딸린 작은 관광용 배에 다른 이삼십 명의 승객들과 함께 배에 오른 나는 대부분의 시간을 목을 길게 빼고 거대한 배들을 올려다보며 보냈다. 배와 그 배에 실린 컨테이너 모두가 수입품의 수요에 맞게 초대형이었다. 평균적인 신규 화물선의 크기는 10년 동안 3배나 커졌다.[20] 한 시간가량 배를 타고 돌아다니면서 우리는 약 70km에 달하는 항구의 수변 중 겨우 몇 킬로미터만 둘러보았다. 해

설자가 확성기에 대고 설명했다. 이 배는 철강을 수입하고, 다른 배는 풍력 터빈용 날개를 들여오고 있으며, 저 거대한 기계는 해외에서 재활용하기 위해 금속 부스러기를 잘게 썰 준비를 하고 있다고. 부두 옆에는 석유탱크로 가득한 공간이 있고, 트럭들이 긴 다리 위에서 우르릉거렸다.

확장계획이 진행 중이고 앞으로 몇십 년간 화물이 3배 늘어날 것으로 전망되는 상황에서,[21] 절대적인 증가량 때문에 개선의 효과가 모두 뒤집히지 않게 하려면 항구는 정화의 노력을 계속 이어가야 한다. 하지만 지금 항구 임원들은 경쟁의 압박과 이윤 폭 하락 때문에 새로운 변화를 관리하기가 더 힘들어졌다고 볼멘소리를 한다. 물론 여기서는 이해관계가 오염수치와 암 발생률이 아니라 달러와 일자리로 측정되기 때문이다. 매일 약 12억 5000만 달러 가치의 상품이 이 두 항구를 거쳐가고,[22] 화물산업은 서던캘리포니아 경제의 큰 부분을 지탱한다. 이제 파나마 운하의 확장으로 아시아 제조업체들이 서부해안을 우회하여 상품을 미국 동부로 바로 보낼 수 있는 선택지가 생겼기 때문에 항구들은 시장 지분을 잃지 않으려고 안간힘을 쓰고 있다.

제시 마케즈가 보기에 오염을 줄이기 위한 변화가 이 지역 경제에 타격을 줄 것이라는 선박회사와 트럭 화물업자, 정유산업의 주장은 공허한 거짓말이다. 건강을 지키는 일은 오염자들의 돈은 아닐지라도 사회 전체의 돈을 거의 항상 절약하게 해준다는 사실은 이미 증거로 확인되었다. 실제로 한 연구에 따르면 청정대기법의 미세먼지 기준을 충족시키는 데 따르는 건강상의 편익은 로스앤젤레스 지역

에서 1년에 200억 달러 이상을 절약하게 해준다.[23]

일부 사업가들은 더 나은 미래를 포용할 준비를 하고 있다. 롱비치 항구에는 새로운 종류의 터미널이 곧 등장한다. 자동화 수준이 높고 태양 발전을 부분적으로 이용하는 미들하버는 재래식 터미널이 만들어내는 오염물질의 절반만을 만들어내고, 트럭을 기차로, 디젤 크레인과 트랙터를 충전식 장비로 대체할 것으로 예상된다. 이는 미래의 모델로 각광받았으며, 상품을 이동시킨다고 해서 반드시 공기를 오염시키는 건 아님을 보여주는 증거다.

전기트럭과 더 깨끗한 수송용 연료, 부둣가의 기계에 전력을 공급할 가공선과 제로배출을 향한 경로에 대한 논의도 있다. 거기서 발생하는 이익은 마케즈의 동네 같은 지역사회에만 국한되지 않는다. 로스앤젤레스 항구와 롱비치 항구는 서던캘리포니아에서 단일한 대기오염원 중 가장 큰 비중을 차지한다.[24] 따라서 화물 허브에 가까이 사는 사람들이 가장 심각하게 영향을 받긴 하지만 화물산업의 탄소 발자국에서 자유로울 수 있는 사람은 없다. 아직은 갈 길이 멀고 진전은 지금보다 훨씬 빨라질 수 있다. 하지만 이 모든 논란과 소송 중에서도 한 가지 분명한 사실이 있다. 제시 마케즈 같은 운동가와 메리 니컬스 같은 규제자들의 노력 덕분에 수백만 명이 마시는 공기가 크게 향상되었다는 점 말이다.

***

이제 캘리포니아는 미래를 고민하고 있다. 니컬스는 자신의 기여에 부분적으로 힘입어 개선된 대기가 아직 충분치 않다는 사실을 알고 있다. 하늘이 맑아 보이는 날에도 오염은 근무시간 단축, 병원 방문, 질병과 죽음이라는 형태로 대가를 요구한다고 니컬스는 내게 말한다. 그래서 니컬스는 여전히 다음번 변화 조치를 위해 트럭 화물업자와 해운회사, 자동차 제조업체를 재촉하고 있다. 물론 이런 진보를 반대하는 사람들은 그것을 역전시키는 것까지는 아니더라도 중단시키기 위해 열심히 압박을 가한다. 나라 반대편 워싱턴에서는 공화당원들이 1970년에 청정대기법이 통과되었을 때 이미 자동차 배출물질을 규제하던 유일한 주로서 캘리포니아가 쥐고 있던 힘을 박탈하고 싶어 한다. 그래서 니컬스와 새크라멘토에 있는 동료들은 캘리포니아의 공기와 미국의 공기가 더 더러워지는 것을 막기 위한 전투의 최전선에 서 있다.

다른 문제도 있다. 미국 서부와 캘리포니아에서 산불이 더 자주 강하게 발생하면서 그 연기와 함께 실제적인 건강 위협이 주기적으로 나타나게 되었다. 유독물질과 미세먼지가 가득한 이 연기는 로스앤젤레스뿐만 아니라 시애틀과 샌프란시스코 같은 도시들을 담요처럼 덮어버리는데, 가끔 너무 심할 때는 비행기가 결항되고 행정당국이 사람들에게 마스크를 나누어주며 건강한 성인마저도 외출을 삼가라는 경고가 발령된다. 나는 특히 산불이 심했을 때 직접 이 연기를 겪었다(산불은 매년 더 나빠지는 것 같긴 하지만). 노던캘리포니아의 산에서 등산을 하던 나와 가족 앞에는, 평상시였다면 빼어난 아름다움을 자랑했겠지만 이제는 짙은 연무에 가려진 풍경이 펼쳐졌다. 베이징에 방문했을 때도 떠올랐다. 그리고 물론 이는 사진을 몇 장 망치는 데서 끝나지 않고, 질병과 죽음 같은 훨씬 심각한 결과를 안긴다.

지구온난화 때문에 서부에서 발생한 열기와 가뭄이 부추긴 이런 산불은 지금 무엇이 관건인지를 다시 상기시킨다. 니컬스의 대기위원회는 공기를 더 숨 쉴 만하게 만드는 일뿐만 아니라 2030년까지 캘리포니아의 석유 소비를 절반으로 줄인다는 높은 목표를 현실화하는 책임, 그 야심 찬 기후의제를 이행하는 책임 역시 지고 있다. 여기서 이 두 가지 우선사항—건강에 이로운 공기와 안정된 기후—은 불가분까지는 아니더라도 서로 깊이 뒤얽혀 있다.

이제 70대에 접어든 메리 니컬스는 자신이 그리는 미래를 설명할 때 손자들에 대해 언급한다. 캘리포니아의 공기가 훨씬 깨끗해지고, 전기차가 휘발유차를 대신하고, 경제가 성장해도 탄소 배출량이 하락하는 그런 미래 말이다. 나는 로스앤젤레스에서 종종 "제로배출"이라는 단어를 들을 때마다 놀라움을 느낀다. 대부분의 장소에서 이 말은 다소 유토피아적인 미래상, 최소한 지금과는 멀리 떨어진 미래의 일을 의미하고, 보통은 열혈 환경주의자의 입에서나 정신 나간 정책 제안서에서 나온다. 그런데 여기서는 항구의 임원들과 대기와 관련된 지역 기관에서 만난 부지런한 관료마저 이 표현을 입에 담는다. 화물시설에서부터 자동차에 이르기까지 캘리포니아에서는 마치 그것이 달성 불가능한 녹색 환상이 아니라 필요하고 불가피한 다음 단계라는 듯이 이야기된다.

전기차는 공격적으로 추진되고 있다. 캘리포니아는 전기차 구매자에게 관대한 인센티브를 제공하고, 관료들은 2030년까지 500만 대의 운행을 희망한다. 전기차를 절반 정도의 가격으로 구입할 수 있는 캘리포니아는 내가 가본 곳 중에서 전기차를 흔하게 볼 수 있는 몇 안 되는 곳 중 하나였다. 캘리포니아의 전략에서 중요한 부분은 소득이 적은 사람이 청정한 차량을 구입할 수 있도록 돕는 것이다. 이런 도움이 없을 경우 이들은 고소득자에 비해 더럽고 낡은 고물 차를 몰고 다닐 가능성이 더 높다. 생계를 버겁게 유지하는 어떤 캘리포니아 사람은 이런 보조금과 대출이 자신에게는 생명줄이라고 내게 말했다. "전기차를 사지 못했더라면 직장에 출퇴근하지 못했을 거예요."[25] 다른 주 역시 캘리포니아의 모범을 따른다면 머지않아 전기차는 부자를 위한 장난감일 뿐이라는 이미지를 벗을지 모른다.

로스앤젤레스에서 대기오염의 심각성을 눈으로 느끼게 하는 네온빛 일몰의 시절은 이제 옛일이 되었다. "제 일에서 더 좌절감을 안기는 것 중 하나는 오래전부터 이곳에 살았던 사람들에게 아직도 문제가 있다는 걸 설득하는 거예요." 조지프 루가 말한다. 단정한 매무새에 빈틈없어 보이는 이 남자는 시내에서 30분 정도 떨어진 엘세군도에 있는 집 근처 카페에서 아이스커피를 들고 자리에 앉는 순간 강렬함을 뿜어낸다. 캘리포니아 청정대기연합의 대표인 그는 정부의 힘과 똑똑한 정책 수립—메리 니컬스 또는 그와 유사한 다른 사람들의 단계적인 진보—이 삶을 개선할 수 있다고 믿는다. 그는 로스앤젤레스가 더 깨끗하고 건강한 도시가 되기를 바라고, 그것이 가능하다고 믿는다. 몇 번이고 그런 일이 벌어지는 것을 직접 보았기 때문이다. "우리가 얼마나 많은 진전을 이뤘는지 진짜 믿을 수가 없어요. 끈기 있게 매달리면 가능한 일입니다."

얼마 전 한 공학 전문가가 미세먼지의 경로를 추적해서 그 근원을 찾아내는 새로운 기술을 테스트하면서 로스엔젤레스 공항에서 대

책을 강구하고 있다고 루가 내게 말했다. 이 공학 교수는 해안에서 몇 킬로미터 떨어진 곳에서 산화황이 발생한다는 결과를 보고 당혹스러워했다. "내가 말했죠. '셰브론 해양터미널이에요. 해안에서 떨어진 상태로 정박된 배들입니다.'" 이 배들은 연료를 운반하려고 기다리는 중이었다고 루는 회상한다. 공학 교수는 놀라움을 금치 못했다. 그는 그런 시설에 대해서는 처음 들어보았기 때문이다. 몇 년 뒤 그가 다시 찾아왔을 때는 바다에 있던 오염 유발 지점이 사라져 있었다. "그게 왜 사라졌을까요?" 루가 내게 묻는다. "메리[그리고 대기자원위원회]가 규정을 만들면서 '당신들은 이 배의 연료를 바꿔야 해요'라고 말했거든요. 그래서 전 그 연구 결과를 얻어서 메리에게 보내고 이렇게 말했어요. '여기 좋은 자료가 있습니다. 당신이 그런 규정들을 채택할 때 실제로 효과가 있다는 걸 보여주는 자료예요. 그 망할 것들이 존재하는지도 몰랐던 한 남자가 독립적인 모니터링을 실시해서 얻은 진짜 사실에 기반한 자료입니다.'"

바로 이런 종류의 측정 가능한 결과는 니컬스에게 직장 생활의 큰 보람을 안긴다. 오래전 처음으로 법적인 승리를 거둔 뒤, 수십 년간 반항적인 산업계와 불만에 찬 환경주의자들의 전투에서 심판을 맡거나 때로 그 전투에 가담하면서 흥분은 무뎌졌다. 하지만 뒤돌아보면 이보다 더 중요하고 더 오래 지속되는 변화를 일구는 데 기여할 만한 다른 일을 떠올리기는 불가능하다.

이런 식의 환경 개선이 가져오는 편익은 니컬스의 아버지가 이루기 위해 싸웠던 것들과 같은 변화, 즉 동성결혼이나 아프리카계 미국인 대통령의 선출로 이어진 사회 변화의 전율을 끌어내지는 못할 수 있다. 하지만 이 역시 현대 미국의 진보에서 일부를 차지한다. 그리고 역시 아직 끝나지 않은 이야기다. 노력은 여전히 이어지고 있다. 하지만 로스앤젤레스의 성공은 나머지 사람들에게 깨끗한 공기를 위한 싸움은 과학과 뚝심, 그리고 계속 밀고 나가겠다는 의지가 있다면 이룰 수 있는 것임을 보여준다.

10장

공기 재앙에서 살아가다

중국의 다음 혁명

출발지에서 약 1억 6000만 km 떨어진 여정의 끝에서 빛이 쏟아져 내린다. 곧 만나게 될 재료, 금방 파트너가 될 그것 역시 여행 중이었다. 실리콘(규소)은 지구에서 가장 풍부한 성분에 속한다. 모래와 진흙, 부싯돌과 석영에도 있다. 일에 맞춰 준비하려면 녹여서 정화해야 한다. 그다음에는 눈에 띄지 않게 오염된 작디작은 불균형을 그 완벽한 결정체에 주입한다. 실리콘이 겹겹이 가라앉고, 한 층에 추가로 전자를 심는 동안 다른 한 층은 전자가 사라진 곳에 틈이 생긴다. 그 차이는 놀라운 잠재력을 만들어낸다. 외부에서 작은 충격만 받으면 실현되어, 훨씬 큰 어떤 것을 만들어내는 잠재력. 힘을 만들어내는 잠재력. 충격은 하늘에서, 태양에서 들어와서 전자의 흐름을 촉발한다. 음과 양을 가르는 경계로 빠르게 흘러간 전자들은 작은 실버 핑거 전극들을 건드린 다음 순환한다. 전기. 태양. 세상이 꾸준히 돌아가게 만드는 일, 전기를 켜고 배터리와 전화와 자동차를 충전하는 등의 일을 할 준비가 끝난다. 어떤 별에서 나온 에너지를 지구의 재료로 포획한다. 위에서 우리를 향해 쏟아져 내려오는 에너지. 지천에 공짜로 널려 있는 에너지.

***

중국에서 "예민하다"는 말은 지도자가 입에 담을 수 없는 문제, 골치 아픈 일을 피하고 싶은 사람들이 시선을 돌려야 하는 문제를 두고 쓰는 말이다. 민주주의 또는 그 부재는 예민한 문제다. 반면 정력적인 자본가로 넘쳐나는 공산주의 국가에서 돈을 버는 일은 예민하지 않다. 한때 대기오염은 예민한 문제였다. 더 이상 부정할 수 없을 정도로 심각해져서 결국 정부가 조치를 취하기로 결정하기 전까지는. 요즘 미디어는 중국 도시를 떠나지 않는 오염에 대해 공개적으로 보도하고, 기업들은 값비싼 사무실 여과 시스템으로 직원들의 환심을 사려고 하며, 평범한 중국인들은 소셜미디어에서 오염에 대해 마음껏 불평한다. 엄밀히 말해서 오염 문제는 더 이상 예민하지 않다. 하지만 관점이 너무 날카롭거나 강력한 확성기에 대고 떠들어대는 사람들은 여전히 자신의 상상보다 위험한 영역에 들어오게 되었다고 느낄 수도 있다.

차이징에게 바로 이런 일이 일어났다. 자막이나 중국어에 대한 지식이 전혀 없어도 차이징을 텔레비전 스타로 만든 영상을 보는 데는 아무런 문제가 없다. 젊고 똑똑하고 호소력이 있으면서도 위협적이지 않은 차이징은 텔레비전에 어울리는 진지한 기자의 전형이지만 평범한 사람이라는 인상도 준다. 북부 탄광 마을에서 어린 시절을 보낸 그에게는 언론의 자유가 아직은 머나먼 꿈이다. 하지만 이제는 주요 국영 방송국인 중국중앙텔레비전CCTV의 탐사보도 전문기자이자 진행자로서 소중한 직장 생활을 하게 되었다. 일부 사안은 내실 있는 보도가 가능한 나라에서 저널리스트의 경력을 탐색하고자 하는 야망과 요령 덕분이었다. 차이징은 사스 유행병 보도로 이름을 알렸고, 나중에 중국에서 가장 인기 있는 방송계 인사가 되고 나서는 회고록을 써서 베스트셀러로 만들었다. 그런 상황에서도 차이징의 노력은 외부인의 상상을 초월할 정도로 공격에 시달렸다. 정부에 대한 직접적인 비판은 위험했지만 사형제도의 윤리와 동성애에 대한 태도처럼 다채로우면서도 도발적인 주제를 맡았다.[1] 그 과정에서 차이징은 독립적인 목소리에 굶주린 진보 성향의 중국인들에게 영웅 같은 존재가 되었다.

2014년 CCTV를 떠난 차이징은 더 이상 특권적인 지위의 제약에 둘러싸이지 않게 되자 자신이 전에 했던 어떤 일보다 영향이 클 프로젝트에 착수했다. 사실상 아무리 성공한 언론인이라도 엄두를 내기 힘든 일이었다. 차이징은 책에서 얻은 수입으로 직접 16만 달러짜리 다큐멘터리 자금을 마련했다. 그렇게 완성된 작품 〈언더 더 돔〉은 매력과 공포심을 풍기는데, 내가 이제껏 접한 대기오염 작품 중에서 가장 위력적임에 틀림없다. 빛바랜 청바지에 평범한 흰색 상의를 입은 차이징은 작은 무대 위를 거닐며, 완전히 몰입한 청중들에게 2013년 1월 끔찍한 "공기 재앙" 직후에 자신이 임신했음을 알게 되었다고 말한다. 뒤편에 있는 큰 화면에 딸을 처음으로 확인한 초음파 사진이 비춰지자 차이징은 수줍게 웃으며 아이의 심장박동 소리를 설명한다. 하지만 곧 이야기에는 어둠이 드리운다. 아기에게 양성종양이 있어서 출산 직후 그것을 제거해야 한다는 사실을 알게 된 순간 차이징의 기쁨이 공포로 바뀌었던 것이다. 큰 화면에는 딸이 수술을 받는 동안 차이징이 꼭 쥐고 있던 곰 인형이 나타난다. 차이징은 나중에 자신의 얼굴에 의식 없는 신생아의 손을 갖다 댔다고 말한다. "아기가 눈을 뜨고 날 볼 때까지 이름을 불렀어요."

차이징은 오염에 대해서 크게 걱정해본 적이 없었지만 엄마의 책임감은 재빨리 그의 관점을 바꿔놓았다. "엄마가 되면 위협을 느낍니다." 이제 베이징의 해로운 공기가 아이들의 폐에 어떤 피해를 주는지 잘 알고 있는 차이징은 공기질이 좋을 때만 딸에게 나가 놀도록 한다고 말한다. 그건 이 어린아이가 1년의 절반을 실내에서 지낸다는 의미다. 때로 엄마는 아이가 창밖을 물끄러미 바라보는 모습을 본다. "좀 있으면 나한테 묻겠죠. '엄마, 왜 집 밖에 나가면 안 되는 거예요? 밖에서 무슨 일이 벌어지는 거예요? 나한테 안 좋은 일이에요?'" 차이징은 청중에게 말한다. 자신의 다큐멘터리 작업은 이제까지 한 번도 던져진 적 없는 질문들과 그 외 몇 가지 질문에 대한 대답을 찾기 위한 것이었다고.

분명하고 직설적인 내레이션과 보도영상 클립을 섞은 104분짜리 다큐멘터리에서 차이징은 설명한다. 중국을 못살게 구는 작디작은 PM2.5 입자의 위험, 그것들이 어디서 오는지, 어째서 정부는 이 위기를 상대하지 못하고 있는지, 다른 나라들은 어떻게 이보다 더 나은 대처를 했는지를. 차이징은 24시간 동안 배낭 속 시료채취기에 넣고 다니다가 새카맣게 변해버린 필터를 보여주면서 자신과 자신이 고용한 한 과학자가 그 여과지에 있는 검은 물질을 검사해보고서 충격에 빠졌다고 이야기한다. 거기에는 15가지 발암물질이 들어 있었는데, 중국의 법적인 한도보다 14배나 높게 나온 심각한 독성물질인 벤조피렌도 그중 하나였다. "저는 국제적인 대도시 중심에 있습니다. 주위를 둘러봐도 공장이나 굴뚝은 전혀 보이지 않아요. 어떻게 벤조피렌이 기준보다 14배 높게 나올 수 있을까요?"

현미경으로 포착한 들쭉날쭉 불규칙한 형태의 미세먼지가 화면을 가득 채우고, 차이징은 그것이 사슬 같은 구조라서 펼치면 농구장만 한 공간이 생길 거라고 설명한다. "이런 이유 때문에 발암물질과 중금속을 빨아들일 수 있는 겁니다" 짧은 만화 영상에서는 악당 같은 모습을 한 입자들이 폐의 통로를 스키 타듯 내려와서 흰 갑옷을 입은 몸의 수호자들을 물리친다. "두려워하라, 인간이여!" 한 입자가 말한다. "내가 있다! 언제나!"

차이징은 자신의 이야기에 복잡한 면도 있다고 인정한다. 중국의 급속한 경제성장과 거기에 수반된 도시화는 공기를 오염시키기도 했지만 삶의 질을 향상시키기도 했다. 또 지방의 고향 마을에서 살았을 때 예상되는 것보다 더 충만한 대도시 생활을 만끽할 기회를 그에게 선사했다. 차이징은 산업계 임원과 관료들을 향해 날을 세우고는 결국 정부를 비난한다. 중국 정부는 수년간 석유화학 기업들이 연료 기준을 손수 작성하도록 허용했고, 오염 법률을 무시한 공장들을 처벌하지 않았으며, 더러운 트럭과 자동차가 배출 기준을 충족한다는 주장을 담은 허위 보고서의 광범위한 사용을 눈감아주었다. 캘리포니아를 방문한 차이징은 메리 니컬스의 대기자원위원회가 이룬 업적에 놀라움을 금치 못했다. 차이징은 여과 시스템을 설치하지 않아서 벌금을 물게 된 한 트럭 운전사에게 영어로 질문을 했다. 법규—법원 시스템, 그리고 선진 민주주의의 기능에 반드시 필요하지만 중국에는 존재하지 않는 공명정대한 집행 시스템—가 어떻게 대부분의 경우 미국의 오염규정을 어긴 사람들을 적발하고 처벌하려고 만전을 기하는지를 설명하지만 자신의 나라는 이와 정반대의 상황이라고 지적한다. 지금 와서 생각해보면 중국 정부의 운영 방식에서 아주 근본적인 결함을 정조준하는 것은 위험할 수 있었다.

〈언더 더 돔〉에 대한 대중의 반응은 압도적이었다. 2015년 2월 온라인에 공개된 지 며칠 만에 2억 명이 넘는 중국인이 영상을 시청했다. 영국이나 프랑스 인구의 3배에 달하는 수였다. "완전히 입소문을 타서 안 본 사람이 없을 정도였어요." 중국의 저명한 환경주의자인 마쥔이 내게 말했다. 정부도 같은 의견인 것 같았다. 실제로 차이징은 이 영상에 대한 공식적인 인정을 구했던 것으로 보이며 최소한 비공식적으로는 인정을 받았다. 공산당 기관지 인민일보에서 밝히기를, 정부의 두 기관에 대본을 보여주었고 피드백과 제안을 받았다는 것이다.[2] 환경부장관은 이 다큐멘터리를 레이첼 카슨의 1962년 저서 『침묵의 봄』과 비교했다. DDT 살충제의 역습을 폭로한 이 책은 현대 미국 환경운동에 영감을 제공했다. 중국의 지도자들은 〈언더 더 돔〉이 자극한 분노를 이용해서 오염 유발자들을 대상으로 실시하려고 준비 중이던 엄격한 새로운 규정의 정치적 탄력을 얻으려고 하는 것 같았다.

하지만 그러다가 뭔가가 바뀌었다. 다큐멘터리가 온라인에 게재되고 나서 일주일이 지났을 때 국내 웹사이트에서 영상이 사라졌다. 검열자의 요청에 따라 삭제된 것이다. 이런 방향 전환이 무엇 때문인지는 알 길이 없다. 정부 내에서 의견 차가 있었고 좀 더 열린 마음이었던 동료보다 강경파가 우위에 서게 된 것으로 보인다. 다큐멘터리의 놀랄 만한 인기는 분명 관료들의 허를 찔렀을 것이다. 관료들은 통제 불가능한 무언가, 제어하지 않을 경우 자신들의 소중한 적법성과 권력을 유지하는 능력을 침해할 정도로 막강해질 수 있는 무언가를 차이징이 휘저어놓았다는 두려움에 사로잡혔는지도 모른다. 중국의 지도자들에게 사회적 소요의 가능성만큼 무서운 건 없다. 한 가지 사안을 중심으로 단결된 수억 명의 분노는 분명 위험할 정도로 불안해서 불식 또는 진정이 필요한 잠재력으로 느껴졌을 것이다. 하지만 중국에서 공식적인 의사결정은 닫힌 문 뒤에서 이루어진다. 따라서 지도자의 명령에 따라 삶이 좌우되는 사람들은 어떻게, 왜 그런 결정이 내려졌는지를 그냥 추측할 수밖에 없다.

나는 베이징에서 그런 추측을 숱하게 들었다. 한 전문가는 차이징이 너무 직설적으로 말하고 다큐멘터리가 너무 격하게 언론의 자유를 시험해서 그냥 내버려두기 힘들었을 거라고 내게 이야기했다. 다른 전문가는 정부가 그 영화의 메시지 자체는 괜찮게 여겼다고 말했다. 문제는 그것이 실제 사안보다 더 커져버렸고, 차이징 자신이 그 이야기와 동일시된 것이라고 했다. 또 다른 사람은 사실 그마저도 허용 가능했을 거라고 단언했다. 문제는 시기였다. 차이징은 자신의 영화를 전국인민대표대회와 전국인민정치협상회의를 일컫는 양회 직전에 개봉했다. 중국 당국은 이 기간에는 천안문 광장의 인민대회당에 모인 수천 명의 대표들이 만들어내는 정치극이 다른 뉴스 때문에 방해받지 않기를 바란다. 당국은 그저 그런 시기에 한 언론인이 공공 담론의 물을 휘저어놓는 것을 용납하지 못했던 것뿐이었다.

차이징은 분명 자신이 선택한 시기의 의미를 이해했다. 다큐멘터리의 영향력을 증폭시킬 수 있는 시기였던 것이다. 어쩌면 그는 정부 내부의 협력자들이 대기질 문제를 회의 의제 위로 올리는 데 힘이 되고 싶어 했는지도 모른다. 대규모 오염 유발자들을 얼마나 공격적으로 몰아세울지, 공기를 독으로 가득 채우는 중공업에 의지하는 중국 경제의 방향을 얼마나 빨리 전환할지를 둘러싸고 권력투쟁이 벌어지는 와중에 자신들 쪽으로 여론을 형성하기 위해 정부 내부자들과 다큐멘터리를 계획했을지 모른다. 내가 만난 한 전문가—그는 차이징의 명성을 조금 질투하는 것 같았다—는 심지어 차이징이 그 시기에 〈언더 더 돔〉을 개봉한 것은 금지를 당한 뒤 서구에서 명성을 얻고 미국 영주권을 얻으려 했기 때문이라는 암시를 주기도 했다(나는 다른 곳에서 차이징이 미국 시민권을 갖고 있다는 추측을 접했는데, 이 말이 맞다면 영주권은 필요가 없었을 것이다).

〈언더 더 돔〉은 검열당한 영상임에도 접근하기가 놀라울 정도로 쉽다. 내가 베이징에서 만난 한 남자는 나와 대화를 나누면서 핸드폰으로 영상을 띄웠고, 어떤 카페는 행인들이 볼 수 있도록 화면으로 이 다큐멘터리를 틀어놓기도 했다. 중국은 "위대한 방화벽"이라고 알려진 거대한 온라인 검열 시스템으로 유튜브와 구글 같은 사이트를 봉쇄하고 있지만, 많은 사람들이 해외 서버로 연결된 소프트웨어를 다운받아서 원하는 건 뭐든지 보고 있다. 사실 나는 집에서 〈언더 더 돔〉을 볼 시간이 없어서 바로 그런 가상사설시스템VPN을 이용해서 베이징에 도착한 첫날 밤에 시청했다. 나는 혹시나 하는 마음에 차이징의 목소리가 호텔 방 밖에서는 들리지 않도록 이어폰을 사용했지만 지금 생각해보니 우스꽝스러울 뿐이다. 길거리를 지나는 사람 중에 그걸 우연히 듣더라도 신경 쓸 사람이 얼마나 있을까. 중국에서 다른 삶의 영역들이 그렇듯 공개적인 제재의 대상과 닫힌 문 뒤에서 벌어지는 일은 완전히 별개다.

차이징의 작품은 그것을 찾아낼 능력이 있는 사람들에게는 여전히 접근 가능하지만 정작 그걸 만든 사람은 시야에서 감쪽같이 사라졌다. 다큐멘터리의 삭제에 대해 해외 언론에서 한바탕 떠들어대고 난 뒤부터 나나 내 중국인 연구보조원이 찾을 수 있는 그 어떤 기사에서도 차이징은 거의 언급되지 않았다. 중국의 것이든 서구의 것이든 소셜미디어에서도 자취를 감췄다. 차이징이 어떻게 된 것인지에 대한 온갖 추론은 어째서 〈언더 더 돔〉이 차단되었는가에 대해서 내가 들은 추측보다 훨씬 혼란스럽다.

차이징 자신이 예민한 주제가 되었다는 점만은 분명하다. 그의 행방을 묻기만 해도 우려가 뒤따르는 경우가 많은 것 같다. 검열 결정에 대한 추측을 늘어놓은 동일한 정보통들에게 내가 이 질문을 던지자 모순되는 대답들이 뒤섞였다. 차이징은 베이징에 있고 조용한 삶을 즐기며 아주 잘 지낸다는 말도 있고, 미국으로 떠났다는 말도 있었다. 그게 사실이라 해도 나는 어째서 그렇게 유명한 미디어 인사가 경력 최고의 순간에 갑자기 손을 떼고 몇 년 동안 공개적인 발언을 하거나 트위터 계정 같은 것도 만들지 않았는지 이해할 수가 없다. 이 문제에 대해 잘 안다고 생각하는 한 환경 전문가는 자신은 아는 바가 없다고 고백하면서도 차이징이 안전하다고 믿고 안녕을 바란다고 말했다. 미국의 한 작가는 차이징이 가택연금 상태라는 소문을 들은 적이 있다고 말했지만 이 역시 다른 추측만큼 입증이 힘들기는 마찬가지다.

나는 차이징의 행방에 대한 궁금증을 참을 수가 없었고, 승산이 없다는 걸 알면서도 만나고 싶었다. 어쩌면 차이징을 화면으로 본 모든 사람이 텔레비전 속의 매력적인 인물에게서 받는 영향일 뿐일 수도 있지만 나는 그에게 유대감을 느꼈다. 부분적으로는 차이징 역시 언론인이었기 때문이다. 그리고 물론 〈언더 더 돔〉은, 시각은 다르지만 내가 수년에 걸쳐 연구하며 글을 쓰고 있는 것과 동일한 사안을 다뤘다. 차이징의 보도는 중국에 초점을 맞췄지만 내가 갔던 장소와 그가 취재차 방문했던 몇 곳이 겹쳤다. 〈언더 더 돔〉에는 런던의 장면이 담겨 있는데, 거기서 차이징은 템스강의 배터시 발전소 앞에 서서 영국이 1952년 대 스모그 사건 이후 석탄에서 천연가스로 어떻게 전환했는지를 설명했다. 심지어 차이징은 내가 서던캘리포니아 대학교에서 만났던 어린이건강연구 과학자인 에드 에이볼을 인터뷰했다. 나는 베이징의 비좁은 호텔 방에서 그의 얼굴이 내 노트북에 뜨고 그의 말이 중국어 자막으로 번역되는 모습에 흠칫 놀랐다.

물론 차이징과 나 사이에는 큰 차이가 있다. 내가 태어난 나라와 지금 살고 있는 나라에서 나와 같은 유의 일을 하는 사람들은 기사의 조회수나 책의 판매 잠재력에 대해 걱정할 수는 있어도 주제의 정치적인 함의 때문에 개인적으로 위험에 처할까 봐 걱정할 필요는 없다. 미국과 영국에서, 언론의 자유를 보호하는 모든 나라에서, 불편한 진실로 독자와 시청자, 정치 지도자들을 대면하는 직설적인 저널리즘은 직업적인 출세에, 신문 1면과 웹사이트 맨 윗자리에, 승진과 명망 있는 수상에 이르는 경로다. 하지만 차이징이 태어난 나라, 다른 어떤 직업군보다 언론인을 많이 투옥하고, 최근 몇 년간 언론 탄압이 심해지고 있는 그 나라[3]에서 그런 식의 보도는 행위자를 완전히 다른 운명으로 이끌 수 있다.

결국 나는 차이징을 만나지 못할 거라는 생각을 받아들여야 했다. 모든 탐색과 이메일이 아무런 성과가 없었다. 집에 돌아온 나는 국제앰네스티, 언론인 보호위원회, 국경없는기자회에 연락을 취했다. 차이징은 투옥된 언론인 명단에 없었지만 그것 말고는 아무도 대답을 내놓지 못했다. 어쩌면 그건 좋은 소식인지 모른다. 그리고 내가 아는 한 학자는 차이징 같은 유명인사가 가택연금 상태라면 루머가 돌지 않을 수 없을 거라고 나를 안심시켰다. 반면 국경없는기자회의 아시아 책임자는 차이징이 곤란한 상태에 있을까 봐 걱정했다. 호텔 방이나, 그와 유사한 어떤 비공식적인 감옥에 구금되어 있는지 모른다면서. "중국에선 모든 게 가능해요." 그가 내게 말했다.[4]

최소한 이 점은 분명하다. 제 일을 잘 해낸 한 저널리스트, 주제의 핵심을 아주 강력하게 포착하는 능력 때문에 내가 작품을 시청하면서 질투심을 느꼈던 그 저널리스트는 침묵을 당하고 있거나 몸소 침묵하고 있다. 결국 내게는 차이징의 목소리에 실린 힘, 2억 명의 두려움과 희망에 말을 건넨 그 비범한 다큐멘터리의 힘이 남아 있다.

그리고 사람들이 마시는 공기 안에 무엇이 들어 있는가라는 단순한 질문—차이징의 작품 덕분에 실제적인 변화가 일어나긴 했지만—이 중국의 지도자들을 불편하게 만들었다는 깨달음 역시 남아 있다. 〈언더 더 돔〉 이후 그 모든 일이 일어났지만, 아직도 여전히 예민한 영역이다.

***

중국의 대기오염이 심각하다는 건 온 세상이 다 아는 사실이다. 하지만 내가 그곳을 찾은 것은 예전 뉴스를 재탕하기 위해서가 아니었다. 다른 이야기, 낙천적인 이야기, 이 나라가 천천히 하지만 분명히 새로운 방향으로 움직이기 시작했다는 이야기를 전하기 위해서였다. 지도자들이 결국 국민의 건강을 지키기 위한 행동에 들어갔다는 이야기, 풍력과 태양에너지에 대한 세계 최대 규모의 투자가 이루어진 이야기, 지구상에서 석탄을 가장 많이 소비하는 나라가 예정보다 빠르게 이 더러운 연료와 탄소 배출량을 줄이고 있다는 이야기, 아직 끔찍하긴 해도 수치로 확인 가능할 정도로 나아지고 있는 대기질에 대한 이야기.

이 모든 일이 일어나고 있다. 희망적인 서사는 현실이다. 하지만 그것을 확인하려면 베이징의 더러운 공기 속에서 눈을 찡그리고 잘 들여다봐야 한다. 런던에서 심야 비행을 하는 통에 안 그래도 침침한 내 눈에는 공항 창밖으로 제대로 보이는 것이 거의 없다. 겨우 이삼백 미터 떨어진 건물들의 윤곽만 보인다. 모든 게 두껍고 컴컴한 베일 뒤에 숨어 있다. 내가 가봤던 오염이 심한 장소 대부분—델리,

크라쿠프, 샌와킨밸리—은 어쩌다 보니 비교적 공기가 깨끗할 때 방문했던 곳이다. 지역주민들은 내게 다른 시기에 왔더라면 훨씬 심각한 상태를 확인했을 거라고 이야기했다. 나는 완전한 대기 재앙의 중간쯤일 때 중국에 도착했다. 진저리치게 만드는 일반적인 베이징의 겨울이었다. 나는 이 정도로 나쁜 공기를 본 적이 없다. 그걸 몇 날 며칠 들이마셔야 했던 적도, 런던보다 평균 6배 더 높은 미세먼지[5]가 내 몸에 미칠 영향에 대해 고민해야 했던 적도 없다. 그리고 대기오염으로 인한 고통스러운 영향이라는 현실을 감출 방법도 없다. 공기는 매년 중국인 100만 명 이상의 목숨을 앗아간다. 가내 오염의 영향을 포함할 경우 150만 명이다.[6] 중국이 큰 국가라고 해도 이 사상자 수는 정말이지 믿기 힘들다.

첫날은 충격을 받았지만 다음 날은 맑고 쾌청했다. 하지만 그해 최고로 맑은 날이라고 하던 그날에도 얼마 안 가 짙고 어두운 오염의 구름이 다시 나타나서 인구 2200만 명의 도시에 무겁게 내려앉았다. 미학을 고려하지 않고 마구잡이로 뻗어나간 난개발이 그 활기를 반감시키는 회색의 장소. 베이징의 부산함과 에너지에서 나는 뉴욕을 떠올렸다. 유명 건축가들이 아방가르드 감수성으로 설계한 번쩍이는 새 사무용 건물과 상가 옆에 뉴욕에서와 똑같이 생긴 높다란 콘크리트 아파트들이 줄줄이 늘어서 있었다. 차이징의 예전 직장 CCTV는 가장 충격적이다. 두 개의 비스듬한 유리 빌딩이 40층 높이에서 각진 V자 외팔보로 연결되어 있다. 이 도시는 주도로 역할을 하는 6개의 동심원 도로를 따라 차량이 느릿느릿 움직이고, 아직은 새로운 무언가를 위해 쓸려가지 않은 후통이라는 골목길을 따라 일상이 좀 더 인간적인 규모에서 흘러가는 곳이다. 그리고 워낙 빨리 성장하다 보니 내 여행자용 가이드북—3년도 안 된 최신판이다—에 실린 지하철 노선도가 너무나 많은 새로운 노선과 연장선을 빼먹어서 절망을 안기는 도시다.

이 성장세에는 대가가 따랐다. 중국인들이 매일 함께 살아가는 위기 수준의 오염은 수십 년간 줄기차게 지속된 개발의 결과다. 얼마 되지 않아 나는 하루에도 몇 번씩 온라인으로 대기질 수치를 확인하게 되었다. 우울하게도 수치는 "건강하지 않음"을 뜻하는 빨간색에서 꼼짝도 하지 않았다. 좋은 점이 있다면 베이징은 내가 가본 곳 중에서 유일하게 오염차단용 마스크가 사회적으로 용인되는 곳이라는 사실이다. 그래도 나는 마스크를 쓰면 조금 우스꽝스럽지 않을까 신경이 쓰인다. 내 마스크는 런던에서 자전거를 타는 사람들이 흔히 착용하는 것으로, 검은색이라 다스베이더가 된 것 같은 기분이다. 권고에 따라 나는 주문하기 전에 내 얼굴 치수를 고객서비스에 이메일로 보냈지만 너무 작아서 내 코가 아프게 짓눌린다. 사용 지침 동영상을 보니 공기가 마스크 위나 아래로 빠져나간다는 것은 밀폐가 제대로 되지 않아서 마스크가 소용이 없다는 의미라고 했다. 나는 마스크가 미끄러질 때마다 확인을 위해 여러 차례 힘 있게 날숨을 뿜어내는 과정을 반복하거나, 편안한 위치를 찾아서 마스크의 위치를 바꿨다. 설상가상으로 마스크를 쓰거나 조절할 때마다 내 목 뒤에 있는 벨크로가 스카프나 헬멧, 장갑에 붙어버렸다. 게다가 나는 감기에 걸렸고, 코에 가해지는 압력 때문에 마스크 아래로 콧물이 흘러내렸다.

내가 샤오쥔의 뒤를 따라 거리를 걸을 때 바로 이런 상황이었다. 샤오쥔은 내가 중국에서 취재하는 동안 통역과 보고서 작성 같은 반드시 필요한 도움을 준 유행에 민감한 20대 여자다(혹시 그에게 곤란한 일이 생길까 싶어서 전체 이름은 밝히지 않을 것이다. 샤오쥔은 젊은 사람에게 종종 사용하는 호칭이다). 지하철에서 나왔더니 예기치 못했던 눈보라가 치고 있다. 어쨌든 나로서는 예기치 못한 일이다. 오염 예보에만 신경을 쏟는 바람에 날씨를 확인하지 못한 것이다. 나중에 나는 트위터에서 팔로우하는 어떤 기자가 그걸 "유독성 눈"이라고 부른다는 사실을 알게 되었다.[7] 베이징 기상청은 가끔 시민들에게 눈을 만지지 말라고 경고한다. 이곳에서는 눈이 위험할 정도로 오염된 상태일 수 있기 때문이다.[8] 많은 눈이 내 얼굴을, 샤오쥔의 얼굴을 때린다. 마스크는 내 폐를 위해 많은 일을 하지는 못하더라도 최소한 이 독성물질이 내 코와 입에 들어가지 못하게 막아준다.[9]

***

이 나라의 공기는 아직 형편없는 상황인데도 마쥔은 중국의 오염에 대한 희망적인 이야기를 받아들인다. 어쩌면 중국에서 가장 유명한 환경주의자일지 모를 그는 수수한 외모에 머리가 벗어지고 왜소한 남자로, 남색 브이넥 스웨터와 흰 셔츠를 입고 있다. 마쥔은 중국에서 뭔가 주목할 만한 일이 벌어지고 있다고 믿는데, 그걸 투명성이라는 한 단어로 압축한다. 차이징은 중국 정부가 솔직함에 대해 보일 수 있는 관용의 한계를 확인해주었지만, 그래도 대기오염은 지도자들이 자유로운 토론을 수용하는 독특한 사안이다.

상황은 마퀀의 상상보다 더 빠르게 바뀌었다. 베이징이 2008년 올림픽을 개최했을 때, 다행히도 주위에 펼쳐진 건강위기 상황에 대해 알지 못했던 많은 중국인들은 오염차단용 마스크를 쓴 외국 선수들을 비웃었다. 차이징마저도 자신의 다큐멘터리에서 2013년까지도 이 위기에 대해 무지했다고 털어놓았다. 그때까지 뉴스에서는 보통 눈에 보이는 대기오염을 안개나 악천후라고 일컬었고, 그래서 더러운 공기는 아무도 알아차리지 못하는 가운데 피해를 초래했다.

의도한 건 아니었지만 이 상황을 바꾸는 데는 미국 외교관들이 도움을 주었다. 베이징에 있는 미국 대사관은 주로 자기 직원들과 거주 외국인들을 위해 지붕에 설치한 모니터로 오염을 측정하고 한 시간 간격으로 수치를 트위터에 올렸다. 2011년에 이르러 분노가 폭넓게 끓어오르기 시작했다. 중국 공기에서 최대 위험요인은 PM2.5이지만 중국 정부는 공식적인 오염 보고서에서 그 요인을 누락시켰다. 그로 인해 보고서의 데이터가 그려낸 장밋빛 그림은 날로 비웃음을 사게 되었다. 대사관의 수치는 80%에 달하는 날이 건강에 해로운 오염 수준을 보여준 반면, 정부의 수치는 공기가 80%의 시간 동안 좋거나 그 이상인 것으로 나타났다고 밝힌 분석도 있었다.[10] 주민들에게는 자신들이 짙은 회색 연무 속에 몸을 푹 담그고 있다는 사실이 자명했지만, 연말이 되면 지역 환경청은 2011년 베이징에서는 "하늘이 파란 날"이 274일이었다며 명랑하게 밝혔다.[11]

평범한 사람들—그리고 온라인 팔로워가 수백만 명에 달하는 일부 유명인사들—이 소셜미디어로 향했다. 사람들은 VPN에 연결해서 트위터에 있는 미국 데이터를 복사한 뒤 유명 중국 사이트인 웨이보에 올렸다. 때로는 중국 정부의 훨씬 낮은 수치와 나란히 올렸기 때문에 정부의 부정직함이 확연히 드러났다. 한번은 오염수치가 대사관이 사용한 평가등급의 최상위 한도를 훌쩍 넘기자 보통은 근엄하던 표현이 원색적인 평가로 바뀌었다. "미친 듯이 나쁨"이라고. 어쩌다가 이 표현이 외부로 공개되었고, 미국인들이 재빨리 표현을 바꾸었기 때문에 그날의 오염은 그냥 "지표를 넘어섬"이 되었다. 하지만 이미 베이징 사람들이 이 생생한 단어를 캡처해서 공유한 뒤였다. 이런 난감함을 별로 좋아하지 않았던 중국 지도자들은 대사관에 수치를 공개하지 말 것을 요구했다. 하지만 베이징의 숨통을 조이는 오염처럼 트위터의 글은 수그러들 줄 몰랐다.

그러다가 갑자기 모든 것이 바뀌고 말았다. 지금 와서 생각해보면 2011년의 소셜미디어 반란이 분수령이었다고 마쥔은 말한다. 정부가 대중의 격렬한 반응을 접하고 나서 수년에 걸친 불통이 난데없이 막을 내리게 된 것 같았다. 지도자들은 전국의 도시에서 PM2.5 수치를 측정하고 그 데이터를 공개하겠다고 밝혔다. 얼마 안 가 베이징에는 최초의 공식 측정소가 생겼고, 몇몇 다른 도시들도 곧 그 뒤를 따랐다. 2013년에 이르자 74개의 대도시에서 실시간 데이터를 확인할 수 있게 되었다. "1년 뒤에 그 숫자가 190으로 늘었어요. 그리고 또 1년이 더 지난 뒤에는…." 마쥔은 숫자가 380으로 뛰어올랐다고 말한다. 그가 마우스를 몇 차례 클릭하자 우리가 앉아 있는 회의실 대형 화면에 지도가 떴고, 그 지도는 약 400개 도시에 있는 2,000여 개 측정소에서 보낸 실시간 오염 데이터를 보여주었다.

마쥔이 생각하기에는 이 일 때문에 그다음 조치가 거의 불가피해졌다. 정보의 힘이 적나라하게 느껴지는 순간이었다. "사람들은 어느 날 마스크를 써야 하는지를 아는 것만으로는 만족하지 않아요. 문제를 해결하고 싶어 하죠. 그걸 드러내기로, 사람들에게 진실을 알리기로 결정하는 순간, 되돌아갈 방법이 전혀 없어요. 앞으로 전진할 수밖에 없는 외길인 거죠." 그리고 중국은 그렇게—그의 말에 따르면 어쨌든—끔찍한 공기를 물리치기 시작했다. 2013년 중국 정부는 몇 가지 대대적인 변화를 포함한 실천계획을 발표했다. 가장 중대한 변화 중에는 베이징, 상하이, 광저우 인근 지역에서 석탄 사용량을 줄이겠다는 결정이 있었다. 중국의 석탄 소비량은 21세기 들어서 3배 증가했다.[12] 이 계획이 발표되기 전만해도 2011년 수준의 2배로 늘어난 뒤에야 결국 소비량이 감소할 것으로 예상되었다고 마쥔은 설명한다. 이미 상황이 얼마나 심각한지를 고려했을 때 "그건 완전히 상상도 용납도 불가능"했다. "하지만 그게 그 프로젝트였고, 계획이었어요." 이 새로운 정책에 따르면 베이징 인근의 중공업 벨트는 매년 석탄을 8000만 톤 더 적게 사용해야 했다. "상당히 극적이었죠."

마쥔은 투명성 말고도 데이터라는 단어를 좋아했는데, 이미 어느 정도 갖고 있었지만 더 많은 데이터를 원했다. 이제 중국 도시의 대기질 수치는 공개적으로 구할 수 있게 되었으므로 그다음으로 사람들에게 필요한 데이터는 모든 오염이 어디에서 오는가에 대한 것이라고 그는 믿는다. 그가 설립한 공공환경사무협회는 다른 단체와 연합하여 개별 공장에 대한 모니터링 데이터를 공개하고, 이로써 공장이 언제 오염 기준을 위반하는지를 인근 주민들이 알 수 있게 할 것을 요구하기로 했다. 이 입장을 지지하는 사람들은 비호 세력들로부터 정보를 얻어내려면 5년이 걸릴 거라고 생각했고, 개별 도시와 지역에 제출할 데이터 공개 청원을 준비하기 시작했다. 그런데 환경주의자들이 목표를 설정한 지 5개월도 안 되어 갑자기 단번에 일이 성사되었다. 2013년 중반에 중앙정부가 다음 해 초부터 데이터를 수집하여 공개하라고 모든 지방에 주문했던 것이다. "이건 진짜로 정치적 의지가 있다는 걸 상징합니다." 마쥔이 말한다. "사람들에게 이 정보를 허용한다면 이제 앞으로는 오염 유발자들을 계속 보호할 수 없게 되는 거니까요."

국가가 비밀을 꽉 쥐고 있는 곳에 사는 사람에게는 개방성에 대한 강력한 신뢰가 두드러진다. 마쥔이 그토록 강력하게 믿는 것은 다른 방법이 없기 때문이기도 하다. 미국이나 영국과는 달리 중국의 시민과 감시 단체들은 오염 유발자나 정부를 법원으로 끌어내 법 집행을 요구하지 못한다(용감한 소수가 시도해본 적은 있었다). 여기서 이용할 수 있는 최고의 수단은 대중의 압력이다. 그리고 마쥔은 그것이 효과가 있다고 생각한다. 그의 공공환경사무협회는 정부의 모든 신규 데이터를 가지고 누구든 핸드폰 화면을 몇 번만 두들기면 어느 제철소와 시멘트 공장, 발전소가 법적인 오염 기준치를 넘기고 있는지 확인할 수 있는 앱을 만들었다. 그는 핸드폰을 쥐고 화면을 스크롤하면서 다른 지도를 띄우더니 내게 실시간 모니터링의 결과인 빨갛고 파란 점들을 보여주었다.

모두가 이 새로운 시스템에 열광한 건 아니었다. 중앙정부는 오염방지 계획을 밀고 나가겠다고 결정했지만 일부 지방정부는 변화를 달갑지 않게 여기며 경계했다. 그래서 산둥성의 고위 환경관료로부터 만나자는 연락을 받았을 때 마쥔은 신경이 곤두섰다. 놀랍게도 이 관료는 투명성 요청을 칭찬하는 말부터 꺼냈다. "그 사람이 그러더라고요. '저에겐 오염을 통제해야 하는 의무가 있지만 그게 어려워서 함께 노력할 사람들이 필요해요.'"

산둥성의 환경청은 그 내부의 시 17군데와 군 100여 군데가 했던 것처럼 웨이보 계정을 만들었다. 주민들은 마쥔의 앱과 거기에 나오는 공식적인 데이터를 이용해서 어떤 공장이 배출 기준을 어길 때마다 곧바로 공개적인 포스팅을 내걸고 관련 집행기관을 태그할 수 있었다. "[스마트폰과 소셜미디어 덕에] 처음으로 시급한 사안에 대해 지방정부가 지역주민들과 어느 정도 실제적이고 일상적인 상호작용을 할 수 있게 되었어요. 이건 아주 드문 기회입니다."[13] 나는 미국이나 유럽에서 이렇게 정교한 실시간 보고 시스템에 대해 한 번도 들어본 적이 없다. 그런 걸 중국에서 접했다는 게 놀랍지만, 이는 세계에서 정치적으로 가장 억압되어 있으면서도 한편으로는 현대적인 것의 첨단에 있는 나라의 복잡함과 모순을 보여주는 단면일 수도 있다.

소셜미디어가 중국인의 삶에서 거대한 역할을 한다는 사실은 방문객이 보기에도 자명하다. 트위터와 페이스북은 막혀 있고 그 안에서 자유롭게 흘러 다니는 정보는 접근 불가능하지만, 웨이보와 위챗이 똑같은 역할을 하며 인기를 누리고 있다. 몇몇 사람이 내게 중국에서는 위챗이 없으면 뭘 제대로 할 수가 없다고 경고했기 때문에 나는 여행을 떠나기 전에 그 앱을 다운받았다. 그리고 남편 댄도 위챗을 다운받아서 내가 중국에 있는 동안 계속 연락을 취할 수 있었다. 놀랄 일도 아니지만 애나가 재빨리 댄의 계정을 장악했고, 환경 운동가들과 인터뷰를 하는 동안 내 핸드폰 진동음이 계속 끼어들었다. 애나가 등교 전에 위챗에 들어와서 내게 춤추는 만화 캐릭터들과 수다스러운 음성 클립과 자기 사진을 보냈던 것이다.[14] 내가 만난 사람들 중 몇몇은 만나기 전에 먼저 위챗으로 대화방을 열어서 약속 장소까지 오는 길을 알려주고, 지역주민들 역시 위챗을 이용해서 공과금을 내고 택시를 부르고 친구에게 송금을 한다.

마쥔은 소셜미디어가 중국 지도자와 국민 간 관계의 성격 역시 근본적으로 바꿔놓았다고 내게 말한다. 그것이 대기오염을 매개로 일어난 것은 이 사안에 대한 합의 수준이 이례적이었기 때문이라고 그는 생각한다. 더러운 공기의 위험에 대처해야 한다는 걸 모르는 사람은 없고, 이 때문에 독특한 틈새가 만들어졌다. "다른 식으로 시도해볼 기회입니다. 다른 방식의 거버넌스일 거예요. 우린 아주 특별한 걸 경험하는 중이랍니다."

***

우바이의 시각은 이보다는 어둡다. 이건 그의 실명이 아니다. 공개적으로 말해선 안 되는 게 무엇인지 잘 알고 있는 저널리스트인 그는 내게 익명을 전제로 이야기했다. 중국 정부는 시민의 요구에 대답할 의무가 전혀 없다고 그는 말한다. 지도자가 대중의 우려에 관심을 기울이게 만드는 유일한 방법은 선거를 이용하는 것뿐이며, 그 방법을 쓸 수 없을 경우 여론은 "중요하지 않고 쓸모도 없다." 그래서 중국 지도자들이 대기오염에 대해 무슨 행동을 취하든 그건 누군가가 요구했기 때문이 아니라 알아낼 수 없는 자체적인 이유로 그렇게 하고자 했기 때문이다. 물론 그런 이유에는 대기오염이 심각한 문제라는 진실된 인식이 있을 수도 있다. 베이징이 중국에서 오염이 가장 심한 도시에 속하다 보니 그들 역시 나쁜 영향을 받는다는 사실을 알고 더 예민해졌는지도 모른다. "어쩌면 그들이 뭔가를 읽고 정말로 그게 나쁘다고 생각했을 수도 있죠." 그가 말한다. "우리는 추측할 뿐이에요. 아무도 모릅니다." 내부에 있는 사람 외에는 말이다.

나는 때로 사람들이 반쯤은 농담 삼아 하는 이야기가 맞을지도 모른다고 가정한다. 민주주의의 골치 아픈 제약에서 자유로운 나라는 문제해결이 더 빠를 수 있다는 이야기, 중국이 일단 뭔가를 작심하면 때로는 모순되는 유권자의 바람에 관심을 둘 수밖에 없는 나라보다 더 효과적으로 움직일 수 있다는 이야기 말이다. 우바이는 그 생각을 일축했다. "그건 도박이에요. 현명한 권위주의 정부가 좋은 결정을 내리기만을 바라는 거죠." 민주주의의 바퀴는 천천히 힘들게 돌아갈지는 몰라도, 자유로운 나라에서 변화가 일어날 때 그 뿌리가 더 튼튼하다고 그는 믿는다. 그리고 어쨌든 중국이 오염 문제에 비교적 신속하게 대처하고 있는 것은 수년간 비참한 기다림을 견딘 뒤에 일어난 일이라고 그는 지적한다.

회전의자에 등을 기댄 채 이야기하면서 노트북을 만지작거리는 우바이는 미디어는 별 도움이 되지 않는다고 말한다. 중국 저널리스트는 조심성이 깊이 각인되어 있어서 무엇이 허용되고 무엇이 허용되지 않는지를 판독하는 법을 알고 있다. "그건 본능 같은 겁니다. 자기검열이 우리의 훈련이죠." 차이징은 드문 예외였고, 요즘의 기자들은 대부분 일반인들이 앞서 지나간 길을 따라간다. 소셜미디어를 보면 무엇이 안전한지를 쉽게 확인할 수 있다. 어떤 사안이나 관점이 웨이보나 위챗에 게재되면 정부가 그것을 허용하기로 결정한 것이다. 게재 직후 사라지는 것은 선을 넘은 걸로 판단되어 중국의 사이버공간을 사찰하는 검열자에 의해 삭제된 것이다. 대기질의 경우 상황이 좀 복잡할 수 있다. 오염에 대한 웨이보 댓글을 추적한 미국의 한 학자가 도출한 결론은 이렇다. 과학 데이터에 초점을 맞춘 댓글은 검열자의 심기를 건드릴 가능성이 낮았지만 정부에 대한 비판으로 정치색을 드러내는 댓글은 보통 삭제되었다.[15] 그는 연구에서 저널리스트의 작업을 건드리지는 않았지만, 그건 분명 차이징이 넘은 선에 대한 설명처럼 보인다.

많은 사람들이 우바이의 선거 중심적인 관점과 민주주의에 대한 초점이 너무 협소하고 중국의 복잡한 정치적 역동성을 제대로 포착하지 못한다고 평가한다. 수백 년간 중국의 지도자들은 안정성을 그 무엇보다 중요한 가치로 여겼고, 이 평형상태를 위협할 잠재력이 있는 모든 사안을 진정시키기 위해 노력했다. 여기서 다시 소셜미디어는 그들이 여론의 온도를 잴 수 있는 독특한 방법을 제공하는 유용한 도구임이 확인된다. 소셜미디어는 중국의 지도자들에게—일단은 2011년. 그리고 1월에 발생한 끔찍한 오염 사태로 새로운 온라인 운동의 물결이 촉발되고 "공기 재앙"이라는 말이 등장하게 된 2013년. 그리고 〈언더 더 돔〉이 출시된 이후 다시 한번—더러운 공기에 대한 분노가 비등점에 이르고 있음을 분명하게 알려주었다. 오염에는 분명 성난 시위대를 거리로 내보낼 잠재력이 있었다. "그건 정말로 사회를 불안하게 만들 수 있습니다"라고 마쥔은 내게 말했다. 그 시나리오를 피하는 것이 급선무가 된 것이다.

***

중국의 오염원을 밝히는 데는 전문가가 나설 필요도 없다. 당연히 베이징과 다른 대도시에서는 자동차와 트럭이 공기를 더럽힌다. 또 차이징의 주장처럼 저질 연료 역시 심각한 문제다. 하지만 최대의 주범은 석탄이다. 공장과 발전소의 굴뚝, 그리고 난방을 위해 석탄을 태우는 가정의 굴뚝에서 쏟아져 나오는 그 연기는 중국의 미세먼지 가운데 40%에 대한 책임이 있다. 경제가 위태로울 정도로 빠른 속도로 성장하는 가운데 중국의 석탄 사용량은 1990년부터 2013년까지 4배로 늘었다.[16] 이는 세계 총 석탄 소비량의 절반에 가깝다. 나는 인구밀도가 높은 동부해안을 따라 위아래로 질주하는 고속열차에서 그 증거를 확인했다. 이미 시커먼 안개가 자욱한 공기에 산업 공장들이 매연을 뿜어내는 모습을 목격했던 것이다. 그 끔찍한 공기에 얼어붙다시피 한 나는 열차 안에서 컴퓨터로 정리하려고 했던 메모에 집중할 수가 없어 창밖을 멍하니 바라보았다.

물론 이것은 일차원적인 이야기가 아니다. 석탄은 중국 사람들을 병들게 만들고 있는지도 모르지만, 그 동력으로 이룬 성장은 한 세대 만에 수억 명을 절망적인 가난에서 건져 올렸다. 이는 인류 역사에서 가장 위대한 경제적 성취 중 하나임에 틀림없다. 이 성장 덕분에 소작농이었던 조부모들과는 질적으로 다른 삶을 사는 도시 중간계급이 만들어졌고, 차이징과 내 통역사 샤오쥔 같은 젊은이들이 부모들은 상상도 할 수 없던 꿈을 실현할 수 있게 되었다. 하지만 대가는 혹독했다. 중국의 물은 중금속과 농업 유출물로 더럽혀졌고, 토양오염 때문에 많은 땅이 경작할 수 없는 상태가 되었으며, 마을 전체가 광산과 정제공장에서 나온 독성물질에 중독되기도 했다. 이제 경제적 안정—일자리, 집, 충분히 먹을 음식—만으로는 더 이상 충분하지 않다. 중국인들은 그 이상을 원할 정도로 충분히 풍족하다. 마음 놓고 들이마실 수 있는 공기가 너무 지나친 요구사항 같지는 않다.

정부 역시 산업화의 결과를 모른 척할 수만은 없게 되었다. 이런 태도 변화의 전기는 2014년 리커창 총리의 맹세와 함께 찾아왔다. "우리는 빈곤을 무찌르기 위한 전쟁을 선언했듯 오염을 무찌르기 위한 전쟁을 단호하게 선포할 것입니다." 그는 더러운 공기는 "비효율적이고 맹목적인 개발"에 대한 자연의 경고라고 말했다. 우바이의 믿음처럼 대중의 압력이 이런 선언을 촉발한 게 아닐 수도 있다. 하지만 어쩌면 적어도 부분적인 역할을 했는지도 모른다. 대기질은 환경과는 아무런 관련이 없는 이유로 내려야 하는 고통스러운 결정에 정치적 은폐막을 제공해왔다. 중국 경제는 과도한 생산 때문에 혹사당했다. 그중에서도 특히 철강과 시멘트 같은 가장 무겁고 더러운 산업 부문이 문제였다. 끝없는 신용과 공공 보조금으로 망하지 않게 유지되어온 공장들은 정당한 수요보다 훨씬 오랫동안 고속기어로 달리면서 산더미 같은 부채—심각한 경제위기를 촉발할 수 있는—를 만들어냈다. 지도자들은 이 사상누각을 허물어뜨려야 함을 알고 있지만 국영 기업이 거대 고용주인 나라에서 시장의 힘을 풀어놓는 것은 쉬운 일이 아니다.

대기오염에 대한 여론은 개혁가에게 힘을 실어주는 방향으로 쏠렸다. 중국 정부는 특별히 일관성이 있는 편은 아니다. 오히려 경제를 자유화하기 위한 노력에서는 갈지자 행보를 보여왔다. 지도자들은 생산물을 억제한다고 이야기했다가, 진짜로 축소했을 때 나타날 수 있는 결과가 두려워서 격려 정책으로 다시 활기를 북돋는다. 그래서 오염과의 전쟁 추진은 고르지 않았고 두 발 앞으로 갔다가 한 발 뒤로 물러나는 식으로 진행될 때가 많았다. 하지만 이 노력이 진지하다는 사실은 분명하다. 관료들은 공장과 발전소에 현대적인 공기 집진장치를 설치하라고 명령하고, 차량 기준을 엄격하게 만들고, 휘발유와 디젤의 품질을 향상하는 등의 실제적인 조치를 취하고 있다. 또 선박들이 하천을 운항하고 항구에 정박해 있을 때 더 깨끗한 연료를 사용하도록 요구하기도 한다.

물론 수도에서 정책 보고서를 발표하는 것과, 그것을 중국처럼 거대한 나라 전역에서 현실로 바꾸는 것은 별개의 문제다. 그리고 베이징에서 내린 명령을 실행하는 것은 중국에서는 항상 말썽을 빚었다. 지방 관료들은 위를 향해 미소를 지으며 고개를 끄덕일 수도 있지만 그렇다고 그 명령을 실천할 거라는 의미는 아니다. 수십 년간 지방 관료들은 자신이 맡은 분야가 경제성장 목표치를 달성하지 못할 경우 상급자로부터 혹독한 평가를 받는 데 익숙해졌다. 융통성 없는 상명하달 시스템에서는 이런 평가가 경력을 만들거나 단절시킬 수 있다. 시대의 흐름에 따라 평가 기준에 환경보호도 포함되긴 했지만 일부 공무원들은 오랜 습관에서 벗어나기 어렵다는 것을 확인하고는 다른 모든 걸 희생해 개발을 계속 밀어붙인다.

그리고 이 오염방지 전략은 너무 과도해서 때로는 불합리해 보일 지경이다. 대기질을 해결하지 못한 시장들은 베이징으로 소환되어 질책을 받고, 이 소환은 압박감을 배가하기 위해 공개적으로 발표된다. 관료들은 국제정상회의처럼 눈에 띄는 행사 기간 동안 대기질을 깨끗하게 유지하기 위해 오염 유발 공장에 문을 닫으라고 명령한다. 허베이성의 성도인 스자좡시 북부에서는 연간 오염한도를 위반하지 않기 위해 11월과 12월에 몇 주 동안 공장을 폐쇄하기도 했다.[17] 마지막 순간에 취하는 이런 극단적인 조치는 진지함의 발로로 보일 수도 있지만, 사실 이는 부실한 계획성을 보여줄 뿐이다.

이 모든 상황에도 불구하고 실제적인 변화가 일어나고 있다. 지도자들은 마쥔이 전국적인 제한규정과 함께 아주 괄목할 만하다고 평가한 베이징 지역의 석탄이용 상한선을 발판으로 삼아 석탄—중국의 공기를 더럽힐 뿐만 아니라 탄소 배출량에서 큰 덩어리를 차지하는—에서 얻는 에너지의 양을 줄이고 있다. 여느 제조업이 그렇듯, 중국의 에너지 부문 역시 과도한 생산과 거시적인 목표의 부실한 이행으로 몸살을 앓고 있다. 그래서 신규 석탄발전소가 여전히 건설되고 있다. 지방 관료들이 다른 곳에서 만들어진 청정한 전기보다는 자기 뒷마당에서 만들어진 더러운 에너지를 선호한 탓에 신규 석탄발전소를 덮어놓고 인가하기 때문이다. 하지만 많은 발전소가 용량을 다 채워서 가동되는 일은 절대 없을 것이다. 그리고 이미 계획 단계에 있는 석탄발전소의 상당수가 처음으로 취소되고 있다. 정확한 수는 파악하기가 어렵지만 줄어드는 것만은 확실하다. 전문가들은 이제 중국에서 석탄을 연소하는 절정기는—많은 사람들이 감히 희망했던 것보다 더 빨리—과거지사라고 믿는다.

***

이런 진보의 결실을 항상 쉽게 확인할 수 있는 것은 아니다. 탕산시는 오염과의 전쟁이 벌어지고 있는 전쟁터 중 하나다. 베이징에서 또 다른 고속철도를 타고 한 시간 반 거리에 있는 이곳은 제철소와 시멘트공장과 석탄 화력발전소 같은 중공업의 허브다. 경관은 디스토피아를 연상시킨다. 녹슬어가는 거대한 구조물들이 구불구불한 파이프와 대형 탱크, 그리고—안 보이는 곳이 없는—굴뚝에 둘러싸여 있다. 나는 이렇게 많은 공장이 이토록 가까이 붙어서서 많은 매연을 뿜어내는 풍경을 본 적이 없다. 베이징의 현대적인 쇼핑몰과 번쩍이는 지하철과는 영 딴판이다. 하지만 바로 이런 모습의 중국이 화려한 모습의 중국을 존재할 수 있게 했고, 그러한 중국을 건설할 콘크리트, 강철, 경제적 근력을 제공했다.

탕산시의 공장 사이에는 단지에 따라 베이지색과 흰색, 빨간색과 노란색 등 색깔만 다를 뿐, 15층이나 20층 정도의 크고 특징 없는 아파트들이 똑같은 구조로 군집을 이루며 늘어서 있다. 오물과 다를 바 없는 공기를 많은 사람들이 마시고 있다는 의미였다. 탕산시가 속한 허베이성에는 중국에서 공기가 가장 나쁜 여섯 개 도시가 몰려 있다.[18] 나쁜 공기는 가만히 있지 않는다. 이 지역의 산업은 베이징의 숨 막히는 연무를 유발하는 주요인이다.

물론 중국의 철강은 내가 집이라고 부르는 미국과 영국 두 나라 모두에서 중요한 사안이다. 철강산업은 한때 피츠버그, 펜실베이니아, 오하이오의 영스타운, 그리고 잉글랜드 북부와 웨일스 남부에—제강 과정에서 나오는 짙은 매연과 함께—꾸준한 월급과 자부심, 사회적 안정을 안겼다. 도널드 트럼프는 중서부 주 공업의 쇠락과 고용 붕괴가 중국의 값싼 생산 탓이라고 했지만 사실 그 덕에 집권이라는 날개를 달았다. 유럽연합을 탈퇴한다는 영국의 힘든 결정을 유도한 세력들 역시 중국의 값싼 생산을 탓했다. 여기서 이 문제는 약간 조심스럽게 접근할 필요가 있었다. 샤오쥔이 탕산시행 열차표를 살 때 목적지가 그 도시 직전에 있는 역인 것을 알고 어째서 일반적인 관광객의 이동 경로에서 크게 벗어나서 돌아다니고 있는지 누군가가 의아해할까 봐 걱정이 앞섰다.

왕징보는 이 논란 많은 영역에서 자신의 삶을 일구었다. 샤오쥔과 나는 그가 용강에서 불순물을 제거하고, 산화 처리를 하고, 담금질을 하는 탕산궈펑 철강공장 옆 건물에서 그를 만났다. 그의 아내는 삶의 현실을 여과 없이 보여주는 작은 가게 겸 식당을 운영한다. 둥글게 말린 철강과 막대 모양의 철강을 실은 대형 평상형 트럭 기사들을 상대로 하는 식당이다. 가게의 콘크리트 바닥에는 작은 석탄난로가 놓여 있고, 공기는 매연으로 가득하며, 갖가지 물건—손전등, 우산, 배터리—이 금속 선반에 매달려 있다. 바닥에 놓인 검은 상자에는 삶은 달걀이 쌓여 있다.

왕징보는 무심하게 깜빡거리며 늘어선 비디오 도박 기계 옆 분홍색 플라스틱 스툴 위에 걸터앉아서, 샤오쥔과 내가 미적지근한 커피를 홀짝이는 동안 자신은 공장에 대한 감정이 복잡하다고 설명한다.

일은 위험하고, 써야 하는 보호장비는 무거우며, 온도는 50℃ 가까이 치솟기도 한다. 하지만 월급이 넉넉하고, 공장이 잘될 때는 보너스가 나온다. 다른 공장들이 문을 닫거나 이전을 할 때 일자리를 잃게 된 남자들에 대해 알고 있지만, 자신의 사장은 경영을 잘해서 질 좋은 철강을 만들고 모든 규정을 준수하기 때문에 자신의 일자리는 안전하다고 자신한다. 철강산업에 고통스러운 구조조정은 필요해도 최고의 회사들은 살아남을 거라고 그는 믿는다. "계속 커지기보다는 더 강해질 거예요."

모든 사람이 낙관하는 것은 아니다. 우리는 가게에서 몇 킬로미터 떨어진 곳에서 또 다른 철강 노동자를 만났다. 유행하는 안경을 쓰고 머리칼을 뾰족뾰족하게 손질했으며 회색 후드티에 녹색 위장복 재킷을 입은 남자였다. 그는 이름을 밝히고 싶지 않아 한다. 아마 자신의 말이 왕징보보다 더 날이 서 있기 때문인 듯하다. 다른 공장에서 일하는 그는 5년 동안 월급이 20% 줄어들었다. "우리 삶은 크고 분명하게 영향을 받았어요." 그는 온갖 힘들이 철강산업을 압박하고 있고, 아무도 사려 하지 않는 철강을 생산하는 건 말이 안 된다는 사실을 알고 있다. 하지만 대기질 규정 또한 이 그림의 한 부분이다. 그는 자기 회사가 1억 5000만 달러가량을 설비 개선에 썼는데, 환경 요건에 맞추려고 한 것도 그 이유 중 하나였다고 말한다. "개선된 생산라인을 보니까 정말 충격적이었어요." 그는 이렇게 인정한다. 그리고 자동차용 철강을 만드는 새로운 계약처럼 "이 시설은 더 많은 기회를 줄" 것이다. 물론 그 역시 여기서 이 공기를 마셔야 한다. 한 동료는 최근 탕산시는 삶의 속도가 편안하고 바다가 근처에 있는 살기 좋은 장소라고 평가했다. "오염만 빼면요. 1년 중에 하늘이 파란 적이 몇 번 없어요." 그는 자신의 아들은 언젠가 더 좋은 집을 찾기를 희망한다.[19]

오염과의 전쟁에 대한 강력한 정치적, 경제적 반발 역시 분명하게 일고 있다. 그럼에도 지금까지의 결과는 인상적이다. 리커창 총리의 선언이 있고 난 다음 해 베이징을 비롯한 약 200개의 중국 도시에서 미세먼지가 16% 이상 하락했다.[20] 철강 생산이 증가하자 수치가 다시 올라갔는데, 내가 방문했을 때 그 결과를 하늘에서 눈으로 확인할 수 있었다. 하지만 이런 퇴보에도 불구하고 괄목할 만한 속도로 성과가 나타나고 있다. 리커창 총리가 오염과의 전쟁에 착수한 지 4년 뒤인 2018년에 이르자 중국 도시의 미세먼지는 약 3분의 1이나 줄어들었다. 이 상태가 유지될 경우 모든 베이징 시민의 수명이 3년 이상 추가될 것이다. 스자좡시는 개선의 폭이 훨씬 더 커서 모든 시민의 수명이 5년 이상 늘어날 것으로 예상된다.[21] 이런 수치는 지도자들이 오염을 진지하게 여길 때 나타날 수 있는 장점을 강력하게 예시한다.

다시 베이징으로 돌아온 나는 정부에 조언하는 전문가 집단인 중국 청정대기동맹의 토니 셰를 만났다. 그가 사용하는 "달성 계획"과 "배출 인벤토리" 같은 표현들이 낯익었다. 일레인 창이라고 하는 대기질규제 담당자로부터 이 표현들을 들은 적이 있었다. 로스앤젤레스 외곽에서 서던캘리포니아가 스모그와 벌인 오랜 투쟁을 조금 더 앞으로 밀고 나가기 위해 수년간 관료제의 힘이라는 지렛대를 사용했던 경험에 대해 이야기하는 자리였다. 알고 보니 토니 셰는 일레인 창과 아는 사이였다. "우리 손님이었죠." 그는 일레인 창이 오염에 맞서 싸운 로스앤젤레스의 경험을 베이징과 공유하기 위해 두 차례 베이징을 찾았던 일을 떠올리며 미소를 띤 채 말했다.

중국이 더러운 공기와 벌이고 있는 투쟁은 때로 수십 년 전에 로스앤젤레스가 겪었던 상황에 비유되곤 한다. 일레인 창은 진보를 위해서는 대기 모니터 장치와 더 나은 기술 이상의 것이 요구된다고 내게 말했다. 캘리포니아가 그랬듯 중국은 오염원을 추적하고, 한계를 설정하고, 허가증을 발행해야 한다. 또 규정을 집행할 수 있는 시스템, 즉 이 문제를 체계적으로 다루기 위한 제도적인 인프라를 구축해야 한다. 중국과 미국은 분명 통치에 대한 접근 방식이 다르지만 중국이 조성하려고 하는 게 바로 그것이라고 토니 셰는 내게 말한다. 그는 지방 관료들이 자기 지역의 공기를 개선하는 데 필요한 정보를 모을 때 사용할 수 있는 온라인 툴을 만들어 그들을 돕기 위해 최선을 다하고 있다. 나는 그와 엄청나게 많은 사람들이 국민들의 건강을 지킬 수단을 마련하기 위해 고군분투하는 동안 트럼프 시대의 미국은 환경규정들을 갈가리 찢어버리고 그 집행기관을 허수아비로 만들면서 바로 그 일을 하던 구조를 해체하고 있다는 생각을 하지 않을 수 없다(일레인 창의 고향인 민주당 성향의 캘리포니아는 여전히 열과 성을 다하고 있긴 하지만).

중국이 로스앤젤레스의 공기정화 성공 사례에 필적한 성과를 거두려면 갈 길이 멀고, 그 길 중간중간에는 잠재적인 함정도 많다. 하지만 중국은 위기 앞에서 손 놓고 있는 인도와는 다르다. 중국 지도자들은 이제야 비로소 그 많은 국민들의 목숨을 앗아가는 위협을 향해 조치를 취하고 있다. 비록 오락가락하긴 해도 그 경로는 이들이 어느 방향을 향하고 있는지를 분명하게 보여줄 정도로 꾸준하다. 변화가 부침을 거듭할 수는 있지만 지금 진행 중이라는 데는 의심의 여지가 없다.

***

이런 변화들은 중국 국경을 훨씬 넘어 파급력을 미친다. 대기에서 유독물질을 제거하기 위한 조치들은 탄소 배출량을 감축하는 조치와 동일하기 때문이다. 중국은 석탄 의존도를 낮추기 위해 재생에너지 분야에 역사상 가장 야심 찬 투자액을 풀어서 풍력과 태양 발전에 수천억 달러를 퍼붓고 있다. 기회를 알아차린 중국 지도자들은 중국이 장난감, 의류, 전자제품에서 그랬듯 태양광 패널 제조 분야를 장악하기 위한 작업에 착수했다. 그 희망은 빠르게 현실이 되었고, 중국의 생산은 비용을 크게 하락시켜 청정에너지의 경제학을 뒤집어놓았다. 10년 동안 비용이 90% 하락했고 아직도 하락하는 중이다. 중동의 사막에서부터 멕시코의 지붕에 이르기까지 중국의 값싼 태양광 패널 덕에 태양에너지는 천연가스만큼, 그리고 심지어 석탄만큼 가격 경쟁력을 갖출 수 있었다. 덕분에 온실가스 배출량을 많이 감축할 가능성이 충분히 높아졌다. 이로써 중국은 변화의 최선두에 서 있다. 한 추정에 따르면 중국은 한 시간에 축구장 세 개 넓이의 태양광 패널을 설치하고 있다.[22]

샤오쥔과 함께 상하이에서 차를 몰고 조금 나왔더니 내 눈 바로 앞에서 이 재생에너지 혁명이 펼쳐졌다. 불과 1년 만에 진코솔라는 전력발생 용량이 일반적인 석탄 화력발전소 약 10기에 상응하는 패널을 생산했다. 이 회사는 패널이 만들어지는 과정을 보여주겠다며 우리를 초대했다. 우리는 파란색 긴 실험복과 수술용 모자, 신발 커버를 착용하고 난 뒤 공장 건물 한 곳으로 향했다. 깨끗하고 밝은 그 건물에서는 빨간 로봇 팔이 위로 올라갔다가 비틀릴 때 나는 커다란 쉭 소리 말고는 아무런 소리도 나지 않는다. 태양전지—은으로 된 길쭉한 조각이 줄지어 들어선 사각의 실리콘—가 진코솔라의 다른 공장 건물에서 수천 개씩 공장 안으로 들어온다. 태양전지가 층층이 쌓여간다. 뒷편에 쌓인 작은 검은 상자에서 철사가 달랑거리고 부품들이 설치 준비가 끝난 모듈로 함께 밀봉되는 동안, 파란 유니폼을 입고 야구모자를 쓴 노동자들은 테스트와 약간의 수정을 거친다.[23]

지게차가 옮긴 새 패널로 가득한 마분지 상자들은 비닐에 싸인 채 우드펠릿 위에서 전 세계로 팔려나가기를 기다리고 있다. 이 패널들이 내가 쓰고 있는 글의 주제에서 핵심인데도 이제까지 이런 패널이 어떻게 만들어지는지, 어떻게 작동하는지에 잠시라도 관심을 가진 적이 없었다. "당신이 태양전지를 얼마나 많이 알고 있는지 모르겠네요." 이 회사의 연구소에서 일하는 한 전문가가 이렇게 말한다. 나는 약간 민망한 듯 웃으면서 아주 조금밖에 알지 못한다고 말한다. 나는 태양전지가 반도체와 비슷하게 작동한다는 사실을 알게 되었다. 태양전지를 이루고 있는 실리콘은 양극과 음극, 두 형태로 조작된 다음에 같이 층층이 쌓이게 된다. 햇볕은 전자의 흐름을 촉발하고, 이 전자들은 전기회로에서 동력으로 바뀐다.

오염과의 전쟁을 구성하는 다른 부분들처럼 중국의 재생에너지 개발은 완전히 매끄럽지만은 않다. 인구가 얼마 되지 않는 북서부, 그곳의 거대한 풍력발전소와 태양광발전소들은 사용처가 없는 전력을 만들어낸다. 수요가 있는 대도시로 전기를 이동시키기 위한 송전선을 아무도 설치할 생각을 하지 못했던 것이다. 일단 짓고 나중에 생각하자는 식의 전략 때문에 엄청나게 많은 에너지가 버려지고 있다. 하지만 이런 문제는 해결 가능하며, 관료들은 이미 대처에 들어갔다. 그들이 지구온난화에 얼마나 신경을 쓰는지는 파악하기가 어렵지만, 어쩌면 그건 중요하지 않을 수 있다. 요즘 들어 이들의 조치는 지구온난화를 예방할 수 있다는 최선의 희망을 제시한다.

오늘날 중국은 석탄 대신 재생에너지로 중심을 이동하는 것이 자신들에게 이익일 뿐만 아니라, 국민의 건강과 장기적인 안정성에도 반드시 필요하다는 사실을 알고 있다. 이 때문에 시진핑 주석은 파리기후변화협정을 준비하는 오바마 대통령과의 협상에서 중국이 2030년까지 탄소 배출량을 꾸준히 감축하겠다는 약속을 하게 되었다. 그리고 이 때문에 중국은 도널드 트럼프 행정부의 미국이 방향을 바꾼 상황에서도 꾸준히 가던 길을 갈 것이다. 마쥔은 기후정치나 탄소정치, 또는 국제정치가 어떻게 되든 간에 "우리는 이 일을 해야 한다"고 내게 말한다.

이 동학의 중요성은 아무리 과장해도 지나치지 않다. 수년간 기후 행동 지지자들은 세계 최대의 온실가스 배출국인 중국에 배출감축 행동에 동참하라고 호소했다. 영국에서 나는 종종 기후를 걱정하는 사람들이 자동차 대신 자전거를 이용하기로 했다거나 절전형 전구를 구입하기로 했다는 결정을 듣곤 하지만, 중국의 무자비한 석탄 연소를 보니 허탈한 기분이었다. 이 문제를 무시하는 편을 더 좋아하는 사람들은 중국의 꿋꿋한 태도 속에서 편리한 핑계를 찾아냈다. 조지 W. 부시는 미국이 빠져나갈 이유로 중국의 교토의정서 면제를 들먹였다. 심지어 훨씬 공격적인 조치를 취할 의향이 충분한 유럽 국가들조차도 석탄에 대한 중국의 밑 빠진 갈망이 자신들의 노력을 무의미하게 만들지 않을지 걱정했다.

10년의 세월이 흐르면서 상황이 완전히 뒤바뀌었다. 온실가스 배출감축 의지가 없는 다른 나라들이 애먼 핑계로 들먹이던 중국은 이제 기후변화를 향한 싸움의 실제적인 지도자가 되었다. 중국은 여전히 2030년의 약속을 이행하는 중이고, 계획보다 일찍 목표를 달성할 가능성도 상당하다. 그리고 다른 나라들, 특히 더 청정하고 건강한 성장법에 대한 중국의 탐색에서 교훈을 얻고자 하는 가난한 나라들은 중국의 사례를 기대할 것이다.

지구의 미래를 걱정하는 사람들은 과학을 거부하는 트럼프의 태도와 현실을 부정하는 그의 행정부에 마땅히 절망감을 느낀다. 이런 고집스러운 태도는 안정된 기후에 이르는 경로를 불가능까지는 아니더라도 따라가기 힘들게 만든다. 하지만 이 세상에는 미국만 있는 게 아니다. 중국은 미국이 없이도 제 갈 길을 가고 있다.

11장

도시는 누구의 것인가?

베를린은 자동차 너머를 본다

공기 한 모금, 폐를 가득 채운다. 그다음 순간 생명의 태엽이 가차없이 째깍이며 정해진 운명에서 헤어날 수 없다는 기분이 든다. 하지만 이번에는 뭔가가 개입해서 장비에 끼어들고 리듬을 방해한다. 의식적인 마음은 몸의 원시적인 힘을 이기지 못할 것을 알고 있다. 하지만 호흡을 중단시킬 수는 없어도 지연시킬 수는 있다. 1분, 어쩌면 2분 정도. 쉽지는 않을 것이다. 여기에는 매초 점점 힘들어지는 노력, 그 노력이 필요하다. 저항의 노력이 치열해질수록 마음의 집중 역시 강렬해진다. 그리고 몸은 스스로를 지키기 위해 할 수 있는 일을 한다. 심박수가 줄어든다. 내부에서는 혈관이 수축되고 혈액이 사지에서 빠져나와 뇌로 돌진한다. 폐포의 막에서는 기체의 움직임이 둔화되어 이산화탄소의 누적을 진정시키지만 그럼에도 얼마 안 가 폐는 곧 터질 듯하다. 이산화탄소가 다른 곳에도 차오르면서 불편함이 통증으로 바뀐다. 복부와 가슴에서. 결국 더 이상 버틸 수 없는 순간까지. 마음이 풀어지고, 몸은 필연적인 승리를 거머쥔다. 날숨이 풀려나오고, 리듬이 재개된다. 생명의 욕구, 공기의 필요가 모든 것을 압도한다.

***

카타리나 우펜브링크는 내 독일 친구의 사촌의 이웃이다. 머리카락은 짧은 직모에 밝은 빨간색 립스틱을 바르고 온통 검은색 차림인 우펜브링크를 만나러 한 카페를 찾았다. 그가 사는 베를린 중심가에서 멀지 않은 예술가 분위기 동네의 인도 변 카페다. 우펜브링크는 카페 주인의 호기심 많은 갓난아기들과 재잘대고 있다. 아기들은 내 노트북에 관심을 보이며 우리 테이블을 수색하지만, 독일어를 할 줄 모르는 나는 미취학 아이들과 대화할 방법이 없어 그저 말없이 웃기만 했다. 운 좋게도 우펜브링크의 영어가 완벽했다. 우펜브링크는 인생의 대부분을 살았던 도시에 대해, 그리고 좀 더 구체적으로는 그가 그 속에서 어떻게 자신의 길을 개척했는지에 대해 이야기한다. 이 화창한 여름 저녁에 나를 만나기로 한 이유다.

우펜브링크와 남편은 몇 년 전에 도심에 조금 더 가까운 곳으로 이사를 했다. 아들을 더 이상 학교로 데려다줄 필요가 없게 되자 자동차를 팔았다. 요즘은 대부분의 장소를 자전거로 간다. 여러 곳의 자동차 공유서비스에 가입되어 있어서, 짐이 많거나 이제 막 10대가 된 아들이 한 번만 태워달라고 절박하게 애원하면 핸드폰을 조작해서 거의 바로 운전대를 잡을 수가 있다. 가끔은 전기차를 빌리기도 한다. 여기서는 차를 몇 분만 빌렸다가 어디든 주차한 뒤 핸드폰으로 공유서비스를 사용하는 다음번 고객을 위해 대기시킬 수 있다. 우펜브링크는 전기모터 자전거 공유서비스에도 등록할 계획이다. 그러면 최근에 시내에 등장한 이탈리아제 스쿠터 베스파 스타일의 맵시 있는 기계에 올라탈 수 있다. 우펜브링크는 전기모터 자전거가 재밌을 것 같다고 말한다. "자동차 대신 이런 걸 이용하지 않을 이유가 있나요?" 그리고 물론 항상 베를린의 최상급 대중교통 시스템을 이용할 수 있다. 도로를 가로지르며 덜컹이는 전기트램, 그 아래로 다니는 지하철 U-반, 장거리 전철 S-반, 그리고 버스까지. 아들은 전철을 타면 학교까지 15분 정도 걸린다. 약간 멀긴 하지만 "전차는 빠르"다.

우펜브링크 가족은 별난 사람들이 아니다. 베를린은 독일에 있는 다른 대부분의 도시에 비해 자동차 소유율이 낮다. 이는 부분적으로는 분단된 과거의 유산이다. 동베를린 사람들은 자동차를 살 여력이 없었고, 서베를린 사람들은 집이 동독에 둘러싸인 작은 섬 안에 갇혀 있어서 갈 곳이 없었기 때문에 자동차를 잘 사지 않았다. 또한 이는 오늘날의 베를린 경제가 창조적인 산업과 미디어, 정부 부문을 중심에 두다 보니 베를린이 프랑크푸르트나 뮌헨 같은 도시에 비해 그렇게 잘 살지 못하고 이민자와 젊은 사람들이 많기 때문이기도 하다(과거 어떤 시장은 보헤미안 정체성을 자랑스러워하면서 베를린이 "가난하지만 섹시하다"고 선언했다).

하지만 베를린에 자동차가 비교적 적은 것은 그 인구학적, 경제적 상황 때문만은 아니다. 베를린은 다른 도시 생활을 만들기 위해 노력하고 있다. 도로를 독차지하고 세계 대다수의 도시 경관을 지배하는 거대한 고철 덩어리가 아니라 인간의 필요를 중심으로 도시를 조직하기 위해 노력하고 있다. 다른 이동수단을 편안하고 편리하게 만듦으로써 자가용을 몰고 다니는 사람들을 유혹하는 한편, 오염을 가장 많이 유발하는 노후 차량을 들어오지 못하게 하는 금지령으로 압박을 가한다.

내가 만난 일부 베를린 시민들이 다른 많은 도시 거주자들처럼 차량 통행량에 대한 불만을 토로하고 있는 데서 알 수 있듯 아직 문제는 완전히 해결되지 않았다. 하지만 공항열차가 나를 베를린 중심가에 내려놓는 바로 그 순간부터 이곳이 다른 도시와 분명하게 다른 중요한 차이점 몇 가지가 눈에 들어온다. 일단 내가 가본 다른 어떤 대도시에 비해 도로를 달리는 차량이 훨씬 적다. 인도에 놓인 테이블에서 피자를 우적우적 먹었던 미테—'중심'이라는 의미에 걸맞게 베를린의 지리적 중심지다—는 미국의 미드타운 맨해튼이나 영국의 피카딜리 서커스 같은 곳이라고 보면 된다. 하지만 옆을 지나치는 교통량은 작은 마을에서 기대할 법한 정도에 더 가까웠다. 자동차는 몇 분에 한 대꼴로 지나가거나 한 줄로 두어 대 지나가고 나면 한동안 다시 소강상태가 된다. 내가 갔던 베를린의 거의 모든 곳이 이와 같았다.

젊고 파격적인 느낌의 크로이츠베르크는 밤늦도록 인도가 사람들로 북적인다. 야외 레스토랑과 바에서 먹거나 마시는 사람들, 가족들과 함께 어슬렁거리는 사람들, 놀이터 옆 벤치에서 쉬고 있는 사람들로 말이다. 자전거보다 훨씬 적은 수의 자동차들은 미테와 같은 비율로 터덜거리며 지나간다. 유명한 베트남 식당 야외의 복잡한 테이블에서 가리비와 덤플링 만두를 게걸스럽게 먹고 상점 창문으로 싸구려 골동품을 구경하고 난 뒤 나는 아이스크림이 두 덩이 올라간 콘을 들고 가게 앞 벤치에 자리를 잡았다. 공기가 신선하고 상쾌했다.

내가 느낄 수 있는 좋은 점은 공기질만이 아니다. 자동차는 장소를 차지하고 소음을 유발하며, 보행자와 자전거가 돌아다니기 불편하게, 심지어는 위험하게 만든다. 그리고 물론 자동차는 전 세계 도시와 교외에서 시간과 생산성과 즐거움을 좀먹는다. 그런데 베를린에는 비교적 자동차가 적다 보니—상대적일 뿐이다—다른 것이 존재할 여유가 생겼다. 정확히 말하자면 평온함은 아니다. 베를린은 에너지와 활기가 넘치는 곳이기 때문이다. 하지만 다른 종류의 삶, 우르릉거리는 엔진 소리에 잠겨버리거나 그 매연에 질식하지 않는 인간 규모의 삶이 들어설 장소가 된 것이다.

삶의 질이라는 면에서 베를린이 다른 도시보다 좋은 또 다른 장점은 돌아다니기가 편하다는 것이다. 내가 처음 영국으로 이주했을 때 한 친구가 내게 런던은 어디를 가더라도 45분 정도는 걸릴 거라고 이야기했다. 그리고 나는 친구의 말이 놀라울 정도로 일관적인 사실임을 알게 되었다. 게다가 목적지에 도착할 때쯤 되면 지하철이나 버스의 오염물질과 소음, 이동 자체의 힘겨움 때문에 녹초가 되곤 한다. 베를린에서는 출퇴근 시간마저 대중교통이 빠르고 편안하다. 어림잡아 20분 정도면 웬만한 거리는 해결되는 것 같다.

자전거에 올라타니 진짜 베를린이 내 앞에 펼쳐진다. 이제 나는 인터뷰 사이에 시간이 뜰 때 자전거를 타고 임대 아파트로 돌아갈 수 있다. 풀이 파릇파릇한 운하의 제방에서 맥주를 마시는 지역주민들을 지나치며 페달을 밟을 수 있고, 매주 저녁 길거리 음식 행사로 내 눈길을 사로잡는 시장으로 쏜살같이 달릴 수 있다. 물론 많은 선진국 도시에서 자전거는 인기를 얻고 있다. 하지만 이곳에서는 런던과 뉴욕처럼 두 바퀴 교통수단을 포용하고 있는 다른 많은 장소와는 어딘지 다른 느낌으로 자전거가 일상의 일부를 구성한다. 베를린에는 자전거가 없는 곳이 없다. 허기진 시민들이 저녁으로 먹을 포장 음식을 기다리는 동안 벤치에 기대어 있고, 사무용 건물 밖에 주차되어 있고, 헬멧을 쓴 유아들과 함께 전철에 오른 부모들이 짊어지고 있다. 나는 숙소에서 가까운 편의점에서 자전거를 빌렸다.

내가 만난 어떤 자전거 지지자는 자전거가 고가의 장비를 장착하고 쫄바지를 입은 중년 남자 같은 특정 집단의 배타적인 전유물이 되지 않기를 바란다고 말한다. 내게는 생소한 표현 방식이다. 나는 내 가정생활을 중요하게 생각하기 때문에, 내가 바로 그런 생명체와 결혼했다는 사실을 밝히고 싶지는 않았다(그리고 어쨌든 댄은 쫄바지보다는 낡은 티셔츠와 펑퍼짐한 반바지를 더 좋아한다). 하지만 미니멀리스트인 내 남편마저도 진입 장벽이 느껴질 수 있는 고급스러운 자전거 장비를 갖추고 있는 것이 사실이다. 고가의 경량 자전거에 만만찮은(비싸고! 무겁고!) 잠금장치와 형광조끼.

베를린에서는 자전거를 타는 사람들 대부분이 쫄바지는 말할 것도 없고 헬멧도 쓰지 않는다. 베를린 사람들은 비즈니스 정장이나 치마, 맵시 있는 재킷에 예쁜 구두를 신고 자전거로 출근한다. 내가 본 많은 자전거가 특별할 것 없는 저렴한 모델이었다. 사람들은 자전거를 타고 철책이나 가로등 기둥으로 가서 자전거에서 내린 뒤 순식간에 잠금장치를 누른다. 내가 런던에서 자전거를 주차할 때 거치는 길고 번잡스러운 과정과는 완전히 대조적이다. 게다가 많은 베를린 시민들이 거주하는 아파트 건물에는 자전거를 주차하기에 안성맞춤인 큰 정원이 딸려 있다. 사람들은 그냥 자전거를 앞문으로 끌고 들어가서 어디든 주차하면 된다. 내 자전거를 뒤편 목재 테라스에 세워놓고 항상 페달이 걸리적거리는 방수커버에 씌워놓는 런던에서의 경험과는 너무 다르다. 자전거를 꺼내려면 항상 자전거를 들고 주방을 지나 가파른 계단을 내려오다가 종종 내 정강이를 치거나 벽에 흠집을 내게 된다. 이 과정은 생각하는 것만으로도 피곤해서 나는 보통 그냥 걷기로 한다.

물론 더 중요한 차이는 자동차와 트럭이 바로 옆에서 쏜살같이 달리는 붐비는 런던 도로에서는 자전거를 타기가 두렵다는 것이다. 베를린은 도로가 더 넓고 차량 통행량이 훨씬 적다. 하지만 공정하게 말하자면 구불구불하고 유서 깊은 런던 도로에서 자전거의 공간을 만들기는 더 힘들 것이다. 이때 내게 떠오르는 도로란 우리 집 근처에 있는 2차선 도로인데, 그러다가 문득 나의 상상력이 거의 모든 곳에서 규범이 되어버린 '자동차 우선 설계' 안에 갇혀버렸다는 사실을 깨닫는다. 사실 내가 생각하던 도로는 2차선이 아니라 4차선이다. 두 차선은 움직이는 차에, 다른 두 차선은 주차된 차에 점령당한 상태. 우리는 공공 공간을 자동차에 내어주는 데 워낙 익숙해져서 때로는 우리가 그러고 있다는 사실을 깨닫지 못하기도 한다.

우펜브링크는 여기서는 자전거가 체력 좋은 소수를 위한 특별한 활동처럼 느껴지지 않는다는 데 동감한다. 작가와 예술가를 위한 조직을 운영하는 그는 독일 하원인 분더스타그에서 열리는 모임으로 자전거를 타고 간다. 이런 행사를 위해 "정부 구역까지 가는 데 10분에서 15분 정도, 사무실까지는 자전거로 12분" 걸린다. "비가 너무 심하게 오면 지하철로 세 정거장인데" 기다리는 시간이 3분 30초를 넘는 일은 거의 없다고 한다. 얼마 전 우펜브링크는 고위 정치인들이 주최하는 저녁 모임에 초청을 받았다. "여성이 12명이었는데 우리 중에서 8명이 자전거를 타고 왔던 것 같아요." 누구도 격식 있는 옷차림으로 자전거를 타는 것을 튀는 행동으로 여기지 않았다.

우펜브링크는 몇 번 다른 곳에서 일을 했던 적만 빼면 열 살 때부터 쭉 베를린에서 살았다. 우펜브링크가 어렸을 때는 베를린 장벽이 베를린 인구의 절반을 가둬두었지만 동독의 중공업이 양산하는 오염까지 막지는 못했다. 그래서 우펜브링크 같은 서독 사람들 역시 더러운 매연을 들이마셨다. 그리고 사실 당시에는 서독 사람들 역시 석탄을 태워서 난방을 하는 경우가 많았다. "오염을 냄새로, 눈으로 확인할 수 있었어요."

구체제가 무너졌을 때는 런던에 있었기 때문에 젊은 사람들이 베를린 장벽 위에 올라가서 춤을 추던 고향의 가장 즐거운 순간을 직접 경험하진 못했다. 하지만 우펜브링크는 그 이후로 극적인 변화가 나타나는 것을 보았다. 그리고 과거보다 훨씬 건강해진 도시, 다른 도시보다 훨씬 건강한 장소에서 아들을 키우고 있다는 사실이 자랑스럽다. 우펜브링크는 자신이 여기서 느끼는 열린 마음 역시 차이의 근원이라고 생각한다. "베를린은 좀 더 시원시원하고, 다양한 생활

방식을 수용해요. 가령 뮌헨 같은 데랑 비교하자면요. 거기 사는 시누이는 차 없이는 못 살아요."

차가 없어서 아쉽지는 않은지 물어보니 분명한 대답이 돌아온다. "난 차가 너무 싫었어요. 차는 스트레스예요." 주차 장소를 찾으려면 항상 운전 시간보다 더 오래 헤매야 해서 진이 빠진다. "공유 자동차가 훨씬 편해요." 그러고 난 뒤 작별인사를 하고 나서 그는 자리에서 일어나 우리가 앉아 있던 곳에서 몇 발자국 떨어진 곳에 서 있던 연파랑 자전거에 올라—굽이 높은 빨간색 가죽신을 신었음에도—빠르게 시야에서 사라졌다.

***

베를린은 순수한 태곳적 유토피아가 절대 아니다. 베를린에 도착한 지 얼마 되지 않아서, 내가 이메일로 연락해두었던 전국 규모의 자동차 공유 단체 대변인은 내가 왜 이곳을 깨끗한 공기의 모범으로 선정했는지 의아해하며 답장을 보냈다.[1] 나는 잠시 내가 사례를 잘못 선정하고 오해를 바탕으로 이 책의 한 장을 쓰려고 날아온 건가 우려했다. 하지만 나는 진한 커피 몇 모금에 곧 에너지를 다시 얻고 내가 왜 여기 왔는지를 자신에게 일깨웠다. 이 도시의 성과는 불완전하지만, 내가 오염에서 자유로운 캐나다나 핀란드의 오지에서 맞닥뜨릴 수 있는 그 어떤 것보다 더 성취 가능하며 유의미한 느낌을 주었다. 유럽의 경제 엔진인 나라의 수도 베를린은 파리, 로마, 런던 같은 장소와 비슷한 급이기에 이 도시의 진보는 나머지 도시에도 유용한 교훈을 제시한다.

그렇다, 베를린은 아직 갈 길이 멀다. 내 들뜬 첫인상에도 불구하고 사실 여기에도 교통체증이 있고 걱정될 정도로 많은 사람이 자전거를 타다가 사고로 목숨을 잃는다. 대기오염도 여전히 문제다. 하지만 나는 베를린의 공기는 얼마나 좋은가, 베를린은 자동차 사용을 얼마나 성공적으로 줄였나라는 질문에 대한 대답에서 핵심은 비교 대상이 어디인지에 따라 달라진다는 것임을 깨닫게 되었다.

악셀 프리드리히 역시 상황을 이런 식으로 생각하는 사람이었다. 나는 수십 년간 대기질 분야에서 일한 프리드리히를 만날 수 있는지를 중심에 놓고 베를린 방문을 계획했는데, 이는 내 예상보다 더 힘든 도전 과제였다. 2008년 독일 연방환경청을 그만둔 이후로 그는 베를린의 진보를 모방하고 싶어 하는 사람들에게 이야기를 들려주는 자문가로서 전 세계를 돌아다녔다. 심지어 중국에서 어떤 사람이 내게 건넨 보고서에도 그의 이름이 있었다. 방문 일정을 정하려고 연락을 취할 때마다 그의 이메일은 최근 경유지를 알려주었다. "몰타에서 안부 인사 보냅니다" "워싱턴 D.C.에서" "리스본에서." 결국 만남이 이루어졌을 때 그는 그다음 날에는 수송과 관련된 오염에 대한 어떤 일 때문에 그리스 코르푸섬으로 떠날 예정이었다.

프리드리히의 집에 이르는 여정은 베를린은 20분이면 어디든 갈 수 있다는 내 경험 법칙과 보기 좋게 어긋났다. 도시 외곽에 있는 그의 집까지는 총 1시간이 넘게 걸렸다. 전철과 버스를 타는 시간과, 큰 나무가 늘어서 있고 인도의 양쪽 가장자리에는 야생화와 잡초가 우거진 교외 느낌의 거리를 따라 걷는 시간까지 합하면 말이다. 큰 건물 꼭대기 층에 있는 그의 집은 온통 흰색이고 큰 창문과 유리문,

채광창이 줄을 지었다. 하지만 그 성기고 세련된 효과는 벽이란 벽에 잔뜩 쌓인 서류와 잡지, 풀과 오래된 노트북, 전화기와 충전기 같은 잡동사니들 때문에 반감되었다. 프리드리히는 구겨진 황갈색 바지에 헐렁한 스웨터, 털이 북슬북슬한 검은 슬리퍼 차림이었다. 흰 머리를 앞으로 빗어내린 넓은 얼굴은 골격이 크고 각이 졌다.

그는 베를린의 단점을 모르지 않았다. 베를린의 공기는 유럽의 대도시 가운데 최고에 속한다고 그는 자랑스럽게 이야기한다. "하지만 전 행복하지 않아요. 여전히 많은 것들을 놓고 싸우고 있죠." 가장 최근의 싸움은 스티커 제도를 놓고 중앙정부와 벌인 것이다. 베를린은 스티커 시스템을 도입해서 진짜로 깨끗한 디젤차를 식별할 수 있게 하고, 나머지는 아예 들어오지 못하게 하고 싶어 한다. 하지만 그는 항상 더 나은 것을 요구하면서도 베를린의 성공에 대해서는 자랑스러워한다. "여기에 있으면 베를린이 그다지 좋아 보이지 않아요." 그는 웃으면서 말한다. 그런데 "다른 도시에 가면 '베를린이 모범 사례입니다'라고 말하죠." 그는 런던에 비하면 이곳은 "천국"이라고 말한다. 베를린의 성취는 다른 도시에 깨끗한 공기와 높은 삶의 질을 경제 번영과 함께 이룰 수 있음을 보여준다고 그는 믿는다. "사람들에겐 항상 모범 사례가 필요하잖아요. 내가 보기엔 베를린이 하나의 전시장이에요."

정치 지도자들은 "단단한 사실, 경제적 사실"을 가지고 주장을 펼치는 데 익숙하다고 프리드리히는 말한다. "하지만 많은 것들은, 사실 사람들 눈에 보이지는 않지만 느낌으로 알 수 있는 부드러운 항목들"이라고 말하면서 그는 한 손을 들어서 손가락을 부드럽게 꼭

켰다. 그는 베를린의 녹색공간에서 비롯되는 생기, 오염과 소음 문제에서 이룬 진보가 재능 있는 사람들을 끌어들여 이 도시를 번영으로 이끌 것이라고 믿는다. "가족이 있는 사람이라면 오염이 심한 도시에 가겠어요?"

프리드리히는 도시가 오염을 없애기 위해 취할 수 있는 구체적인 조치들이 있다고 말한다. 그는 베를린의 많은 성공이 21세기 초에 고안된 계획 덕분이라고 생각한다. 그 계획 최대의 강점은 경제, 사회, 환경이라는 세 종류의 목표를 결합하여 장기적인 미래 비전을 제시한 데 있다고 그는 말한다. 그 핵심 질문은 전 세계 도시 지역에 대한 것이다. 그는 그것을 "도시는 누구에게 속하는가?"라는 질문으로 압축한다. "우리의 도시는 지금 자동차에 점령된 상태예요. 그리고 이제 그 공간을 인간을 위해 되찾으려 하고 있죠."

물론 도시에 상품을 들여오고 쓰레기를 치우려면 트럭과 밴이 필요하다. 택시는 대중교통망의 공백을 유용하게 연결시켜준다. 하지만 그의 관점에서 자기 차를 가진 개인들이 수요가 엄청나게 높은 상품인 공간을 그렇게 많이 차지하는 것은 불합리하다. 자동차는 오염과 소음을 유발할 뿐만 아니라, 동네를 잘게 나눠놓고 보행자를 위협하며 보행에 지장을 준다. "인간으로서 우리에게 필요한 모든 것이 파괴되는 거죠."

물론 단 하나의 결정만으로 베를린이 오늘날의 상황에 이르게 된 것은 아니다. 그 과정에 숱한 선택이 있었다. 그리고 프리드리히는 대중교통이 충분히 제 역할을 잘할 경우 사람들이 자동차에서 벗어나게 만드는 최고의 방법 중 하나는 주차를 제한하는 것이라고 생각한다. "요즘에는 베를린 중심가로 갈 때 자동차를 몰고 가면 낙천주의자가 되어야 해요." 주택가와 사무공간의 거리를 좁히면 통근시간을 줄이는 데 도움이 된다. 하지만 그가 보기에 베를린이 제공할 수 있는 가장 중요한 교훈은 미래를 고려한 큰 그림, 즉 비전을 세우고 계획을 만들며 그것을 실행에 옮기는 일의 중요성이다. 2000년에 베를린은 앞으로 수십 년 뒤 베를린이 어떤 장소가 되고자 하는가를 진지하게 고민했다. 이런 비전이 없다면 자잘한 변화들이 주변에서 땜질식 처방만 하게 된다. "목표가 없으면 어디로 가겠어요?" 그가 묻는다. "방향이 있어야죠."

***

마르틴 루츠 역시 이런 변화에 일부 기여했다. 은발과 턱수염을 짧게 다듬고 에너지가 넘치고 따뜻하며 매무새가 단정한 그는 베를린 정부에서 대기 전문가로 수년간 일했다. 어느 이른 아침, 어떻게 말해야 할지 모르겠지만 어쨌든 세련된 건물에 있는 그의 사무실로 찾아갔더니 베를린의 상징인 뾰족한 텔레비전 타워, 가까운 교회의 우아한 돔과 첨탑, 슈프레강을 품은 풍경이 돌담에 둘러싸인 모습이 눈에 들어온다. 루츠가 처음에 학생 신분으로 이곳에 왔을 때 동독의 발전소와 중공업은 얕은 갱에서 캐낸 갈탄—특히 심한 오염을 유발하는 등급의 석탄인—을 엄청나게 태우고 있었다. 그 공룡 같은 공장들은 통일 이후 폐쇄되기 시작했고, 오래된 발전소들은 현대화되거나 교체되어 오염수치가 빠르게 하락했다.

더 놀라운 것은 베를린이 그 고통스러운 과거에서 긍정적인 유산을 유실하지 않는 능력이었다고 루츠는 말한다. 냉전기에 서베를린 사람들은 "자동차가 필요하지 않았"다. 비자가 없으면 아무도 도시를 떠날 수 없었기 때문이다. 그래서 베를린 장벽이 무너졌을 때 주민 1,000명당 자동차를 소유한 사람은 약 300명 뿐이었다. 루츠는 그 이후 몇 년 동안 "자신은 이 상황이 바뀔 것이라는 데 걸 수 있는 모든 것을 걸었으리라"고 내게 말한다. "그랬다면 저는 졌을 거예요." 이후 근 30년 동안 베를린 시민 1,000명당 자동차 소유자는 겨우 342명으로 늘었기 때문이다.[2] "이건 정말이지 환상적인 결과예요." 비교하자면 프랑크푸르트에서는 주민 1,000명당 자동차 소유자가 541명이고[3] 쾰른에서는 425명이다.[4] 베를린의 성취는 대체로 분단된 대중교통망을 다시 복원하는 데 투자한 덕분이다. 베를린 장벽이 무너진 뒤 버려진 역들이 다시 문을 열었고, 분단선에서 중단된 선들이 다시 연결되었으며, 전체 교통 시스템이 확대되고 개선되었다.

루츠는 대기질을 개선한 다른 변화에서도 중요한 역할을 했다. 베를린은 1999년부터 모든 디젤 버스에 미세먼지 필터를 새로 장착하기 시작했다. 베를린은 민간 건설계획에서 가장 청정한 엔진이 달린 설비를 사용할 것을 의무화할 정도의 힘은 없지만, 공공사업을 진행할 때는 그렇게 하도록 요구한다. 경찰차와 화재 진압용 차량을 개선했고, 쓰레기트럭 역시 엄격한 기준을 충족하고 있다. 이 중 많은 차량이 음식물 쓰레기에서 발생한 바이오가스로 운행된다. 그리고 2008년에는 저배출구역 제도를 도입해서 오염을 심하게 유발하는 노후 차량의 도심 진입을 막고 있다.

하지만 오염은 먼 길을 이동할 수 있다. 루츠는 유럽의 많은 지역에 골칫거리를 안기는 폴란드의 석탄을 언급한다. 독일의 발전소들도 아직 이 석탄을 태운다. 그래서 베를린이 직접 할 수 있는 일에는 한계가 있다. 루츠는 진보를 좌절시킨 또 다른 장애물도 맹비난한다. 저배출구역이 알고 보니 불안정한 토대 위에 세워진 정책이었던 것이다. 그것은 바로 오염한도를 제멋대로 어긴 자동차회사들의 사기 행각이었다. 이들의 사기는 베를린의 노력을 조롱했다고 루츠는 내게 말한다. 자동차들이 원래 정해진 한도보다 몇 배 더 많은 오염을 유발하는 상황에서는 이런 제한행위가 아무런 의미가 없었다. 그는 엄지와 검지로 원을 만들어서 이 저배출구역 정책이 이산화질소 수치를 낮추는 데 얼마나 무력했는지를 보여준다. 관료들은 주민들이 더 청정하고 현대적인 차량으로 중심을 이동하도록 독려하고자 했지만, 운전자들에게 권장했던 자동차가 원래 몰고 다니던 것보다 더 나을 게 없다고 확인된 것이다. "만일 주행에 들어간 신규 차량이 도로에서 더 이상 달리지 못하게 하려 했던 것보다 더 나을게 없다면 아무것도 나아지지 않은 거죠." 루츠는 씁쓸하게 웃으며 말한다.

지금도 독일 정부는 거짓말에 속아서 규정을 어기는 모델을 사게 된 자동차 소유주들을, 그 결과로 빚어진 나쁜 공기를 마셔야만 하는 훨씬 많은 사람들보다 더 신경 쓰는 것 같다고 루츠는 불평한다. 그는 모든 사기 차량들을 자동차산업에서 했던 대로 비용이 더 적게 드는 소프트웨어 조작 방식이 아니라, 법을 준수하는 처리 시스템으로 개조하기를 원한다. 그리고 그 비용을 누가 내야 하는지는 그에게 분명하다. 문제에 책임이 있는 자동차회사다. 하지만 그는 그런 일이 일어날 가능성에 대해서는 환상을 품지 않는다. "재밌는 농담이죠. 그렇지 않나요?"

이곳에서 디젤게이트는 벗어날 수 없는 이야기인 것 같아 보인다. 나는 만나는 사람들에게 자전거도로와 청정한 공기, 삶의 질에 대해 질문하지만 대답은 항상 돌고 돌아 이 나라의 경제를 떠받치는 자동차산업의 야만적인 배신 행위로 귀결되는 것 같다. 사실 루츠는 이 디젤 사기의 결과에 대한 하원 공청회 때문에 나와의 약속 시간을 재조정하기도 했다.

오늘날 이 추문이 촉발한 분노는 부메랑이 되어 책임자들의 발목을 잡거나, 최소한 오랫동안 밀어붙인 더러운 연료에 그들이 더 이상 손대지 못하게 만들 것으로 보인다. 시장이 가진 권력은 대통령이나 총리가 휘두르는 권력만 못하지만, 유럽 전역에서 많은 도시들이 도로에서 디젤차를 퇴출하는 훨씬 엄격한 계획을 작성하고 있다. 그리고 이런 제한조치는 도시의 경계 훨씬 너머까지 반향을 일으킬 수 있을 것으로 확인된다. 가고 싶은 곳으로 자신을 데려다줄 수 없는 차를 사고 싶은 사람은 없을 것이기 때문이다. 그러므로 21세기가 시작되자마자 디젤차가 처음으로 불티나게 팔리기 시작한 이후, 지금은 감소세에 접어들었다. 모든 노후 디젤 차량이 도로에서 퇴출되려면 한참 걸리겠지만, 이 더러운 연료를 포용했던 유럽의 열정은 이제 최종적으로 식고 있다.

***

페터 펠트캄프도 마르틴 루츠처럼 베를린이 더 나은 곳이 되기를 바란다. 그는 베를린이 그 감탄스러운 비전을 현실로 옮기기 위해 항상 충분히 일하지는 않았다고 생각한다. 펠트캄프는 어린 시절 부모님, 남동생과 함께 자전거 여행을 하곤 했지만 자전거 타기의 정치적인 측면에 생각이 미친 것은 그로부터 훨씬 뒤였다. 이제는 정치인들이 내린 결정이 자신이 도로에서 느끼는 안전함의 정도를 판가름하는 데 영향을 미친다는 점을 이해하게 되었다고 그는 말한다. 정돈되지 않은 금발에 염소수염을 살짝 기르고 카키색 셔츠 소매를 말아올린 그는 젊고 호리호리하다. 내가 이 도시에서 만난 많은 사람들처럼 그는 베를린에는 자전거 주행을 안전하고 쉽게 만들어주는 보호도로와 다른 인프라가 부족한데도 자전거 타기에 대한 시민들의 열정이 만개했다고 내게 말한다. 그는 베를린에서조차 관료들은 운전자의 필요에 너무 신경 쓴다고 생각한다. "아직도 자동차 중심 도시를 만들고 있다니까요."

독일에서는 자전거를 위한 공간을 만드는 것은 그저 도로 위에 흰색 선을 긋는 일에 그칠 때가 많다고 펠트캄프는 불평한다. 자전거 도로와 차량을 분리하기 위해 다른 도시에서 만들어지기 시작한 콘크리트 장벽은 거의 볼 수 없다. 펠트캄프는 보호 기능을 하는 연석 덕분에 어린아이들조차 자전거를 마음껏 탈 수 있게 된 맨해튼이 부럽다고 내게 말한다. 그는 베를린에서 자전거 사고로 목숨을 잃은 사람들의 추모행사에 정기적으로 참석한다. 고인의 동료 라이더들은 사고가 일어난 도로를 막고 바닥에 앉아서 말없이 고인을 기린다. 몇 주 전에는 운전자가 자전거가 지나가는 걸 모르고 차 문을 여는 바람에 40대 중반에 목숨을 잃은 미하엘이라는 남자의 추모행사에 다녀왔다. "이건 정말 목숨이 왔다 갔다 하는 일이에요. 좋은 인프라가 있었더라면 미하엘은 아직 살아 있었을 거예요."

펠트캄프가 보기에 다른 많은 사람들도 자신과 마찬가지로 좌절감을 느낀다. 그들은 베를린이 차량 통행과 오염 모두를 크게 줄일 잠재력이 있는 이동의 형태를 독려하기 위해 더욱 노력하지 않는다고 생각하는 것이다. 몇 년 전 그와 한 무리의 동료 운동가들은 자전거를 타기에 더 안전한 도시로 만들기 위한 여러 조치를 놓고 국민투표를 요구하기 시작했다. 투표가 가능하려면 일단 6개월 동안 2만 명의 서명을 모아야 했다. "우린 3주 반 만에 끝냈어요. 10만 7,000명이 서명했고요." 길모퉁이에 서서 행인들에게 지지를 호소하는 것은 마치 공짜 맥주를 나눠주는 것과 비슷했다고 그는 웃으면서 말한다. 한번은 그가 잠시 쉬면서 친구와 이야기를 나누고 있는데, 한 남자가 다가오더니 자전거 캠페인에 함께해도 되는지 물었다. "제가 여러분을 위해서 서명을 받아왔어요." 그 남자는 흘려 쓴 글씨로 뒤덮힌 종이 뭉치를 꺼내며 말했다. 이메일주소와 함께 웹페이지를 개설하자 몇 시간 만에 150개의 메시지가 들어왔다. "거의 모든 이메일에 '마침내'라는 단어가 들어 있었어요." 펠트캄프가 회상한다. "정치인들은 오랫동안 이 운동을 그냥 무시했고, 그래서 사람들이 아주 화가 나 있었던 거죠."

내가 보기에 베를린의 도로에는 자전거를 타는 사람들이 이미 많았다. 하지만 펠트캄프는 거기에 끼고는 싶지만 불편해서 그러지 못하는 사람들이 많다고 내게 말한다. 그조차도 참을성 없는 버스 운전사가 자기 뒤에 붙어서 졸졸 따라오면 신경이 곤두선다. "60세인 저의 어머니가 거기서 자전거를 탄다고 상상해보세요. 어머니는 당연히 아주 겁을 먹게 될 거예요. 그리고 우린 그런 사람들을 염두에 두죠. 나의 어머니, 어쩌면 당신의 아이들, 경험이 별로 많지 않은 사람들을요."

이 캠페인은 시내 주도로뿐만 아니라 외곽에서 도심으로 이어지는 도로에도 넓고 안전한 자전거도로를 만들 것을 요구했다. 그래야만 지금은 차를 몰고 다니는 사람들이 자전거를 탈 수 있기 때문이다. 캠페인 운영자들은 "우리는 보호받아야 한다"는 핵심을 강조하기 위해 가장자리에 봉제인형들이 줄지어 선 자전거도로에서 자전거를 타는 여자아이의 사진을 사용했다. 또 다른 사진에서는 노란 풍선이 달린 자전거를 탄 아이들이 자동차가 하나도 없는 도로에서 페달을 밟고 있다. 정상이라는 느낌을 줘야 하지만 실제로는 그렇지 못한 풍경을 보고 사람들이 당황스러워했다고 그는 말한다. "부모들은 아이를 도로에서 놀라고 내보내지 않아요. 모두가 그 이유를 알고 있죠. 우리는 자동차가 밖에서 놀 수 있도록 아이들을 집 안에 가두고 있는 겁니다."

캠페인 운영자들은 자전거 주차시설을 더 많이 만들고, 수십 곳의 위험한 교차로를 재설계하고, 경찰이 자전거 이용자의 필요를 이해할 수 있도록 자전거를 타고 순찰할 것을 역시 원했다. 결국 국민투표는 실시되지 않았다. 지방선거에서 이들에게 공감하는 연합세력이 집권에 성공했고, 운동가들은 이들과 협력하여 대중투표를 밀고 가기보다는 새로운 법을 만들기로 했다. 펠트캄프는 더 나은 일이 지금 실제로 진행 중이라고 믿는다. 그리고 그는 다른 독일 도시에서도 비슷한 요구를 하고 있는 집단에게 조언을 하기 시작했다. "전국적인 운동이 되고 있어요. 베를린에서 효과가 있으니까 사람들은 '왜 여기라고 안 되겠어?'라고 이야기하죠."

***

외르크 벨케 역시 베를린을 실험실이라고 생각하길 좋아한다. 우리 모두의 이동 방법을 바꿀 잠재력을 가진 아이디어 실험실 말이다. 우리는 동물원 옆에 있는 세련된 호텔 꼭대기 층에 있는 페르시아-모로코-이스라엘 식당에서 만나 점심식사를 하기로 약속했다. 핸드폰으로 확인했더니 내가 있는 곳에서 자전거를 타면 17분이 걸린다는 추정 시간이 나왔다. 하지만 구글의 추정 시간은 내가 경로를 확인하기 위해 멈춰 서는 빈도와, 아무리 GPS가 있다고 해도 길치인 나의 특수성까지 고려한 건 아니라는 게 드러났다. 그래서 나는 늦었고, 약간 땀에 절은 상태로 북적이는 식당에 허겁지겁 들어서니 시원한 통창 밖으로 베를린의 놀랄 만한 풍경이 펼쳐졌다. 아래를 내려다보니 원숭이와 사슴처럼 보이는 생명체들이 동물원 안에 있는 자기 구역에서 어슬렁거린다. 조금 더 멀리는 티르가르텐 공원이 브란덴부르크 문과 제국의회의 유리 돔을 향해 녹색으로 길게 뻗어 있다.

키가 크고 머리를 매끈하게 민 벨케는 검은 청바지에 복숭아색 셔츠를 입고 있다. 내가 메뉴를 정독하는 동안 그는 자신이 대변인으로 일하는 정부출연기관은 내 생각과는 다르게 일한다고 설명한다. 베를린에서 전기차 사용을 그냥 홍보하기보다는 전 세계의 이동수단을 혁명적으로 바꿀 만한 아이디어를 가진 지역회사의 성장을 고

무하려고 한다는 것이다. 이름이 전기차량청이긴 하지만 비전은 전기화보다 더 폭넓다. 베를린의 지도자들은 이동수단을 혁명적으로 바꿀 기술은 이미 준비되어 있다고 생각하며, 자신들의 도시가 그것을 현실화하는 산업 허브가 되기를 원한다.

벨케는 앞으로 몇 년 동안 이동수단이 점점 상품이 아니라 서비스로 판매될 것이라고 생각한다. 나는 전에도 도시의 정체를 해소하고 공기를 정화하고 기후에 대한 압력을 완화하고 싶어 하는 많은 사람들에게서 이 아이디어를 접한 적이 있었다. 이 생각에 따르면 우리는 이제 자기 소유의 차를 사기보다는 필요한 때, 필요한 형태에 돈을 지불할 가능성이 더 높아질 것이다. 전철에서 내려서 공유 자전거를 타거나, 슈퍼마켓에서 집으로 자율주행차를 부를 수도 있다. 그리고 실제로 적어도 부유한 나라에서 밀레니얼 세대는 위 세대에 비해 운전에 별로 관심이 없어 보인다. 미국과 영국에서도 운전면허를 보유한 젊은이들의 비율이 1990년대 이후로 꾸준히 줄어들었다.[5] "차를 소유하면 하루 23시간은 그냥 세워두잖아요." 벨케가 말한다. "스마트폰과 정보기술, 디지털화와 자동화의 힘을 빌리면 더 이상 그렇게 할 필요가 없어요."

벨케는 약간 유토피아적으로 보이는 아이디어들을 전혀 낯설어하지 않는다. 최신 초고효율 기술을 보여주기 위해 만들어진 시범 주택에서 1년 넘게 산 적도 있었다. 내가 맛있는 채소와 계란과 타히니 요리에 빠져 있는 동안 그는 베를린을 돌아다닐 때 가장 애용하는 방법인 전기자전거에 대한 열정을 풀어놓는다. 전기자전거는 비싸긴 해도 히트 상품으로 자리 잡았다고 그는 말한다. "성능을 확인해보면 확신이 생기거든요. 그야말로 완벽한 제품이에요." 너무 멀거나 오르막이 심한 곳을 모터 덕분에 자기 힘으로, 매무새를 흐트러뜨리지 않고도 갈 수 있다.

그에게 있어서 그것은 목표에 이르기 위한 혼합형 접근법, 점점 일상화될 스타일의 한 부분일 뿐이다. "나한테 필요한 이동수단의 형태를 그냥 선택하는 거예요." 그래서 때로 그는 전기자전거를 택하지만, 오늘 아침에는 카타리나 우펜브링크가 시도해보려고 하는 베스파와 비슷한 모델인 공유 전기스쿠터로 출근했다. 이 공유 전기스쿠터는 별도의 정해진 주차공간 없이 자유롭게 돌아다니는 임대 서비스다. 이용자는 어디서든 타고 내릴 수 있고, 비용은 핸드폰으로 지불한다. 오늘 오후 벨케는 버스를 타고 기타 수업이 끝난 아들을 데리러 갔다가, 스쿠터를 타고 극장에 가서 나머지 가족들을 만날 것이다. 공연이 끝난 뒤에 이들은 같은 방향의 승객들을 같이 모아서 태우는 새로운 전기택시 서비스를 이용할 것이다. 그는 그 서비스를 "영리한 셔틀"이라고 부른다.

벨케는 자신의 기관이 지원하는 회사들이 진행 중인 프로젝트 몇 가지를 줄줄 읊는다. 어떤 회사는 자동차 창문용 전기모터를 만들다가 전기자전거용 모터로 전환했고, 이제는 중국에까지 수출한다. 또 다른 회사는 여러 기업의 데이터를 모아서 지금 당장 인근에서 빌릴 수 있는 모든 차량과 스쿠터를 보여줌으로써 이용자들이 하나하나 확인해야 하는 번거로움을 덜어주는 앱을 개발했다. 또 다른 앱은 도시 전역에 있는 이용 가능한 자동차 충전소를 녹색 점으로 보여준다.

버스가 정해진 시간표대로 미리 짜인 경로를 따라 운행하는 대신에 이용자들이 필요한 시간과 장소에 맞춰서 운행하는 맞춤형 셔틀 서비스도 가능한 기술이라고 벨케는 말을 잇는다. 대도시는 보통 승객이 많기 때문에 전통적인 노선버스가 잘 돌아간다. 하지만 인구밀도가 낮은 곳에서는 그보다 더 영리한 서비스가 새로운 선택지를 추가할 수 있다. 그는 그것을 "수요중심 교통"이라고 부르는데, 한 회사는 그것을 가능하게 하는 알고리즘을 설계했다. 도로가 넓고 빈터가 많으며 자동차가 없는 생활에 익숙한 진보적인 시민이 주를 이루는 베를린은 이런 실험에 안성맞춤이라고 벨케는 말한다. 그는 개인적으로 대기오염보다는 기후변화가 교통에 대한 새로운 접근법을 개발해야 하는 더 긴급한 이유라고 생각한다. 하지만 대중은 더러운 공기가 제기하는 당장의 건강 위협에 더 관심을 가질 것으로 보이는데, 그는 그것도 괜찮다고 생각한다.

그는 점심식사를 마치고 나서 한번 만나보라며 한 친구를 초대했다. 우리는 그 식당에서 나와 복도 바로 맞은 편에 있는 세련된 술집으로 향했다. DJ 출연진을 열거한 아래층의 안내판과 엘리베이터에 있는 네온 조명에서 힌트를 얻은 술집의 분위기는 테레자 토이네와는 전혀 어울리지 않는다. 따스하면서도 호들갑스러운 토이네는 은발을 뒤에서 하나로 묶었고, 발치에 앉은 덥수룩한 점박이 개에 묶인 줄을 잡고 있다. 우리는 내부의 소음을 피하려고 테라스로 향했다. 토이네는 맨 끝에 있는 조용한 자리에서 우리를 찾는다. 제2차 세계대전 기념물로 폐허 속에 남은, 폭격으로 부서진 교회가 내려다 보이는 자리다.

개가 낮잠을 청하는 동안 토이네는 1990년 베를린이 세계를 향해 다시 문을 열고 있던 그때 자신은 베를린을 떠났다고 말한다. 대기 오염이 너무 심해서 아이들이 아팠기 때문이다. 이들은 본이라는 도시 인근의 작은 마을로 이사했지만 베를린이 너무 그리워서 2000년에 되돌아왔다. 이제 도시 외곽에 살고 있는 토이네는 극장에 가거나 손자들을 만나러 갈 때 이용하던 휘발유차가 별로 마음에 들지 않는다. 그것이 만들어내는 오염뿐만 아니라 소음 역시 문제다. "그건 평범한 차지만, 모든 차가 소음이 심하잖아요." 토이네가 말한다. "아무도 이 점에 대해서는 생각하지 않아요." 이 불편한 기분은 점점 "나 역시 문제의 일부"라는 깨달음으로 굳어졌고, 그래서 토이네는 적당한 가격의 중고 전기차를 알아보기 시작했다.

사실 토이네는 자전거를 더 좋아한다. 하지만 그의 노령견은 아직은 일반 자전거를 타는 토이네 옆에서 같이 달릴 수 있긴 하지만 전기자전거는 따라오지 못하게 될 것이다. 토이네는 자신의 개를 집에 혼자 남겨두고 싶지 않다. 자신이 구입한 작은 충전식 자동차는 "움직이는 개집 이상"이라고 농담을 던진다. 토이네는 그 차를 타고 돌아다니는 것을 아주 좋아한다. 그리고 최근 어떤 주말에는 유복한 형제들과 배우자들이 차례로 자신의 차에 앉아보려고 시끌벅적 법석을 떠는 모습을 재미있게 구경하기도 했다. "그 차를 운전해본 모든 사람들이 얼굴에 미소를 짓더라고요." 이용자에게 기쁨을 안기는 이런 면은 전기자전거와 비슷하다고 친구 외르크 벨케가 맞장구를 친다. "이건 전기자전거를 탈 때 짓는 미소예요. 기분이 아주 끝내주죠." 토이네는 자신의 개가 죽고 나면 전기자전거를 하나 구할 계획이다.

사실 그 많은 사람들이 차를 소유하는 건 더 이상 합리적이지 않다고 토이네는 믿는다. "대부분의 시간 동안 자동차는 한 사람만 싣고 다녀요. 그 한 사람을 위해서 금속과 플라스틱 1.5톤이 움직이는 거죠." 화석연료가 청정한 전기로 대체된다 해도 "사고가 난다는 건 여전하고, 공간 문제도 여전"할 것이다. 화면을 톡 건드리기만 하면 불러낼 수 있는 자율주행 차량이 개발 중이니 토이네는 근본적으로 다른 미래를 상상할 수 있다. 차량은 더 깨끗하고, 수는 줄어들고, 소유하지 않고 공유하는 그런 미래를 말이다.

기술이 야기한 혼란은 이미 현대의 다른 영역을 숱하게 바꿔놓았다는 점에서 이제 곧 교통도 기술의 소용돌이에 휘말리게 될 거라는 생각은 더는 몽상이 아닐지 모른다. 얼마 전까지만 해도 비디오전화는 미래에나 있을 법한 판타지처럼 보였지만 이제 우리는 도로를 걸으면서 스카이프와 페이스타임을 이용한다. 그렇다면 어째서 우리 할아버지 세대가 타고 다닌 것보다 별로 나아진 것도 없는 자동차를 계속 몰고 있는 걸까? 자동차에는 중요한 문제가 많이 걸려 있다. 우리의 건강과 우리가 살고 있는 이 세상의 건강만 그런 게 아니다. 우리의 도시와 교외의 능력, 사람들이 미칠 것 같은 교통체증에 갇혀 몇 시간을 허비하지 않고 필요한 곳에 갈 수 있게 해주는 능력 같은 것들 역시 얽혀 있다.

물론 토이네는 거대한 자동차회사를 완전히 믿지 못한다. 회사를 비호하는 정치인들이 변화를 가로막을 수도 있다. 내가 이곳에서 만난 많은 사람들처럼 그는 그 오랜 세월 동안 규정을 회피한 회사들의 뻔뻔함에, 그리고 그들을 막지 못한 정부의 무능함에 화를 참을 수 없다. 토이네는 자신의 감정을 전달할 수 있는 충분히 강력한 단어를 찾느라 고심한다. "그냥 화가 난 게 아니에요. 화는 너무 약해요. 심란한 것도 아니죠. 맞아요, 격분요. 충격을 받았다고 해야 할까요."

그럼에도 토이네는 우리가 새로운 어떤 것, 근본적인 변화 같은 것에 막 진입하려 한다고 확실히 느낀다. 곧 있으면 우리가 한때 "내부에 작은 불길이 이는 시끄럽고 냄새나는 차"를 타고 돌아다녔다는 사실을 믿기 힘들어질 거라고 그는 생각한다. "공룡처럼 될 거예요." 토이네는 지금 점점 나이가 드는 중이어서 자신이 상상하는 새로운 세계를 살아서 볼 수 있을지는 알지 못한다. 하지만 토이네는 나는 가능할 거라고 생각한다. "상황이 바뀌고 있어요." 토이네가 선언한다. "나는 정말 확신해요." 내게 그와 같은 믿음이 있는지는 모르겠다. 나는 그저 더 나은, 지금과는 다른 미래가 가능하다고 믿을 뿐이다. 거기에 이르는 길을 찾을 수 있을지는 우리에게 달렸다.

에필로그

날숨

다음에 오는 것

오염을 중심으로 짜인 일정에 따라 세계를 종횡무진 넘나들면서 나는 여섯 개의 시간대에서 중국어, 힌두어, 폴란드어, 스페인어, 영어 등 많은 언어로 흘러나온 이야기, 더러운 공기가 미친 영향에 대한 이야기를 들었다. 나는 끔찍한 오염의 약탈을, 그것의 존속을 너무도 자주 허용하는 정치권력과 경제권력의 융합을, 그것이 야기할 수 있는 절망을 목격했다. 책임자들이 자신에게 일어난 상황에 신경을 쓴다고 더 이상 믿지 않는 사람들의 허탈한 어깻짓 같은 것들도 보았다. 런던의 디젤 매연 속에서 신음하는 나도 때로 그런 절망을 느끼곤 했다.

하지만 나는 낙관론의 이유 역시 발견했다. 지구 반대편에서 완전히 다른 삶을 꾸려가면서도 똑같은 싸움을 벌이고 있는 사람들이 내가 그 싸움이 어떻게 펼쳐지는지를 들여다볼 수 있도록 불러주었다.

자신의 가족과 이웃과 완벽한 이방인들이 가장 기본적인 인간의 필요, 즉 독극물에 오염되지 않은 공기를 들이마실 필요를 충족할 수 있도록 자신들이 할 수 있는 일을 하는 모습을 말이다.

물론 이 문제는 개인이 홀로 해결할 수 없다. 오염 책임자들은 변화를 강요하지 않을 경우 인간의 목숨보다 이윤을 더 중시할 거라는 점을 여러 해에 걸쳐 반복해서 보여주었다. 그들을 중단시킬 권력을 가진 것은 정부뿐이다.

톰 졸링은 뉴욕 북부에 있는 볕 잘 드는 사무실에서 바로 그 일을 했던 법의 사본을 내게 건넸다. 내가 태어나기 직전 여러 달에 걸쳐 오랜 친구인 레온 빌링스와 함께 초안을 작성하는 데 힘을 보탰던 법이다. 법률 용어로 적혀 있긴 하지만 본바탕은 가치의 진술이자, 우리가 무엇을 받아들일 준비가 되어 있고 무엇을 받아들일 수 없는지에 대한 선언이다. 1970년의 청정대기법은 지금은 거의 지나가버린 한 세대의 공무원들이 투표를 통해 법령집으로 만들었다. 이 세대에 속하는 공화당 상원의원 하워드 베이커는 자신이 이 법을 통과시키는 데 했던 역할을 워낙 자랑스러워한 나머지 나중에 묘비에 새겨서 자신을 기려달라고 말하기도 했다.[1]

그 세대가 우리와 그들의 아이들, 그 아이들의 아이들에게 준 선물은 과거보다 훨씬 깨끗해진 공기다. 그들의 노력 덕분에 미국의 공기는 내가 영국에서 마시고 있는 것보다 훨씬 깨끗하다. 그것은 살아 있는 유산이며, 아이들에게 물려주고자 한다면 지키고 확장해야 하는 유산이다. 그런데 많은 미국인들은 우리가 지금의 상황에 놓이기까지의 길고 힘든 싸움을 잊은 채 이 유산을 당연시하게 되었다. 그리고 싸워서 얻은 것은 언제든 잃을 수 있고, 과거의 성과가 미래를 보장해주지 않는다는 항존하는 진리 역시 망각한 듯하다. 깨끗한 공기가 생득권처럼 느껴져도, 그것을 지키려고 만든 규정과 그 규정에 강제력을 부여하는 집행이 확보되지 않으면 한줄기 연기 속으로 사라질 수 있다.

우리가 이 고통스러운 현실을 받아들일 때, 지구 반대편에서 부상하고 있는 권력은 미국 환경보호청의 성과를 모방할 방법을 찾고 있다. 얼마 전까지만 해도 온 세상의 부러움을 샀지만 최근에는 트럼프 대통령의 적대에 시달리다 뿌리째 흔들리게 된 그 성과를 말이다. 여전히 숨 막히는 오염 속에서 중국의 지도자들과 국민들은 더 깨끗한 하늘을 가진 우리가 이제야 집중하려고 노력하는 것을 분명하게 파악할 수 있었다. 그것은 바로 과학을 길잡이로, 법을 무기로 삼아 인간의 건강을 지키고, 오염 유발자들이 넘어서는 안 될 선을 긋는 공적인 수호자의 가치다. 인도는 훨씬 뒤처져 있긴 하지만 언젠가 인도 국민들과, 남아시아 전역의 이웃들, 그리고 그보다 훨씬 먼 곳의 다른 국민들 역시 그런 보호자가 생길 것이다. 그리고 결국 생명을 위협하지 않는 공기를 마실 수 있을 것이다.

우리의 역사에는 오늘을 위한 가치 있는 이정표가 될 만한 교훈이 하나 더 있다. 그것은 바로 청정한 공기의 편익은 거의 항상 그 비용이 왜소하게 보이게 한다는 것이다. 변화에 대해 고민할 때는 가격표가 눈에 더 크게 들어오고, 그 비용을 내야 하는 사람들은 우리가 물러나기를 바라는 마음에서 종종 그 비용을 과장한다. 하지만 오염 유발자들이 오염을 제거할 수밖에 없게 할 경우 이들은 만반의 준비를 갖추고 가장 저렴한 방법을 찾아낸다. 이런 투자는 종종 변화를 예상보다 더 빠르고 쉽게 만드는 혁신을 불러온다. 그리고 비용이 우리가 걱정했던 것보다 적더라도 편익은 전반적인 행복과 생산성 증가의 연쇄효과 속에서 몇 배로 증폭되어 예상보다 훨씬 커질 때가 드물지 않다. 이런 편익은 수백만 명 사이로 흩어져서 눈으로 확인하기 어려울 수 있지만, 그렇다고 해서 현실이 아니라고 부정할 정도는 아니다.

모든 여행을 마치고 난 지금 내게는 처음에는 볼 수 없었던 것들이 보인다. 오염이 야기한 고통 속에는 연무를 통해 그 윤곽이 희미하게 드러나는 다른 미래의 깜빡임 역시 존재한다. 더러운 공기의 위험을 파악하게 되면서 이것이 해결 불가능한 난제, 체념해야 하는 문제가 아니라는 사실 역시 깨달았다. 우리는 해결방법을 알고 있다. 문제를 해결할 경우 거의 즉시 생명을 구하고 건강이 향상되는 형태로 보상을 얻을 것이다. 에드 에이볼과 짐 가우더먼 같은 과학자들이 학교 체육관과 급식실에서 매년 어린이 수천 명의 호흡을 측정함으로써 우리에게 바로 이런 사실을 알려주었다. 이들과 다른 과학자들이 새로운 연구를 발표할 때마다 우리는 어째서 뒤가 아니라 앞으로 나아가야 하는지 그 이유를 되새기게 된다.

물론 간단하면서도 꼭 필요한 작은 규모의 해결책도 있다. 캘리포니아 항구에 정박한 선박의 높은 굴뚝에 채워질 필터, 이런 배들이 엔진을 계속 공회전시킬 수 있게 해줄 부둣가의 전기 공급 같은 것들 말이다. 그리고 겨우 1%의 건물에 설치된 낡은 보일러가 시 전체 차량보다 더 많은 그을음을 양산하고 있다는 사실이 확인되자 오염이 심한 난방유를 퇴출시킨 뉴욕시의 조치도 그렇다. 더 큰 해결책도 있다. 영국과 모든 유럽 국가들이 결국 디젤을 거부하기로 한 결정 같은 것.

이런 변화들은 의미 있는 개선 효과를 불러올 것이다. 심장발작이 줄어들고, 암과 천식, 치매 환자가 적어질 것이다. 하지만 진짜 해답, 즉 또 다른 훨씬 큰 포상과 함께 진정으로 건강한 공기를 가능케 할 힘을 가진 해답은 이보다 더 근본적인 변화 속에 있다. 그것은 바로 우리 몸뿐만 아니라 이 지구 역시 병들게 하는 연료에서 마침내 손을 떼는 변화다.

기후변화라는 실존적인 위기는 이 책에 실린 이야기의 무시무시한 배경인 대기오염 위기를 향해 서서히 다가오고 있다. 우리는 이미 기이하고 종잡을 수 없는 날씨, 포악한 폭풍, 매번 기록을 경신하는 기온을 통해 그 영향을 체감하고 있다. 경고등이 그 어느 때보다 긴급하게 번쩍인다. 하지만 우리 대부분에게 이 위험은 여전히 추상적인 먼일로 느껴진다. 살고 있는 곳에서 우리 자신과 아이들, 부모의 몸을 위협하는 대기오염만큼 위급하게 느껴지지 않는 것이다.

다행히도 바로 여기에 여러 가지 좋은 점이 있다. 지금 이곳의 삶을 연장하고 개선하는 변화는 고삐 풀린 온난화의 가장 심각한 위험에서 우리를 지켜줄 수 있는 변화들과 동일하기 때문이다. 이 두 가지 위기는 우리가 세상을 구축한 건강하지 못한 토대, 화석연료로 인한 두 가지 징후로서 깊게 연결되어 있다. 두 위기 모두 화석연료를 더 나은 어떤 것으로 대체할 때만 완화될 수 있다. 석탄의 군림을 마침내 종식시킬 때 말이다. 석탄은 많은 장소에서 산업화와 번영을 일구었지만 이제는 그 어두운 면이 너무 오랫동안 삶을 망쳐놓았고 더 이상 거기에 의존할 필요도 없다. 그리고 휘발유와 디젤, 그 원료인 석유와의 단절 역시 필요하다. 더 깨끗하고 적은 수의 자동차 같은 이동 방식상의 혁명도. 바로 이런 것들이 지금과는 다른 종류의 세상, 더 건강하고 회복력 있는 세상의 구성요소다.

지금 우리에게는 과거에 취했던 조치보다 더 극적이고 급진적인 변화가 필요하다. 도약을 하지 않는 대가는 전보다 더 크지만 도약의 보상도 클 것이다. 매년 수백만 명의 목숨을 앗아가고 그보다 많은 수를 병들게 만드는 대기오염은 행동의 충분한 근거다. 하지만 기후변화에 대응해야 할 필요는 그보다 훨씬 큰 것이 걸려 있음을 의미한다. 그것은 우리를 지탱하고 있는 지구상에서 우리의 생존을 지키는 것, 홍수가 대도시를 집어삼키지 않고 가뭄이 우리에게 양식을 제공하는 들판을 바싹 태워버리지 않는 삶을 유지하는 것이다.

우리가 아는 세상과 다른 어떤 것을 상상하는 건 어려울 수 있다. 하지만 우리 능력으로 충분히 가능하다. 무의식은 호흡과 몸의 다른 많은 중요한 기능을 제어하지만, 모든 삶의 매개변수를 좌우하는 결정은 의식적으로 내려야 한다. 우리는 선택할 수 있다. 도로를 가득 메운 자동차에 도시를 넘겨줄 필요도, 세계 경제를 떠받치는 선박들이 해안에 살고 있는 사람들의 몸을 독성물질로 오염시키도록 내버려둘 필요도, 밖으로 발을 내딛기만 해도 기력이 쇠약해지는 상황을 받아들일 필요도 없다.

나는 우리가 충분히 도전에 맞서고 과거보다 나은 어떤 것을 창조할 수 있다고 믿는다. 결국 우리에게 달렸다. 우리에겐 더 깨끗하고 건강한 미래를 건설할 권력이 있다. 생명의 가장 기본적인 기능인 호흡에 더 이상 위험이 깃들지 않은 그런 미래를. 호흡을 통해 몸속으로 깊숙하게 들어온 산소는 근육으로, 장기로, 뇌로 전달된다. 여기서 제거된 이산화탄소는 빠져나갈 준비를 하고서 폐를 채운다. 흉벽 근육이 이완되면 늑골이 안으로, 그리고 아래로 내려가고, 횡경막이 돔 형태로 돌출된다. 가슴은 이제 이 모든 오래된 공기를 가두고 있기엔 너무 작다. 팽팽해진 공간은 이 공기를 밖으로 밀어낸다. 숨은 몇 초 전에 들어왔던 길을 되짚어 기관지를 지나, 후두를 지나 다시 밖으로 나간다. 잠깐 빌렸다가 이제 되돌려주는 것이다. 다시 세상을 향해.

이 순환이 다시 시작되기 전에는 순간적인 멈춤만 있을 뿐 휴식은 없다. 몸은 호흡이 없이는 유지가 불가능하기 때문이다. 들어오고 나가고. 다시, 또다시. 몇 시간이고, 며칠이고. 태어나는 순간부터 우리의 시간이 마지막에 이를 때까지.

생명. 호흡. 공기.

감사의 말

대기오염에 대한 사건을 세상에 보도하면서 보낸 3년여의 시간 동안, 250여 명이 자신의 시간과 경험, 전문지식을 내게 나눠주었다. 이 중 많은 경우는 이 프로젝트가 실제 책이 될지 분명해지기도 훨씬 전이었다. 이 책의 본문에서 인용된 사람도 있고 그렇지 않은 사람도 있지만 이들과의 대화는 사안에 대한 나의 이해에 결정적인 도움을 주었다. 그러므로 이들의 기여 역시 아주 현실적인 방식으로 이 책의 일부를 구성한다. 나는 모두에게 감사를 느끼며 이들의 생각을 정확하게 전달하기 위해 최선을 다했다. 그들이 없었더라면 이 책은 존재하지 않았을 것이다.

나의 인도 여행을 지원해준 환경저널리즘 기금협회에 감사의 마음을 전한다. 또한 폴란드와 중국에서의 연구비를 지원하고 이 여행의 결과물을 감싸준 퓰리처 위기보도센터에도 깊은 감사의 마음을 보낸다. 환경저널리즘 기금협회와 퓰리처 위기보도센터의 지원이 없었더라면 많은 연구가 불가능했겠지만, 두 기관이 내게 준 지원금의 가치는 금전적인 수준에 머물지 않았다. 대기오염은 보도할 필요가 있는 중요한 이야기라는 내 믿음을 인정해준 덕분에 나는 앞으로 밀고 갈 자신감을 얻었다. 저널리즘의 비즈니스 모델에 금이 가고 있지만 독립적이고 심층적인 보도가 그 어느 때보다 절실한 시기에 이 두 중요한 조직은 그 틈을 메우고 있다. 나는 그들과 함께 일했다는 사실이 자랑스럽다.

대기오염 취재 여행을 통해 작성한 기사는 〈가디언〉, 〈내셔널 지오그래픽〉 온라인판, 그리고 당시에 있었던 〈인터내셔널 뉴욕 타임스〉에 다양한 형태로 게재되었다. 내 지원금 신청서를 지지하고 기사를 더 훌륭하게 다듬어준 편집자들에게 감사의 말을 전한다. 〈인터내셔널 뉴욕 타임스〉에서 일했던 캐서린 노어, 브라이언 차일즈, 앤 버거메리, 스탠리 리드, 〈가디언〉의 마이크 허드, 닉 밴 미드, 크리스 마이클, 〈내셔널 지오그래픽〉의 로버트 컨직, 브라이언 하워드, 빅토리아 재거드에게 감사를 표한다. 연합통신사에서 일하던 시절의 멋진 동료이자 친구인 베스 하파즈와 진 리 역시 내가 지원금을 신청할 때 도움을 주었다.

역시 저널리스트 파트너이자 훌륭한 여행 동료, 그리고 얼마 안 가 친구가 된 해결사와 통역사들의 도움이 없었더라면 국제 보도에서 길을 잃고 헤맸을 것이다. 실명을 밝히지 않기로 했지만 중국의 샤오쥔에게도 진심 어린 감사의 마음을 전한다. 폴란드의 마르친 크라스노볼스키, 인도의 네하 타라 메타와 라비 미쉬라 역시 마찬가지다. 네하는 내 기사에 같이 실게 된 아름다운 사진도 찍어주었다. 델리의 운전사 아미트 쿠마르 역시 이 프로젝트에 열정적으로 뛰어들었다. 나는 쿠마르보다 이삼십 살은 더 많았지만 붐비는 고속도로를 쏜살같이 질주할 때 그가 내미는 부모 같은 손길을 기쁜 마음으로 꽉 쥐었다(단언컨대 내 취재 중에 가장 무서운 순간이었다). 케이티 데이글은 인도에 대한 값진 조언을 해주었다. 에너지자원연구소는 무스타파바드 취재 여행을 준비할 때 도움을 주었다. 로스앤젤레스에서는 슬론덱터스—벤, 재키, 에디, 레오—가 지낼 장소(그리고 어린이 목장 투어!)를 제공했다.

이 프로젝트를 열정적으로 품어준 시카고 대학교 출판부에, 특히 굳센 믿음으로 이 책을 현실로 만드는 데 도움을 준 캐런 달링에게 심심한 감사의 마음을 전한다. 달링은 이 책의 지칠 줄 모르는 수호자였다. 나는 그의 조언과 지지, 날카로운 제안을 고맙게 생각한다. 수재나 엥스트럼은 제작 과정 전반에서 이 책을 인도했고, 노마 심스 로시는 세심한 교열 작업으로 많은 오류를 없애주었으며, 어린 디윗은 편집 과정 전반을 총괄하며 글이 더 반짝반짝해지도록 다듬었다. 이 책이 최대한 많은 독자들에게 닿을 수 있도록 애써준 멀린다 케네디에게도 진심 어린 감사의 마음을 전한다.

영국 그랜타북스의 로라 바버와 그의 환상적인 팀과 함께한 작업은 즐거움 그 자체였다. 로라는 몇 달에 걸친 집필 기간 동안 활기 넘치는(그리고 정말 필요한!) 격려와 현명한 안내를 아끼지 않았고 그 덕분에 나는 내 원고에 어떤 변화가 필요한지를 이해할 수 있었다. 바버의 노력은 이 책을 더 탄탄하게 만들었다. 이런 재능 있는 편집자와 함께 일하는 경험을 할 수 있어서 운이 좋았다고 생각한다. 카브래들리는 로라가 출산휴가로 자리를 비웠을 때 원고의 후반 부분을 읽었고 책의 영국 출간을 이끌었다. 크리스틴 로는 나의 말들을 지면에 옮겨주었다. 라모나 엘머, 프루 롤런드스슨, 내털리 쇼, 사이먼 히필드는 이 책이 영국 독자들을 만날 수 있도록 도움을 주었다. 나는 이들이 보여준 에너지와 능력에 깊은 감사의 마음을 전한다.

나는 제시카 패핀보다 더 훌륭한 문학 에이전트를 찾지 못할 것이다. 그의 지칠 줄 모르는 응원으로 이 책은 세상의 빛을 보게 되었다. 전문적인 식견 덕에 이 책은 매 단계마다 더 나아졌다. 출판이라는 미로 속에서 패핀 같은 안내자이자 친구가 있어서 아주 행복했다. 디스텔, 고드리치 & 버렛 팀의 다른 사람들, 특히 로런 어브래머에게도 감사의 마음을 전한다. 그가 담당한 국제출간 업무 덕에 내 책이 내가 전혀 알지 못하는 언어로 바뀌어서 나오는 모습을 볼 날이 올 것이다.

리사 팰머와 연결해준 환경저널리즘협회의 멘토십 프로그램에도 감사의 마음을 전한다. 리사는 내게 출판계에 대한 경험을 들려주고 제시카를 소개해주었다. 내 불규칙한 글쓰기 모임 구성원—칼러 파워, 잔니 브로널 미틱, 커밀라 버스태니—은 내 제안서와 초기 원고를 읽어주었고, 이들의 논평은 내가 책 쓰기의 학습 곡선을 등반하는 데 도움이 되었다.

언제나 한없는 사랑과 격려의 원천인 나의 부모님 로니 가디너와 배리 가디너께 깊은 감사의 마음을 전한다. 부모님의 믿음은 내 모든 행동의 든든한 버팀목이었고, 이 책에 대한 부모님의 열정 덕분에 계속 앞으로 나아갈 수 있었다. 질 누먼을 자매이자 친구로 두고 매년 깊어지는 유대를 느낀다는 건 행운이다.

애나 월드럼은 내가 이 책 이외의 생활이 있음을 절대 잊지 못하게 해주었다. 이 책이 진행되는 동안 딸은 어린아이에서 10대 초 청소년으로 성장했다. 애나의 호기심과 불꽃, 유머 감각은 하루하루를 환하게 만들어주었고, 나는 애나의 엄마인 것이 참 자랑스럽다. 댄 월드럼은 셀 수 없이 많은 시간 동안 이 책의 온갖 측면들을 놓고 토론을 벌이고, 숱한 원고를 읽고, 그 원고 속에 들어 있는 생각들을 제시했다. 그는 일이 잘 풀리지 않을 때(그리고 일이 잘 풀릴 때도) 나의 심술을 인내했고, 내가 여행하는 동안 집에 남아 버텨냈다. 내가 확신하지 못할 때마저 내 안에 한 권의 책을 가지고 있다는 믿음을 한결같이 유지했다. 그는 최고의 친구이자 진정한 사랑이며, 없어서는 안 될 지원자다.

주

프롤로그 들숨: 숨의 의미

1 Aristotle, "On Youth and Old Age, On Life and Death, On Breathing," Internet Classics Archive by Daniel C. Stevenson, Web Atomics, accessed March 13, 2018, http://classics.mit.edu/Aristotle/youth_old.mb.txt.

2 World Health Organization, "9 out of 10 People Worldwide Breathe Polluted Air, but More Countries Are Taking Action," news release, May 2, 2018, http://www.who.int/news-room/detail/02-05-2018-9-out-of-10-people-worldwide-breathe-polluted-air-but-more-countries-are-taking-action. 이 사상자에는 주로 가난한 나라의 더러운 취사용 스토브에서 발생하는 가내 공기오염의 영향이 포함된다.

3 Kimberly Chriscaden, communications officer, World Health Organization, email message to author, September 25, 2017.

4 Richard Burnett et al., "Global Estimates of Mortality Associated with Long-Term Exposure to Outdoor Fine Particulate Matter," *Proceedings of the National Academy of Sciences of the United States of America*, September 4, 2018, https://doi.org/10.1073/pnas.1803222115.

5 American Lung Association, *State of the Air 2018*, accessed August 20, 2018, http://www.lung.org/assets/documents/healthy-air/state-of-the-air/sota-2018-full.pdf.

6 Heather Walton, David Dajnak, Sean Beevers, Martin Williams, Paul Watkiss, and Alistair Hunt, *Understanding the Health Impacts of Air Pollution in London*, report prepared for Transport for London and the Greater London Authority, July 14, 2015, p. 8, http://www.kcl.ac.uk/lsm/research/divisions/aes/research/ERG/research-projects/HIAinLondonKingsReport14072015final.pdf; "Deaths Registered by Area of Usual Residence, UK," Office for National Statistics, January 25, 2017, http://www.ons.gov.uk/peoplepopulationandcommunity/birthsdeathsandmarriages/deaths/datasets/deathsregisteredbyareaofusualresidenceenglandandwales.

7 유럽환경청에서 발행한 2017년 유럽대기질 보고서 9쪽에 따르면, 2014년 유럽연합 28개국에서 PM2.5 노출만으로 39만 9,000건의 사망자가 발생했다. https://www.eea.europa.eu//publications/air-quality-in-europe-2017. 이산화질소와 오존 노출로 인한 사망까지 포함하면 총수치는 훨씬 늘어나겠지만 그 영향이 부가적인지는 분명하지 않다. 유럽연합 교통국에 따르면 2014년 유럽에서 교통사고 사망자는 2만 6,000명이었다. "EU Road Fatalities," February 2016, accessed November 13, 2017, https://ec.europa.eu/transport/road_safety/specialist/statistics_en.

8 Janet Currie and Reed Walker, "Traffic Congestion and Infant Health: Evidence from E-ZPass," *American Economic Journal: Applied Economics* 3, no. 1 (2011): 65–90, doi:10.1257/app.3.1.65.

9 Joseph Lyou, president & CEO, Coalition for Clean Air, El Segundo, California, interview with author, January 28, 2015.

1부 | 숨을 참고서

1장 폐의 측정: 오염의 위력을 기록하기

1 W. James Gauderman et al., "The Effect of Air Pollution on Lung Development from 10 to 18 Years of Age," *New England Journal of Medicine* 351, no. 11 (2004): 1057–1067, doi:10.1056/nejmoa040610.

2 Health Effects Institute, *State of Global Air 2018*, Boston, Massachusetts, 2018, p. 3, https://www.stateofglobalair.org/sites/default/files/soga-2018-report.pdf.

3 World Health Organization, "Ambient Air Pollution: A Global Assessment of Exposure and Burden of Disease," Geneva, 2016, p. 15, http://apps.who.int/iris/bitstream/10665/250141/1/9789241511353-eng.pdf?ua=1.

4 "Explore the Data," *State of Global Air 2018*, accessed June 6, 2018, http://stateofglobalair.org/data/#/health/plot.

5 Massachusetts Institute of Technology, MIT News Office, "Study: Air Pollution Causes 200,000 Early Deaths Each Year in the U.S.," news release, August 29, 2013, accessed June 6, 2018, http://news.mit.edu/2013/study-air-pollution-causes-200000-early-deaths-each-year-in-the-us-0829.

6 World Health Organization, Media Centre, "7 Million Premature Deaths Annually Linked to Air Pollution," news release, accessed November 9, 2017, http://www.who.int/mediacentre/news/releases/2014/air-pollution/en/.

7 World Health Organization, "9 out of 10 People."

8 "GBD Compare," Institute for Health Metrics and Evaluation, 2018, accessed September 11, 2018, https://vizhub.healthdata.org/gbd-compare/.

9 Burnett et al., "Global Estimates."

10 The World Bank and the Institute for Health Metrics and Evaluation of the University of Washington, Seattle, *The Cost of Air Pollution*, Washington, DC, 2016, p. vii, https://openknowledge.worldbank.org/bitstream/handle/10986/25013/108141.pdf?sequence=4&isAllowed=y.

11 "Ambient (Outdoor) Air Quality and Health: Fact Sheet," World Health Organization, updated September 2016, accessed November 9, 2017, http://www.who.int/mediacentre/factsheets/fs313/en/.

12 R. D. Brook et al., "Particulate Matter Air Pollution and Cardiovascular Disease: An Update to the Scientific Statement from the American Heart Association," *Circulation* 121, no. 21 (2010): 2331–2378, https://doi.org/10.1161/CIR.0b013e3181dbece1.

13 Anoop S. V. Shah, Kuan Ken Lee, David A. McAllister, Amanda Hunter, Harish Nair, William Whiteley, Jeremy P. Langrish, David E. Newby, and Nicholas L. Mills, "Short Term Exposure to Air Pollution and Stroke: Systematic Review and Meta-analysis," *BMJ* 350, no. H1295 (March 24, 2015), https://doi.org/10.1136/bmj.h1295.

14 Kristin A. Miller, David S. Siscovick, Lianne Sheppard, Kristen Shepherd, Jeffrey H. Sullivan, Garnet L. Anderson, and Joel D. Kaufman, "Long-Term Exposure to Air Pollution and Incidence of Cardiovascular Events in Women," *New England Journal of Medicine* 356, no. 5 (2007): 447–458, doi:10.1056/NEJ Moa054409.

15 R. D. Brook, "Inhalation of Fine Particulate Air Pollution and Ozone Causes Acute Arterial Vasoconstriction in Healthy Adults," *Circulation* 105, no. 13 (2002): 1534–1536, https://doi.org/10.1161/01.CIR.0000013838.94747.64.

16 Andrew J. Lucking et al., "Diesel Exhaust Inhalation Increases Thrombus Formation in Man," *European Heart Journal* 29, no. 24 (December 1, 2008): 3043–3051, https://doi.org/10.1093/eurheartj/ehn464.

17 Joel D. Kaufman et al., "Association between Air Pollution and Coronary Artery Calcification within Six Metropolitan Areas in the USA (the Multi-Ethnic Study of Atherosclerosis and Air Pollution): A Longitudinal Cohort Study," *Lancet* 388, no. 10045 (August 13, 2016): 696–704, http://dx.doi.org/10.1016/S0140-6736(16)00378-0.

18 C. Arden Pope III, A. Bhatnagar, J. P. McCracken, W. Abplanalp, D. J. Conklin, and T. O'Toole, "Exposure to Fine Particulate Air Pollution Is Associated With Endothelial

Injury and Systemic Inflammation," *Circulation Research* 119, no. 11 (2016): 1204–1214, https://doi.org/10.1161/CIRCRESAHA.116.309279; Nicholas Bakalar, "Air Pollution's Toll on Heart May Begin Early," *New York Times*, October 25, 2016, https://www.nytimes.com/2016/10/25/well/live/air-pollutions-toll-on-heart-may-begin-early.html?_r=0.

19 C. R. Jung, Y. T. Lin, and B. F. Hwang, "Ozone, Particulate Matter and Newly Diagnosed Alzheimer's Disease: A Population-Based Cohort Study in Taiwan," *Journal of Alzheimer's Disease* 44, no. 2 (2015): 573–584, doi:0.3233/JAD-140855.

20 Lilian Calderón-Garcidueñas et al., "Air Pollution and Brain Damage," *Toxicologic Pathology* 30, no. 3 (April 2002): 373–389, https://doi.org/10.1080/019 26230252929954.

21 Lilian Calderón-Garcidueñas et al., "Neuroinflammation, Hyperphosphorylated Tau, Diffuse Amyloid Plaques, and Down-Regulation of the Cellular Prion Protein in Air Pollution Exposed Children and Young Adults," *Journal of Alzheimer's Disease* 28, no. 1 (2012): 93–107, doi:10.3233/JAD-2011-110722.

22 Lilian Calderón-Garcidueñas, Maricela Franco-Lira, Antonieta Mora-Tiscareño, Humberto Medina-Cortina, Ricardo Torres-Jardón, and Michael Kavanaugh, "Early Alzheimer's and Parkinson's Disease Pathology in Urban Children: Friend versus Foe Responses—It Is Time to Face the Evidence," *BioMed Research International*, vol. 2013, Article ID 161687, http://dx.doi.org/10.1155/2013/161687.

23 Lilian Calderón-Garcidueñas, Antonieta Mora-Tiscareño, Maricela Franco-Lira, Hongtu Zhu, Zhaohua Lu, Edelmira Solorio, Ricardo Torres-Jardón, and Ama deo D'Angiulli, "Decreases in Short Term Memory, IQ, and Altered Brain Metabolic Ratios in Urban Apolipoprotein ε4 Children Exposed to Air Pollution," *Journal of Alzheimer's Disease* 45, no. 3 (2015): 757–770, doi:10.3233/JAD-142685.

24 Jiu-Chiuan Chen, X. Wang, G. A. Wellenius, M. L. Serre, I. Driscoll, R. Casanova, J. J. McArdle, J. E. Manson, H. C. Chui, and M. A. Espeland, "Ambient Air Pollution and Neurotoxicity on Brain Structure: Evidence from Women's Health Initiative Memory Study," *Annals of Neurology* 78, no. 3 (2015): 466–476, doi:10.1002/ana.24460.

25 Jennifer Weuve, "Exposure to Particulate Air Pollution and Cognitive Decline in Older Women," *Archives of Internal Medicine* 172, no. 3 (2012): 219, doi:10.1001/archinternmed.2011.683.

26 Liuhua Shi, Antonella Zanobetti, Itai Kloog, Brent A. Coull, Petros Koutrakis, Steven J. Melly, and Joel D. Schwartz, "Low-Concentration PM2.5 and Mortality: Estimating Acute and Chronic Effects in a Population-Based Study," *Environmental Health Perspectives* 124, no. 1 (2015), doi:10.1289/ehp.1409111.

27 Douglas Dockery, C. Arden Pope III, Xiping Xu, John D. Spengler, James H. Ware, Martha E. Fay, Benjamin G. Ferris, Jr., and Frank E. Speizer, "An Association between Air Pollution and Mortality in Six U.S. Cities," *New England Journal of Medicine* 329, no. 24 (1993): 1753–1759, doi:10.1056/NEJM199312093292401; Douglas Dockery, "Landmark Air Pollution Study Turns 20," interview by Karen Feldscher, January 7, 2014, Harvard T. H. Chan School of Public Health (website), accessed November 9, 2017, https://www.hsph.harvard.edu/news/features/six-cities-air-pollution-study-turns-20/.

28 C. Arden Pope III, Majid Ezzati, and Douglas W. Dockery, "Fine-Particulate Air Pollution and Life Expectancy in the United States," *New England Journal of Medicine* 360, no. 4 (2009): 376–386, doi:10.1056/NEJMsa0805646.

29 Victor Frutos, Mireia González-Comadrán, Ivan Solà, Benedicte Jacquemin, Ramón Carreras, and Miguel A. Checa Vizcaíno, "Impact of Air Pollution on Fertility: A Systematic Review," *Gynecological Endocrinology* 31, no. 1 (2015): 7–13, http://dx.doi.org/10.3109/09513590.2014.958992.

30 Julia E. Heck, Jun Wu, Travis J. Meyers, Michelle Wilhelm, Myles Cockburn, and Beate Ritz, "Abstract 2531: Childhood Cancer and Traffic-Related Air Pollution Exposure in Pregnancy and Early Life," *Cancer Research* 73, no. 8 (2013): 2531; Anshu Shrestha, Beate Ritz, Michelle Wilhelm, Jiaheng Qiu, Myles Cockburn, and Julia E. Heck, "Prenatal Exposure to Air Toxics and Risk of Wilms' Tumor in 0- to 5-Year Old Children," *Journal of Occupational and Environmental Medicine* 56, no. 6 (June 2014): 573–578, doi:10.1097/JOM.0000000000000167.

31 Beate Ritz, Michelle Wilhelm, and Yingxu Zhao, "Air Pollution and Infant Death in Southern California, 1989–2000," *Pediatrics* 118, no. 2 (2006): 493–502, doi:10.1542/peds.2006-0027.

32 Beate Ritz, Fei Yu, Scott Fruin, Guadalupe Chapa, Gary M. Shaw, and John A. Harris, "Ambient Air Pollution and Risk of Birth Defects in Southern California," *American Journal of Epidemiology* 155, no. 1 (2002): 17–25, doi:10.1093/aje/155.1.17: Warren Robak, "Urban Air Pollution Linked to Birth Defects for First Time; UCLA Research Links Two Pollutants to Increased Risk of Heart Defects," UCLA Newsroom, December 31, 2001, accessed November 9, 2017, http://newsroom.ucla.edu/releases/Urban-Air-Pollution-Linked-to-Birth-2932.

33 Tracy Ann Becera, Michelle Wilhelm, Jørn Olsen, Myles Cockburn, and Beate Ritz, "Ambient Air Pollution and Autism in Los Angeles County, California," *Environmental Health Perspectives* 121, no. 3 (March 2013): 380–386, http://dx.doi.org/10.1289/ehp.1205827.

34 W. James Gauderman, Robert Urman, Edward Avol, Kiros Berhane, Rob McConnell, Edward Rappaport, Roger Chang, Fred Lurmann, and Frank Gilliland, "Association of Improved Air Quality with Lung Development in Children," *New England Journal of Medicine* 372, no. 10 (2015): 905–913, doi:10.1056/NEJMoa1414123.

35 "Are Busy Roads Dangerous?" Environmental Research Group, King's College London, London Air Quality Network—King's College London Guide, accessed November 9, 2017, http://www.londonair.org.uk/londonair/guide/BusyRoad.aspx.

2장 그라운드 제로: 델리의 공중보건 비상사태

1 Yuanyuan Shi et al., "Nanoscale Characterization of PM2.5 Airborne Pollutants Reveals High Adhesiveness and Aggregation Capability of Soot Particles," *Scientific Reports* 5, no. 1 (2015), doi:10.1038/srep11232; Gladis Labrada-Delgado, Antonio Aragon-Pina, Arturo Campos-Ramos, Telma Castro-Romero, Omar Amador-Munoz, and Rafael Villalobos-Pietrini, "Chemical and Morphological Characterization of PM2.5 Collected during MILAGRO Campaign Using Scanning Electron Microscopy," *Atmospheric Pollution Research* 3, no. 3 (2012): 289–300, doi:10.5094/apr.2012.032.

2 "Explore the Data," *State of Global Air 2018*.

3 WHO Global Ambient Air Quality Database (update 2018), World Health Organization, accessed August 20, 2018, http://www.who.int/airpollution/data/cities/en/.

4 "What the Study Found: 2 Times More Asthma, 3 Times More Severe Lung Disorder," *Indian Express*, April 2, 2015, https://indianexpress.com/article/india/india-others/what-the-study-found-2-times-more-asthma-3-times-more-severe-lung-disorder/.

5 "Country Profiles: India," Institute for Health Metrics and Evaluation, 2018, accessed June 12, 2018, http://www.healthdata.org/india.

6 MyLinh Duong et al., "Global Differences in Lung Function by Region (PURE): An International, Community-Based Prospective Study," *Lancet Respiratory Medicine* 1, no. 8 (October 2013): 599–609, http://dx.doi.org/10.1016/S2213-2600(13)70164-4.

7 Gardiner Harris, "Beijing's Bad Air Would Be Step Up for Smoggy Delhi," *New York Times*, January 25, 2014, https://www.nytimes.com/2014/01/26/world/asia/beijings-air-would-be-step-up-for-smoggy-delhi.html.

8 Dr. Sundeep Salvi, director of Chest Research Foundation of Pune, Skype interview with author, April 6, 2015.

9 The World Bank and the Institute for Health Metrics and Evaluation, *The Cost of Air Pollution*.

10 Beth Gardiner, "'My Children Are Suffering but What Can I Do?' Delhi's Polluted Air, by the People Who Live There," Guardian Cities, *Guardian*, June 25, 2015, https://www.theguardian.com/cities/2015/jun/25/delhi-india-pollution-air-quality-most-polluted-city-children-suffering.

11 Press Trust of India, "Arvind Kerjival Leaves for Bangalore to Undergo Naturopathy Treatment," *Indian Express*, March 5, 2015, http://indianexpress.com/article/cities/delhi/arvind-kejriwal-left-for-bangalore-to-undergo-naturopathy-treatment/.

12 Joshua Schulz Apte, "Human Exposure to Urban Vehicle Emissions," PhD diss., University of California, Berkeley, 2013, 1, http://digitalassets.lib.berkeley.edu/etd/ucb/text/Apte_berkeley_0028E_13739.pdf.

13 Gardiner, "'My Children are Suffering.'"

14 *Report on Priority Measures to Reduce Air Pollution and Protect Public Health*, Environment Pollution (Prevention & Control) Authority for the National Capital Region, p. 2, accessed August 20, 2018, https://cdn.cseindia.org/userfiles/EPCA_report.pdf.

15 Vishnu Mathur, director general, Society of Indian Automobile Manufacturers, interview with author, April 9, 2015.

16 Debi Goenka and Sarath Guttikunda, *Coal Kills: An Assessment of Death and Disease Caused by India's Dirtiest Energy Source*, Conservation Action Trust, UrbanEmissions.info and Greenpeace India, March 2013, p. 1, http://www.greenpeace.org/india/Global/india/report/Coal_Kills.pdf.

17 *Air Quality Assessment, Emission Inventory & Source Apportionment Study for Delhi*, National Environmental Engineering Research Institute, December 2008, Table E.2.

18 Pritha Chatterjee, "Vehicle Exhaust, Dust, What Fouls the Air the Most? Studies Disagree," *Indian Express*, January 6, 2016, http://indianexpress.com/article/explained/vehicle-exhaust-dust-what-fouls-the-air-the-most-studies-disagree/; Mukesh Sharma and Onkar Dikshit, *Comprehensive Study on Air Pollution and Green House Gases (GHGs) in Delhi*, Delhi Pollution Control Committee and Department of Environment, NCT Delhi, January 2016, vii, http://delhi.gov.in/DoIT/Environment/PDFs/Final_Report.pdf.

19 Oliver Wainwright, "Blood Bricks: How India's Urban Boom Is Built on Slave Labour," *Guardian*, January 8, 2014, https://www.theguardian.com/artandde sign/architecture-design-blog/2014/jan/08/blood-bricks-india-urbanisation-human-rights-slave-labour; Humphrey Hawksley, "Why India's Brick Kiln Workers 'Live Like Slaves,'" BBC News, January 2, 2014, http://www.bbc.co.uk/news/world-asia-india-25556965.

20 Sarath Guttikunda, director of UrbanEmission.info, phone interview with author, April

8, 2015.
21 Aniruddha Ghosal, Mayura Janwalkar, and Pritha Chatterjee, "While You Are Sleeping: 80,000 Trucks Enter Delhi Every Night, Poison on Wheels," *Indian Express*, April 3, 2015, http://indianexpress.com/article/india/india-others/while-you-are-sleeping-80000-trucks-enter-delhi-every-night-poison-on-wheels/.
22 Gardiner, "'My Children Are Suffering.'"
23 "GDP per Capita (current US$)," World Bank, accessed November 14, 2017, https://data.worldbank.org/indicator/NY.GDP.PCAP.CD.
24 Ramanan Laxminarayan, Public Health Foundation of India, interview with author, April 8, 2015.
25 "CO_2 Emissions (Metric Tons per Capita)," World Bank, accessed November 14, 2017, https://data.worldbank.org/indicator/EN.ATM.CO2E.PC.
26 Gardiner Harris, "Holding Your Breath in India," *New York Times*, May 29, 2015, https://www.nytimes.com/2015/05/31/opinion/sunday/holding-your-breath-in-india.html?_r=0.
27 Gardiner, "'My Children Are Suffering.'"

3장 9,416: 런던의 디젤 재난

1 European Environment Agency, *Spatial Assessment of PM10 and Ozone Concentrations in Europe* (2005), March 24, 2009, 20, https://www.eea.europa.eu/publications/spatial-assessment-of-pm10-and-ozone-concentrations-in-europe-2005-1.
2 "What Is the Real Health Impact of Poor Air Quality in Greater London?" Clean Air in London, April 19, 2009, accessed November 15, 2017, https://cleanair.london/health/what-is-the-real-health-impact-of-poor-air-quality-in-greater-london/.
3 "Memorandum Submitted by the Campaign for Clean Air in London (CCAL) (AQ 18)," House of Commons Environmental Audit Committee, December 13, 2009, accessed November 15, 2017, https://publications.parliament.uk/pa/cm200910/cmselect/cmenvaud/229/229we14.htm.
4 "Examination of Witnesses (Question Numbers 57–79)," House of Commons Environmental Audit Committee, February 9, 2010, accessed November 15, 2017, https://publications.parliament.uk/pa/cm200910/cmselect/cmenvaud/229/10020907.htm.
5 Brian G. Miller, *Report on Estimation of Mortality Impacts of Particulate Air Pollution in London*, Institute of Occupational Medicine, June 2010, http://www.aef.org.uk/uploads/IomReport_1.pdf.
6 "Deaths Registered by Area," Office for National Statistics.

7 C. Arden Pope III, Richard T. Burnett, and Michael J. Thun, "Lung Cancer, Cardiopulmonary Mortality, and Long-Term Exposure to Fine Particulate Air Pollution," *Journal of the American Medical Association* 287, no. 9 (2002): 1132, doi:10.1001/jama.287.9.1132.

8 Committee on the Medical Effects of Air Pollutants, *The Mortality Effects of Long-Term Exposure to Particulate Air Pollution in the United Kingdom*, 2010, https://www.gov.uk/government/uploads/system/uploads/attachment_data/file/304641/COMEAP_mortality_effects_of_long_term_exposure.pdf.

9 Royal College of Physicians, *Royal College of Paediatrics and Child Health, Every Breath We Take: The Lifelong Impact of Air Pollution*, February 2016, https://www.rcplondon.ac.uk/projects/outputs/every-breath-we-take-lifelong-impact-air-pollution.

10 "Explore the Data," *State of Global Air 2018*.

11 European Environment Agency, *Air Quality in Europe—2017 Report*.

12 "Explore the Data," *State of Global Air 2018*.

13 "Five Facts About... Cars," Office for National Statistics, September 22, 2016, accessed November 15, 2017, http://visual.ons.gov.uk/five-facts-about-cars/.

14 Christine L. Corton, *London Fog: The Biography* (Cambridge, MA: The Belknap Press of Harvard University Press, 2015).

15 *World Health Statistics 2017*, World Health Organization, 66, http://apps.who.int/iris/bitstream/10665/255336/1/9789241565486-eng.pdf?ua=1.

16 Steven R. H. Barrett, Rex E. Britter, and Ian A. Waitz, "Global Mortality Attributable to Aircraft Cruise Emissions," *Environmental Science & Technology* 44, no. 19 (September 1, 2010), doi:10.1021/es101325r.

17 Brady Dennis, "Here's How Much of the Arctic You're Personally Responsible for Melting," *Washington Post*, November 3, 2016, https://www.washingtonpost.com/news/energy-environment/wp/2016/11/03/heres-how-much-of-the-arctic-youre-personally-responsible-for-melting/?utm_term=.04ea1a8d93ad.

18 International Council on Clean Transportation, "Declining Diesel Car Share Not a Hurdle for Meeting the European Union's CO_2 Reduction Targets," news release, May 7, 2017, accessed November 15, 2017, http://www.theicct.org/news/press-release-declining-diesel-car-share-EU.

19 Society of Motor Manufacturers and Traders, *New Car CO_2 Report 2014*, 16, accessed August 20, 2018, https://www.smmt.co.uk/wp-content/uploads/sites/2/SMMT-New-Car-CO2-Report-2014-final1.pdf.

20 "Share of Diesel in New Passenger Cars," ACEA European Automobile Manufacturers

Association, accessed November 15, 2017, http://www.acea.be/statistics/tag/category/share-of-diesel-in-new-passenger-cars.

21 "Composition of Diesel and Non-Diesel Fleet: 2014," United States Department of Transportation, Bureau of Transportation Statistics, October 2015, accessed November 15, 2017, https://www.rita.dot.gov/bts/sites/rita.dot.gov.bts/files/publications/bts_fact_sheets/oct_2015/html/figure_01.html.

22 International Council on Clean Transportation, "Declining Diesel Car Share"; Society of Motor Manufacturers and Traders, *New Car CO_2 Report 2014*.

23 Michel Cames and Eckard Helmers, "Critical Evaluation of the European Diesel Car Boom—Global Comparison, Environmental Effects and Various National Strategies," *Environmental Sciences Europe* 25, no. 15 (June 22, 2013), doi:10.1186/2190-4715-25-15.

24 Sadiq Khan, "Sadiq Khan: Today Is the Day We Really Start to Clean Up Our Toxic Air," *Evening Standard*, October 23, 2017, https://www.standard.co.uk/comment/comment/today-is-the-day-we-really-start-to-clean-up-our-toxic-air-a3665541.html.

25 Damian Carrington, "London Reaches Legal Air Pollution Limit Just One Month into the New Year," *Guardian*, January 30, 2018, https://www.theguard ian.com/uk-news/2018/jan/30/london-reaches-legal-air-pollution-limit-just-one-month-into-the-new-year.

4장 씹을 수 있는 공기: 폴란드와 석탄의 대가

1 WHO Global Ambient Air Quality Database (Update 2018), World Health Organization.

2 Beth Gardiner, "'The Air Is Stinking, It's Dirty': The Fight against Pollution in Krakow," *Guardian*, April 13, 2015, https://www.theguardian.com/cities/2015/apr/13/air-dirty-fight-pollution-krakow-poland-ban-wood-coal.

3 Beth Gardiner, "Coal in Poland Lowering Life Spans," *New York Times*, June 7, 2015, https://www.nytimes.com/2015/06/08/business/energy-environment/coal-in-poland-lowering-life-spans.html?_r=1.

4 "Coal," International Energy Agency, accessed November 16, 2017, https://www.iea.org/topics/coal/.

5 "How the Coal Industry Fuels Climate Change," Greenpeace International, July 1, 2016, accessed November 16, 2017, http://www.greenpeace.org/international/en/campaigns/climate-change/coal/Coal-fuels-climate-change/.

6 Gardiner, "'The Air Is Stinking.'"

7 Piotr Ziarkowski, interview with author, March 7, 2015.

8 Dan Fagin, *Toms River: A Story of Science and Salvation* (New York: Bantam Books, 2013),

47–49.
9 Gardiner, "'The Air Is Stinking.'"
10 Gardiner, "'The Air Is Stinking.'"
11 European Environment Agency, *Air Quality in Europe—2017 Report*, p. 57.
12 "Economic Cost of the Health Impact of Air Pollution in Europe," World Health Organization Regional Office for Europe, Organization for Economic Co-operation and Development, 2015, http://www.euro.who.int/__data/assets/pdf_file/0004/276772/Economic-cost-health-impact-air-pollution-en.pdf?ua=1.
13 Julia Michalak, demosEuropa, interview with author, March 11, 2015; Gardiner, "Coal in Poland."
14 WWF European Policy Office, CAN Europe, HEAL, and Sandbag, *Europe's Dark Cloud: How Coal-Burning Countries Are Making Their Neighbours Sick*, Brussels, Belgium, June 2017, p. 17, http://env-health.org/IMG/pdf/dark_cloud-full_report_final.pdf.
15 Gardiner, "Coal in Poland."
16 Michal Olszewski, Krakow bureau chief, *Gazeta Wyborcza*, interview with author, March 4, 2015.

5장 소, 아몬드, 천식: 샌와킨밸리의 위기

1 "California's Central Valley," California Water Science Center, U.S. Geological Survey, accessed November 16, 2017, https://ca.water.usgs.gov/projects/central-valley/about-central-valley.html.
2 American Lung Association, *State of the Air 2018*.
3 "Welcome to Central Valley Almond Association (CVAA)," Central Valley Almond Association, accessed November 16, 2017, http://www.centralvalleyalmond.com.
4 Michael Pollan, "Our Decrepit Food Factories," *New York Times*, December 12, 2007, http://www.nytimes.com/2007/12/16/magazine/16wwln-lede-t.html.
5 Beth Gardiner, "How Growth in Dairy Is Affecting the Environment," *New York Times*, May 1, 2015, https://www.nytimes.com/2015/05/04/business/energy-environment/how-growth-in-dairy-is-affecting-the-environment.html?_r=0.
6 "California Drought: Livestock, Dairy, and Poultry Sectors," U.S. Department of Agriculture Economic Research Service, June 14, 2017, accessed November 16, 2017, http://usda.proworks.com/topics/in-the-news/california-drought-farm-and-food-impacts/california-drought-livestock-dairy-and-poultry-sectors/.
7 "U.S. Methane 'Hot Spot' Bigger than Expected," Science@NASA, October 9, 2014,

accessed November 16, 2017, https://science.nasa.gov/science-news/science-at-nasa/2014/09oct_methanehotspot/.

8 "2016 Premature Birth Report Card," March of Dimes, accessed November 16, 2017, https://www.marchofdimes.org/materials/premature-birth-report-card-california.pdf.

9 Gardiner, "How Growth in Dairy Is Affecting the Environment."

10 "Conversation with Mark Arax," C-SPAN.org, January 11, 2017, accessed May 7, 2018, https://www.c-span.org/video/?423503-1/conversation-mark-arax.

11 Mark Arax, "A Kingdom from Dust," *California Sunday Magazine*, January 31, 2018, https://story.californiasunday.com/resnick-a-kingdom-from-dust; Mark Bittman, "Everyone Eats There," *New York Times Magazine*, October 10, 2012, https://www.nytimes.com/2012/10/14/magazine/californias-central-valley-land-of-a-billion-vegetables.html.

12 "NASA Data Show California's San Joaquin Valley Still Sinking," NASA, February 28, 2017, accessed May 7, 2018, https://www.nasa.gov/feature/jpl/nasa-data-show-californias-san-joaquin-valley-still-sinking.

13 Susanne E. Bauer, Kostas Tsigaridis, and Ron Miller, "Significant Atmospheric Aerosol Pollution Caused by World Food Cultivation," *Geophysical Research Letters* 43, no. 10 (May 16, 2016), doi:10.1002/2016gl068354.

14 J. Lelieveld, J. S. Evans, M. Fnais, D. Giannadaki, and A. Pozzer, "The Contribution of Outdoor Air Pollution Sources to Premature Mortality on a Global Scale," *Nature* 525, no. 09 (September 17, 2015): 367–371, doi:10.1038/nature15371.

15 M. Vieno et al., "The UK Particulate Matter Air Pollution Episode of March–April 2014: More Than Saharan Dust," *Environmental Research Letters* 11, no. 4 (March 24, 2016), doi:10.1088/1748-9326/11/4/044004.

16 "Fracking Threatens Health of Kern County Communities Already Overburdened with Pollution," Natural Resources Defense Council, September 2014, accessed November 16, 2017, https://www.nrdc.org/sites/default/files/california-fracking-risks-kern-FS.pdf.

17 "Conversation with Mark Arax," C-SPAN.org.

18 "CalEnviroScreen 3.0 Data," California Office of Environmental Health Hazard Assessment, January 30, 2017, accessed November 16, 2017, https://oehha.ca.gov/calenviroscreen/maps-data/download-data.

19 California Environmental Protection Agency Air Resources Board, *Report on Arvin Special Purpose PM2.5 Monitoring Project*, June 2011, https://www.arb.ca.gov/aaqm/Special%20Monitoring%20in%20Arvin3.pdf.

20 Adam Herbets, "Arvin Community Services District Penalized for Arsenic Levels in

Water," Bakersfieldnow.com, KBAK/KBFX, October 6, 2015, accessed November 16, 2017, http://bakersfieldnow.com/news/health/arvin-community-services-district-penalized-for-arsenic-levels-in-water.

21 Jane V. Hall and Victor Brajer, *The Benefits of Meeting Federal Clean Air Standards in the South Coast and San Joaquin Valley Air Basins*, November 2008, http://publichealth.lacounty.gov/mch/asthmacoalition/docs/BenefitsofMeet ingCleanAirStandards_11_06_08.pdf.

22 David Lighthall, San Joaquin Valley Air Pollution Control District, interview with author, February 4, 2015.

6장 불을 피우는 집: 패러다임 전환

1 "Household Air Pollution and Health," World Health Organization, accessed November 9, 2017, http://www.who.int/mediacentre/factsheets/fs292/en/.

2 World Health Organization, "9 out of 10 People" and "Household Air Pollution and Health."

3 https://stekakids.com에서 마세코 부부에게 기부할 수 있다.

4 Caroline A. Ochieng, Cathryn Tonne, Sotiris Vardoulakis, and Jan Semenza, "Household Air Pollution in Low and Middle Income Countries," *Oxford Research Encyclopedia of Environmental Science*, December 2017, doi:10.1093/acrefore/9780199389414.013.25.

5 Kevin Mortimer et al., "A Cleaner Burning Biomass-Fuelled Cookstove Intervention to Prevent Pneumonia in Children under 5 Years Old in Rural Malawi (the Cooking and Pneumonia Study)," *Lancet* 389, no. 10065 (January 14, 2017): 167–175, doi:10.1016/s0140-6736(16)32507-7.

6 Ambuj Sagar, Kalpana Balakrishnan, Sarath Guttikunda, Anumita Roychowdhury, and Kirk R. Smith, "India Leads the Way: A Health-Centered Strategy for Air Pollution," *Environmental Health Perspectives* 124, no. 7 (2016), doi:10.1289/ehp90.

7 Beth Gardiner, "The Challenges of Cleaning Up Cooking," *New York Times*, December 8, 2015, https://www.nytimes.com/2015/12/09/business/energy-environment/the-challenges-of-cleaning-up-cooking.html.

8 Sagar et al., "India Leads the Way."

9 Dr. Narendra Arora, INCLEN Trust International, interview with author, April 9, 2015.

10 Kirk R. Smith, J. P. McCracken, M. W. Weber, A. Hubbard, A. Jenny, L. M. Thompson, J. Balmes, A. Diaz, B. Arana, and N. Bruce, "Effect of Reduction in Household Air Pollution on Childhood Pneumonia in Guatemala (RESPIRE): A Randomised Controlled Trial,"

Lancet 378, no. 9804 (November 12, 2011), doi:10.1016/s0140-6736(11)60921-5.

11 스미스는 내가 그의 사무실을 방문하고 나서 전화로 통화할 때 이 이야기를 해주었다. 나는 서사를 부드럽게 만들기 위해 대면 만남에 대한 설명에서 추가 인터뷰를 통해 얻은 이 내용과 다른 내용들을 포함시켰다.

12 Gardiner, "The Challenges of Cleaning Up Cooking."

13 Ochieng et al., "Household Air Pollution."

14 Suani T. Coelho and José Goldemberg, "Energy Access: Lessons Learned in Brazil and Perspectives for Replication in Other Developing Countries," *Energy Policy* 61 (June 20, 2013), doi:10.1016/j.enpol.2013.05.062.

15 Ochieng et al., "Household Air Pollution."

16 Professor Kalpana Balakrishnan, Department of Environmental Health Engineering, Sri Ramachandra University, Skype interview with author, April 10, 2015.

17 Dorothy L. Robinson, "Response: 2.4 Times More PM2.5 Pollution from Domestic Wood Burning than Traffic," *BMJ*, January 27, 2016, https://www.bmj.com/content/350/bmj.h2757/rr-1.

18 World Health Organization Regional Office for Europe, *Residential Heating with Wood and Coal: Health Impacts and Policy Options in Europe and North America*, Copenhagen, Denmark, 2015, http://www.euro.who.int/__data/assets/pdf_file/0009/271836/ResidentialHeatingWoodCoalHealthImpacts.pdf?ua=1.

19 Gary Fuller, "Pollutionwatch: Wood Burning Worsening UK Air Quality," *Guardian*, February 1, 2018, https://www.theguardian.com/environment/2018/feb/01/pollutionwatch-wood-burning-worsening-uk-air-quality.

20 Leigh Crilley, University of Birmingham, phone interview with author, January 31, 2018. Quoted in Beth Gardiner, "Is Your Wood Stove Choking You? How Indoor Fires Are Suffocating Cities," *Guardian*, February 22, 2018, https://www.theguardian.com/cities/2018/feb/22/wood-diesel-indoor-stoves-cities-pollution.

21 John D. Sterman, Lori Siegel, and Juliette N. Rooney-Varga, "Does Replacing Coal with Wood Lower CO_2 Emissions? Dynamic Lifecycle Analysis of Wood Bioenergy," *Environmental Research Letters* 13, no. 1 (January 18, 2018), doi:10.1088/1748-9326/aaa512.

7장 한 나라를 바꾸는 일: 미국의 청정대기법 이야기

1 Leon Billings, transcript of interview with Don Nicoll, Edmund S. Muskie Oral History Collection, Bates College Digital Library, November 29, 2001, http://digilib.bates.edu/collect/muskieor/index/assoc/HASH9799.dir/doc.pdf.

2 John Freshman, senior director of governmental affairs, Best Best & Krieger, interview with author, April 7, 2017.

3 Jim Dwyer, "Remembering a City Where the Smog Could Kill," *New York Times*, February 28, 2017, https://www.nytimes.com/2017/02/28/nyregion/new-york-city-smog.html?_r=0; Daniel C. Walsh, Steven N. Chillrud, H. James Simpson, and Richard F. Bopp, "Refuse Incinerator Particulate Emissions and Combustion Residues for New York City during the 20th Century," *Environmental Science & Technology* 35, no. 12 (June 15, 2001), doi:10.1021/es0013475.

4 "500% Rise in Emphysema Mortality Rate in Last Decade Reported for City," *New York Times*, March 12, 1970, https://www.nytimes.com/1970/03/12/archives/500-rise-in-emphysema-mortality-rate-in-last-decade-reported-for.html.

5 "Edmund S. Muskie, Late a Senator from Maine, Memorial Tributes in the Congress of the United States," S. Doc. 104-117 (1996), https://www.gpo.gov/fdsys/pkg/CDOC-104sdoc17/pdf/CDOC-104sdoc17.pdf.

6 Freshman, interview with author.

7 John C. Whitaker, "Earth Day Recollections: What It Was Like When the Movement Took Off," *EPA Journal*, U.S. Environmental Protection Agency, August 1988, accessed November 17, 2017, https://archive.epa.gov/epa/aboutepa/earth-day-recollections-what-it-was-when-movement-took.html.

8 Maxmillian Angerholzer III, James Kitfield, Norman Ornstein, and Stephen Skowronek, eds., *Triumphs and Tragedies of the Modern Presidency: Case Studies in Presidential Leadership*, 2nd ed. (Santa Barbara: Praeger, 2016), 191.

9 *The Benefits and Costs of the Clean Air Act, 1970 to 1990*, prepared for U.S. Congress by U.S. Environmental Protection Agency, October 1997, https://www.epa.gov/sites/production/files/2015-06/documents/contsetc.pdf.

10 David Corn, "Why Henry Waxman Was One of the Most Important Congressmen Ever," *Mother Jones*, January 30, 2014, http://www.motherjones.com/mojo/2014/01/henry-waxman-retires-accomplishments.

11 Jonathan Cohn, "Farewell to Henry Waxman, a Liberal Hero," *New Republic*, January 31, 2014, https://newrepublic.com/article/116418/henry-waxman-retiring-heres-why-well-miss-him.

12 Henry A. Waxman with Joshua Green, *The Waxman Report: How Congress Really Works* (New York: Twelve, 2010), 2.

13 Nancy E. Roman, "GOP Feels Bite of 'Bulldog' Waxman," *Washington Times*, May 6, 1998, viewed at https://kaiserhealthnews.files.wordpress.com/2014/01/news_profiles_bite_bulldog_5_6_98.pdf.

14 Roman, "GOP Feels Bite."

15 Harold Meyerson, "Henry Waxman, Liberalism's Legislative Genius," *Washington Post*, February 5, 2014, https://www.washingtonpost.com/opinions/harold-meyerson-henry-waxman-liberalisms-legislative-genius/2014/02/05/b84daa00-8dd7-11e3-98ab-fe5228217bd1_story.html?utm_term=.208e8f7bf314.

16 Waxman with Green, *Waxman Report*, 78.

17 "Tactics of an Ace in the Congressional Air Wars," *Washington Post*, December 14, 1982, https://www.washingtonpost.com/archive/politics/1982/12/14/tactics-of-an-ace-in-the-congressional-air-wars/d05d2f82-22b3-4db7-93b7-c944c6466bb1/?utm_term=.cc2ddf16b540.

18 "Required Reading: Character Study," *New York Times*, October 21, 1981, http://www.nytimes.com/1981/10/21/us/required-reading-character-study.html.

19 Ruth Marcus, "21–20 Vote in Committee Preserves Clean Air Act from Industry Changes," *Washington Post*, August 12, 1982, https://www.washingtonpost.com/archive/politics/1982/08/12/21-20-vote-in-committee-preserves-clean-air-act-from-industry-changes/787b4fdd-6d5f-42b1-99fb-41f9e791e9b6/?utm _term=.78f57e0d7668; Waxman with Green, Waxman Report, 82–85.

20 William Robbins, "House Panel Not Reassured by Carbide Officials," *New York Times*, December 15, 1984, http://www.nytimes.com/1984/12/15/world/house-panel-not-reassured-by-carbide-officials.html.

21 George Lobsenz, "Art of Compromise Breathes Life into Clean Air Bill," United Press International, April 7, 1990, https://www.upi.com/Archives/1990/04/07/Art-of-compromise-breathes-life-into-clean-air-bill/4418639460800/; Waxman with Green, *Waxman Report*, 99–100.

22 Jean Chemnick and Manuel Quiñones, "Air Pollution: Clean Air Act Debates Show How Much Politics Have Changed," *E&E News*, February 13, 2014, https://www.eenews.net/

stories/1059994544.
23 *Benefits and Costs of the Clean Air Act 1990–2020, the Second Prospective Study*, April 2011, Environmental Protection Agency, accessed November 17, 2017, https://www.epa.gov/clean-air-act-overview/benefits-and-costs-clean-air-act-1990-2020-second-prospective-study.
24 Christine Todd Whitman, *It's My Party Too: The Battle for the Heart of the GOP and the Future of America* (New York: Penguin Press, 2005), 170–171.
25 Whitman, *It's My Party Too*, 175–176; Douglas Jehl with Andrew C. Revkin, "Bush, in Reversal, Won't Seek Cut In Emissions of Carbon Dioxide," *New York Times*, March 14, 2001, http://www.nytimes.com/2001/03/14/us/bush-in-reversal-won-t-seek-cut-in-emissions-of-carbon-dioxide.html.
26 George W. Bush, letter to members of the Senate on the Kyoto Protocol on climate change, American Presidency Project, March 13, 2001, accessed November 17, 2017, http://www.presidency.ucsb.edu/ws/?pid=45811.
27 Linda Greenhouse, "Justices Say E.P.A. Has Power to Act on Harmful Gases," *New York Times*, April 3, 2007, http://www.nytimes.com/2007/04/03/washington/03scotus.html.
28 "Rep. Pete Olson—Texas District 22," Center for Responsive Politics, accessed November 17, 2017, https://www.opensecrets.org/members-of-congress/indus tries?cycle=2016&cid=N00029285&type=C&newmem=N.
29 Emily Atkin, "Scott Pruitt Declares War on Air Pollution Science," *New Republic*, October 31, 2017, https://newrepublic.com/article/145582/scott-pruitt-declares-war-air-pollution-science.
30 U.S. Environmental Protection Agency, "Comparison of Growth Areas and Emissions, 1970–2016," accessed August 20, 2018, https://www.epa.gov/sites/production/files/2018-07/2017_baby_graphic_1970-2017.png.

8장 마지못한 혁신가들: 공기와 자동차 제조업체

1 John Mooney, presentation to California Air Resources Board, October 9, 2007, accessed November 17, 2017, https://www.arb.ca.gov/research/seminars/mooney/mooney.htm.
2 Tom McCarthy, *Auto Mania: Cars*, Consumers and the Environment (New Haven, CT: Yale University Press, 2007), 126.
3 McCarthy, *Auto Mania*, 49–50.
4 Jamie Lincoln Kitman, "The Secret History of Lead," *Nation*, March 2, 2000, https://www.thenation.com/article/secret-history-lead/.

5 McCarthy, *Auto Mania*, 49–51.

6 Philip J. Landrigan, "The Worldwide Problem of Lead in Petrol," *Bulletin of the World Health Organization* 80, no. 10 (2002): 768, http://www.who.int/bulletin/archives/80(10)768.pdf.

7 Lee Iacocca, as quoted in Jack Doyle, *Taken for a Ride: Detroit's Big Three and the Politics of Pollution* (New York: Four Walls Eight Windows, 2000), 69.

8 McCarthy, *Auto Mania*, 177.

9 Joe Colucci, phone interview with author, April 24, 2017.

10 Historical data from National Health and Nutrition Examination Survey, as summarized in "Blood Lead Levels in Children Aged 1–5 Years—United States, 1999–2010," Morbidity and *Mortality Weekly Report*, 62, no. 13 (April 5, 2013): 245–248, https://www.cdc.gov/mmwr/preview/mmwrhtml/mm6213a3.htm; assessment of IQ impact in V. M. Thomas, "The Elimination of Lead in Gasoline," *Annual Review of Energy and the Environment* 20 (1995): 305, doi: https://doi.org/10.1146/annurev.eg.20.110195.001505.

11 Recollections of then-EPA deputy administrator John Quarles, as quoted in Doyle, *Taken for a Ride*, 83–84.

12 *New York Times* ad, March 1972, as reproduced in Doyle, *Taken for a Ride*, 92.

13 Doyle, *Taken For a Ride*, 106.

14 John Mooney, phone interview with author, June 6, 2017.

15 United Nations, "Phase-Out of Leaded Petrol Brings Huge Health and Cost Benefits—UN-backed Study," news release, October 27, 2011, UN News Centre, accessed November 27, 2017, http://www.un.org/apps/news/story.asp?NewsID=40226#,WhwhILacau5.

16 Jack Ewing, "Inside VW's Campaign of Trickery," *New York Times*, May 6, 2017, https://www.nytimes.com/2017/05/06/business/inside-vws-campaign-of-trickery.html?_r=0.

17 Ewing, "Inside VW's Campaign of Trickery"; Bill Vlasic and Aaron M. Kessler, "It Took E.P.A. Pressure to Get VW to Admit Fault," *New York Times*, September 21, 2015, https://www.nytimes.com/2015/09/22/business/it-took-epa-pressure-to-get-vw-to-admit-fault.html.

18 U.S. Department of Justice, Office of Public Affairs, "Volkswagen AG Agrees to Plead Guilty and Pay $4.3 Billion in Criminal and Civil Penalties; Six Volkswagen Executives and Employees Are Indicted in Connection with Conspiracy to Cheat U.S. Emissions Tests," news release, January 11, 2017, U.S. Department of Justice, accessed November 27, 2017, https://www.justice.gov/opa/pr/volkswagen-ag-agrees-plead-guilty-and-pay-43-billion-criminal-and-civil-penalties-six; Ewing, "Inside VW's Campaign of Trickery."

19 Peter Mock, "First Look: Results of the German Transport Ministry's Post VW Vehicle Testing," International Council on Clean Transportation, April 25, 2016, accessed November 27, 2017, http://www.theicct.org/blog/staff/first-look-results-german-transport-ministrys-post-vw-vehicle-testing.

20 Damian Carrington, Gwyn Topham, and Peter Walker, "Revealed: Nearly All New Diesel Cars Exceed Official Pollution Limits," *Guardian*, April 23, 2016, https://www.theguardian.com/business/2016/apr/23/diesel-cars-pollution-limits-nox-emissions.

21 "Composition of Diesel and Non-Diesel Fleet: 2014," U.S. Department of Transportation, Bureau of Transportation Statistics, October 2015, accessed November 27, 2017, https://www.rita.dot.gov/bts/sites/rita.dot.gov.bts/files/publications/bts_fact_sheets/oct_2015/html/figure_01.html.

22 Susan C. Anenberg et al., "Impacts and Mitigation of Excess Diesel-Related NOx Emissions in 11 Major Vehicle Markets," *Nature* 545 (May 15, 2017), doi:10.1038/nature22086.

23 "CO_2 Emissions (Metric Tons per Capita)," World Bank, accessed November 27, 2017, https://data.worldbank.org/indicator/EN.ATM.CO2E.PC.

24 Jack Ewing, "As German Election Looms, Politicians Face Voters' Wrath for Ties to Carmakers," *New York Times*, September 13, 2017, https://www.nytimes.com/2017/09/13/business/germany-diesel-election.html?_r=0.

25 Gernot Heller, "Merkel Says Found Out about VW Dieselgate Scandal from Media," Reuters, March 8, 2017, https://www.reuters.com/article/us-volkswagen-emissions-merkel/merkel-says-found-out-about-vw-dieselgate-scandal-from-media-idUSKBN16F21M.

26 "Progress Cleaning the Air and Improving People's Health," Environmental Protection Agency, accessed November 14, 2017, https://www.epa.gov/clean-air-act-overview/progress-cleaning-air-and-improving-peoples-health.

27 "Number of U.S. Aircraft, Vehicles, Vessels, and Other Conveyances," U.S. Department of Transportation, Bureau of Transportation Statistics, accessed November 27, 2017, https://www.rita.dot.gov/bts/sites/rita.dot.gov.bts/files/publications/national_transportation_statistics/html/table_01_11.html.

28 "Cars on England's Roads Increase by Almost 600,000 in a Year," BBC News, January 20, 2016, http://www.bbc.co.uk/news/uk-england-35312562.

29 "PC World Vehicles in Use," International Organization of Motor Vehicle Manufacturers, accessed November 27, 2017, http://www.oica.net/wp-content/uploads//PC_Vehicles-in-use.pdf.

30 *Transport Outlook: Seamless Transport for Greener Growth*, International Transport Forum

at the Organization for Economic Co-Operation and Development 2012: 31, accessed August 20, 2018, https://www.oecd.org/greengrowth/greening-transport/Transport%20Outlook%202012.pdf.

31 David Roberts, "China Made Solar Panels Cheap. Now It's Doing the Same for Electric Buses," *Vox*, April 17, 2018, https://www.vox.com/energy-and-environment/2018/4/17/17239368/china-investment-solar-electric-buses-cost.

32 Kara Swisher, "Elon Musk Is the Id of Tech," *New York Times*, August 16, 2018, https://www.nytimes.com/2018/08/16/opinion/elon-musk-crazy-tesla.html.

33 Swisher, "Elon Musk Is the Id of Tech."

9장 조금씩: 로스앤젤레스의 기나긴 도로

1 Chip Jacobs and William J. Kelly, *Smogtown: The Lung-Burning History of Pollution in Los Angeles* (New York: Overlook Press, 2008), 13–17, 35, 51–52.

2 Arthur Winer, emeritus professor, Department of Environmental Health Sciences, UCLA, Skype interview with author, January 27, 2015.

3 Mary Nichols, "UCLA Faculty Voice: How Angelenos Beat Back Smog," UCLA Newsroom, October 20, 2015, accessed November 14, 2017, http://newsroom.ucla.edu/stories/ucla-faculty-voice-how-angelenos-beat-back-smog.

4 Connie Koenenn, "Bent on Clearing the Air: Attorney Mary Nichols Hopes 'Amazing L.A.' Campaign Will Spur Residents to Join the Fight to Keep Los Angeles from Choking to Death," *Los Angeles Times*, November 20, 1991, http://articles.latimes.com/1991-11-20/news/vw-109_1_los-angeles-attorney.

5 Koenenn, "Bent on Clearing the Air."

6 "Cleaning Up Diesel Trucks in California," NRDC, September 2008, accessed November 15, 2017, https://www.nrdc.org/sites/default/files/cadieselfunding.pdf.

7 Chris Megerian, "Mary Nichols Has 'Rock Star' Influence as Top Air Quality Regulator," *Los Angeles Times*, December 27, 2014, http://beta.latimes.com/local/politics/la-me-pol-adv-mary-nichols-20141228-story.html.

8 Lisa P. Jackson, "The 2013 *Time* 100: Mary Nichols," *Time*, April 18, 2013, http://time100.time.com/2013/04/18/time-100/slide/mary-nichols/.

9 Tony Barboza, "New Attack on California's Dirty Air," *Los Angeles Times*, October 1, 2015, http://beta.latimes.com/local/lanow/la-me-ln-what-new-smog-rules-mean-for-california-air-pollution-20150930-story.html.

10 Roy Rivenburg, "Well, Well: Oil Rigs Return," *Los Angeles Times*, November 28, 2005,

http://articles.latimes.com/2005/nov/28/local/me-oil28; Alan Taylor, "The Urban Oil Fields of Los Angeles," *Atlantic*, August 26, 2014, https://www.theatlantic.com/photo/2014/08/the-urban-oil-fields-of-los-angeles/100799/.

11 Chris Kirkham and Andrew Khouri, "L.A., Long Beach Ports Losing to Rivals amid Struggle with Giant Ships," *Los Angeles Times*, June 2, 2015, http://beta.latimes.com/business/la-fi-big-ships-ports-20150602-story.html.

12 State of California Department of Justice, "Attorney General Kamala D. Harris Seeks to Join Suit to Protect Public Health in Mira Loma," news release, September 8, 2011, accessed November 15, 2017, https://oag.ca.gov/news/press-releases/attorney-general-kamala-d-harris-seeks-join-suit-protect-public-health-mira-loma.

13 "Air Pollution from Ships," Transport & Environment, accessed November 15, 2017, https://www.transportenvironment.org/what-we-do/shipping/air-pollution-ships.

14 Melissa Lin Perella, "A Decade of Progress at Southern California Ports," NRDC, October 1, 2012, accessed November 15, 2017, https://www.nrdc.org/experts/melissa-lin-perrella/decade-progress-southern-california-ports.

15 Diane Bailey, Thomas Plenys, Gina M. Solomon, Todd R. Campbell, Gail Ruderman Feuer, Julie Masters, and Bella Tonkonogy, *Harboring Pollution: Strategies to Clean Up U.S. Ports*, NRDC, August 2004, 25, https://www.nrdc.org/sites/default/files/ports2.pdf.

16 Ruben Garcia, president, Advanced Cleanup Technologies Inc., phone interview with author, March 28, 2016.

17 Tony Barboza, "Ships to Slow Down off California to Save Whales and Cut Pollution," *Los Angeles Times*, August 6, 2014, http://beta.latimes.com/science/sciencenow/la-sci-sn-ships-slow-down-whales-pollution-20140805-story.html.

18 Julia Pyper, "EPA Bans Sooty Ship Fuel Off U.S. Coasts," ClimateWire, *Scientific American*, August 2, 2012, https://www.scientificamerican.com/article/epa-bans-sooty-ship-fuel-off-us-coasts/.

19 South Coast Air Quality Management District, *Multiple Air Toxics Exposure Study in the South Coast Air Basin*, May 2015, ES-2, http://www.aqmd.gov/docs/default-source/air-quality/air-toxic-studies/mates-iv/mates-iv-final-draft-report-4-1-15.pdf?sfvrsn=7.

20 Kirkham and Khouri, "L.A., Long Beach Ports."

21 Mobility 21, "Southern California: The Heart of America's Freight Movement System," Riverside County Transportation Commission, accessed August 20, 2018, http://www.rctcdev.info/uploads/media_items/southern-california-the-heart-of-america-s-freight-movement-system.original.pdf.

22 "About the Port: Facts and Figures," Port of Los Angeles, accessed August 20, 2018, https://www.portoflosangeles.org/about/facts.asp; "Facts at a Glance," Port of Long Beach, accessed August 20, 2018, http://www.polb.com/about/facts.asp.

23 Victor Brajer, Jane V. Hall, and Frederick W. Lurmann, "Valuing Health Effects: The Case of Ozone And Fine Particles in Southern California," *Contemporary Economic Policy* 29, no. 4 (December 15, 2010), doi:10.1111/j.1465-7287.2010.00240.x.

24 Tony Barboza, "The Port of L.A. Rolled Back Measures to Cut Pollution—during its 'Green' Expansion," *Los Angeles Times*, December 14, 2014, http://beta.latimes.com/local/california/la-me-port-pollution-20151215-story.html.

25 Frances Tornabene De Sousa, interview with author, August 26, 2016.

10장 공기 재앙에서 살아가다: 중국의 다음 혁명

1 Emile Dirks, review of *Insight*, by Chai Jing, China Open Research Network at the University of Toronto, November 26, 2014, http://corn.groups.politics.utoronto.ca/?p=238.

2 Mengyu Dong, trans., "Translation: Interview With Chai Jing," *China Digital Times*, http://chinadigitaltimes.net/2015/03/translation-peoples-daily-interview-chai-jing/.

3 "2016 Prison Census: 259 Journalists Jailed Worldwide," Committee to Protect Journalists, accessed November 27, 2017, https://cpj.org/imprisoned/2016.php.

4 Benjamin Ismail, head of Asia-Pacific desk, Reporters Without Borders, phone interview with author, March 24, 2017.

5 WHO Global Ambient Air Quality Database (update 2018), World Health Organization.

6 "Explore the Data," *State of Global Air 2018*.

7 Joanna Chiu (@joannachiu), "Not Sure What I Think about Toxic Snow," Twitter, February 21, 2017, https://twitter.com/joannachiu/status/833967743904804864.

8 Alex Linder, "Beijing Warns Residents Not to Play in 'Very Dirty Snow,'" *Shanghaiist*, January 6, 2017, http://shanghaiist.com/2017/01/06/beijing_smog_snow.php.

9 Beth Gardiner, "Field Notes: Pollution in China," Pulitzer Center on Crisis Reporting, May 26, 2017, https://pulitzercenter.org/reporting/pollution-china.

10 Steven Q. Andrews, "Beijing's Hazardous Blue Sky," *China Dialogue*, December 5, 2011, https://www.chinadialogue.net/article/show/single/en/4661-Beijing-s-hazardous-blue-sky.

11 Xinhua News Agency, "Beijing Reaches Annual 'Blue Sky Days' Target," China.org.cn, December 18, 2011, http://www.china.org.cn/environment/2011-12/18/content_24184374.htm.

12 "Recent Statistical Revisions Suggest Higher Historical Coal Consumption in China,"

U.S. Energy Information Administration, September 16, 2015, accessed November 27, 2017, https://www.eia.gov/todayinenergy/detail.php?id=22952.

13 Beth Gardiner, "China's Surprising Solutions to Clear Killer Air," *National Geographic*, May 5, 2017, https://news.nationalgeographic.com/2017/05/china-air-pollution-solutions-environment-tangshan/.

14 Gardiner, "Field Notes."

15 Christopher Cairns and Elizabeth Plantan, "Why Autocrats Sometimes Relax Online Censorship of Sensitive Issues: A Case Study of Microblog Discussion of Air Pollution in China," October 9, 2016, http://www.chrismcairns.com/uploads/3/0/2/2/30226899/cairns_and_plantan_—_why_autocrats_some times_relax_online_censorship_of_sensitive_issues.pdf.

16 Health Effects Institute, *State of Global Air 2017*, Boston, Massachusetts, 2017, p. 7, https://www.stateofglobalair.org/sites/default/files/SOGA2017_report.pdf.

17 Reuters staff, "Companies Told to Halt Production in Northern Chinese City in Anti-pollution Drive," Reuters, November 21, 2016, http://uk.reuters.com/article/us-china-industry-pollution-idUKKBN13G1OS.

18 "China's Environmental Ministry Announces the Most and Least Polluted Cities of 2016," *Shanghaiist*, January 23, 2017, http://shanghaiist.com/2017/01/23/top_smog_cities.php.

19 Gardiner, "China's Surprising Solutions."

20 Joe Sandler Clarke, "China's 'War on Pollution' Leads to Big Improvements in Air Quality," *Unearthed*, Greenpeace UK, July 22, 2015, https://unearthed.green peace.org/2015/07/22/chinas-war-on-pollution-leads-to-big-improvements-in-air-quality/.

21 Michael Greenstone and Patrick Schwarz, *Air Quality Life Index Update March 2018: Is China Winning Its War on Pollution?* Energy Policy Institute at the University of Chicago, https://epic.uchicago.edu/sites/default/files/UCH-EPIC-AQLI_Update_8pager_v04_Singles_Hi%20%282%29.pdf.

22 Lauri Myllyvirta, "China Kept On Smashing Renewables Records in 2016," *Unearthed*, Greenpeace UK, January 6, 2017, https://unearthed.greenpeace. org/2017/01/06/china-five-year-plan-energy-solar-record-2016.

23 Beth Gardiner, "Three Reasons to Believe in China's Renewable Energy Boom," *National Geographic*, May 12, 2017, https://news.nationalgeographic.com/2017/05/china-renewables-energy-climate-change-pollution-environment/.

11장 도시는 누구의 것인가?: 베를린은 자동차 너머를 본다

1 Gunnar Nehrke, Bundesverband CarSharing, email message to author, July 3, 2017.

2 "Mobility in the City—Berlin Traffic in Figures," Berlin Senate Department for the Environment, Transport and Climate Protection, accessed November 28, 2017, https://www.berlin.de/senuvk/verkehr/politik_planung/zahlen_fakten/entwicklung/index_en.shtml.

3 "Statistical Portrait Frankfurt am Main 2013," City of Frankfurt am Main, accessed November 28, 2017, https://www.frankfurt.de/sixcms/media.php/678/J2014K00_Statistisches_Portrait_2013.pdf.

4 "Cologne Facts & Figures," City of Cologne, October 2016, accessed November 28, 2017, http://www.stadt-koeln.de/mediaasset/content/pdf15/statistik-standardinformationen/cologne_facts_and_figures_2016.pdf.

5 Julie Beck, "The Decline of the Driver's License," *Atlantic*, January 22, 2016, https://www.theatlantic.com/technology/archive/2016/01/the-decline-of-the-drivers-license/425169/; Ann Berrington and Julia Mikolai, *Young Adults' License-Holding and Driving Behaviour in the UK*, Royal Automobile Club Foundation for Motoring, December 2014, accessed November 28, 2017, http://www.racfoundation.org/assets/rac_foundation/content/downloadables/Young-Adults-Licence-Holding-Berrington-Mikolai-DEC-2014.pdf.

에필로그 날숨: 다음에 오는 것

1 Howard H. Baker, Jr., "Cleaning America's Air—Progress and Challenges," remarks delivered at the University of Tennessee, Knoxville; The Edmund S. Muskie Foundation, March 9, 2005, accessed November 29, 2017, http://www.muskiefoundation.org/baker.030905.html.

찾아보기

A~Z

옮긴이 성원
대학에서 영문학과 지리학을 공부했다. 책을 통해 사람을 만나고 세상을 배우는 게 좋아서 시작한 번역이 어느덧 업이 되었다. 옮긴 책으로 『여성, 인종, 계급』 『빈 일기』 『인류, 이주, 생존』 『디어 마이 네임』 『백래시』 『기후 카지노』 『쫓겨난 사람들』 『캘리번과 마녀』 등이 있다.

공기 전쟁

초판 발행 2022년 11월 30일

지은이 베스 가디너
옮긴이 성원
펴낸이 김정순
편집 조장현 허영수
디자인 이강효
마케팅 이보민 양혜림 정지수

펴낸곳 (주)북하우스 퍼블리셔스
출판등록 1997년 9월 23일 제406-2003-055호
주소 04043 서울시 마포구 양화로 12길 16-9(서교동 북앤빌딩)
전자우편 henamu@hotmail.com
홈페이지 www.bookhouse.co.kr
전화번호 02-3144-3123
팩스 02-3144-3121

ISBN 979-11-6405-182-3 03400

해나무는 (주)북하우스 퍼블리셔스의 과학·인문 브랜드입니다.